陶富源文集 第1卷

形上智慧论

XINGSHANG ZHIHUI LUN

陶富源 著

安徽师范大学出版社
·芜湖·

责任编辑：张奇才　吴顺安
谢晓博　陈　艳
装帧设计：丁奕奕
责任印制：桑国磊

图书在版编目（CIP）数据

形上智慧论/陶富源著．—芜湖：安徽师范大学出版社，2016.5
（陶富源文集；第1卷）
ISBN 978－7－5676－2278－4

Ⅰ.①形…　Ⅱ.①陶…　Ⅲ.①马克思主义哲学—哲学基本问题—文集　Ⅳ.①B01－53

中国版本图书馆 CIP 数据核字（2015）第280333号

形上智慧论
陶富源　著

出版发行：安徽师范大学出版社
芜湖市九华南路189号安徽师范大学花津校区　　邮政编码：241002
网　　址：http：//www.ahnupress.com/
发 行 部：0553－3883578　5910327　5910310（传真）　E－mail：asdcbsfxb@126.com
印　　刷：浙江新华数码印务有限公司
版　　次：2016年5月第1版
印　　次：2016年5月第1次印刷
规　　格：710×1000　1/16
印　　张：23.75
字　　数：391千
书　　号：ISBN 978－7－5676－2278－4
定　　价：89.00元

出版说明

本套文集为安徽师范大学政治学院陶富源教授从事马克思主义哲学研究40多年成果的结集，按内容及篇幅共分为十卷，收入该文集的大部分作品为当年公开出版或发表过的。为了保留原作的本来面貌，除对个别文字、标点符号、部分参考文献作必要的技术处理外，对原文不作实质性改动。由于时间仓促，水平所限，在编辑过程中难免有疏漏，敬请读者海涵。

作者简介

陶富源（1944. 11. 3— ），江苏海安人，1969 年 7 月毕业于北京大学哲学系，安徽师范大学政治学院教授，博士生导师。现任中国历史唯物主义学会常务理事、中国人学学会常务理事。曾任国家社会科学基金学科评审组专家。终身享受国务院特殊津贴。获全国模范教师、省级教学名师、省十大杰出教师等荣誉称号，获省“五一”劳动奖章等 10 多项荣誉。主持和完成国家社会科学基金项目 3 项，其最终成果获“良好”等级。独撰和合作出版著作、译作 13 部，发表论文 200 多篇，其中在《中国社会科学》《哲学研究》《马克思主义研究》上发表论文 16 篇。获省部级教学科研成果一等奖、曾宪梓教育基金会高等学校教师奖三等奖等 10 多项奖项。

总　序

哲学是时代的产物。

中国共产党的十一届三中全会，开启了中华民族走向经济腾飞、文化复兴的伟大时代。这是一个古老民族从挫折中总结，于艰难中奋起，不断走向昌盛的时代，是一个解放思想、继往开来、锐意革新的时代。

沐浴着时代风雨，鼓荡起哲思才情，四十多年，一路走来。作为我的哲学旅程的一些记录和反映，共独撰和合作出版了著作和译作13部，发表学术论文200余篇。在发表的论文中，有近半数的论文被《新华文摘》《光明日报》《中国人民大学报刊复印资料》《全国高等学校文科学术文摘》（现用名）等转载、摘介和被多种著作所引用。

我信奉马克思主义哲学，因为它是指引人类走向彻底解放的真理，是科学的哲学。和一切科学一样，马克思主义哲学会随着时代的变化而发展。它的某些具体结论和具体原理，有的可能有错，而被证伪；有的也会过时，而被取代，但其基本原理具有持久的生命力，是不会从根本上被驳倒，被推翻，因而是必须坚持的。当然，马克思主义哲学的基本原理也要与时俱进，要经过不断改进、补充和丰富，从而能更系统、更全面、更正确地反映不断发展着的时代精神。

我这几十年来，除对自己留意以外，确也时时想到国家，想到社会，想到自己的责任，因而对治学始终持一种认真的态度，并以能为马克思主义哲学的宣传和发展尽自己的一点微力，而感到欣慰。

承蒙学界朋友的鼓励和支持，我对多年来撰写和发表的部分文稿进行了梳理和审定，按相关专题，分成十卷出版。这十卷的书名分别是：《形上智慧论》《实践主导论》《终极关怀论》《哲学与马克思主义哲学》《青年马克思与费尔巴哈》《唯物辩证论与实践智慧》《唯物史观在当代》《政治文明的哲学观照》《精神家园的哲学守望》《学术论文写作通鉴》。

收入该文集的个别文章在发表时因各种原因删节较多，现恢复原稿，这种情况已在文中作了说明。其余文章，除个别文字校正外，未作修改，以保持原貌。有少量文章是与别人合作撰写的，对此在书中也有标明。

本文集的出版，得到了安徽师范大学领导、政治学院领导的大力支持，得到了我的学生兼好友王平、陶庭马、方芳、金承志、马和平、杨晶、张涛、黄友生、毛加兴等的帮助，得到了我的家人的关怀，也得到了安徽师范大学出版社的鼎力相助。对各方的支持，谨此致以衷心的谢意。

作　者

2015年10月20日

2016年版序言

一

本书第一版以《哲学的当代沉思》为书名，于1999年由南京大学出版社出版。后来，该书作为本校研究生学习的参考读物，书名改为《形上智慧论——哲学的当代沉思》，在校内印刷使用。之所以改用这个书名，理由之一是，把自己独撰的、构成一个研究系列的三本著作：本书和其后出版的两本书，即于2001年安徽人民出版社出版的《实践主导论——哲学的前沿探索》和于2004年安徽大学出版社出版的《终极关怀论——人的哲学之悟》，在名称上获得风格一致的表述。理由之二是，改用这个书名，能更鲜明更准确地概括本书的内容。因此，此次再版，正式使用先前已在校内印刷中用过的这个书名。

二

把本书冠以《形上智慧论》，其含义之一，是与实证主义划清界限。

实证主义是现代西方哲学的一个重要流派。该派强调感性经验，拒斥形而上学。形而上学是一个源自西方哲学的词汇，是指研究“存在之为存在”的学问。用中文解释，意即超越各种以具体事物为对象的学说。形而上学就是世界观意义上的本体论，或曰哲学本体论。本体论之“本体”，传统的解释是凝然坚实之体。然而这只是一种传统的解释，是哲学史上一个特殊阶段的解释。就一般意义而言，“本体论”之本体，是关于存在之真实体现，即关于存在的本质和规律。因而广义的本体论也就是关于存在的本质和规律的理论。狭义的本体论，是哲学本体论，也就是关于人与世界总体关系的普遍本质和一般规律的理论。实证主义激烈反对形而上学，即哲学本体论。它认为哲学应以自然科学为基础和典范，追求知识的可靠性和确定性，而不应超越于实证经验之外，去空想所谓彼岸世界的抽象真理。

实证主义有其合理因素，这表现在：它敌视脱离经验的本质主义形而上学。但又做过了头，即批判本质主义，不能因此而否认对事物本质的把握，特别是最终本质的把握；批判本质主义形而上学，但不能对形而上学一概拒斥，即不能把其中蕴涵的形上追求，或如恩格斯所说的思维的“至上性”加以否定。原因在于，人所置身其中的世界，不是单纯的现象世界，而是现象与本质相统一的世界。人的感性经验、感性活动所呈现的世界只是现象世界。如果停留于感性经验、感性活动的层面，或者说，借助感性经验、感性活动对现实世界只作实证的理解，而不作哲学思辨的理解，那么就不可能透过感性经验、感性活动，在某种程度上去揭示人与世界总体关系的普遍本质和一般规律。这样一来，它也就不成其为哲学思维。或者说，在哲学园地上，就不可能有它的立足之地。

人与世界的总体关系是指通过人的生活实践所形成的人与世界的缘起、改造、价值及认识等关系。把握人与世界总体关系的普遍本质和一般规律，才能为人在实践中改造世界和自身，不断求真、向善、臻美，即为争取人类自由提供可靠的依据。

三

本书冠以《形上智慧论》，其含义之二，是与本质主义划清界限。

本质主义是一种对事物本质加以先验设定，使之独立化，并以此为原点去说明现实存在的理论观点。本质主义形而上学作为一种哲学观点，是相对万事万物的“多”，借助主观想象，设定出一个“一”。即把“一”实体化、绝对化，从而作为万事万物构成之“始基”、现象背后之本质、变化中之不变，并继而把这个“一”强加给世界。经过这一番倒腾，作为万事万物的“多”，也就成了“一”所表现的“样态”，或生成的“化身”。

本质主义作为旧唯物主义和唯心主义哲学的共同特征，在现代哲学中遭到了愈来愈多的批判和否定。然而在这种批判和否定中，唯物主义和唯心主义被等同于本质主义遭到拒斥。于是在批判哲学本质主义的过程中，形成了各式各样的关于超越唯物主义和唯心主义的观点。

其中，在现代西方，主要有实证主义的“经验”超越论、存在主义的“生存”超越论、西方马克思主义的“实践”超越论等。实际上，超越本质主义是可能的，也是应该的，但超越对人与世界总体关系的本质理解是不可能的，超越在这种本质理解上的对立，即唯物主义和唯心主义的对立也是不可能的。也就是说，不管人们口头上如何宣称“超越”，但实际是超越不了的。其结果不是走向唯物主义，就是陷入唯心主义，并无第三条道路可走。不仅如此，而且可以说，只有坚持彻底的唯物主义，才能真正拒斥本质主义，否则只会以变换的形式重蹈本质主义的覆辙。

坚持彻底的唯物主义，即坚持马克思主义的辩证唯物主义，就要求在“一”与“多”、一般与个别的关系问题上，摒弃那种脱离“多”、脱离“个别”，进而对“一”或“一般”作纯主观设定的观点。也就是说，要坚持从“多”中阐发“一”，从个别中抽象出一般。这种抽象出来的“一”或“一般”是否正确，还应通过具体的、多样性的实践获得证明和表现。因此，马克思主义辩证唯物主义从根本上否定本质主义对事物本质的先验建构，但并不否认透过现象对本质的把握；否认以往哲学包括唯心主义和旧唯物主义对世界本质的独断理解，但不否认对世界本质的科学理解，而且认为这种对世界本质的科学理解，是马克思主义辩证唯物主义的必然要求和应有使命。

四

本书冠以《形上智慧论》，其含义之三，是与知识论划清界限。

知识是关于对象认知的成果。相对于知识，智慧则是为着一定目的而对知识的灵活运用。可见，智慧包含知识，它以知识为前提；但智慧又不等同于知识，它是灵活运用知识去认识和解决问题的能力。从哲学与具体科学的区别来说，哲学的特点不仅在于它是关于人与世界总体关系一般规律的知识体系，而且主要还在于，它是人类追求幸福和实现人自身全面自由发展的智慧之学。

在古希腊就有把哲学理解为“智慧学”或“爱智之学”的传统。在古代汉语中，“哲”也被解释为“智也”（参见《尔雅》）。相对于宗教，马克思也把哲学看作人世的智慧。他说：“人世的智慧即哲学”，

“来世的智慧即宗教”①。当然，哲学也可能成为论证宗教的工具，即成为神学的婢女，那就是经院哲学。很显然，只有那种不属于宗教，或摆脱了宗教束缚的哲学，才真正可以作为人世的智慧。

诚然，哲学并非通常的人世智慧。因为它既不同于百姓生活中的日常智慧，也不同于学术探索中的科学智慧，以及变革活动中的实践智慧，而是统摄和贯穿日常生活、科学研究和实践变革中的最一般的智慧，即从总体上认识和协调人与世界关系的形上智慧。

哲学作为形上智慧，其一意味着哲学是天道（这里的“天”指客观世界）与人道的统一之道。这就是说，哲学既非单纯的天道，也非单纯的人道，而是人道视域中的天道，或以天道为根据的人道。

哲学作为形上智慧，其二意味着哲学是世界观与方法论的统一。也就是说，哲学既是一种系统化的世界观理论体系，也是一种系统化的认识和改造世界的根本方法论原则。

哲学作为形上智慧，其三意味着哲学作为普遍原则唯有在人的在世过程中才能扬弃其超越性，向人敞开，成为人的智慧。所谓向人敞开，是指只有在人的知行活动中才可能产生人对哲学的理解和哲学意义的生成。

哲学作为形上智慧，其四意味着哲学的意义在于对人的终极关怀。它把形上与形下、超验与此岸、普遍原则与具体情境加以区别，以形成必要的张力；同时又扬弃其间的对峙，找到适度的平衡，从而不断提升人的主体性和自由度。这种对人的主体性和自由度的提升，就是哲学的终极关怀。

作　者

2015年10月20日

① 《马克思恩格斯全集》第1卷，223页，北京：人民出版社，1995年。

1999 年版序言

一

哲学是时代的产物，是时代的理论表现和时代的批判武器。真正的哲学以其特有的方式荟萃时代的精神底蕴，反映时代的本质特点，从而为人类进一步认识和改造世界，提供世界观和方法论的指导，推动社会实践、科学认识不断深化，为人类发展描绘美好的蓝图，指明前进的方向。

在当今时代条件下，随着人类实践的科学化、自动化和全球化的发展，重新确立人在自然界中的位置，调整和建构人类自身的全球性关系，实现人类的和平、发展与合作，这是摆在当代人面前的、需要依靠哲学智慧加以解答的时代课题。

面对时代的挑战，如何看待哲学的现状和未来，如何坚持和发展马克思主义哲学，如何在中国改革开放和现代化建设中，充分发挥马克思主义哲学的指导作用，这些问题的解答都必然涉及对哲学本身的再认识，涉及对哲学的一系列基本理论问题的重新理解和说明。

黑格尔说："哲学的工作实在是一种连续不断的觉醒。"① 在哲学史上，一代代哲学家站在各自时代的高度，一次次回过头来审视哲学，不断赋予哲学以清醒的自我意识和时代的生活气息。这是哲学充满活力、永葆青春的关键所在。

一门学科对自身的认识，这是该学科发展到一定阶段的必然要求。因为只有在这门学科有了一定发展的基础上，才能为开展对这门学科自身的研究提供对象和条件；同时也只有在对学科自身的本质内涵获

① ［德］黑格尔：《哲学史讲演录》第 1 卷，贺麟、王太庆等译，42 页，北京：商务印书馆，1959 年。

得了深刻认识的基础上，才能为这门学科的充分发展提供高度的理性自觉。

一门学科对自身的认识，一般说来是以两种方式进行的：一是学科史的方式，二是该学科的元理论的方式。学科史的方式是通过对该学科历史发展的论述，借以揭示一般的规律。元理论的方式则是对学科的本质及有关的一般问题从理论上进行深入、系统的说明。这两种认识方式相互联系，各有千秋。一般说来，无论是学科史的方式，还是元理论的方式，都必须坚持史论结合的原则。没有史，元理论的方式就会流于空头议论；没有论，学科史的方式就会变成流年老帐。当然，就侧重点而言，区别还是有的。这表现在，学科史的方式侧重于史，元理论的方式侧重于论。

就这两种研究方式的关系来说，学科史的研究方式是元理论研究方式的前提和基础；元理论的研究方式是学科史研究方式的提高和升华。各门具体科学和哲学对自身的认识，总是学科史的方式在先，元理论的方式在后。

因此，从学科发展的角度来说，达于学科的元理论研究，是学科本身的发展趋于理性自觉的一种根本标志。

二

就哲学对自身的认识来说，哲学史的方式早就有了。哲学和哲学史本来就是统一的。哲学史就是哲学的展开，哲学就是哲学史的总结。在当今，中国哲学史、西方哲学史、马克思主义哲学史，以及各种哲学断代史、某一哲学的流派史的研究，可谓成果累累，琳琅满目。而对哲学元理论的研究，即对哲学整体的研究，对哲学性质和作用的认识，虽然很早以来就有，打开许多哲学名著，在它的“导言”或“绪论”中，往往都有哲学是什么的议论，都有关于哲学总体性的认识。但历史上的哲学家毕竟只是零散地、局部地涉及哲学的整体问题。也就是说，还没有把认识哲学自身作为一门独立的学问，没有对哲学自身进行系统的逻辑的说明。

造成这种状况的原因是多方面的。从哲学自身来说，一个重要原因是受其自身发展的综合化和科学化程度不高的限制。各种哲学由于缺乏交流、沟通，各执一个片面，也就缺乏比较、鉴别。这样也就不可能在比较广泛的意义上实行科学的综合，也就难以形成关于哲学整体的一般认识。

如今情况不同了，随着全球化趋势和现代化趋势的强劲发展，中西文化包括中西哲学的交流、会通，在前所未有的规模和程度上展开；另外，在现代化的潮流中，传统走向现代化和现代化需要传统的支持，都促进了传统与现代，包括传统哲学与现代哲学的沟通、结合。在这种中西交流、古今对话的过程中，哲学的一般性、共性愈益明显地被人们意识到。19 世纪中叶马克思主义哲学的诞生，是人类几千年来优秀思想成果，特别是哲学成果的一次大综合，它是立足于时代发展和人类解放实践的，最科学、最完整而毫无片面性弊病的崭新世界观。这一科学世界观在创立一百五十多年来的历史进程中，获得了自己的发展和广泛的传播，在斗争实践中显示了强大的生命力。因此，我们有可能站在全部哲学最新成果的基础上，用马克思主义哲学的观点和方法，来对哲学自身的一般理论问题进行较为科学和深入的研究。

强调用马克思主义哲学的观点和方法来指导对哲学一般问题的研究，这里有一点需要指出的，即不能用对前者的研究代替对后者的研究。在这里，马克思主义哲学与哲学有着两重不同性质的关系。一是马克思主义哲学是哲学发展的最科学、最综合化的形态，因此可以站在马克思主义哲学的高度去认识哲学发展的一切历史形态和其他现实形态。这就是马克思所说的人体解剖是猴体解剖的一把钥匙。二是马克思主义哲学与哲学又是个别与一般的关系，马克思主义哲学是个别，哲学是一般。哲学的一般必须从“人体”和“猴体”的综合研究中抽象出来。因此，对哲学一般的研究，既要以马克思主义哲学为指导，又要立足于整个哲学史发展的实际。

加深对哲学本身的认识，对马克思主义哲学的发展是至关重要的。因为马克思主义哲学作为个别，它的发展离不开哲学一般原则的统摄和规定。马克思主义哲学必须从对哲学整体的认识中获得自己的理性自觉，开阔自己的视野，吸取丰富的营养。马克思主义哲学的科学性和综合性是一个随着历史发展不断提高的过程，是一个在更广阔的意义上反映时代精神的过程。因而从发展马克思主义哲学的角度来说，加深对哲学全貌的了解，深化对哲学自身的认识，是必不可少的。

三

对哲学本身的一系列重要理论问题，如哲学的本质、对象、功能、思维方式、逻辑体系、发展途径，以及哲学与文化、时代、科学、政治之间的关系等问题，要获得统一的认识，难度是很大的。哲学有其悠久的历史，承载着厚重的文化内涵，包含着人与世界总体关系的种种矛盾性认识。可以说，在上述每一个问题上都存在着意见分歧，而且这种分歧往往还五花八门。比如，对哲学对象的理解，在我国哲学界，仅从十一届三中全会以来，见诸报刊的就有十种之多。分歧意见总是要通过争鸣来求得统一。我认为，这里的关键在于：要解决一个根本性的问题，即对哲学本质要获得统一理解。为此，一定要克服那种对哲学世界观作单纯的知识论理解，即把哲学世界观理解为关于世界的最普遍知识的观点。作这种理解的所谓哲学世界观，也就把人淡忘了。本书认为，哲学不应淡忘人，哲学是以人为中心的世界观理论，是形上智慧。世界观是对宇宙人生关系的总体把握，是对真、善、美统一的追求。基于对哲学本质的这一理解，以此作为逻辑根据，本书对哲学的其他一些理论问题进行了说明。比如，哲学的一般对象是人处理和驾驭自身与世界总体关系的最普遍根据（关于整个世界的普遍本质和规律）和法则（认识世界和改造世界的最普遍规律）。又比如，哲学的最一般功能，就是影响、改造、塑造人的世界观，培养和发展人的本质力量，促进作为精神主体的人从自发到自觉的发展。哲学改造人，并通过人去改造世界。

总之，哲学的发展，马克思主义哲学的发展，都已到了必须对哲学自身作进一步认识的阶段。诚然，这一工作必须有一批人来做。可以预见，不久的将来，这是可以大见成效的。

作　者

1999年5月10日

目　录

第一章　哲学的本质意蕴

学习和研究哲学，首先必须弄清楚哲学是什么，或者说，哲学的本质是什么。因为这关系到对哲学根本内容的理解、哲学发展方向的把握，也关系到对哲学的其他一些基本理论问题的说明。

一、哲学的本质是世界观理论

哲学是什么？这是每一位哲学家都不能回避的问题。因为对这个问题的回答，是哲学家的入场券和身份证。任何一个哲学家只有对这个问题给予了回答，才能以此作为桥梁，通过它走向自己所认可的哲学领地，才能由此展开自己的哲学观点。

然而，由于时代条件、思维框架、价值观念和研究指向的不同，哲学家们对哲学是什么这个问题，作出了种种不同的回答。比如，黑格尔说，哲学可以规定为对于对象之思维的考察。费尔巴哈说，哲学是关于存在物的知识。维特根斯坦说，哲学是一场以语言为武器而对我们理智的迷惑所进行的斗争。冯友兰主张，哲学是人们对认识的认识。还有人认为，哲学就是方法论。这些关于哲学性质的定义或格言，无疑都表现了哲学家们的非凡智慧和深邃思考。

然而，我们在这里所要关注的不是这些不同的答案，而是要进一步探求这些不同的答案后面，是否存在一个一般的哲学定义，或者说，是否有一个适用于一切哲学派别的哲学定义。如果说有，那么才可能去进一步探求这个定义是什么；如果说没有，那也就失去了探求的必要。所以，这是一个必须首先要解决的前提性问题。毋庸讳言，在哲学界有不少论者对这个问题给予了否定的回答。我把他们的这一观点，概括称之为“哲学无定论”。下面就这一观点谈谈自己的一些看法。

（一）“哲学无定论”之述评

严格说来，哲学可否有一般定义这个问题，是由20世纪兴起的分析哲学首先提出来的。

分析哲学是一种以语言分析作为哲学方法的现代西方哲学流派或思潮。在分析哲学看来，不能笼统地说哲学是什么，而只能说某个哲学家或某个哲学派别所认为的哲学是什么。因为哲学无统一的定义，不同的哲学无共同的本质，每个哲学家都有自己的内部标准或游戏规则。这些规则只在本游戏内部生效，超出该范围就会失败。在分析哲学家中，明确提出哲学无共同本质的，分别是维特根斯坦（1889—1951）和英国哲学家、现代西方分析哲学大师及创始人之一的罗素（1872—1970）。

1. “哲学无定论”的两点理由

罗素曾说，哲学是无法定义的。理由是，任何一个定义都会引起争论，因为它只是体现了某一种哲学的观点。维特根斯坦也认为，哲学不可定义。他和他的追随者，就此主要讲了两个观点：一是各种哲学只是“家族相似”，并无共同本质；二是不能找到所有哲学家都赞同的哲学定义。

何谓“家族相似”？我国有一些论者望文生义，以为它是指所有家族成员都有共同的相似之处。其实不然，且正好相反。“家族相似”作为维特根斯坦的特有概念，这里的相似并非指所有家庭成员的相似，而是指家庭成员中，一个成员与另一个成员在某一点上相似，而另一个成员又在另外一点上与第三个成员相似。维特根斯坦举例说，比如一个成员与另一个成员在形体上相似，第二个成员又与第三个成员步姿相似，后者又与第四个成员的眼睛长得一样等。以此类推，家庭成员间依靠这种两两的特殊相似来形成联系，而其中又没有一种相似是所有家族成员共有的。因此，任何已有的或将有的哲学定义，都只是家族中的一员，而不能代表整个家族。为了进一步论证这一点，维特根斯坦上述观点的拥护者们又指出，你能找到任何一个哲学家都同意的哲学定义吗？不能。由此说明，没有适用于一切哲学派别的哲学定义。

当然，在他们看来，尽管哲学没有家族的共同面孔，但每个成员都必须有一副自己的面孔。因此他们认为，哲学的不可定义性，正在于它有无数个定义。由此，引出了“哲学无定论”。

2. “哲学无定论”提出的背景分析

需要指出的是，维特根斯坦的上述认识是以现代西方哲学为背景的。实际上，它也是对现代西方哲学状况的某种写照。

18—19世纪的西方哲学是产生巨星的时代。康德、黑格尔等哲学大师和他们的恢宏体系独领风骚，从而对那个时代的理论思维和思想方法起着主导作用。进入20世纪以后，情况为之一变，各种哲学纷呈迭现，几十种学说、几百种观点争奇斗胜。新产生的流派一般十年一个周期，短命的多；极少数能延续几十年的，如逻辑实证主义、新托马斯主义、存在主义等。不过，它们也在不断改变形式或更新内容，呈现出生灭变幻、分散多样的状况。而且各派哲学家在一个相当长的时间内，又各持一端，将自己所认可的哲学说成是“唯一”的、“绝对”的东西，这就更加深了它们之间的矛盾和对立。

如何看待现代西方哲学这种所谓“四分五裂”状况呢？这是评价维特根斯坦的“家族相似”论，以及由此引申出来的“哲学无定论”，首先必须要澄明的一个问题。

我认为，不能对现代西方哲学的上述状况作消极、凝固的理解，认为哲学就是这个样子，就是诸侯割据，甚至认为这是哲学本身的瓦解。在我看来，这里应该提出如下三点看法：

（1）作为当代哲学发展的一种呈现

现代西方哲学流派纷呈，并不是哲学本身的瓦解，而是哲学研究领域的扩大和哲学功能在不同领域的发挥。现代西方哲学研究已不再像黑格尔那样偏重于建构世界观理论的宏大哲学体系，他们研究的重点是“问题”，而不是体系。正如大哲学家罗素所指出的，他们的“有利条件是能够一次一个地处理问题，而不必一举就创造关于全宇宙的一整套理论”①。应用化趋势的加强，是现代西方哲学的一个重要特征。以其研究领域为标志的哲学，当前可以列举出来的就有文化哲学、技术哲学、语言哲学、生态哲学、心智哲学、逻辑哲学、艺术哲学、价值哲学、宗教哲学等。从其研究的课题来说，叔本华、尼采为代表的

① ［英］罗素：《西方哲学史》下卷，马元德译，432页，北京：商务印书馆，1976年。

唯意志论所研究的是“意志”问题；海德格尔、萨特为代表的存在主义所研究的是“存在”问题；实证主义所研究的是“经验”问题；维特根斯坦在《逻辑哲学论》中所研究的是“语言”问题等。把上述种种不同领域中的不同问题纳入哲学视野加以研究，这本身不仅不是所谓哲学的瓦解，而恰是哲学发展的一个方面的重要表现，是一项重大的成就。

（2）哲学新的分化必然走向新的统一

现代西方哲学流派纷呈、分化，客观上为哲学走向新的统一和融合提供了基础。

近一个世纪以来，现代西方哲学存在着科学主义和人本主义两大主潮。前者以科学理性原则与后者坚持的人的主体性原则相抗衡，经过充分的对立斗争和各自激烈的内在裂变，这两大潮流开始出现了合流的趋势。科学哲学已从早期单纯强调知识的客观性，逐渐转向肯定主体的作用，承认知识也是主体的建构。因而，在科学主义流派中，有论者提出了“反对科学至上”的口号。认为科学是具有主体意识的人所把握、所表达的，所以科学要引进人的主体性。人本主义哲学对人性的认识同样大量吸收了心理学、生理学、社会学等学科的研究成果，使对人的研究摆脱了早期情绪化、散漫化、非理性化的特点，而逐步趋向于系统化和理性化。这两大潮流的趋同倾向带动了各个流派之间的融合。

作为对这种趋势的反映，已有一些西方哲学家认识到，哲学的相互排斥、誓不两立的局面应该成为历史，必须加强相互间的对话、交流，以互相取长补短。例如，19世纪70年代中期，盖尔耐尔曾不无远见地指出：“我觉得今后的出路，很可能在于这两者之间（科学主义与人本主义——引者注）在更成熟的水平上发生合流的趋势。”① 可以说，当代哲学比较突出地体现了企图融合科学主义与人本主义的趋势，将繁多的哲学会通融合，建立起一种多元综合的哲学文化。现代西方哲学的这一发展趋势也从一个方面说明，把哲学的分化说成是哲学本身的瓦解是缺乏根据的。

诚然，由于维特根斯坦早在1951年就逝世了，现代西方哲学的上

① 转引自王晓林：《实践论思维方式的历史魅力》，《天津社会科学》，1999（4）。

述趋势在他在世时还表现得不甚明显，或者说还十分微弱，因而没有引起他特别的注意，这是可以理解的。但是他把“家族相似”论引入哲学，从而否认哲学的一般本质，毕竟是错误的。

（3）哲学的特色发展是以其一般性为支撑的

现代西方哲学以种种特殊形式所表现的发展，是以哲学的一般规定为支撑、为普遍根据的。不管现代西方哲学的各种流派在研究对象上是多么的不同，但有一点是共同的，即它们都是上升到哲学高度的研究。或者说，都是哲学的研究。比如，唯意志论者所研究的意志不是某种特殊的意志，而是一般的“意志”；不是就“意志”研究“意志”，而是从人与世界总体关系的角度所研究的“意志”。也就是说，是哲学意义上的“意志”。存在主义者所研究的“存在”，也不是某个具体的存在。用雅斯贝尔斯的话说：“我们所称为存在的既不单单是主体，也不单单是对象，而毋宁说是居于分离的主客二者之上的东西，即大全……无所不包者。”① 另外，实证主义所研究的经验问题，也不是特殊领域的特殊经验问题，而是一般意义上的经验，是从人与世界总体关系的角度所研究的经验。同样，当维特根斯坦从哲学上研究语言问题时，我们不能把他的理论称之为语言学，而称之为哲学，也是因为他想通过对语言的分析去建成一种统一世界的理论。

由此可见，哲学有自己的本质规定，但是这种本质规定又是以种种特殊的理论形态表现出来的。要离开这些特殊的理论形态去寻找什么先验的哲学，就像抛开苹果、梨、桃等去寻找纯粹抽象的水果一样，是不可能的。

3. “哲学无定论”的两点理由不能成立

维特根斯坦只看到各种哲学理论形态的特殊性，只看到哲学家族内部每个成员都有自己的特殊面孔，而否认其一般性、共同性，否认哲学家族中每个成员都有其共同的本质，这实际是一种“白马非马”的逻辑。黑格尔也曾在批判类似的观点时指出：“这些人看见哲学中的一切，但恰巧没有看到哲学本身。”“不管各种哲学体系彼此如何不同，但它们之间的差别总没有象白色和甜味，绿色和粗糙之间的差别那样大；它们之间有一点是相同的，即它们都是哲学体系，而这点恰恰被

① 参阅刘放桐主编：《现代西方哲学》下册，620 页，北京：人民出版社，1990 年。

忽略了。"①

试想，如果如维特根斯坦所言的那样，哲学家族的成员只有自己的特殊面孔，而无家族的共同面孔、共同特征，那么又何以说明这些成员是哲学家族的成员，而不是别的什么家族，例如科学家族，或艺术家族，或宗教家族的成员。换句话说，哲学家族既然被称之为家族，那么与其他家族相对而言，就必然有其本质规定。因此，维特根斯坦的"家族相似"论是似是而非的。以此作为根据，来否认各种哲学派别具有共同的本质规定，也是不能成立的。

另外，有没有所有哲学家都承认的哲学定义是一回事，能否给哲学下一个一般定义，则是另一回事。维特根斯坦及其拥护者把二者混为一谈是不对的。不能因为没有一个所有哲学家都公认的哲学定义，而推断出不存在一个一般的哲学定义这一结论。因为哲学的一般定义对应着哲学的一般本质存在，是对哲学一般本质的一种规定。至于这种关于哲学的一般本质规定能否被所有的哲学家所认可，则应另当别论。因为这个一般定义可能正确，也可能部分正确，也可能不十分正确，甚至是错误的。这就必然会造成认可上的分歧。另外，即使这个一般定义是正确的，也不一定能形成所有哲学家在认可上的共识，因为这涉及不同哲学家的主观上的多方面因素。比如，阶级立场、思维框架、价值取向、认识角度等。但是，即使出现这些分歧意见，也并不妨碍人们去承认可以给哲学下一个一般的定义。

更何况，不管不同哲学家及其哲学的差别有多大，但其哲学总或多或少具有科学性和人类价值性，这从而也就为哲学家通过交流，调整认识角度、修正思维框架、纠正价值偏好，从而达于会通，即形成关于哲学定义的共识提供了某种前提和基础。这就是中国古人所说的"百虑而一致，殊途而同归"。因此，关于哲学的一般定义，尽管一时还形不成共识，那也没有什么要紧，决不能因此而把它定格为一种宿命。从长远角度说，现在没有形成共识，不等于将来不能形成共识，因而对此也需要辩证地对待。

总之，关于哲学不可定义的上述两点论证都是不能成立的。我们在这里之所以花费一定篇幅来谈这个问题，不仅是因为这是一个对哲

---

① 转引自［俄］列宁：《哲学笔记》，333页，北京：人民出版社，1974年。

学本质进行探讨的前提性问题，而且还因为关于哲学不可定义的观点，在我国哲学界还获得了部分论者的响应。有的论者甚至认为别的学科门类都可以定义，唯独哲学不能有统一的定义；有人甚至还把这种虚设的哲学不可定义性，视为哲学的一种特性来加以肯定。殊不知，这种说法必然导致哲学的不可知，导致哲学的虚玄化、神秘化。如果这样来认识哲学，实际也就否定了哲学，取消了哲学。

4. 明确哲学的本质内涵是一个有重要意义的问题

就某一学科来说，当它还处于前科学史阶段的时候，人们对这一学科还处于难以言说的认识状况，是不奇怪的，也是可以理解的。但当某一学科已经越过了前科学史阶段而进入了科学史阶段的时候，即它不仅在内容上具有科学性，而且在理论形态上获得科学表述的时候，如果还认为这门学科不可言说，不能定义，那就不可思议了。

哲学作为一门学科，从产生到现在已经有了几千年的历史。具体说来，在人类社会的初期——原始社会中，就已经产生了哲学思想的萌芽。进入阶级社会以后，随着生产力、科学技术和阶级斗争的发展，各种哲学流派异彩纷呈，且不断竞长争高，犹如一股水流，流淌的距离愈长，汇集的水量愈大，内容也愈丰富。一部哲学史，从根本上说，就是哲学不断成熟、不断发展，其所包含的真理性内容不断丰富的历史。这一发展的最大成果就是马克思主义哲学的诞生。马克思主义哲学是对人类以往全部实践经验的概括和总结，是对人类科学思想和哲学思想的继承和发展。因此，它是唯一具有科学形态的哲学。在哲学的产生和发展已经有几千年的今天，在科学形态的马克思主义哲学的产生和发展也已经有一个半世纪的今天，还认为哲学不可言说，那就不可思议了。这种观点对于人们学习和研究哲学、提高哲学素养、提高整个民族的思维能力，对于促进社会主义精神文明建设、加强思想政治教育等，只会起干扰作用、消极作用。因此，明确哲学的本质内涵，是一个具有重要意义的问题。

那么，到底什么是哲学，或者说，哲学的一般定义是什么呢？从马克思主义哲学的观点来看，这不是一个新问题，而是一个早已获得了科学解决的问题。

（二）哲学世界观的科学理解

这里所说的哲学，区别于人们通常所言的哲学意味。诚然，此二者有共同之处，即都体现和表达了宇宙人生之思。但哲学作为学科是概念体系或抽象概念的逻辑表达；而哲学意味则是指，蕴含在哲学以外的各种文化形态中的哲学智慧和情趣。比如，一个哲学家读莎士比亚的作品或者读《圣经》，他会觉得这些作品饶有哲学意味，但并不会认为它们就是哲学。

当然，哲学作为理论形态也是分层次的。通常说来，有世界观层次，以及受世界观统摄并作为其表现的自然观、历史观、人观、认识观、价值观、方法观等层次，还包括在上述观点指导下所形成的各种应用哲学的层次。我们这里所说的哲学，是哲学的最高层次，即哲学世界观层次。

1. 哲学是关于世界观的学说

从哲学的最高层次来说，哲学是系统化、理论化的世界观，或者说，哲学是关于世界观的学说。

恩格斯在谈到唯物主义时曾经指出，“唯物主义”是“建立在对物质和精神关系的特定理解上的一般世界观”①。恩格斯在这里虽然没有明确指出哲学是一般世界观，但从逻辑上说，他对唯物主义的说明，又是以哲学是一般世界观这一判断为逻辑前提的。因为哲学是一般世界观，而唯物主义作为哲学的一个基本派别，按通常的定义方式，是用加以限制的大概念说明小概念（被定义概念 = 属 + 种差），因而才能说唯物主义是建立在对物质和精神关系的特定理解上的一般世界观。

马克思主义经典作家不仅在对唯物主义的说明中，体现了哲学是一般世界观这一规定，而且在对马克思主义哲学的说明中，也逻辑地体现了哲学是一般世界观这样一个规定。比如，1859年恩格斯在为马克思的《政治经济学批判》所写的评论中，谈到马克思主义哲学时写道：“我们党有个很大的优点，就是有一个新的科学的观点作为理论的基础。”② 不难看出，马克思主义哲学作为科学的世界观就是相对于哲

① 《马克思恩格斯文集》第4卷，281页，北京：人民出版社，2009年。
② 《马克思恩格斯选集》第2卷，39页，北京：人民出版社，1995年。

学是一般世界观而言的。

由此可见，把哲学规定为一般世界观的学说，这对马克思主义哲学来说，是不言而喻的。

2. 世界观是从人出发所观的整个世界的根本观点

何谓世界观？要回答这个问题，让我们首先来探讨什么叫“观”。“观”通常有三种涵义：一是相当于看，比如走马观花、坐井观天；二是指景象或样子，比如奇观、改观；三是指对事物的根本认识或看法，比如苦乐观、人生观等。很显然，世界观中的“观”是在第三种含义上使用的，指的是关于人与世界总体关系的根本看法。

有人把世界观理解为观世界，把“观”当动词理解，这种理解恐怕不妥。因为观世界是对世界的一种认识活动，而世界观是人们观世界所形成的认识成果或思想观念。诚然，仅仅对人与世界的总体关系有所观也不行，还必须从有所观上升到有所思，并进而从有所思上升到有所悟。这样，才算达到了哲学的境界。因此，二者是不能混同的。

当然，这样说，并不否认观世界与世界观之间存在着必然联系。观世界是人的一种主体性活动，世界观也是人的世界观，它也是从属于人的。因此，观世界和世界观通过作为主体的人紧密地联系了起来。

从主体的角度来说，世界和人所观的世界是不完全一样的。或者说，世界和世界观中的世界不是等同的。就世界本身而言，它是自然界、人类社会和生活于其中的人等一切事物的总和，它是唯一的。换句话说，世界只有一个。人所观的世界是以这个客观世界为前提的。但是人所观的世界并非同一，因为观世界的人不同，因而所观的世界也不同。不同的人所观到的世界是各式各样的，因而也就有不同的世界观。在这个意义上说，世界观就是人对所观世界的总的观点和看法。

那么，为什么不同时代、不同阶级以至不同的个人所观的世界会不同呢？这其中的原因是多方面的。归根到底，人都是以自己的生活世界为立足点、为基础去透视整个世界的。人生活的世界是人生活的境遇、背景、舞台，同时也是人的活动所改变和创造的产物。因此，人的生活世界是在人的活动中不断获得变化、更新的世界。因而不同的时代、不同的阶级以至不同的个人以自己的生活世界为立足点、为基础去透视的整个世界，也是各不相同的。

由上可见，作为宇宙总体的世界、世界观意义上的世界和人的生活世界，是互相区别又互有联系的三种不同的世界。人的生活世界是烙上了人的生活印记的世界，是作为人的本质力量展示的世界，这个世界是有限的。作为宇宙总体的世界是一个无限的世界，是一个包含人的生活世界在内的世界。世界观意义上的世界是立足于人的生活世界这一基础上，对宇宙总体的世界所进行的理解和反映的意义上的世界。因此，世界观意义上的世界，从其内容的客观性来说，是一个既体现了人的主体性同时又体现了宇宙客体性的世界。

鉴于此，既不能脱离人、脱离人的生活世界来理解世界观意义上的世界，把世界观意义上的世界理解为对纯然的自在世界的反映。如果是那样，那么也就重犯了马克思所曾批评过的直观唯物主义的错误。同样，也不能把世界观意义上的世界归结为仅仅是对人的生活世界的理解和反映。如果是那样，那么这个世界也不是世界观意义上的以无限的世界整体为对象的世界，而是有限的实践观意义上的世界，那样也就难以和唯实践主义划清界限。

既然世界观是从人的实践出发，是对所观的整个世界的根本观点或总的看法，那么，如何理解这里所说的根本观点或总的看法呢？有这样一种较为流行的观点，即认为哲学世界观作为世界的总体性、根本性的观点，就是人类认识中所形成的世界图景，并进而认为世界图景是哲学世界观的具体表现形式。然而这种观点，是令人难以苟同的。

3. 世界观不同于世界图景

因为世界图景所反映的是世界自身的联系和统一，是对这种联系和统一的一种描述。世界图景是靠科学，靠一定时代的人类知识总和提供的。当然，不是这些知识的简单相加，而是它们的相互渗透和综合。在世界图景的形成中，那些研究物质结构及其运动形式的自然科学始终起着主导作用。它是以具体科学为基础，通过概括所形成的关于世界整体性的一种认知。如果仅仅从认知的角度说，哲学世界观无疑也是对世界的一种认知，因而，它也要借助各门具体科学，包括以在具体科学基础上综合而成的一定世界图景为中介，进行概括和总结，进而形成对世界普遍联系和统一性的认识。

但是哲学对世界普遍联系和统一性的认识不同于世界图景对世界

普遍联系和统一性的认识。这种不同表现在，世界图景是从具体的物质结构和运动形式来说明世界的普遍联系和统一性的。在这种联系和统一性的描述中，人不是作为人，而是作为一个具体存在物和其他万事万物一样对待的。哲学世界观所把握的世界则是人与世界相互关系中的世界，是以人为出发点和归宿点的世界。哲学正是从人与世界在现实活动中的相互关系出发，去观察、理解现实世界，并以这个认识为基础去认识、说明广袤的宇宙，即通过有限而达于无限。人之所以要认识这个无限的世界，说到底是为了改造这个世界，以服务于人的需要。

人与外部世界的关系是广泛、复杂、多方面的。哲学世界观作为总体性、根本性的认识，不是要去揭示和研究人与世界关系中各方面的因素、表现和各式各样的具体问题，而是对人与世界关系的总体性的理论反映。这种总体性理论反映，是指人与世界关系中的一切方面、一切问题，最终都可以上升为一个总体性的问题，即思维与存在或精神与物质的关系问题。哲学认识的总体性就在于它从解释思维与存在这个总问题入手，去回答和解决人与世界、主体与客体、主观和客观等问题。所以，哲学作为对人与世界关系的总体性的理论反映，作为教导人们处理和驾驭自己同外部世界关系的“最高智慧”，就必须从思维与存在的关系问题这一特定理解的角度去考察、研究人与世界的关系。因为思维与存在的关系问题是世界观的基本问题，它本身就是人们处理和驾驭自己同外部世界关系的一切活动中的最基本矛盾的反映。

哲学世界观不同于世界图景，还有一点是，哲学世界观不仅包括了关于整个世界的一般知识，而且提供了看待、分析、评价关于世界知识总体的角度、框架与视野。它是人借助于自身的眼光，从人的自身生存活动中，去为人的活动的价值与意义寻找根据的理论尝试。因此，它涉及的不仅是世界本身如何的问题，而且是使现实世界如何通过人的改造活动变成理想世界的问题。它力求在思维与存在的普遍理论层次上，去研究和说明，使思想对象化以改造客观的现实，从而使外在的世界具有主体的特征。

因此，哲学世界观首先是从思维和存在关系的角度对自然科学、社会科学和思维科学在最普遍层次上的概括和总结，即要回答诸如世界的本质是什么，是物质还是精神；世界是怎样存在的，是运动变化还是静止不动的；世界上各种事物和现象的关系如何，是相互联系还是各自孤立的；事物的运动变化和相互联系是杂乱无章的还是合乎规律的等问题。还要从思维与存在关系的角度，反映主体对客体的总的评价，即反映主体对客体进行改造的目的和愿望。哲学世界观之所以是人对世界的根本观点和总的看法，根本的一点在于，它集中体现了主体的主导作用。因此，哲学世界观还要回答人自身的本质是什么，人在世界中处于什么地位，人们能不能认识和改造世界，以及怎样认识和改造世界等问题。

所以不能把哲学世界观简单地当作关于世界的最普遍的知识和科学来对待，它源于而又高于知识和科学，是包括知识、科学、信念、意志、情感在内的关于世界的看法、态度、思想之根本体现。因此，哲学虽然以知识的形态出现，但实质上，它是以知识为依据的，是人对宇宙的一种态度，是对人在世界上的地位和作用的一种解释。它承担了反省一切经验现象并对其价值判断的标准不断进行质疑的使命。也正因为如此，哲学世界观才能为人们认识世界、改造世界和创造理想世界提供最基本的规范和准则，从而使人们更有智慧地处理和驾驭人同外部世界的关系。

二、宇宙人生关系的总体把握

宇宙问题是哲学问题，人生问题也是哲学问题。哲学作为世界观，既要研究宇宙问题，也要研究人生问题。但是哲学所研究的宇宙问题和人生问题，是从宇宙和人生关系的角度研究的。或者说，是从人出发所研究的宇宙问题，是从人在宇宙中的位置来理解和把握的人生问题。哲学研究宇宙是站在“人”的立场上进行的，哲学研究人是站在“宇宙”的立场上来把握的。或者说，哲学就是关于宇宙人生相统一的理论。

（一）哲学是宇宙人生的统一论

1. 哲学是从总体上关注人与宇宙的关系问题

宇宙人生概念从某种意义上说，对应的是天文人文概念。在中国古代文献中，第一次出现“天文”时，便是与“人文”相提并论的。

“观乎天文，以察时变；观乎人文，以化成天下。”① 这里的“天文”指自然秩序，“人文”指人事条理。观天文、观人文两者是相互联系，不可分割的。观天文，察时变，说到底是为了使人适应这种变化，以寻找应对之策；观人文，以化成天下，也就是按照人的需要和利益，改变天下事物。因此，不管是研究天文以寻求天之道，还是研究人文以寻求人之道，归根到底都是寻求天与人的统一之道。

按照马克思的观点，哲学是“人世的智慧”②。毫无疑问，哲学应该关注人的现实问题，特别要从总体上关注人与宇宙的关系问题。也就是说，哲学要把宇宙人生呈于一个整体之中来加以考察。

因为宇宙是人生活于其中的宇宙，人生也是在宇宙中生活的人生。人不是非对象性的赤裸裸的唯一存在，而是通过自己的活动实现的对宇宙的依赖关系中的存在。自从有了人以后，宇宙再也不是单一的自在的宇宙，而是通过人的自觉自为的活动实现的为着人、向着人的世界转化的宇宙。因此，宇宙是人的无机的身体，人是宇宙生命的人格化身。用恩格斯的话说，在人“身上自然界获得了自我意识”③，宇宙人生因而成为一切哲学“一而二、二而一”的主题。所以，人对宇宙的看法总是反映了人对自身命运的关注和人对自身的认识。同样，人是世界的一部分，人为了求得生存和发展，就不能脱离人对世界的把握，不能脱离人对外部世界的本质和一般规律的认识。

哲学是关于宇宙人生统一的理论。对此，不少哲学家都曾有所论述。

韦伯说，哲学是对宇宙人生的“普遍性解释”。冯友兰说：“我所说的哲学，就是对于人生的有系统的反思的思想。”又说“宇宙论的产生，是因为宇宙是人生的背景，是人生戏剧演出的舞台”，因此，他说：“无论我们是否思人生，是否谈人生，我们都是在人生之中。也无论我们是否思宇宙，是否谈宇宙，我们都是宇宙的一部分。”④ 张岱年

---

① 《易·贲·彖》。

② 《马克思恩格斯全集》第1卷，223页，北京：人民出版社，1995年。

③ 《马克思恩格斯文集》第9卷，420页，北京：人民出版社，2009年。

④ 冯友兰：《中国哲学简史》，涂又光译，4页，北京：北京大学出版社，1985年。

说："哲学是天人之学，即关于宇宙人生基本问题的研讨。关于宇宙人生的基本问题，都具有最广泛的普遍性。"① 周辅成也说："西方有人曾比喻古代哲学是一个大家庭，包括多种学科。譬如一群子女，后来都一一长大了，都出嫁了或长大独立成家了（即各学科独立了），只剩老两口，一是宇宙论，一是人生论（包括道德论）。但不能再分，再分，便不能成家，也不能独立生存。这说明哲学就是以自然哲学与人生哲学为根本。最后这两部分，一点也不能分离。'离婚'就是死路一条。"②

中外学者的上述这些论述都是很有见地的。可以说，都抓住了哲学之作为哲学的根本。如果坚持这样一个根本认识，那么也就不能把哲学归结为人学。

2. 不能把哲学归结为人学

在我国，有的论者认为，哲学就是人学。这一论断引起了一些人的共鸣。但如果细加分析，这一认识并不妥当。人学，如果从对象论角度说，就是关于人的科学；如果从目的论角度说，就是为了人的科学。而在第一种意义上，人学是一个学科群，比如生理学、心理学、人口学等都是以人为对象的科学。在第二种意义上，人学不仅可以用来指哲学，还可以用来指文学以及一切社会科学，甚至还可以包括自然科学与技术科学，因为一切科学的目的都是关切着人、为着人，并最终为人服务的。因此，说哲学就是人学，不能认为这是对哲学的一种科学规定。

哲学无疑要研究人，但哲学所研究的不是人的人身、人种、人口等问题，而是研究人的人生问题。或者说，人生问题才是个哲学问题。人生从含义来说，是指人的生存和生活。哲学就是从最一般的层次上考察人的存在方式、活动方式与发展方式，回答人生的意义和价值问题。研究人生问题的哲学有一个通常的名称，叫作人生哲学，其中主要是伦理学和社会哲学。人生问题作为人生哲学研究的主题，是从人与宇宙的总体关系中抽取出来的。因此，人生哲学对人生问题的研究，

① 韩民青、夏永翔编：《我的哲学思想——当代中国部分哲学家的学术自述》，5页，南宁：广西人民出版社，1994年。

② 《建设中国特色的新伦理学——访周辅成教授》，《哲学动态》，1997（9）。

也不能脱离人与宇宙的总联系作孤立的研究，而必须以人与宇宙的总体把握为参照系，受一定哲学世界观的制约和指导。

（二）中西传统哲学的天人之论

哲学世界观作为宇宙人生关系的总体把握，并不是在所有的哲学派别或哲学家那里都对哲学作了这种统一的理解。但是，不管自觉或不自觉，认识或没有认识到，从本质规定上说，哲学是宇宙和人生的统一论。

1. 西方传统哲学是以宇宙论为侧重点的天人之论

从西方哲学史上看，哲学的智慧是从注意天空开始的。古希腊最早的哲学家泰勒斯具有丰富的天文学知识，曾预言过日食。阿拉克西曼德第一个发明了日晷，并以此作为仪器，测定了太阳的轨道和昼夜平分点。阿拉克西米尼最先认识到月亮光来自太阳，并对日食和月食给予一种自然的解释。原子论的先驱者阿那克萨戈拉在回答为什么活着的问题时说：他活着是为了沉思太阳、月亮、天空以及支配着整个宇宙的秩序。

早期希腊哲学的显著特点是宇宙意识的萌发。早期希腊哲学家不再满足于传统的宗教神话，走上了理性思维的道路，热衷于从宇宙中寻找人类存在的最高意义。当时的哲学和科学融为一体，天文学、数学以及自然知识中的所有部门都包含在哲学的范围内，以“自然哲学”的形式出现。

到苏格拉底，他似乎对天上的星辰和云彩不感兴趣，而要求人们直接去认识自己。西塞罗说，苏格拉底把哲学从天上召唤下来，使它成为探索生活和道德、善和恶所必需的东西。实际上，早在苏格拉底以前，赫拉克利特就已经说过“寻找自己”和“认识自己”的话。对赫拉克利特来说，可以用一句话来概括他的全部哲学：“我已经寻找过我自己。”① 智者学派的代表人物普罗泰戈拉在一个较为普遍的意义上发展了赫拉克利特的思想，他提了一个著名的口号：“人是万物的尺度。”②

---

① ［德］卡西尔：《人论》，甘阳译，6 页，上海：上海译文出版社，1985 年。

② 北京大学哲学系外国哲学史教研室编译：《古希腊罗马哲学》，138 页，北京：商务印书馆，1961 年。

苏格拉底把哲学的主要任务视为“照顾自己的心灵”，即认识自己。他说“完全不管人事，而对天上的事情加以猜测”，“选择这种思考对象的人是愚蠢的”①。黑格尔曾就此指出：“无限的主观性，自我意识的自由，在苏格拉底的学说中生长出来了。”② 可以说，苏格拉底的哲学思想标志着自我意识的确立。

恩格斯说：“在希腊哲学的多种多样的形式中，几乎可以发现以后的所有看法的胚胎、萌芽。”③ 从米利都学派萌发的宇宙意识，到智者学派萌发的自我意识，都体现了对人的终极关怀。宇宙意识是从宇宙的视角思考人生，以沉思宇宙法则为人生寻求指导。自我意识是从人生的视角思考宇宙，确立人在宇宙中的主体地位。因此无论是以宇宙意识为主的哲学派别，还是以自我意识为主的哲学派别，实质上都联结了宇宙与人生的问题，是对如何把人安置在宇宙之中的理性思考。

哲学作为宇宙人生辩证运动的理性表现，其发展正是一个宇宙意识与自我意识不断得到深化的过程。从古希腊哲学的原子论与理念论，到中世纪哲学的唯名论与唯实论，到近代哲学的经验论与唯理论，到现代西方哲学的科学主义思潮和人本主义思潮，都是以不同的方式和在不同层次上对宇宙意识和自我意识的深化。由此可见，从古到今哲学问题的探索尽管随着时代的变迁而不断更新，但总是围绕着“宇宙人生”的问题这个轴心而转动的。宇宙是无限的，人生是有限的，从有限的人生探索无限的宇宙，这中间蕴含着哲学的真谛。哲学的意义就在于人类以理性的思维能力对宇宙人生的真理作无穷的探索。

哲学古称智慧之学，中外皆这样说。西方传统哲学讲“爱智”，其侧重点讲人与自然的关系，也就是说，西方传统哲学从主流来说，是以宇宙意识为主的哲学。西方传统哲学的宇宙意识与自我意识的统一在这个维度上展开。这表现为本体论、认识论、逻辑学的结合，即在

① 北京大学哲学系外国哲学史教研室编译：《西方哲学原著选读》上卷，60页，北京：商务印书馆，1981年。

② ［德］黑格尔：《哲学史讲演录》第2卷，贺麟、王太庆等译，40页，北京：商务印书馆，1960年。

③ 《马克思恩格斯文集》第9卷，439页，北京：人民出版社，2009年。

广义的认识过程中，把握存在的意蕴。西方传统哲学是以认识论为中心的天人之学，以认识自然、改造自然为最高目的。比如赫拉克利特说：“智慧就在于说出真理，并且按照自然行事，听自然的话。”① 又说：“爱智慧的人必须熟悉很多很多东西。”②

2. 中国传统哲学是以人类学为侧重点的天人之论

从中国哲学史来看，东方哲学也存在重视人本身的人类学哲学家（比如重视人的群体和谐生存的思孟学派、重视人的个体自由之存在的庄子学派，抑或兼此二者，如宋明时期的一些学者）和思辨偏重于宇宙学哲学的思想家（如老子、王弼等）。

老子提出了自然无为的天道观。他说：“天之道，不争而善胜，不言而善应，不召而自来。”③ 他强调自然规律、自然秩序、自然过程的客观性，认为“天道自然无为”。这一观点对批判西周以来长期占统治地位的上帝有知、天道有为的宗教思想，作出了划时代的贡献。但是，他把天道无为的思想提到了绝对化的程度，并且认为只有“无为”才是最高原则，要人向天道学习，不能有为。这叫“人法地，地法天，天法道，道法自然”。由此，引出的人生结论只能是“顺其自然”“安之若命”。强调顺其自然，认识和尊重客观规律是对的，但是把顺其自然解释成无所作为、安之若命，则是消极的、保守的。所以荀子批评老子，特别是庄子：“蔽于天，而不知人。”④ 这里的不知人，不是说道家思想只有宇宙论，没有人生论。实际上，老子的“道”既是一种宇宙本体的形上思考，同时也是对现实人生的一种消极保守的指引，即安时处顺，追求以退守求养身的人生旨归。因此，荀子所说的“不知人”是批评道家否定人的作为，否定人的主体能动性。

庄子所主张的“道”也有两方面的涵义：一是本体之道，或曰宇宙之道；二是人生的最高精神境界。与老子从宇宙论伸展到人生论的哲学体系不同的是，庄子更注重第二方面。《礼记·礼运》中说：“人

① 北京大学哲学系外国哲学史教研室编译：《西方哲学原著选读》上卷，25 页，北京：商务印书馆，1981 年。

② 北京大学哲学系外国哲学史教研室编译：《西方哲学原著选读》上卷，26 页，北京：商务印书馆，1981 年。

③ 《老子·七十三章》。

④ 《荀子·解蔽》。

者，天地之心也”，在《庄子·达生》中也说：“灵台者，天之在人中者也。”他把客观的宇宙之道内化为主体的精神境界，前者仅仅是作为后者的一个终极之点而具有意义。庄子的哲学基本精神是寻求个体的精神自由。这种人生境界之道，是从主体生命所开发出来的一种心灵状态。这种状态要求从内心深处做到与“天地精神往来”，从而使人超凡脱俗，飘逸物外，寻求永恒之逍遥与解脱，体道成真，直至最高境界：“天地与我并生，而万物与我为一。”①

中国传统哲学是一种儒道互补的结构，如果说以老庄为代表的道家对人的终极关怀具有自然主义色彩，那么以孔孟为代表的儒家对人的终极关怀，既根植于现实的人生，又具有理想主义色彩。从《论语》的记载来看，孔子既以崇敬的心情赞美天之伟大，“巍巍乎！唯天为大”，但并不贵天小人，而把人与天地放在同等地位。他重视人的人格力量和道德作用，以“求道”为人生的一大要事，认为“朝闻道，夕死可矣”②，表现了一种“士志于道”③ 的精神。

“求道”在中国古代是一种最高的追求。《尚书·大甲》中就有“必求之者道”之议。老子也说：“孔德之容，唯道是从。”④ 其意思是说，大“德”的人的一切容貌举止，都是遵从“道”的。那么，什么是“道”呢？《韩非子·释志》中说：“道者，万事万物之所成也”，“道者，万事万物之所然也”。即“道”是万事万物生成和存在的总根据，它融合了天道与人道。1993年湖北荆门出土的楚简中有一段非常重要的记载：“易，所以会天道、人道也。”这里是说，《周易》是一部会通“天道”“人道”所以然道理的书。然而在孔子那里则是侧重从人道，即从“仁”来理解“道”，即以“仁”为安身立命之道。“仁”既是一种人格塑造，“诚意，正心，修身”，君子人格，“志士仁人，无求生以害仁，有杀身以成仁”；又是一种政治理想，“齐家，治国，平天下”“天下归仁”。

---

① 中国科学院哲学研究所中国哲学史组、北京大学哲学系中国哲学史教研室编：《中国哲学史资料简编》先秦部分上册，264页，北京：中华书局，1962年。

② 《论语·里仁》。

③ 《论语·里仁》。

④ 中国科学院哲学研究所中国哲学史组、北京大学哲学系中国哲学史教研室编：《中国哲学史资料简编》先秦部分上册，264页，北京：中华书局，1962年。

孔子“罕言天道”，重在人道，即重在伦理学、价值论。东汉哲学家王充说：“孔子道德之祖，诸子之中最卓者也。”[①] 但是人道没有天道作根据，就会丧失应有的权威性，人的东西必须从超人的东西求得论证。这个最广大的超人的东西就是宇宙，就是自然。所以尽管儒家学说讲人道，但还需要从天道那里求得宇宙论的证明。这就是孔子的唯心主义的天命观。孔子说：“不知命，无以为君子也。”[②] 孔子在谈到自己精神修养的发展过程时说：五十而知天命。孔子觉得，他接受了天的使命。他说：“天生德于予。”《论语》还记载：“子畏于匡，曰：天之将丧斯文也，后死者不得与于斯文也；天之未丧斯文也，匡人其如予何?”[③] 其意思是说，天若是要消灭这种文化，那我（后死者——孔子自谓）也就不会掌握这种文化了；天若是不消灭这一文化，那匡人又能把我怎么样呢（孔子自认为，天选择他作为文化的传人）？有个与孔子同时代的人说：“天下之无道也久矣，天将以夫子为木铎。”[④] 所以孔子在做他所做的事的时候，深信他是在执行天的命令，受到天的支持，因而不计成败，尽力去做。

老庄从天道伸展到人道，儒家开山祖孔子从人道追寻到天道，到了荀子那里来了一个综合。

荀子认为，宇宙的三种势力：天、地、人，各有自己的特殊职责。“列星随旋，日月递照，四时代御，阴阳大化，风雨博施，万物各得其和以生。”[⑤] 这是天地的职责。人在宇宙中，与天地有同等的重要性。荀子说：“天有其时，地有其财，人有其治，夫是谓之能参。”[⑥] “能参”就是能和天地相互配合，人的职责是利用天地提供的东西，创造自己的文化。荀子一方面认为“天行有常”，天是不以人的意志为转移的自然界，是按照固有的次序运动和变化的。另一方面又认为，人可以认识和利用自然，掌握自然变化的次序为人类服务。荀子说：“大天

① 《论衡·本性》。
② 《论语·尧曰》。
③ 《论语·子罕》。
④ 《论语·八佾》。
⑤ 《荀子·天论》。
⑥ 《荀子·天论》。

而思之，孰与物畜而制之，从天而颂之，孰与制天命而用之！”[①]（推崇天而思慕它，如何能比得上把天当作物来蓄养而控制它？顺从天而赞美它，哪能比得上掌握自然变化的次序而利用它？）“制天命而用之”这是一个极为光辉的思想。过去把这句话概括为人定胜天，似乎并不全面。其实，这句话包含两层意思：一是自然有自己固有的运动变化次序，荀子在这里称之为“天命”；二是人可以认识和掌握自然运动变化的次序，利用其来为自己服务。

从上面简略的叙述可知，希腊哲学志在“爱智”，中国古代哲学志在“求道”。希腊哲学的天人之学是以认识论为中心，根本目的在于认识自然，改造自然。中国古代哲学的天人之学，以伦理学为中心，是本体论、伦理学、价值论的结合。中国古代哲学不以认识自然、改造自然为最高目的，而是强调为己之学，以提高人的境界为目标。

这里需要强调指出的是，西方古代哲学和中国古代哲学都是天人之学，都要探讨宇宙人生的根本问题，即所谓“性与天道”的问题。所不同的只是坐标、中心不一样。从主导方面来说，前者是以人与自然的关系（认识和改造）为切入点、为中心的天人之学；后者是以人与人的关系，特别是伦理关系为切入点、为中心的天人之学。由于中西传统哲学的侧重点不同，因而使用的哲学概念也不同。所以这是两种不同的哲学思维形态。

总之，哲学世界观是对宇宙人生关系的总体把握，这对中西哲学来说，都是恰当的概括。就宇宙论与人生论的关系来说，尽管有的哲学侧重于宇宙观，但必然会引申出和包含一定的人生论。同样，有的哲学侧重于人生论，但必然也会上升到和包含一定的宇宙论。因此，不能单从宇宙论理解哲学世界观，也不能单从人生论理解哲学世界观，而应该从人生与宇宙关系的总体来把握哲学世界观，从宇宙论与人生论的统一来理解哲学世界观。

毋庸讳言，过去我们的哲学原理教科书，从总体上说是偏重于从宇宙论来理解哲学世界观的，特别是偏重从认识世界、改造世界的维度来理解世界观的，因而使人对哲学有一种疏离感。这也是许多青年人对哲学缺乏浓厚兴趣的一个原因。近十多年来，人类学哲学在我国

---

① 《荀子·天论》。

又逐渐抬头，但亟待向深层进发。为此，必须认真开掘中国的人生论哲学。中国哲学的人生论是世界文化宝库中的一份珍贵财产。张岱年先生曾经指出，“其所触及的问题既多，其所达到的境界亦深”。他还说：“人生理想论，实是中国哲学之核心部分。中国哲学在此方面的贡献，亦较大，中国哲人，关于人生之最高准则，实可谓有比较丰富渊闳、博大精深的理论。”①

哲学世界观作为宇宙人生的统一论，但这种统一有完整形态和非完整形态之分，有科学形态与非科学形态之别。完整、科学形态的统一，就表现为宇宙人生关系理解上的科学性和价值性的统一，亦真、善、美的统一。

三、真善美统一的追求

哲学是对真、善、美及其统一的追求。

（一）真、善、美及其辩证关系

人类几千年来的哲学发展史，从根本上说，就是通过对宇宙人生关系的不断深入、全面的把握，在理论上争取自身解放的思想斗争史。前者是一个追求宇宙人生关系的真理性问题，后者是一个正确驾驭宇宙人生关系、获得自身解放的价值性问题。真理和价值各代表了主客体统一的一个侧面。真理是以客体尺度为基础的统一，价值是以主体尺度为基础的统一，真理和价值的统一则是主体与客体之间全面、完整的统一。主客体之间全面、完整的统一，通过人的活动所达到的境界，就是真、善、美三者统一，以及作为三者统一的最高表现——自由的境界。

1. “真”是主体向客体的趋近和统一

“真”，从认识论的角度说，是指获得真理。追求真理是人类认识活动的实质，也是人类理性能力发展和认识活动发展的直接动力。“求真”的具体成果就是科学的知识体系。但是认识是和实践密切联系的，认识的目的，说到底是为了指导实践。因此，从认识与实践相统一的

① 张岱年：《中国哲学大纲》，243—244 页，南京：江苏教育出版社，2005 年。

角度说，“真”的普遍本质就是主体在思想上和行动上充分地接近和适合于客体的必然性。这是主客体达到统一的第一种状态。没有这种统一，人的任何活动都是不可能成功的。所以，人类把追求真理，运用真理于实践作为自己的第一个理想的目标和境界。

真理本身不是价值，但是真理被作为手段运用于实践以满足人的某种需要时，即“真”同作为价值标识的“善”和“美”相联系时，“真”就具有了为实现合理价值提供保证的价值。或者说，具有了服务于价值目的实现的手段性价值。而在目的和手段的相互关系中，手段的现实性制约着目的的现实性，因此，人类又把“真”作为最基本的价值之一。“求真”“守真”意味着尊重事实，尊重规律，尊重知识，尊重科学，这是人类文明得以保存和发展的第一个前提，也是使主体与客体，宇宙与人生在实践中达到全面、完整统一的第一个步骤。

2. “善”是客体向主体的趋近和统一

“善”有狭义和广义之分。狭义的善是道德意义上的善，指道德上合乎规范；广义的善是价值论意义上的善，它包括人在自然关系和社会关系中各方面合理需要（经济的、政治的、道德的、文化等）的满足。功利和道德上的正价值都可称为“善”。就其普遍本质来说，“善”是实现了主体必然性的境界。

主体必然性，即主体作为认识世界和改造世界的活动着的人所具有的各方面需求的必然性。在主客体关系中，充当主体的是具体的人或人的群体。他们有一系列生存和发展的现实需要，如生存保障、物质福利、社会效益、人际协调、文化享受等。这些需要表明了主体对客体的充分依赖，也表明了主体活动的内在目的性。

亚里士多德就曾把“善”称作“作为目的本身而追求的目的”①，即终极目的。比如，发展生产是目的，但人们不是为生产而生产，那么，发展生产的目的又是什么呢？在社会主义国家，发展生产的目的是提高人民生活。也就是说，提高人民生活是发展社会主义生产的价值目的，这也就是“善”。康德也把“善”称之为“理性先验指出的最后目的”②。换一个说法，“善”亦是自觉预设的最后目的。黑格尔称

---

① 周辅成编：《西方伦理学名著选辑》上卷，282页，北京：商务印书馆，1964年。

② 周辅成编：《西方伦理学名著选辑》下卷，25页，北京：商务印书馆，1964年。

之为“应有”。他认为，应有不应有的标准就是“善”。列宁把“善”定义为“‘对外部现实性的要求’，这就是说，‘善’被理解为人的实践＝要求（1）和外部现实性（2）”①。虽然说法不同，但都是把表现了主体的必然性的活动目的的实现，即使客体向主体接近和为主体服务的实现，称之为“善”。

善是一种以主体坐标为尺度的主客体统一状态，是价值形态表现。讲善就必然意味着对谁而言的善，因而善具有强烈的主体性，如人类性、群体性、个体性等。但是，一般说来，善的实现同时也意味着客体必然性的实现。即相对于人类主体而言的善，必须以真为前提，从而达到主客体必然性、宇宙人生的必然性的相互一致，必须使主客体之间的矛盾得到解决。因此普遍的善，是以真为前提的，是在更高层次上的主客体统一。这种统一的特点在于，其重心从客体移到了主体，这意味着主体的自我实现进一步得到了贯彻，人的自由度得到了提高。

3. “美”是“真”和“善”统一的形式表现

“美”是在“真”和“善”的基础上达到的更高境界。在哲学上，“美”是在人类改造世界的创造活动及其成果中，“真”和“善”达于完美统一的形式表现，是对人的自由的肯定，它通过人的美感表现出来。用康德的话说，美感是一种自由的快感。说它是自由的，是指这种审美经验中的快感没有任何利害关系，是一种无私的愉悦感、和谐感和自由感。比如庖丁解牛，解完牛后，他心情愉悦，这是一种审美活动的自由。尽管解牛是功利性的，是为了满足人的物质需要，但在这个活动中能做到因其自然，合乎天理，动作与舞蹈一样有节奏，达到这种程度，解牛本身才成为自由的愉快。在这种活动中，人的本质力量对象化、形象化了，人在这样的活动中直观到了自己的本质力量。

美感就是审美主体从审美客体那里充分体验到自己生活中健康的、积极的、和谐的内容和形式。这种内容和形式不是客体所固有的，而是人的社会活动所产生、所赋予的。它的特点就是充分展现并肯定人的本质的丰富性和人的活动的创造性，并且这种丰富性和创造性是在超越了直接功利需求的意义上被体验到的。用康德的话说，“美”的判断是纯粹的鉴赏判断。“美”和美感的超功利性和创造性特征，充分表

① ［俄］列宁：《哲学笔记》，229页，北京：人民出版社，1974年。

明了“美”是以主体为尺度的主客体的高度统一。

“美”和美感的高度主体性并不意味着美是主观自生的、随意的，它更深刻地体现着人的本质和实践的客观性。美、真、善一样都有其客观基础。美和真、善之间，都有着内在联系。

美以真为前提，不真的东西不会美。法国作家罗曼·罗兰说，真实的东西，才是美，虚假永远无聊乏味，令人生厌。但是，美又超越了真，它并不局限于客体的现实性和必然性，而是更多地显示了主体的本质和人类实践的丰富性。真的东西必须符合人的合理需要和利益，才能达于美。这就是说，美又以善为核心，不善的东西不会美。美必须是善。鲁迅先生说：“在一切人类所以为美的东西，就是于他有用——于为了生存而和自然以及别的社会人生的斗争上有着意义的东西。”① 美虽然以善为前提，但美也超越了善，美不仅仅停留在主体的现实性和必然性上，而是真和善获得完美形式的统一。狄德罗说：“真善美是些十分相近的品质。在前面的两种品质上加上一些难得且出色的情状，真也显得美，善也显得美。”② “难得出色的情状”是指形式美。单纯的“真”是个一般规定，单纯的“善”也是个一般规定，“真”和“善”只有在“美”的形式中获得统一，才都作为具体而存在。因此，美是真和善达于完美统一的形式表现。它不仅指内容上的人情人性的认同，而且指形式上的完美和谐，是主体自由的更进一步的实现。

真、善、美都是主客体之间达到统一的境界，但这种境界有层次和侧重点的不同。“真”侧重于以客体的现实性和必然性为尺度，使主体与客体相一致，使主体趋近和适合于客体。“善”侧重于以主体自身的现实性和必然性为尺度，使客体趋近于、适合于、服务于主体。“美”则是在真和善相统一的基础上，更侧重于人的具体自由的实现。作为人类理想境界的三个层次和三个侧面，真、善、美及其统一问题的解答，历来都被不同哲学家和不同哲学派别视为各自哲学理论的最高目标和最后归宿。因为哲学作为对宇宙、人生关系的总体把握，说

① 《鲁迅全集》第4卷，207页，北京：人民文学出版社，1981年。

② 北京大学哲学系美学教研室编：《西方美学家论美和美感》，135页，北京：商务印书馆，1980年。

到底是为了实现对人的终极关怀，因而总是要从一定的社会理想和人生境界出发去求真。哲学对真的追求，总离不开美和善。同样，哲学也总是要借助于当时人们所能达到的逻辑和科学水平去论证自己理想的真实性和可能性。也就是说，哲学对善美的论证也离不开真。正是在对真善美的相互论证和不断追求中，才使世界观在哲学体系中处于统摄一切的地位，成为自然观、历史观、认识论、价值论、美学、方法论等哲学分支的总的思想指导。

（二）哲学史上的真善美关系论

在哲学史上，不同的哲学和哲学派别对真善美研究的角度和观点，存在着很大的分歧。虽然其中不乏正确的见解，并在历史的长河中不断趋向于科学的、统一的理解，然而从总体上说，除马克思主义哲学以外的一切哲学派别在对真善美关系的处理上，都没有能达到完整、科学的水平。其典型的表现，一是以还原论的观点对它们作不适当的归结；二是把它们绝对对立起来，作完全排斥的理解。前者有两种表现：一是“真即善”论；二是“善即真”论。

1. 古希腊朴素唯物主义的“真即善”

在欧洲哲学史上，古希腊的哲学家主张真善合一。但这二者中，以谁为主，则观点各异。朴素唯物主义哲学家赫拉克利特、德谟克利特等人主张以真为主，并进而认为，“真即善”。逻各斯是真，又是善，是智慧，又是幸福。自然万物都有逻各斯。所谓逻各斯，是指自然万物所以然的根据。

赫拉克利特认为“逻各斯”是世界万物的本质、本原，只有顺从逻各斯，才能达到人类的理想境界。西方伦理学史上，之所以把赫拉克利特称之为宇宙论学派的创始人，就是因为他从宇宙的本质（逻各斯）推出道德原则，并把人的道德活动、理想的实现同整个宇宙的发展规律联系起来。善的实现，就是与逻各斯合而为一，这就是“真即善”。德谟克利特的观点与其相似，认为人的幸福是由较为精致的原子的柔和运动造成的。他看到了人的活动对于至善至美境界的追求。但他认为达到这种理想境界只是顺应了原子运动的结果，原子在虚空中只能垂直下降，是完全服从于客观必然性的，这就把善等同于真了。

这些唯物主义哲学家看到真是善的基础，认为理想的实现应当立足现实，应该遵循客观必然性，这是对的。但是他们只看到真与善相联系的一面，而没有看到相区别的一面。即一切真的东西并不都是对人有用的东西，现实并不等于理想。规律的作用可能给人带来利益，也可能给人带来危害。因此，在古希腊唯物主义哲学家那里的所谓真、善的统一，并不是真正意义上的统一，而是把善归结为真，实际是把真与善混为一谈了。

2. 古希腊唯心主义的“善即真”

古希腊唯心主义哲学家以苏格拉底和柏拉图为代表，也主张二者统一。但他们认为这种统一是以善为主，并进而主张“善即真”。他们反对从自然界的认识中得到“善”，认为只有“善”本身才是真的。柏拉图把世界分为理念世界和现实世界，认为现实世界是理念世界的影子，理念世界是比现实世界更真实的存在。“善”的理念又是理念世界的最高峰。因此，在柏拉图看来：“善的理念……乃是知识和真理的原因。真理和知识是好东西，但它却是更好的东西。”① 他又说：“知识的对象不仅从‘善’得到它们的可知性，并且从善得到它们自己的存在和实在性，但是‘善’自己却不是存在的，而是超乎存在之上，比存在更尊严更有威力的东西。”②

透过柏拉图这些论述的唯心主义神秘色彩，实际上，他不自觉地表达了这样的思想，即必须用符合人类最高理想和根本利益的善来规范真，并使之变成真。但是他把善绝对化，认为善即真，而这是不能成立的。因为并不是任何美好的理想都可以变成现实，有的不仅不能变成现实，而且还会在现实面前被击得粉碎。善如果不以真为基础、为前提，善也会落空。可见，柏拉图所说的善和真的统一，也并不是真正意义上的统一，而是把真归结为善，实际是把真混同于善了。

因此，古希腊哲学关于真善统一的两种不同的观点，已经埋下了后来对二者作绝对对立理解的种子。这些种子经过长期的冬眠，随着近现代历史的演进，逐渐萌发起来。

---

① 北京大学哲学系外国哲学史教研室编译：《古希腊罗马哲学》，181页，北京：商务印书馆，1961年。

② 北京大学哲学系外国哲学史教研室编译：《古希腊罗马哲学》，182页，北京：商务印书馆，1961年。

3. 近代以来关于“真”“善”绝对对立的理解

亚里士多德哲学是对古希腊哲学的一次综合。经过亚里士多德整理以后，以赫拉克利特为代表的“真即善”派成为主流，即认为人类要想达到至善至美的理想境界，就必须遵循逻各斯，在探索自然规律中求得自身幸福。知识即道德，知识即幸福，知识即力量，这就是所谓“逻各斯中心主义”。这样一种观念的确立，奠定了欧洲科学理性主义的精神基础。

然而这种传统从近代以来开始改变。特别是现代历史上，当科学的进步、技术的发明促进了工业发展和社会繁荣的同时，又造成了战争的惨烈、核污染、生态环境的恶化等，人们对“逻各斯中心主义”，对“科学发展与幸福增进成正比”的观点产生了怀疑，在有些人那里，甚至最终发生了动摇。于是，非理性主义抬头，人本主义成为与科学主义相抗衡的思潮。在这种情况下，科学发展悲观论滋生起来。这种论调从一个极端，把真理和价值绝对对立起来了。认为发展科学对人类非但无益，而且有害。因此，必须停止科学的发展，有人甚至主张要退回到人类的原初状态。很显然，这种观点是片面的、错误的。

如果仅从认识根源来说，这种对立产生于两个方面的混淆。

一是把科学与科学的不当应用混为一谈。比如，原子技术可以用于造福人类，也可以用来制造原子武器毁灭人类。在后一种情况下，科学是无罪的，而应由不当应用科学技术的人来负责。比如一把菜刀可以用来切菜，也可以用来杀人。法庭在审理案件时，只能判杀人者有罪，而不能判菜刀有罪。这是再简单不过的道理。

二是把某种科学技术的局限性在应用中所造成的负面作用与科学的整体作用混为一谈。科学技术是人类解决自身同环境之间矛盾的武器。有些科学技术在工农业中应用，为人类造福的同时，确实又给人类造成了危害，比如造成生态环境的破坏。但是，从科学技术发展的规律和趋势看，实践活动所造成的不利于人的种种问题归根到底还将通过科学技术的进步来解决。纵观历史，科学技术对自然力的利用也经历着从低级到高级、从片面到综合的发展过程。在漫长的历史中，实践的技术在基本上是限于对无机自然力（机械、物理、化学等）的片面开发和利用。大工业所造成的种种环境问题往往是发源于科学技术发展的这种历史的局限。然而，随着无机自然力在更广、更深的程度上得到综合开发和利用，以及生命科学和生物技术的发展，从而对有机自然力的充分利用，必将能够从根本上消除传统科学技术的局限在实践中所造成的负面作用。

总之，科学技术的进步，必将给人类生存和发展开辟愈来愈光明的前景，这是毫无疑义的。科学发展悲观论怀疑科学对人类的价值是没有根据的。

4. 近代以来把科学和价值绝对对立的理解

在近代以来的西方，还有从另一个极端——把科学和价值对立起来的观点。这种观点认为，讲科学就不能讲价值，反过来也是一样，讲价值就不能讲科学。他们说，科学是求真，价值是有效，二者没有必然的逻辑关系。另外，价值是相对于主体而言的，而主体有个体、群体、人类之别。个体是众多的，群体又是多样的，因而，价值标准也必然是各式各样，甚至是彼此对立的。要求真，就必须有一种科学精神、客观态度，而价值则是从主体的需要、利益出发而作出推论的。基于这种认识，实证主义主张，在科学研究中，必须对价值和评价采取回避和“悬置”态度，即坚持所谓“价值中立”。

把“价值中立”视为科学研究的一个规范性原则，并作出系统而严格阐述的当推德国社会学家韦伯。在欧洲哲学史上，首先对“事实判断”和“价值判断”作出明确区分的是休谟。如果再往前追溯，在伏尔泰那里就已提出“假如几何学触犯了人们的利益，它也不会得到人们的承认”的观点。也就是说，人们宁肯保存自己的善而牺牲真。因此，讲科学，讲真理，就不能讲价值，不然就不能保证科学的纯真和清白。

这种观点看到真理与价值的区别是对的，看到对真理的追求必须排除主观实用主义的干扰，这也是对的。但是，由此把真理和价值绝对对立起来则是不正确的。

首先，为科学而科学，为知识而知识，在认识范围内，是有其合理性的，但从认识与实践统一的意义上说，人们搜集事实材料，是为了理解或认识这个世界，人们加工、处理事实材料，是企图找到其所面临的问题的答案；人们尝试依据科学改造世界，是为了使其更适合于人的生存和发展。因此，科学作为人类活动的一种基本方式，是深深地根植于人类根本利益和社会需要之中的。“价值中立说”强调科学的客观性，强调具体科学活动中应清除一些价值因素的干扰，是有其现实意义的。但是，由此忽视科学的属人性，割裂科学和价值的内在关联则是不能成立的。殊不知，科学的客观性要求，正是科学的特殊价值所在，即科学越具有客观性，作为一种手段，越能有效地为人服务。因此，科学的客观性并不否定科学的价值性，而恰恰是科学价值性的实现所必然要求的。

其次，科学活动中价值因素的作用具有两种不同的性质：一是正面作用，即促进人们对科学真理的把握；二是负面作用，即干扰人们对科学真理的把握，甚至会造成误导，使人们陷入谬误。对价值因素第二种性质的作用是应该排除的。但对价值因素第一种性质的作用不仅不应排除，还应加以发扬。因为具有正面作用的价值意识、价值取向，可以通过主体的情绪、情感、意志等的激发而转化成一种能动力量，促进认识对象的选择、材料的搜集、规范对这些材料加工整理的方向，促进科学真理的把握。因此对科学真理的把握过程，不是一个自然而然的、超脱于价值的过程，而是一个在价值意识正面作用的推动下实现的过程。

最后，真理性判断本身往往带有自己的价值负荷。它们不仅表征着客体的真实面目和发展的必然趋势，而且往往负载着某种价值的意义和要求。比如“洪水来了”这样一个正确判断，就包含着赶快逃命或奋起抗击的价值意义。又比如“你是孩子的母亲”这个判断，也包含着母亲对孩子的价值责任。另外，诸如“没有调查就没有发言权”、“一切事物都是一分为二的”、“没有正确的理论就没有正确的行动”之类，也都包含着相应的方法论功能，以及对某种价值理想的追求和向往。关于这一点，黑格尔有过深刻的见解。他认为，离开了价值和审美的指称判断是无意义的，虚假的。

那么，从古代到近代的许多哲学家对真理与价值、对真善美关系的认识，为什么或是陷于简单的片面归结，或是陷于绝对对立的理解呢？从根本上说，是因为他们都没有能在哲学世界观的意义上，把实践理解为真理与价值即真善美相统一的现实基础。马克思主义哲学比其他一切哲学高明的地方就在于，它以科学的实践观作为自己理论的核心。马克思主义哲学是实践的唯物主义，它坚持以实践为基础来透视人与宇宙的总联系，来揭示和说明真理与价值的统一，真善美的统一。

（三）真理原则和价值原则的统一

1. 从实践出发理解人与世界的关系

马克思在1845年春天所写的“作为包含着新世界观的天才萌芽的第一个文件”（恩格斯语）的《关于费尔巴哈的提纲》，就是一个关于实践的唯物主义哲学的基本纲领。在这个纲领中，马克思把实践作为理解人（主体）、人的社会生活、人的思维的现实性和人与现实世界的关系的基础。他既批判了离开感性活动，离开实践去理解现实、事物和客体的直观唯物主义；又批判了不知道真正现实的、感性的活动本身，而只是抽象地发展了主体能动方面的唯心主义。唯心主义是把主体理解为无人身的理性或纯粹的自我意识，并由此引申出关于现实、事物和客体的规定的。在这个纲领中，马克思不仅把实践作为自己整个哲学理论的基础，而且还特别指出，哲学家们只是用不同的方式解释世界，而问题在于改变世界。在时隔不久写作的《德意志意识形态》一书中，他又把共产主义者直接叫作实践的唯物主义者，并强调，对实践的唯物主义者来说，全部问题都在于使现存世界革命化，实际地反对和改变事物的现状。因此，实践唯物主义这个名称，集中地表达了马克思主义哲学在内容和功能上的本质特征。

实践唯物主义的基本出发点，就是以实践为基础来理解现实的人、现实的世界以及二者之间的关系。按照马克思主义的观点，人最初来自自然界，“人的存在是有机生命所经历的前一个过程的结果。只是在这个过程的一定阶段上，人才成为人。但是一旦人已经存在，人，作为人类历史的经常前提，也是人类历史的经常的产物和结果。而人只有作为自己本身的产物和结果才成为前提。”① 这就是说，人是通过自己的活动自我创造、自我塑造的结果。人的生活所依赖的现实世界，也不是原生态的自然界，而是“人类学”的自然界。原生态的自然界经过人的实践改造，才能构成人们可以依赖的“感性世界”。用马克思的话说：“这种活动、这种连续不断的感性劳动和创造、这种生产，正是整个现存的感性世界的基础。”② 实践不断地改造、创造着现存世界，

① 《马克思恩格斯全集》第26卷（Ⅲ），545页，北京：人民出版社，1974年。
② 《马克思恩格斯选集》第1卷，77页，北京：人民出版社，1995年。

同时又不断地改造、创造着人本身。“环境的改变和人的活动或自我改变的一致，只能被看作是，并合理地理解为**革命的实践**。”[①]

实践作为人与世界的关系实际展开的最现实的表现形式，不是被限定在某种不变的模式和规模之中。在实践中，人运用自己现实的本质力量掌握世界，创造能满足人的物质的和精神的需要的对象；又通过对这些对象的不同方式的享用和消化，把它们变为人的物质的和精神的、生活与活动的组成部分，转化为人的本质力量。这是一个在实践中或以实践为基础所实现和表现出来的主体客体化和客体主体化的过程。在这个过程中，作为主体的人的现实的本质力量的发展和发挥程度，制约着人赖以生活的世界的范围，制约着人掌握世界的广度和深度；反之，人赖以生活的世界的范围，人掌握世界的广度和深度，又反映着人的本质力量的发展水平和发挥程度。作为历史的过程来说，人对世界的掌握进度，必然促进人的本质力量的发展与发挥；而这样又必然反过来扩展着人掌握世界的深度和广度，从而扩展着人赖以生活的世界的范围。这种相互适应和相互促进的关系，显示了在人与世界的关系中通过实践实现和表现出来的主客体相关规律的作用。这种相互作用的指向就是真理与价值的统一。

2. 从实践出发理解真理与价值的关系

真理和价值这两个范畴，体现了人对于认识世界和改造世界的两个尺度——事物的客体尺度和人的内在尺度的自觉意识。马克思曾经指出，人之对于外部世界与动物有根本的不同，“动物只是按照它所属的那个种的尺度和需要来构造，而人却懂得按照任何一个种的尺度来进行生产，并且懂得怎样处处都把固有的尺度运用于对象；因此，人也按照美的规律来构造。”[②] 这里说的“任何一个种的尺度”是指一切事物的客体尺度，即事物固有的规定性和规律。这里所说的“内在尺度”，是指主体自身所固有的规定性和规律。这种尺度的最集中最直接的表现就是人的需要和利益的尺度。动物只有一个尺度，即它那个物种的本能和本性，而人却有两个尺度：一个是客体尺度，即对象的本性和规律；一个是主体尺度，即人自己的本性和规律。动物只是自发

① 《马克思恩格斯选集》第1卷，55页，北京：人民出版社，1995年。

② 《马克思恩格斯文集》第1卷，162—163页，北京：人民出版社，2009年。

地按自己的尺度进行活动，而人却能够有意识地将上述两个尺度结合起来。

在人的活动中，主体尺度的作用表现为主体按照自己的面貌改造客体并对客体的反作用作出反应；客体尺度的作用表现为客体也按照自己的面貌制约和改造主体，并对来自主体的作用作出反应。人作为实践主体，一方面必须坚持客体尺度，即承认客体，了解客体，掌握和服从客体的本性和规律，非如此则不能成功；另一方面，主体又要改变客体，重建客体，使客体为主体的需要和目的服务，非如此则无实践的必要。不断实践的结果使得客体和主体不断地彼此接近，相互适应，相互转化，即客体主体化、主体客体化。上述两方面的内容和规律，即主体的本质和规律、客体的本质和规律及其统一反映到人的头脑中来，被自觉或不自觉地意识到，并贯彻到行为的规则中去，就形成了人类活动的真理原则和价值原则的统一。

真理原则和价值原则可以统一吗？回答是肯定的。因为有其客观的基础。

3. 真理原则和价值原则统一的基础

（1）真理原则和价值原则在人类实践基础上的统一

真理原则和价值原则作为同一人类活动的两个方面的基本内容是互为前提的。人们通过实践获得真理，也通过实践创造价值，实践是真理和价值统一的基础，它们在人类活动中互为前提。没有真理原则的指导，价值原则就不能成功地贯彻下去，没有价值原则的推动，真理也得不到坚持和发展的动力。另外，价值原则的成立，要从真理原则获得自己的客观根据；总要解决“它是真是假”的问题，以便在价值生活中去伪存真，弃虚求实。同样，真理原则的实际应用，也要从价值原则获得自己的意义说明。即对于每一真理，人们也要解决它“有什么价值”的问题，以便在实践和认识中充分依据和利用真理来为人类谋利益。

（2）真理原则和价值原则在人类利益基础上的统一

真理和价值的统一是人类活动所追求的根本目标。在现实生活中，价值主体具有层次性，有个体主体、群体主体和人类主体。不同个体之间，不同群体之间，个体、群体以及人类之间在价值的具体追求和取舍上必然相互区别，甚至常常相互排斥和彼此冲突。这些具体的价值追求表现在与具体真理的关系上也各式各样，其中也必然包含着种种对立和冲突。然而，从人类历史发展的总体来说，在具体价值和具体真理之间的对立和冲突尽管还会不断产生，但总是在不断的调节之中，总是在愈来愈大的程度上获得统一。因为，就不断发展的人类整体来说，它的根本利益和价值原则是同真理相一致的。人类整体的根本利益，是每一个体、群体的普遍利益。每一个体、群体的个别利益与人类的整体利益相一致的方面，必然会得到肯定和发展，其不一致的方面也必然会得到否定和克服。换句话说，每一个体、群体的个别利益在多大程度上与人类的根本利益相一致，那么他对真理的追求和价值的追求就会在多大程度上实现统一。

在现实存在的一切阶级中，只有无产阶级始终代表了广大人民群众的根本利益，只有无产阶级的利益与人类生存和发展的利益是完全一致的。因此，为了人类解放和人类幸福，无产阶级要认识和掌握自然和社会的规律。无产阶级获得了真理，才能实现全人类的解放和幸福。马克思主义哲学作为无产阶级的世界观，也是真理和价值的辩证统一。马克思主义哲学来自实践，是实践经验的总结，并随时接受实践的检验，在实践中修正、补充和发展自己，从而体现了马克思主义哲学的真理性。马克思主义哲学是改造世界，使现存世界革命化，实现全人类解放的思想武器，从而体现了马克思主义哲学的价值性。在马克思主义哲学中，真理性是价值性的必要前提和保证；而价值性则是真理性的必然结论和归宿。因此，坚持真理和价值的辩证统一是马克思主义哲学的本质特征。只有坚持这一辩证统一原理，才能正确理解和自觉坚持马克思主义哲学的本质特征。只有坚持这一辩证统一原理，才能正确理解和自觉坚持马克思主义哲学的科学性和革命性的统一、实事求是与解放思想的统一、从实际出发和勇于开拓创新的统一、坚持真理和向人民负责的统一、尊重历史发展的客观规律和不懈追求人类解放的统一等。

真理和价值的统一，在全面意义上的体现就是真、善、美的统一，就是实现人的自由。自由是主体通过实践认识必然，并改造人与世界所达成的一种和谐发展状态。根据马克思的两个尺度的思想，真和善的统一，本质上是人按照自己的合理需要和尺度认识世界、改造世界与人按照对象的本来面目和规律去认识世界、改造世界的统一，是实践和认识活动中两个尺度（主体尺度和客体尺度）的作用的统一。这种统一作为人的活动所达到的最佳客观状态和人的科学意识所自觉掌握的理想状态，就是美，就是人的自由、主体的自由。美只不过是在真和善的前提下，比较自由地把握客体，从而充分地达到自我实现的境界。

（3）真理原则和价值原则在人类理想基础上的统一

这个理想，就是人类的共产主义社会理想。在马克思主义看来，人们在实践中追求真、善、美及其统一的过程，同时表现为三个方面的改造和斗争。一是改造自然的斗争，利用科学技术大力发展生产力；二是改造社会的斗争，消灭剥削和压迫，消灭一切阶级和三大差别；三是不断进行自我认识、自我改造、自我丰富和发展。这三个方面的斗争是相辅相成，缺一不可的。只有达到生产力的极大发展，物质财富涌流，人结束生存竞争的动物状态，人的“自由个性”得到高扬，人类才能进入自觉地追求和实现真、善、美高度统一的时代（注意：真、善、美的统一是一个永无止境的发展过程），这也就是世界进入共产主义的时代。实现共产主义是作为现代无产阶级世界观的马克思主义哲学的历史使命。

总之，哲学是关于世界观的理论，是对宇宙人生关系的总体把握，是对真、善、美统一的追求。马克思主义哲学则是以实践为基础理解宇宙人生的辩证统一关系，追求真、善、美辩证统一的科学世界观。

第二章　哲学的文化定位

哲学是一种观念形态的文化，是文化系统的一个有机组成部分。因此，要揭示哲学的文化本质和文化功能，了解哲学的特殊文化根据，就必须对哲学与其他文化形态的关系，哲学在文化系统中的地位有一个正确的认识。为此，先从人类史上最早的文化形态——原始神话谈起。

一、原始神话是文化的源头

在拉丁文里，文化这个词的本来意义是指在土地上耕耘。至今有的欧洲语言中，农业和文化这两个词的词根相同，后来转义为经过加工以后的成果，以区别于未经加工作为天然状态存在的自然物。

到了现代，文化这个词的外延越来越大，以至人创造的一切无所不包地被容纳其中。这是对文化的广义理解，或作广义理解的文化。所谓广义理解的文化，也就是人类精神及其表现。人类精神是通过对社会经济政治的反映所形成的认知、情感、伦理及信仰等的总称。人类精神的表现或人类精神的载体大体可分为三类。一是器物载体，或曰器皿文化。就是通过物质产品所表现的文化形态，它是物质产品生产者文化修养、素质，包括审美观念的物化。二是行为载体，或曰行为文化。即通过人的生存、生产、生活的方式、规范，及风俗习惯等所表现的文化形态。三是文本载体，或曰文本文化。即通过书籍、戏剧、影视、美术、音乐、舞蹈等所表现的文化形态。

在这里人类精神是文化的“魂”，作为文化精神表现的器物、行为、文本是文化的“体”。没有“魂”的“体”是行尸走肉，没有“体”的“魂”是神秘幽灵。也就是说，在人所创造的社会财富中，总是凝集着人的某种精神成果，而人所创造的精神财富也往往通过一定的社会形式表现出来。很难想象有一种没有社会依托的精神财富，这样的精神根本不可能在社会上获得流传，并在人的社会生活中发生作用，也就是说，它根本不能作为社会财富而存在。

我们这里所说的文化不是广义理解的文化，而是狭义理解的文化，即精神文化。它是同经济、政治相区别又相联系的第三种社会现象，是实践的意识积淀。也即毛泽东在《新民主主义论》中所说的“观念形态的文化”。所谓哲学的文化定位，是指从哲学的产生、性质和作用来考察哲学在文化中所处的地位。

人类古老的文化传统，都离不开神话、宗教、艺术、哲学和科学。如果从追溯的角度看，科学分离于哲学（知识的总汇），哲学催生于宗教，宗教和艺术孕育于神话。因此，从这个意义上说，科学、哲学、艺术、宗教都共同起源于神话。也就是说，神话是人类最早的文化形态。

对此，马克思曾经指出：“古代各民族是在想象中、在**神话**中经历了自己的史前时期……”① 在史前蒙昧时期，人们以为万物有灵，与之相联系，图腾、巫术之类的原始性神秘观念随之产生。然而图腾、巫术是作为神话这种文化形态的个别样态或部分呈现而存在的。

神话是“通过人民的幻想用一种不自觉的艺术方式加工过的自然和社会形式本身”，“任何神话都是用想象和借助想象以征服自然力，支配自然力”②。神话作为最早的文化，它包含了后来形成的宗教、艺术、哲学、科学等文化形态的因子。在原始的神话中，经验、知识、信仰、愿望、情感、意志等相互交织、熔铸成为一个浑融的整体。

下面我们联系神话的一些特点来说明，神话何以能成为人类文化的源头。

（一）根植于现实的艺术创造

神话的素材来源于现实生活。神话的对象或与劳作有关（比如关于风雨雷电、土地、太阳的神话）；或与婚姻有关（比如爱神的产生）；或与死亡有关（比如死神的创造）；或与战争有关（比如战神的塑造）

① 《马克思恩格斯选集》第1卷，7页，北京：人民出版社，1995年。

② 《马克思恩格斯选集》第2卷，29页，北京：人民出版社，1995年。

等。任何艺术想象、艺术幻想离开了来自生活的表象材料，就会成为无米之炊。

另外，想象中的神化造型，也不是纯粹任意的虚构，它总是与原来的构件形象有某种一致性、相似性。古代神话《精卫填海》中说，炎帝的女儿女娃在东海淹死，化为精卫鸟，每天衔西山的木石来填东海。娇小的女娃变成了一只小小的精卫鸟，而不是变成鹏，就体现了这种一致性、相似性。鹏是什么？鹏是古代传说中的大鸟。《庄子·逍遥游》中说，“鹏之徙于南冥也，水击三千里，抟扶摇而上者九万里”，让小的女娃变成鹏显然不合适。又比如，中国的龙。龙的形象经过了长期的演变过程，最后大体定型为：鹿的角、马的头、蛇的身、鱼的鳞、鹰的爪、凤的尾。人们的脑海中或眼前出现了这个融合了众多灵物和灵性的形象，就会想到它腾云驾雾、入海升空、兴风播雨等神秘莫测的本领。

很显然，艺术组装并不是各个组装部件的机械拼凑，而是以组装部件为基础的艺术形象的创造。这种不自觉的艺术形式，就是艺术夸张。神话的作者们并没有意识到自己在进行一种艺术创造活动，但它确实又是人类童年时期的艺术。

这些艺术作品一旦产生以后，又为以后的绘画、诗歌、音乐、文学、雕塑提供了素材。马克思说，希腊神话是希腊艺术的土壤、母胎。我国的情况也是如此，根据顾颉刚的研究，中国的神话分为两个系统，一个是蓬莱的神话系统，一个是昆仑的神话系统，到了战国之际，这两个系统融合了，成为屈原《楚辞》的文化土壤。此后，有许多文学作品也是以神话传说作为素材的。如《西游记》《聊斋志异》等，就是像《红楼梦》这样的作品也虚构了一个“太虚幻境”，它就是用神话作为一个模式来对现实生活进行艺术的概括。神话在艺术概括中始终起着很重要的作用。

（二）虚幻描写中的神灵意识

神话形象不但呈现出夸张变形、杂糅组合的形貌，而且还具有超人的能力和本领。从根本上说，神话形象是某种神奇力量和本领的具体体现。它是在生产力水平和认识水平极为低下的上古，对社会需要和人类愿望的一定指向的表现。在上古时代，自然环境的恶劣，给人类生存形成了巨大压迫，而人类当时又缺乏消除这种自然压迫的物质手段。这种在现实中不能解决的问题，人们只好求助于想象，试图在幻想中解决问题。

洪水泛滥的灾难使人们幻想出女娲“积芦灰以止淫水”的功绩。（芦灰吸水这是日常生活的经验，人们由此受到启发，并引起联想，希冀女娲可以用芦灰止息泛滥的洪水。）酷暑干旱的痛苦使人们幻想出后羿“上射十日”① 的威力。（据说有十个太阳一同出来，照得大地酷热难当，庄稼枯黄。于是出现了英雄后羿用箭射落了九颗太阳，解除了人们的干旱之苦。）部落间连年的战争，使人们幻想出刑天的猛志常在，虽败犹荣。《山海经·海外西经》写一位叫刑天的战神与天帝较量神力（或说争夺神位），帝断其首，葬于常羊之山。乃以乳为目，以脐为口，操干戚（古代的兵器）以舞。被天帝砍了头，还要挥舞兵器继续战斗，真是神奇。

神话中的神灵意识为宗教的产生提供了思想材料，提供了生长的因子。

（三）天人互渗的混沌世界观

宇宙洪荒，（认识上）天地未分，人物未分。世界各地几乎所有的神话故事都描述了这样一幅太古之初的混沌情景。其实，那正是人类对自己早期心态的一种写照。原始思维还不能把人自己作为主体与对象世界区别开来。人这时更多地还是依赖自然的恩赐，而不是劳动创造。在原始社会，人们处于严酷的自然环境中，洪水、干旱、野兽等，威胁着人类的生存。因此，原始神话中表现了对异己的自然力量的惊奇、恐惧和抗争。加之人类初期的认识有一种“自我中心化”的倾向（这是皮亚杰提出的一个概念，是指人从自我出发去比附外物），于是出现了一个人被纳于自然界，宇宙万物拟人化这种混沌一体的，被列维·布留尔称之为人与物“互渗”的宇宙表象，以及E.B.泰勒称之为的“万物有灵”的普通观念。

对原始人来说，纯自然的、物理的、客观的东西是没有的，山、河、风、云、雷、电、土地不但是他们生活的环境、舞台和生活资料

① 《淮南子·本经篇》。

的来源，同时本身也有一种神圣的生命力，能像人一样秘密地行动，为善为恶。一个人的影子，水中映出的像等，都是自己的一部分，能对人起作用。连他们自己的名字也具有一种神秘的性质和力量，如果被别人提到就可能对本人构成一种极大的危险，因为在那时的人看来，名字体现了个人与其图腾和祖先的联系。吃一种食物，就意味着同它互渗，与之相通，与之同一。

原始社会食人之风盛行的一个原因就来自于此。他们认为吃敌人的心肝等，也就占有了他们的勇敢和智慧。阿比庞人不吃鸡、蛋、绵羊和乌龟，认为吃了就会把怠惰、虚弱、怯懦带进自己身体里去。认为吃老虎、野猪的肉就会增强自己的胆量和勇气。印第安人头戴鹰羽，是因为他们认为，这能使人具有鹰的力量、敏锐的视力和智慧。在巴干达人那里，不孕的妻子通常都被撵走，因为她会妨碍果园挂果，多产的妇女必定会使果实丰饶。这种混沌不分的感性表象思维渐渐带有某种初步的概括和抽象的成分。神话里所表现的就是人类最早形成一种世界观形式——混沌世界观。

（四）幼稚谬误中的合理认识

科学和神话是呈反比的，但科学与神话不是完全绝缘的。科学与迷信是不可调和的，但神话并不等于迷信。神话是对世界的幻想的反映，幻想可以导致迷信，但也往往包含着真实的内容。

另外，神话是在想象中来支配自然力，这是人的能动性的表现，是促使人们去进行科学发明和科学发现的动力。如果一个人不会想象、幻想，也就不可能有科学发现、科学发明。当然科学的假说不同于神话。科学的假说，要经过逻辑的论证和实践的检验，可以被证实（当然也可以被证伪），而成为定理。如果不承认这一点，科学的客观真理性就会被抹杀。不过假说的提出需要想象力，而在想象中总是把人的需要和人以为的现实的可能性结合起来，用形象把它构思出来，以之指导行动。这正是科学的想象与神话所共同具有的本质属性。

从这个意义上说，科学假设与神话是同类的。但是，如前所说，科学假设经过严密的逻辑论证，并通过设计实验来加以证实，是可以转化为定理的；而神话却是幻想与真实交织在一起的，合理的东西与迷信的东西的界限还没有分辨清楚，这个界限是需要进一步由证明与证实来解决的。

在今天看来，用“十日并出”解释酷暑的原因，用后羿“上射十日”作为解决问题的办法，虽然荒诞不经，但是将干旱酷暑与太阳而不是与月亮或其他什么不相干的东西联系起来，将高空中物体的坠落与张弓搭箭，而不是与舞刀弄棒之类的方式联系起来，应该说，反映了事物之间的现实联系，符合生活的逻辑。

又如屈原的《离骚》写到上天入地求索的幻想时，对夜行的情景作了这样的描述：“前望舒使先驱兮，后飞廉使奔属”。“望舒”是月亮的御者，“飞廉”是风神。说我上天求索时，望舒提着月亮在前面为我照亮，飞廉风神在后面推着我跑。这个描写很有意思。月亮不是在运动者的后面，而是在前方照亮，风不是在前面拉，而是在后面推。因为现实生活中，风力与运动者一致时，运动者感受到的风只能是从后面的推力。

“鲧禹治水”的故事最早见于《山海经·海内篇》。“洪水滔天，鲧窃息壤（据叶舒宪先生分析，息壤是一种被天帝注入生命气息，能自行生长的土壤）[①] 以湮洪水，不待帝命。帝令祝融（火神）杀鲧于羽郊。鲧腹生禹，帝乃命禹卒布土以定九州。”《史记·五帝本纪》中说，鲧是因为治水失败被尧杀死的。同历史上这种罪于失败的说法不同，古代神话里的鲧却是为民献身的普罗米修斯式的英雄。甚至死后还从腹中生出禹来，天帝最终让禹治水的东西正是鲧为之丧生的“息壤”。这个情节虽然荒唐，但也体现了经过千难万险，终可战胜自然灾害的正确思想。这就是说，神话中的联系总是遵循一定的客观规律，体现了一定的生活逻辑，或者说，包含了某些合理的认识。

总之，神话的上述特性，为以后的文化形态直接或间接地萌生于其中提供了某种根据，以神话为直接文化源头的是宗教和艺术。下面来谈谈宗教。

---

① 参见叶舒宪：《中国神话哲学》，347—348页，北京：中国社会科学出版社，1992年。

二、人为宗教是哲学的母体

（一）自发宗教与人为宗教

在人类认识史上，各派思想家对宗教曾下过许多的定义。有人从护教主义立场出发，把宗教说成是神的启示；有人从抽象的人性出发，把宗教说成是人的天赋观念，是人的永恒的情感；有人从宗教的构成来说明宗教，认为宗教就是宗教观念、宗教感情、宗教仪式三要素构成的体系；有人认为宗教就是对美好未来的向往和追求；有人认为宗教是个人和社会的联系，是一种道德规范；还有人把宗教看作人生的一种态度；等等。但以上所言，都没有抓住宗教的本质。它们之中，有的纯属虚构，有的只是片面地抓住了宗教这种社会历史现象的某一方面的特征，而把它说成是宗教的本质。为了科学说明宗教的本质，这里先从宗教之神与神话之神的区别谈起。

1. **宗教之神与神话之神**

马克思主义认为，宗教是一种社会现象，它既是一股不可忽视的社会力量、社会实体，又是一种理论体系。作为后者，它是社会意识形态之一。同其他社会意识形态一样，宗教也是社会存在的反映。所不同的是，宗教是人们意识中对于统治着他们的自然力量和社会力量的歪曲的虚幻的反映，是不能掌握自己命运的人的自我意识和自我感觉，是反映客观世界的最粗俗、最原始、最武断的形式，是把人间的力量幻想为上帝、神祇、精灵等超人力量的实体而加以信仰和崇拜，因此它是一种颠倒的世界观。

宗教是人们按照自己的需要和想象创造出来的。神话和宗教的共同之处在于，它们都是神灵意识，都是人们幻想的产物。于是神话才可能成为宗教的文化源头。但二者又有区别。这表现在：神话之神只是对人的主体性的期许，而宗教之神则是对人的主体性的异化。具体说来有三：一是神话之神被幻想者赋予某种神奇力量，它标志着人类在幻想中对自然力的征服；而宗教之神则意味着人对自己不能掌控的自然力和社会力的崇拜。二是神话之神是人的自我力量的夸张；而宗教之神则是作为一种外在力量对人的命运的主宰。三是神话之神是人的亲密之神，在人们心目中，炼石补天的女娲，如同家中能耐的大姐，张弓射日的后羿，好似家中干练的大哥；而宗教之神则是让人敬畏、恐惧的对象。

从宗教的发展过程来说，可以把宗教概括为两种：一是自发宗教，二是人为宗教。

2. 自发宗教与人为宗教

自发宗教，是宗教发展史上最早的宗教，是不成熟、不完备、不定型的低级的宗教。它是一种直接以某种或某些自然物和自然力为崇拜对象的宗教，诸如日月星辰、风雨雷电、草木山川、飞禽走兽等。那时脱离现实世界幻想出来的神还没有出现，故又称为自然宗教。自发宗教没有成文的教义，也没有严密的宗教组织，甚至没有宗教名称。但是自发宗教统治人类精神世界的时间最长，是以若干万年计的。整个原始社会，都是自发宗教兴盛的时期。

人为宗教，是阶级社会的宗教，它的产生是和剥削阶级对劳动人民的剥削压迫分不开的。

作为宗教，自发宗教和人为宗教都是人的本质的异化。所谓异化，是指人的创造物成为异己的力量反过来驾驭和统治人。这种异化表现在宗教里，就是人把自己的本质对象化为神，把本来属于人的聪明、才智和创造力给幻想出来的神，然后又拜倒在自己的创造物——神之下，受它的奴役和支配。在这点上，自发宗教和人为宗教是相同的。但在自然宗教中，人所崇拜的只是被人格化的自然，自然始终是自发宗教的基础。而在人为宗教中，人的想象力、人的本质不是附着于任何物上，而是附着于脱离物的那样一种自为的精神实质。换言之，人为宗教崇拜的是脱离（自然和社会）现实而幻想出来的精神实体。

自发宗教是多神教，人为宗教是一神教。在自发宗教中，人们崇拜众多的自然神，诸神之间并无大小、隶属关系。在人为宗教中，人们崇拜一个至上神。这个至上神在各种宗教里可能名称不同，但无论是上帝、安拉、佛、玉皇大帝，其权威都是无限的。这个至上神无非就是地上君王的化身。恩格斯指出："没有统一的君主就绝不会出现统一的神，至于神的统一性不过是统一的东方专制君主的反映。"① 人间

① 《马克思恩格斯全集》第27卷，65页，北京：人民出版社，1972年。

君主形象是“上帝”形象的现实原本，“上帝”形象则是人间君主形象的虚幻投影。所以，如果说，自发宗教主要是对自然界这种异己力量的反映，那么人为宗教则主要是反映了社会的异己力量。

自发宗教没有“来世”理论，人为宗教都有不同的“来世”理论，即天堂地狱说。各种宗教的天堂地狱都不是脱离现实的外在存在物，它根源于现实生活，是人们根据现实生活的幸福和苦难构想出来的虚幻境界，是剥削阶级用来引诱、恫吓和欺骗被剥削阶级的精神工具。

自发宗教的神学观念是零乱的、分散的、直观的，而人为宗教则具有理论性、系统性。人为宗教一般都有成文的宗教经典，有较为严密的宗教组织和专门从事宗教事务的神职人员。

自发宗教和人为宗教的根本区别在于后者具有欺骗性。

正如恩格斯所指出的：“事情很清楚，自发的宗教，如黑人对偶像的膜拜或雅利安人共有的原始宗教，在它产生的时候，并没有欺骗的成分，但在以后的发展中，很快地免不了有僧侣的欺诈。至于人为宗教，虽然充满着虔诚的狂热，但在其创立的时候，便少不了欺骗和伪造历史。”① 这就是说，在不存在阶级和阶级对立的原始社会里，宗教的产生和信仰具有自发性质，而在阶级社会里，宗教则必然带上阶级的色彩。在一定的客观基础上，统治阶级人为地编造宗教则成了不可避免的现象。

3. 自发宗教向人为宗教的提升

自发宗教产生的原因，是自然原因。远古时代人们对复杂的自然现象迷惑不解，对严酷的自然力量的压迫无能为力，于是产生了对自然物和自然力量的恐惧心理和神秘情感。原始人由于无法理解做梦、昏迷等现象，产生了灵魂不灭论。并由最简单的类比判断，由人及物，以为万物同人一样有意志、有人格、有灵魂，因而产生了万物有灵论，并且认为灵魂是神圣的、威力无穷的。原始人在变化莫测、森严可怖的自然面前常常无可奈何，于是便把自然力人格化、神圣化而加以崇拜，企图用祭祀、祈祷、赞颂等办法，来讨好神灵，从而影响自然物（自然神）的意志，希望它们多赐给人类一些幸福，少降一些灾难，这就产生了原始宗教。

---

① 《马克思恩格斯全集》第19卷，327页，北京：人民出版社，1963年。

原始宗教所崇拜的对象就是原始人生产和生活所需要的、所依赖的对象。随着生产力的逐步提高和社会物质生活条件的逐步改善，在人类从动物不断提升出来的过程中，几乎所有民族崇拜的神都经历了从大自然神到兽形神，到半兽半人形神，再到人形神的演化过程。

尼罗河对埃及人的生活关系极大，所以古埃及人特别崇拜尼罗河神。海洋对古希腊人的关系极大，所以古希腊人把海洋崇拜为神。许多民族都崇拜自己所采集的植物，不少民族都崇拜太阳神，后来"火"的利用，产生了火神。

从采集植物的活动扩大、发展到狩猎动物的活动，人们开始崇拜兽形神。动植物崇拜，或曰图腾崇拜（原始人相信，人死亡，灵魂往往定居在某种动物、植物身上；而这些动物、植物由于灵魂的定居也就具有了灵性，成为灵物。各个民族都把一定的植物、动物当作自己的祖先的形象加以崇拜，并且以这种动物、植物命名自己的氏族，被崇拜的东西就成为他们的图腾）。原始人的图腾崇拜主要的对象是动物。费尔巴哈说："动物是人不可缺少的，必要的东西；人之所以为人要依靠动物；而人的生命和存在所依靠的东西，对于人来说就是神。"① 因而他看来："人的崇拜对象，包括动物在内，所表现的价值，正是人加于自己，加于自己生命的那个价值。"②

原始人的舞蹈主要是模仿动物的动作；原始人的装饰品主要是动物的皮、毛、骨、爪；食物也主要是动物的肉。动物是原始人的主要生活来源，因而也就成了他们的崇拜对象、审美对象。说到这里，想到一个很有趣的例子。有的原始部落的人，为了模仿动物，不仅学动物的动作，而且拔掉自己的上门牙，以便和反刍动物相像，或者锉短自己的上门牙，以便和食肉的动物相像。这种情形不能用模仿的冲动、独特的爱好这一类原因去解释，而要看到这些现象背后存在着的物质动因，即物质生活方面的原因。

随着人的征服自然能力的提高，涌现出了一些英雄，成为人们崇

---

① ［德］费尔巴哈：《费尔巴哈哲学著作选集》下卷，荣震华、王太庆、刘磊译，438—439页，北京：商务印书馆，1984年。

② ［德］费尔巴哈：《费尔巴哈哲学著作选集》下卷，荣震华、王太庆、刘磊译，541页，北京：商务印书馆，1984年。

拜的对象。他们实际上是集体力量和智慧的代表，反映了古人在战胜自然力量过程中表现出来的勤劳、勇敢的品质。但由于那时的人还没有完全脱离动物崇拜，因而古人认为，这些英雄是人和动物复合而生的，于是出现了半兽半人形神。传说伏羲之母华胥“履大人迹于雷泽，而生庖牺（伏羲氏）于成纪，蛇身人首”[①]。神农氏（炎帝）之母女登“感神龙而生炎帝，人首牛身”[②]。《山海经》中记载的半兽半人形神种类繁多，有蛇身人面、鸟身人面、人身龙首等。比如《山海经》中描写的西王母形象就是“其状如人，豹尾虎齿而善啸”。埃及神话中墓地之神阿纽比斯是豹面人身，尼罗河神赫比是虎面人身；古希腊神话中的三位复仇女神依理逆司浑身漆黑，背长双翅，头发是蛇，腰也缠着蛇。

随着社会生产力的进一步发展，人类征服自然的能力进一步增强，人在自然界中的地位大为提高。于是人类认为神是一些超人，开始按照人的形象创造神。这种人形神取代了半兽半人形神。弥勒佛挺胸腆肚，观音点着吉祥痣，耶稣披着长袍，每个民族崇拜的人形神都带有那个民族的特征。欧洲人用白色描绘上帝，用黑色描绘魔鬼，而非洲的黑种人则相反，把上帝描绘成黑色，把魔鬼描绘成白色。埃塞俄比亚人把神像的皮肤涂成黑的，鼻子塑成扁的，因为埃塞俄比亚人的鼻子是扁的。色雷斯人是蓝眼睛、红头发，因而他们的神也是这样。因此，人们说，每个民族都有自己的上帝，有多少个民族，就有多少个上帝。

人不仅按照自己的形象创造了神，还把人的心理、需要、爱好、性格都赋予神。所以，尽管不同的民族所信仰的神如何不同，但他们都有同人一样的心理状态。他们也吃喝玩乐、生儿育女，也争权夺利，甚至也“偷鸡摸狗”（通奸），因为在当时的社会中，通奸视为当然，并无亵渎神灵之意。

人形神与以往诸种形神的区别在于，不仅形象不同，而且内容也不同，人形神是一种创造之神。

自然神、兽形神、半兽半人形神要回答的基本问题是神和人的关

① 司马贞：《三皇本纪》。
② 司马贞：《三皇本纪》。

系如何，这些神并不以创造人和世界为己任。随着生产力的发展，人控制和征服自然力的能力增强了，人的创造力发展了。于是原始人的思维中出现了“创造”这个概念。人们日常生活中的许多东西都是人“创造”的，这种情况就自然产生了“人是怎样创造的”“世界是怎样创造的”这样一些问题。

当时的科学知识还不可能对此作出解释。于是人们就从当时的制陶技术中得到启发，以为人是用泥土造成的。这样，世界上许多民族都产生了用泥土造人的神话。

我国古代神话中有女娲抟土造人的故事。我国仡佬族也有人皇用泥巴造人的传说。在这个传说中，造人的创造神人皇，先后造了四曹（批）人。头曹人，是用泥巴捏的，吹了三口气，给他们开了光（举行供奉仪式），就会走路了。独龙族的造人神话也说，创造主嘎美和嘎莎最初用泥土捏了一对男女，并往他俩身上吹了口气，顿时他俩身上有了血液，也会呼吸了。哈萨克族的神话说，创造主迦萨甘用黄泥捏了空心小泥人，小泥人晾开以后，迦萨甘在他们的肚子上剜了一个肚脐窝，然后取来灵魂，从小泥人的嘴巴里吹进去，一对小泥人便倏然站立，欢腾雀跃。他们就是人类的始祖。

基督教《圣经·创世纪》的造人神话说得更为明晰，上帝用地上的尘土造人，将生气吹在他鼻孔里，他就成了有灵的活人，名叫亚当。

泥土造人在原始社会只是一种神话。随着阶级社会的出现，统治阶级才利用有关造人的神话，杜撰了上帝创造世界和人的故事。宗教神创论世界观由此产生，这也就是人为宗教的形成。

4. 宗教产生是人类的一种进步和新的束缚

从人类认识史的角度说，宗教神创论世界观的产生，是人的创造能力提高和抽象思维能力发展，人类从与自然界浑然一体的状态下分离出来的标志，是人类认识史上的一个进步，是人类对宇宙和人类起源的一种解释、一种探索。尽管宗教在进入阶级社会以后，特别是后来的文明社会，它是科学的敌人，是前进的障碍。但在原始社会，人类从无宗教到形成宗教，从自发宗教到人为宗教，确是一个进步。动物没有宗教，动物不能产生一种支配自己的异己力量。人虽然从动物进化而来，但人不同于动物。这种不同的表现之一就是只有人类才有宗教。

这也就是说，相对于动物，相对于人从动物中的提升来说，宗教的产生是人类的一种进步。但是，如果相对人本身来说，宗教的产生并不是对人的一种新的解放，而是一种新的束缚。宗教是人造的，一旦造出来，它就不再服从人的管辖，反倒管辖起人来，成为奴役人们的精神绳索。宗教断言，世界上的一切都是受神的支配；没有神灵的照耀，什么也不能改变，人永远是神的奴隶。人唯一能做的就是拜倒在神像面前，乞求神的恩赐，听从命运的摆布，使人变成极端无知、消极无为的木偶。

列宁曾经就宗教的消极性指出：宗教使人“毁坏了自己做人的形象，不再要求多少过一点人样的生活”①。宗教毁伤人类的精神，而不是教人激发自己的聪明智慧，不赞同人们向压迫自己的自然力量与社会力量反抗，它要求人们忍受现实的苦难，而去追求超自然力量的赐予，或争取天国幸福的补偿，要求人们“安贫乐道”，忍受一切剥削和压迫，以换取进入天堂的门票。然而，人作为人所要摘取的不是装饰在锁链上的那些虚幻的花朵，而是要摘取真实的花朵。因此以科学理性为基础的哲学作为宗教的对立物，从宗教里产生和分离出来。

（二）人为宗教催生了哲学

马克思曾经指出，宗教产生以后，在宗教的怀抱中又催生了哲学。他说：“哲学最初在意识的宗教形式中形成，从而一方面它消灭宗教本身，另一方面从它的积极内容说来，它自己还只在这个理想化的、化为思想的宗教领域内活动。”② 马克思的这段论述是极为深刻的。它一方面说明了哲学和宗教的区别和对立，说明哲学理性的发展必然要消灭宗教；另一方面又说明在一个很长的时期里，哲学还要从宗教里吸取思想营养，要在化为思想的（抽象思维形式的）宗教里，即人为宗教里活动。这说明哲学和宗教二者确有本质上的重要关联之处。这也是人为宗教催生了哲学的原因所在。

这些原因表现在：

---

① 《列宁全集》第12卷，131—132页，北京：人民出版社，1987年。

② 《马克思恩格斯全集》第26卷（I），26页，北京：人民出版社，1972年。

1. 宗教和哲学都是世界观

宗教和哲学都是从总体上反映人与自然、人与社会、社会和自然的关系的。所不同的是，宗教是一种信仰的世界观，用马克思的话说："宗教是这个世界的总理论，是它的包罗万象的纲要，"① 而哲学则是一种理论的世界观，或者说是关于世界观的理论。从它们的关系来说，总是先有世界观，然后才可能有关于世界观的理论。因此，宗教世界观在先，哲学世界观在后。或者说，最初的哲学就是关于宗教神创论世界观的理论。

通过对宗教世界观的研究，一种理论从客观实际出发进行总结，从人的创造活动中得到启示，认为只有以某种或几种质料为基础，才能创造出各种形式的东西。陶土是质料，人通过劳动制作，创造出各种陶器。认为不管是人的创造，还是神的创造，都必须以质料为前提。这种"质料"的哲学升华叫做"始基"，即构成万事万物的原始物质。"始基"起初是作为上帝创世论的一种理解和说明，后来这一理论走向彻底，也就产生了最初的唯物主义哲学。在古代唯物主义哲学家那里，"始基"或是水，或是火，或是气，等。这些东西既具有物质性，又具有变形性。因而在古代，朴素唯物主义和朴素辩证法总是结合在一起的。

说到这里，联想到中国古代的"五行说"。所谓五行即金、木、水、火、土。有人把"五行"解释成五种基本物质，这种解释恐不确切。没有把"行"理解透。"行"就是"动"，就是"易"，就是运动变化的意思。五行就是五种基本物质相生相克，流变演化。这里包括两个原理：一是"相制原理"，二是"相化原理"。相制就是相互制约，相化就是互相转化。因此，对于创造活动的物质性和可变性前提的肯定，也就从根本上否定了上帝从无中创造有的观念。

对宗教神创论世界观的肯定性理解和说明，产生了最初的唯心主义世界观。这种理论也从人的创造活动中得到启示，认为创造活动中的观念设立是决定性、能动性的，而物质材料是被动的。由此进一步认为，观念创造了万物。一开始的唯心主义，都是客观唯心主义，认为人以外的观念创造了万物。这个观念或是上帝的观念，或是作为上

---

① 《马克思恩格斯选集》第1卷，1页，北京：人民出版社，1995年。

帝别名的客观理念。

但是需要指出的是，在自发宗教里，作为人形神的上帝还是一个灵肉合体的神奇力量，到了人为宗教里，上帝已经是一个无肉体的精神体。在这个精神体的上帝那里，跟肉体有联系的那些吃、喝、性行为都没有了。这时的上帝是一个不食人间烟火，无七情六欲，是摆脱了俗人的一切低劣东西的全知全能、完美无缺的存在。

因此信仰主义的上帝作为一个绝对的精神存在，和客观唯心主义所说的纯粹理念在本质上是同一的，是相互包含，极易相互过渡的。粗俗的宗教会由于精致化，而成为僧侣主义、洗炼的信仰主义的哲学；客观唯心主义哲学，也会由于庸俗化而滑向信仰主义的泥坑，变为宗教。不过，随着人的主体能力的提高，特别是近代以来，客观唯心主义在唯心主义历史上的统治地位逐渐发生的动摇，黑格尔哲学作为客观唯心主义发展的顶峰，也只是日落前的最后一次辉煌。

2. 宗教和哲学都是对人类命运的终极关怀

对人的关怀有多个层次，包括物质关怀，即满足人的生命存在的物质生活方面的各种关怀，比如，满足衣、食、住、行等诸方面。也有精神关怀，即满足人的精神生活需要的各种关怀，其中包括创造和享用精神财富两个方面。但其最高层次是终极关怀。什么是终极关怀？不少人说得比较虚玄。在我看来，终极关怀就是在根本意义上对人的关怀。或者说，在人与自然、人与社会、人与自身各种矛盾的探求和不断解决中，不断提高人的主体性和自由度的关怀，是对人全面自由发展的关怀。

哲学和宗教都是对人的终极关怀，都力图给人展示一个理想的美好的境界。然而，终极关怀作为一种对于终极意义、终极理想的追求，只有基于现实世界才有意义。而这一点，正是宗教的终极关怀与哲学的终极关怀的区别所在。

在宗教生活里，终极关怀只是一种情感满足的心理感受。宗教把世界分为两个：一个是尘世的人间世界，一个是理想的天国世界。人的现世只能生活在人间世界；人的来世才可能达于理想世界，即进入天堂。条件在于现世的人要按照上帝的要求行事，听上帝的话。应该向善，而不能听魔鬼的话，趋恶。于是任何一种宗教对信徒都有道德戒律。这种戒律一般分为三类，一部分是体现社会群体利益的，比如不偷盗；另一部分是维护统治阶级利益的，比如要爱上帝，爱君主，爱主人；第三部分是属于个人自我修行的，比如要节俭，不奢侈等。

然而，宗教的终极关怀是虚假的。天国是可想而不可即的神界。随着人的实践能力的提高，人们不能仅仅停留于幻想，用信仰去构筑一个至善的天国。于是，作为现实人生的理性追求的哲学产生了。也就是说，人们正是基于对无意义的宗教式终极关怀的超越，而达于哲学的终极关怀。

哲学所追求的是一种包容了现实情景在内的具体的终极关怀。如果说，宗教是把人的命运安顿在所崇拜和所信仰的客体中，那么，哲学则是以理论的方式弘扬人的主体性，关切人之主体性的增强和人之自由度的提高。在某种意义上可以说，宗教和哲学作为终极关怀都是为人寻找一个安身立命之所，为人的灵魂提供一个庇护安息之地。它们的区别在于：宗教所庇护的是一种痴迷的灵魂，哲学所庇护的是一种清醒的灵魂。哲学只有从宗教那里学习和吸收营养，才能成长起来，逐渐达到自己的形成。而且，这时它还不足以完全否定宗教，因为它还回答不了种种深刻的问题，只能让宗教去回答，甚至它本身还导致了更高形式的宗教的产生。

3. 宗教和哲学都具有极高的抽象性

宗教从特殊的形态过渡到思辨的普遍形态，从自然宗教发展到超自然宗教，从多神教发展到一神教。这是与人的抽象思维能力的不断提高相联系的，是以思维抽象化的发展为前提的。如恩格斯所说："随着各种宗教的进一步发展，这些神越来越具有了超世界的形象，直到最后，通过智力发展中自然发生的抽象化过程——几乎可以说是蒸馏过程，在人们的头脑中，从或多或少有限的和互相限制的许多神中产生了一神教的唯一的神的观念。"①

一神教的神，起初是人格化的，后来变成半人格化的，最后成了一个没有形象却能从虚空中发出声音的全知全能的抽象存在。

而以追寻宇宙本原或第一原因为共同特征的早期哲学，只是在回答宗教早已提出并做出了某种解释和说明的老问题。哲学的产生不过是在宗教解释和说明的基础上转变、演化为哲学概念的表述。据叶舒

---

① 《马克思恩格斯选集》第4卷，224页，北京：人民出版社，1995年。

宪先生分析，中国古代哲学中的最高范畴“道”，西方古代哲学中的最高范畴“逻各斯”，印度古代哲学中的最高范畴“梵”，作为天地万物之生的总原理、总规则都是立足于具体现实，并通过对一神教的神的观念之神秘性的理性清洗而形成的。印度哲学中的最高范畴“梵”与印度宗教中的创造主“梵天”显然有着渊源关系①。

4. 宗教信仰提供了人们探索世界真实关系的某种动力

按照人类精神的特性来看，宗教是以信仰为主的认识和体验方式，它以神的意志为中心和使命。任何形式的宗教都是反理性主义、宣扬蒙昧主义的。哲学在其本质精神方面，则是以认识真理为基础的反映方式，它是以自然知识、社会知识和思维知识为基础来构成的世界观体系。因此，哲学和宗教在本质上是对立的。但是，在承认这一点的同时，还应该看到，宗教信仰在某种意义上又提供了探索世界真实关系的某种最初动力，这也是应该承认的。在宗教信徒看来，这个世界是上帝造的，是上帝为人造的，因而认识这世界是人对上帝应尽的“天职”。所以宗教信徒应以献身的热忱，克服一切困难的精神，对这个世界进行研究。

例如，加尔文教派就很看重科学的运用；英国清教徒也经常强调宗教的职责是“做有益的事情”，并把科学活动看作一种对人类有益的工作。一个移居到美国的清教徒约翰·科顿，在1654年曾宣称研究自然是一个真正基督徒的责任。至于研究什么，为什么研究，他说：“研究上帝创造一切的性质、进程和运用，是上帝赋予所有人的责任；

“理由一：在上帝创造的万物中见到上帝的庄严华贵；

“理由二：为了我们本身的利益；为了身体健康而获得许多医药的知识；为了可以从万物中知道许多使灵魂得到教导的知识；为了在我们知道每个事物的价值和应用后可以获得财产；

“通过观察和参加会议去研究万物的性质，人们将会相互了解，扩大我们对上帝的爱戴……”② 因此，不少杰出的自然科学家都是宗教信徒，尤其是基督教徒，这和他们具有宗教感情不无关系。

---

① 参见叶舒宪：《中国神话哲学》，107—108页，北京：中国社会科学出版社，1992年。

② 转引自［英］斯蒂芬·梅森：《自然科学史》，上海外国自然科学哲学著作编译组译，164页，上海：上海人民出版社，1977年。

另外，这个世界既然是上帝创造的，就不会是杂乱无章的，而是统一的、有规律的。过去我们都以为哥白尼提出“日心说”具有反宗教的意图，其实，他终身是一个虔诚的教士。从主观上来说，无论是地心说，还是日心说，都是在上帝创造的世界是一个和谐的整体这一宗教信念的支持下创立的。至于“日心说”作为科学在客观上具有反宗教的作用，那是另一回事。

总之，宗教催生了哲学。哲学产生以后，经过漫长的岁月，在近代历史上，它才逐渐上升成为人类精神世界的最高表现形态。

三、哲学是近现代人类文化的核心

（一）哲学成为人类文化核心的上升过程

哲学作为世界观理论经过了一个在内容上从不完整到完整形态的发展过程。

1. 古代哲学的曲折成长

古代哲学在内容上是朴素的、零碎的、庞杂的，含有许多虚构、幻想、想象的成分。因此，在哲学史上，哲学脱离人为宗教获得某种独立性以后，由于自身的许多缺陷，又由于宗教本身发展的需要，到封建社会，它又成为宗教神学的婢女，即成为证明宗教教义的手段。

虽说自然宗教产生于原始社会，人为宗教产生于奴隶社会，但宗教得到广泛的蔓延，无论中外，都是在封建社会。众所周知，在人类历史上，封建社会比奴隶社会要进步。奴隶社会的存在和巩固，靠的更多的是暴力，同时辅之以说教。封建社会的经济特点是个体小农经济，封建统治者所采用的手段比奴隶主有所缓和，不是专靠皮鞭和惩罚，而是给农民以小块土地，使他们对生产比奴隶有较高的积极性。但这并不等于放松了对农民的压迫和剥削，这表现在思想上就是用宗教作为思想武器，推行奴化说教，使更多的人心安理得地被束缚在土地上，为封建主提供地租、劳役。为了完成这一任务，宗教信仰需要哲学，需要哲学的理性论证。这样一来，理性屈从于信仰，哲学变成了宗教的附庸。

因此，在封建社会，哲学还没有能力从宗教神学的绝对权威下解放出来。中外的历史都已表明这一事实。

中国封建社会的历史特别长，哲学从属于宗教的这一事实就更为突出。中国封建社会是全世界最典型的，这是因为它的生产力、科学、文化，都达到了封建制度下可能达到的最高水平。为了封建制度的巩固，历代统治者费尽了心力。中心任务是巩固宗法制度，使宗法制度与封建的政治统治秩序密切结合起来。为了完成这一任务，儒家作了不少努力，并收到实效。哲学的发展，中外共同的规律是唯物主义与唯心主义斗争的过程，其中伴随着辩证法与形而上学的斗争。由于封建社会中，科学水平相对较低，与此相联系，生产规模狭小，人们的实践范围受到很大限制。因此，人们对自然、社会及人类思维的一般规律的认识，从总体上说，还处于一种不科学、不系统的水平上，因而不得不受宗教的局限。

因此，在封建社会中，唯物主义和唯心主义的斗争史，在某种意义上可以说，具体表现为哲学摆脱宗教束缚的过程。封建社会中占统治地位的意识形态是宗教。哲学唯心主义的“天”与宗教神学唯心主义世界观密切相关。中国的宗教神学不只是简单地宣扬上帝创造世界，它对人事吉凶、朝代兴亡、水旱灾难，都有一套神学的解释。春秋战国时期，西周的天命神学，被打得动摇了。但新兴地主阶级在取得统治地位以后，也需要一种神权作为王权的新支柱。于是就出现了以董仲舒、《白虎通》为代表的神学目的论、天命决定论，借以对汉代封建王朝进行神学论证。

董仲舒借助神灵之天为封建君王和封建王朝制造了神学根据。他说：“天者，百神之大君也。”① 又说：“天者，万物之祖，万物非天不生。”② 这里，天被说成是一种有意志并能主宰一切的人格神。地上的君主是顺天志受天命来统治人间的，即所谓“受命之君，天意之所予也”③。董仲舒沿着神学的思路，通过阴阳五行与封建的三纲五常的比附，把哲学与神学巧妙地结合起来，使儒家伦理学说具有了宗教意味，凭借灾异谴告的天人感应论，使儒家的政治思想带有了神学色彩。董

① 《春秋繁露·效语》。
② 《春秋繁露·顺命》。
③ 《春秋繁露·深察名号》。

仲舒神学体系的建立，标志着儒学神学化的开始。其后的谶纬神学和《白虎通》神学世界观的创建都是沿着这条道路来展开和发展的。

中国长期的封建社会，历朝历代兴亡盛衰，但天命神学、王权神授这一基本模式没有多少改变。统治阶级不断总结经验，把哲学神学化，形成了官方神学。汉以后，官方神学一度被冲击，哲学从神学中暂时获得解放，即魏晋玄学。南北朝时期，道教和佛教两大宗教广泛传播。先秦的老庄思想在不断被改造和扭曲以后，最终被渗进了道教思想之中。佛教从外域传入以后，不断吸取儒、道两家的思想，取得了与中国传统文化的基本协调。儒、佛、道三家经过几百年的斗争、渗透、融合，到了宋代，形成了一个新的理论形态——宋明理学。

从两汉到明清，中国哲学史上也涌现出许多唯物主义者和无神论者，他们向当时占统治地位的宗教神学进行了不断的斗争，写下了光辉的篇章。

欧洲中世纪，哲学遭到了它在中国同样的命运。由于基督教在精神领域的绝对统治，哲学的全部任务只是为宗教教义进行逻辑上的论证，给神学信条披上理性的面罩。公开的唯物主义和无神论哲学是不可想象的，哲学只能在承认宗教神学权威的条件下为自己争取更多一点的地位。从经院哲学开始，延续了几个世纪的唯名论和唯实论的斗争，其中，唯实论一派是为上帝作论证的客观唯心主义；唯名论一派则是在不自觉地借用神学的范畴，偷运唯物主义的私货。

在长期的封建社会中，哲学从属于宗教，固然是哲学的不幸，理性的无光，但同时也使宗教吞下了一只苦果，从而在其内部产生了分裂自身，即“否定信仰，扬弃宗教”的因素。宗教信仰的本性是禁锢科学知识、弃绝哲学理性的，它相信奇迹出现、神灵显圣。但科学真理和哲学智慧客观上又是禁锢不了的，哲学具有独立思考的精神，理性具有自我意识原则。因此，经院哲学的产生，一方面意味着古希腊哲学的终结；另一方面又意味着神学的瓦解和近代哲学的诞生。或者说，它充当了古希腊哲学向近代哲学过渡的中介。

2. 近代以来作为独立形态的哲学的形成

在近代，随着资本主义的发展、科学技术的发明，哲学开始走向成熟，开始真正获得自己的独立地位。这样，哲学作为人类文化的统帅和灵魂的作用才得以充分发挥和体现。正如黑格尔所说：“一个有文化的民族竟没有形而上学——就像一座庙，其他各方面都装饰得富丽堂皇，却没有至圣的神那样。”①

哲学在近代上升到人类文化的统帅地位。从哲学本身来说，因为近代哲学才是完整的世界观意义上的哲学。

“哲学”这个概念很早就有。在古希腊文中，“哲学”中的“哲”是聪明、智慧的意思，“学”是喜爱的意思。合起来说，哲学就是爱智慧、善思考。因而哲人通晓事理，能解答常人解答不了的问题。古代中国文史哲不分，没有专门的哲学概念。但却有“贤哲”“哲人”这样的概念，用以指谓具有很高智慧和道德修养的人。

和哲学相比，“世界观”这个概念很晚才出现。据德国哲学家克劳斯和布尔所编《哲学辞典》说，大约在 1800 年前后，德国的哲学家罗曼蒂克首先使用了“世界观”一词。他是在主观维度观察世界的意义上来使用“世界观”概念，以别于单纯考察客体的“综合世界图景”这一概念。

在中国，世界观亦称广义的“宇宙观”。“宇宙”这个概念中国古代就有。《淮南子·原道训》记载：“纮宇宙而章三光。”高诱注：“四方上下曰宇，古往今来曰宙，以喻天地。”也就是说，宇宙是天地万物的总称。但是“宇宙观”这个概念中国古代没有。中国古代有“宇宙论”这个概念，它和“宇宙观”不是一回事。“宇宙论”是研究宇宙的起源、宇宙万物的构成及其运动规律的学说，相当于现代的天文学、宇宙学。大约在 19 世纪末和 20 世纪初，“世界观”概念由西方经日本传入中国，就被翻译成“宇宙观”，即关于天地万物的总观点或根本观点。

“世界观”这个概念，在近代才出现，这不是偶然的，而是人类认识发展和知识分化的结果，是哲学对自身进行反思的结果。在古代，人们所知道的唯一知识就是哲学，哲学具有包罗万象的性质，上至天文，下至地理，中及人事。在古代，也有自然科学的萌芽，有的还很有发展，如天文学和几何学就有相当高的成就，但它们没有独立的意义，而只是作为哲学的一部分而存在。诚然，古代哲学与具体科学已显出分化趋势，这反映在亚里士多德的著作中，就是把研究关于存在

① ［德］黑格尔：《逻辑学》上卷，杨一之译，2 页，北京：商务印书馆，1981 年。

的一般本质的学说称为“第一哲学”，和以研究具体事物的物理学、数学等“第二哲学”相区别。但是这仍然是哲学内部的区分。没有摆脱哲学包罗万象的知识总汇的性质。当哲学还没有从一般知识层面上提升出来的时候，就没有必要、也没有可能用“世界观”这个概念来规定它的特殊本质。

到15世纪后半期，情况发生了变化。随着早期资本主义生产的出现和发展，自然科学获得了长足的进步。继1543年哥白尼的被称为自然科学“独立宣言”的“天体运动论”问世之后，机械力学、化学、地质学、生物学等自然科学的各分支学科相继出现，并获得独立地位。从17世纪下半期开始，随着资产阶级在政治上的强大和资产阶级革命的爆发，资产阶级的政治经济学、法学、社会学也相继出现。在这个时期，在思维领域中，出现了心理学、数理逻辑、辩证逻辑，而亚里士多德创立的形式逻辑也达到某种完善地步。

总之，从19世纪后半期开始，自然科学、社会科学和思维科学逐渐摆脱哲学而独立，并且它们的内部也逐渐分化为许多相对独立的学科。古代的包罗万象的哲学解体了，它分为几个或几十个相对独立的学科，各门学科之间，各门学科同哲学之间呈现出错综复杂的关系和联系。在这种情况下，哲学要重新审视和规定自己的对象，需要对如此多样的知识部门进行区分，进行概括和总结，世界观概念就是适应这种需要而产生的。

因此，只有近代以来的哲学才是具有完整形态的世界观意义上的哲学。

那么，作为完整形态的世界观意义上的哲学，也才充分显示了它对人类精神的核心作用。

（二）哲学作为人类文化核心的本质内涵

在人类精神中，神话虽然是一切人类文化形态的源头，但它毕竟只是人类童年时代的幼稚、幻想的产物。随着人类社会的发展，古代神话虽然还散发着迷人的光彩，恰如儿童的天真使成人感到愉快一样①，但它早已不占据人类文化的重要地位，而日益边缘化。

① 参见《马克思恩格斯选集》第2卷，29页，北京：人民出版社，1995年。

进入阶级社会以来，人类精神的基本形态是宗教、艺术、道德、哲学和科学。哲学对人类文化的作用，就是相对于科学、宗教、道德和艺术等文化形态而言的，是相对于这些文化形态所构成的文化系统而言的。文化系统的主要内容，是指文化系统的深层结构，即思维方式和价值观念，以及由此折射出来的道德情操、审美趣味、民族性格等。

哲学主要是通过对思维方式和价值观念对人类精神发生作用，并在近代以来逐渐上升成为人类精神的统帅和灵魂的。

1. 哲学提供了文化系统的总体思维方式

思维过程中，人们总是按照一定的思维方式进行的。

大致说来，思维方式可分为三个层次：一是关于世界与人生的整体性的一般思维方式，可称之为总体性思维方式；二是关于世界或人生的某一具体领域的思维方式，可称之为特殊性思维方式；三是关于个别对象的思维方式，可称之为个别性思维方式。这三个层次相互制约和渗透，作为一个整体发挥思维功能。

关于世界与人生的总体性思维方式，是思维方式的最高层次。这是因为人们关于某个个别对象、特殊领域的思维，必然涉及这个对象或领域与其他对象或领域的联系。客观事物和现象联系的复杂性、广泛性决定了思维内容的复杂性、广泛性，只有在关于世界与人生的一般思维高度上，才能满足在思维中把握这种广泛而复杂联系的要求。只有确立了对象在整个世界中的地位，确立了它作为客体与思维主体的关系，才能正确认识对象和评价对象。因此，人们的思维总是自觉不自觉地把关于世界和人生的总体性思维方式作为大前提，总是用一般指导个别，用整体（的认识）统摄、支配局部（的认识）。

这个大前提，正是哲学与思维方式的连接点。哲学是理论化、系统化的世界观。哲学把自然、社会、人生作为一个统一整体放在自己的视野中，它为人类提供的是关于世界与人生的总体知识、总体观念、总体法则，并从而构成了哲学的总体思维方式。哲学的思维方式，是在一定的历史条件和文化背景下形成的。它一旦形成并被普遍接受以后，就成为相对稳定的思维结构模式、程式和思维定势，并以此制约人们看问题的具体方式和方法，制约着人们的社会实践和一切精神创造活动。它是一切文化思想的最高凝聚和核心。

哲学思维方式对思维过程的制约，首先表现在对思维对象的选择。在前一章我们曾经指出，任何哲学都是对宇宙与人生关系的总体性把握。但中西传统哲学对宇宙、人生关系把握的切入点是不同的。西方传统哲学侧重从宇宙论透视天人关系，中国传统哲学则是侧重于从人生论来透视天人关系。这种取向的不同，也就影响了中西传统文化的发展。

比如西方传统文化在西方传统哲学的影响下，比较注重自然现象、自然规律的研究，而中国哲学的人生论倾向却极大地束缚了对于自然现象、自然规律的研究。尽管中国古代的好多技术走在世界的前列，然而中国的自然科学却极不发达。又比如对人生的看法，孟子主张人性善，认为仁、义、礼、智是人的本性，人性恶的一面只是对善性的背离，至于如何根除恶、消灭恶也主要是要求道德上的感化，“为政以德”“复其本心”等。与孟子相反，荀子主张人性恶。荀子的性恶论为他的礼治、法治提供了理论根据。他认为人性都是自私自利的，如果顺着人性的要求不加限制，必然引起社会秩序的混乱，因此要“明礼义以化之，起法正以治之，重刑罚以禁之，使天下皆出于治，合于善也”[①]。在中国历史上，孟子的性善说长期处于统治地位。因此中国古代的法治文化极不发达。

其次，哲学思维方式对思维过程的影响还表现在对思想材料的整理、分析和概括上。哲学世界观转化为方法论，就成为具有最大普遍性的一般方法，从而制约着各种具体方法。各种哲学提供了解释、分析和概括思想对象的不同的方法论。例如，结构主义提供了结构分析方法，分析哲学提供了逻辑分析方法，马克思主义提供了辩证唯物主义方法。从总体上说，不同的方法有长有短，其中辩证唯物主义方法是最具科学性、最有价值的方法。正因为任何哲学思维方式都具有或大或小的价值，所以，哲学是普照的智慧之光，它启迪新的思想理论学说的诞生和创立，无论是古代的伦理学、近代的政治学，还是现代的科学理论。许多伟大的思想家和科学理论的创立者，他们的成功都渊源于一定的哲学启示，都是以某种哲学的洞察凝聚起各种认识材料，才构成恢宏的思想体系和理论学说的大厦。

---

① 《荀子·性恶》。

2. 哲学确立了文化系统的根本价值取向

文化系统的价值取向主要是指文化创造主体对文化创造活动及其结果的性质及意义的评价。诸如好与坏、对与错、有用与无用、可能与不可能、可望与不可望、可行与不行等。文化系统的价值取向是文化创造主体的一种比较稳定的文化心理和思维定势，而且可以对整个文化系统的发展轨迹和方向起着调控、制约的功能，还具有对主流文化以及与主流文化相对应的非主流文化即亚文化的指导作用，因而文化系统的价值取向构成了文化系统的核心，较之思维方式显得更为重要。因为它涉及人的自由、人的理想，而价值是广义的理想的实现。

一般地说，理想形态的观点就是现实的可能性与人的需要相统一的反映，并被形象地构想出来。人们用这种理想形态的观念作为标准，对事物进行评价。评价意义的客观化就是价值。所以价值体系就是理想体系，价值指向就是理想指向。或者说，有了理想，才产生了价值问题。价值是人这样或那样创造性活动的结果，而人的创造则是化理想为现实，使理想得到表现；价值作为评价意义的客观化，就是用具有理想形态的观念去规范现实。也就是说，评价标准，是理想形态的观念之中的各种观点。价值正是从应该来反观现实，并评价其意义的。这个超越现实而又反映理想的部分，被称之为价值取向。

由于文化系统是由复杂多样的文化元素及其结果所构成的，因而其价值取向也必然是一个复杂多层的系统结构，其中既有以情感为主的层面（比如艺术），还有以信仰为主的层面（比如宗教）等。与以情感或信仰为主的价值构成不同，哲学则表现为一种理性的选择和评价。哲学的这种结构特性与其他一些文化元素诸如政治学、法学等的理性结构也不同。后者所说明的是文化系统的某一层次或侧面过去是什么、现在怎么样等价值问题；前者则是从总体上说明，建构文化系统可能是什么和应当是怎样的等价值问题。可以说，哲学是一种最为深层的理性的文化价值建构。

哲学的这种建构表现为在哲学世界观指导下的社会理想和人格理想的设立与追求。

对社会理想和人格理想的追求，在中国文化中是表现最鲜明、发展最持久、影响最广大，至今仍有强大生命力的一个传统。中国古代哲人（只讲儒家）都认为，人应该有崇高的社会理想。这个社会理想就是天下为公、大同世界。最早为这一理想勾画出蓝图的是《礼记·礼运》。它说："大道之行也，天下为公"，这种原始社会式的大同社会图景，影响了历代统治阶级和被压迫的劳动人民。中国古代哲人（只讲儒家）尤其重视对人格理想的追求。孔子追求的理想人格，是像尧舜那样的仁智统一的"圣人"；孟子追求的理想人格，是富贵不能淫、贫贱不能移、威武不能屈的"大丈夫"。孔孟的人格理想对世代中国人产生了积极的巨大的影响。

社会理想和人格理想既相区别，又相联系。而儒家则尤其注意二者的联系。他们认为，人生的最高理想是"成圣"，圣人成为统治者，就能施行王道，建立理想的社会制度。这便是"内圣外王之道"。"内圣"，指主体的内在修养，即对人格理想的追求；"外王"，指把主体的内在修养之所得，扩广于社会，即实现对社会理想的追求。"内圣"和"外王"不可分，这是儒家的思想传统。

在西方哲学史上，文艺复兴时期提倡的人性、人道、人权、个性自由，启蒙运动时期提倡的普遍理性、永恒正义、自由、平等、博爱等，也体现了当时人们对社会理想和人格理想的一种追求。

某种价值取向被某个新兴阶级所承认，并作为行动的指南，它可以导致制度文化的建立。比如新兴地主阶级的思想家韩非的价值观认为，人性都好利避害，人与人的关系是利害关系，当今争于气力，威势可禁暴而道德不足以止乱，君主应抱法处势，专制独裁，而这正是秦王朝政治制度的理论基础，这是第一。

第二，它指导制度文化的自我调整，秦王朝速亡，汉代秦，地主阶级的主要任务由夺取政权变为巩固政权。董仲舒以天人感应的神学目的论形式提出了这个阶级在新形势下的价值取向，认为天的最重要特性是仁，君王法天就要行仁政；天有四时，夏主生，冬主杀，冬不可废，故刑也不可废，从而把儒法两家糅合起来。从此，阳儒阴法，杂王霸而用之，就成汉代乃至历代中国封建政治制度的基本特征。

第三，它转化为社会普遍认可的价值观念。如马克思所言："统治阶级的思想在每一时代都是占统治地位的思想。"[①] 统治阶级把对维护自己统治有利的思想、观念、价值，通过意识形态控制，用各种方式

① 《马克思恩格斯选集》第1卷，98页，北京：人民出版社，1995年。

灌输到一般百姓中，导致被统治者在心理上、观念上的顺从并达到满足状态，从而把统治阶级的价值取向确定为整个社会观念的主干。在古代中国，忠孝节义，三纲五常，存天理、灭人欲，饿死事小、失节事大……都是为统治阶级所灌输并得到社会广泛认可的。

统治阶级的价值取向，通过以上三种途径，确立为特定国家、民族占统治地位的文化，即常说的主流文化。中国的儒家文化就是这样一种文化。至于其他阶级、阶层、集团的价值取向，仍然会左右本阶级、阶层、集团的人的思想和行为，从而形成特定的亚文化或次文化。这些亚文化，有的作为主流文化的补充。例如，道家哲学基本上属于在现实生活中失意或不满现状而又无力改变它的士大夫的人生观。儒家讲有为，道家讲无为。信奉儒家有为的士大夫们，在他们仕途坎坷、官场失意或憎恶朝政腐败之时，往往就会退隐，把老庄作为精神寄托，超然世外，自甘落寞，求得保身、全生，养亲以尽天年。由此，道家的价值取向就成为主流文化的减压阀、缓冲带，一批心怀不满的反对者在淡泊无为中消耗掉自己的精力，它有利于主流文化的稳定。有的亚文化会与主流文化发生强烈冲突。冲突的结果往往是自己的消亡或带来主流文化的一定让步。

3. 哲学促进文化系统的变革与整合

文化变革是指人类文化在发展过程中的根本性变迁。文化整合是指文化系统在一个总体性的引导因素或机制的作用下，使多种多样甚至性质殊异的文化因子形成一个和谐统一的整体。

文化变革之所以会发生，其根本原因在于文化系统的某些根本方面已经不适合时代的需要；文化系统之所以能实现整合，说到底是因为文化系统的根本方面或机制符合时代的需要，因而它能够作为核心去整合其他文化因子。

文化系统的根本方面是其价值取向和思维方式。因此，旧文化之所以会解体、被变革，说到底是因为旧文化的价值取向和思维方式不符合时代的需要，不适合时代的潮流，因而发生变革。新文化之所以能在整合中形成，说到底也是因为新文化的价值取向和思维方式符合了时代的需要，适合了时代的潮流。从总体上说，新文化取代旧文化的过程，实际上是旧文化在解体中被扬弃的过程，同时也是新文化在整合中形成、诞生的过程，是新文化的价值取向和思维方式取代旧文化的价值取向和思维方式的过程。

真正的哲学作为时代精神的精华，它必然要集中反映时代的心声和发展的需要。正如马克思于1842年6月至7月间所写的《第179号“科伦日报”社论》中指出的，“任何真正的哲学都是自己时代的精神上的精华，因此必然会出现这样的时代：那时哲学不仅在内部通过自己的内容，而且在外部通过自己的表现，同自己时代的现实世界接触并相互作用。……各种外部表现证明，哲学正获得这样的意义，哲学正变成文化的活的灵魂，哲学正在世界化，而世界正在哲学化，——这样的外部表现在一切时代里曾经是相同的。”① 在这里，可以说，马克思已经为我们如何理解和把握哲学在文化系统的变革和整合中的作用提供了基本的理论框架，即时代发展的需要通过真正的哲学集中反映出来，并借助哲学实现新文化对旧文化的变革，以使文化系统与时代发展相一致。哲学集中反映时代的需要就必然要提出符合时代需要的根本价值取向和思维方式。根本价值取向指明在当时条件下“应该做什么”，思维方式告诉人们“应该如何做”，从而给社会进步力量提出时代所需要的行动方向和行为规范。

哲学本质上是反思的批判。具体地说，就是通过提出新的价值取向和思维方式来展开对旧文化和旧文化所维护的旧现实的批判，从而在促使旧文化的解体中起着重要作用。如文艺复兴以人权反对神权；启蒙时期以理性反对宗教，以平等自由反对封建特权等的批判，都发挥了这种作用。还在资本主义上升时期，马克思就指出：“**必须推翻**那些使人成为被侮辱、被奴役、被遗弃和被蔑视的东西的**一切关系**。”②在未来的新社会中“每个人的自由发展是一切人的自由发展的条件”③。这些哲学思想都是代表着即将到来的时代精神的精华，是用“应当”展开对当下现实的批判，从而有力地促进了旧文化的离析和解体。

哲学作为时代精神的精华，不仅对旧文化是反思的批判，而且在批判中也是引导新文化形成辩证的整合，即把各种文化要素按照新的价值取向和方法论原则加以整合，或者说，是在与时代一致的基础上

① 《马克思恩格斯全集》第1卷，220页，北京：人民出版社，1995年。
② 《马克思恩格斯选集》第1卷，10页，北京：人民出版社，1995年。
③ 《马克思恩格斯选集》第1卷，294页，北京：人民出版社，1995年。

加以整合。只要想想严复引进的生存竞争，数十年间，“自强”“自立”“自力”“自存”“自治”“自主”以及“竞存”“适存”“演存”“进化”“进步”之类的词汇盛行不已。这一以达尔文生物进化论为基础升腾的历史进化论世界观，急速地涨涌于戊戌变法前后，主宰了直到“五四”前后的中国思想界，成为这一时期的主流思潮。在“五四”运动巨澜之余波犹存的1922年，曾有人描述了这一壮观的情景：“我们放开眼光看一看，现在的进化论，已经有了左右思想的能力，无论什么哲学、伦理、教育，以及社会之组织、宗教之精神、政治之设施，没有一种不受它的影响。”① 这时的进步思想家们虽有维新派与革命派之分，但都认为西学，即西方资产阶级民主主义可以救中国，并且都以进化论为主要哲学武器。他们用这个武器回答“中国向何处去”这个问题，从而着重考察了历史观和认识论上的知行问题。

从历史观说，康有为改造公羊三世说（据乱世、升平世、太平世），托古改制；严复倡导天演哲学，鼓励中国人自强保种，他们开始用历史进化论代替历史变易观，有力地打击了形而上学的不变论。梁启超进而认为，历史是群之进化，但又把它归结为社会心理的演变。章太炎则用工具的创造和使用来说明群的起源与进化，并论证了革命是进化的规律。但他讲“俱分进化论”（善进化，恶也进化），陷入了虚无主义。孙中山先生的“适乎世界潮流，合乎人群需要”以促成革命跃进的进化论思想，则充满了革命乐观主义精神。他说：“如果中国人能够自立，他们即会证明是世界上最爱好和平的民族”；“一旦我们革新中国的伟大目标得以完成，不但在我们的美丽的国家将会出现新纪元的曙光，整个人类也将得以共享更为光明的前景。”② 孙中山这种积极进取、生气勃勃的历史进化论思想，成了一代人的指导思想，培养了一代人的革命信念。

虽然进化论不论是讲“竞争”，还是讲“互助”，都未能科学揭示历史发展的动力，但是这些哲学家对历史进化论作了逐步深入和多方面的探索，提出了许多新的思想（群之进化，即从民族立场上谈进化；竞以器，从工具的创造和发展谈竞争；进化包括跃进，即以革命手段

① 陈兼善：《进化论发达略史》，《民铎》3卷5号，1922年。

② 孙中山：《孙中山选集》（上），63页，北京：人民出版社，1956年。

实现进化等），都为中国即将到来的五四运动，和把这个运动发展成为以马克思主义为指导的思想运动，从而使中国近代哲学革命进入辩证唯物主义和历史唯物主义哲学的发展阶段作了思想上的某种准备。

“五四”以后，马克思主义哲学（首先是唯物史观）开始在中国传播。一些先进分子，如陈独秀、李大钊、鲁迅，以及毛泽东、周恩来、瞿秋白、李达、蔡和森和其他许多革命者，他们或先或后在政治上经历了由激进民主主义向科学社会主义的转变，在世界观上经历了由历史进化论到唯物史观的转变。这些先进人物之所以能实现这种转变，从客观原因来说，这时中国工人阶级已经登上历史舞台；俄国十月革命以后，殖民地半殖民地的解放运动已经成为世界无产阶级革命运动的一个组成部分。从主观方面来说，现实斗争的发展给人们以很大教育，先进的中国人认识到：资产阶级共和国的方案在政治上不能回答“中国向何处去”的问题；历史进化论也不能从哲学上来回答这一问题。要回答“中国向何处去”的问题，就需要新的革命方案，需要新的哲学武器。先进的中国人从十月革命的胜利中看到了光明，看到了希望，因此开始了从效法欧美到以俄为师的转变，以无产阶级宇宙观作为观察国家命运的工具。

马克思主义作为从外域传入中国的诸思潮中的一种，是经过理性的审视、比较，是在和各种思想流派的斗争中，在实践的不断检验证明中，才成为中国革命的指导思想，成了中国现代文化革命的生力军。

毛泽东在《新民主主义论》中说过：“在‘五四’以后，中国产生了完全崭新的文化生力军，这就是中国共产党人所领导的共产主义的文化思想，即共产主义的宇宙观和社会革命论。”① “这个文化生力军，就以新的装束和新的武器，联合一切可能的同盟军，摆开了自己的阵势，向着帝国主义文化和封建文化展开了英勇的进攻。这支生力军在社会科学领域和文学艺术领域中，不论在哲学方面，在经济学方面，在政治学方面，在军事学方面，在历史学方面，在文学方面，在艺术方面（又不论是戏剧，是电影，是音乐，是雕刻，是绘画），都有了极大的发展。二十年来，这个文化新军的锋芒所向，从思想到形式（文字等），无不起了极大的革命。其声势之浩大，威力之猛烈，简直

① 《毛泽东选集》第2卷，697页，北京：人民出版社，1991年。

是所向无敌的。”①

马克思主义哲学和以它为基础的社会革命论为什么会在中国现代文化革命中发生如此巨大的威力，是因为马克思主义哲学（首先是唯物史观）提供了一种科学的世界观、方法论，提供了新社会的理想和革命的人生价值取向。

李大钊在介绍马克思主义唯物史观时说：“新历史观……教吾人以社会生活的动因，……乃在社会的生存的本身。”② “其内部促他自己进化的最高动因，就是生产力。”③ 而人类赖以满足生活需要的生产的发展和技术的进步，是普通劳动群众造成的，所以劳动人民是历史的主人。人们有了这种认识，看到“一切进步只能由联合以图进步的人民造成，他于是才自觉他自己的权威，他自己在社会上的位置，而取一种新态度”④。即认识社会存在演变的客观规律，于是“在历史中发现了我们的世界，发现了我们的自己”⑤。这个新的世界和人自己的理想，就是建立在唯物史观基础上的，社会主义与人道追求相统一的，既有“个性解放”又有“大同团结”⑥ 的新组织。马克思主义唯物史观正是以其世界观和方法论的科学性和理想的崇高性吸引着、鼓舞着中国人民去创造新的文化、新的世界、新的人生，从而显出了强大的生命力。

总之，一切真正的哲学所体现的符合时代需要的根本价值取向和思维方式，不管是促进旧文化系统的解体或引导新文化系统的构成，它都代表着时代精神的精华。

---

① 《毛泽东选集》第2卷，697—698页，北京：人民出版社，1991年。
② 《李大钊文集》下卷，764页，北京：人民出版社，1984年。
③ 《李大钊文集》下卷，59页，北京：人民出版社，1984年。
④ 《李大钊文集》下卷，363页，北京：人民出版社，1984年。
⑤ 《李大钊文集》下卷，764页，北京：人民出版社，1984年。
⑥ 《李大钊文集》下卷，597—598页，北京：人民出版社，1984年。

第三章　哲学的认识指向

哲学的认识指向，即哲学的研究对象，或简称哲学的对象。

每门学科的对象，是该门学科存在的根据。哲学也不例外。哲学的对象是哲学这门学科存在的根据，它规定了哲学这门学科的任务、性质和功能。

在哲学史上，不同的哲学派别，不同的哲学家，其研究的对象都有其特殊性，但特殊性不是脱离一般性而孤立存在的。在这里，先从哲学的一般对象或一般的哲学对象谈起。

一、哲学的一般对象

（一）哲学一般对象的两层次

1. 哲学对象理解上的众说纷纭

众所周知，哲学在形式上从来就不是统一的。哲学有唯物主义和唯心主义两大基本派别之分；唯物、唯心以及其他非基本派别在哲学史上和同一时代中又有着种种不同的形态表现。它们或是侧重于不同的研究领域，或是从迥然相异的透视点去展示各自所认可的哲学体系。由于哲学家们的哲学理论各不相同，又由于研究者所持认识视角、思维方式等的不同，因而作为哲学理论一部分的关于哲学对象的见解也各不相同。

20 世纪 80 年代，我国哲学界在这个问题上展开了讨论，归纳起来，对哲学一般对象的解答大致有如下几种观点：一是自然、社会和思维发展的最普遍的规律，或整个世界的一般本质和规律；二是思维与存在的关系；三是纯粹思维的领域；四是人与世界的关系；五是人类社会发展的一般规律；六是人；七是人的实践活动；八是人类认识世界和改造世界的最普遍的规律；九是自然科学、社会科学、思维科学等具体科学；十是哲学无统一的对象，不同的哲学派别各有不同的对象。

在我看来，上述第十种见解只是看到了各种哲学派别在研究对象上的特殊性、个性，而否定其一般性、共性，这是不妥的。如上所说，个性、共性总是相互联系、相互渗透、辩证统一的，孤立存在的特殊性、个性是不存在的。哲学之作为哲学，总有研究对象上的一般性、共性，或者说，总有一般的哲学对象。我们在这里所要给予规定的哲学对象，正是一般意义上的哲学对象。

至于前九种理解，我认为，均有部分的真理，但都不够全面，不够准确。我在前面第一章中曾经谈到，哲学是关于世界观的理论，是对宇宙人生关系的总体把握，是对真善美统一的追求。如果从哲学世界观本质内涵的高度来审视这九种见解，应该说，它们都失之过窄，即都只是哲学研究的一个方面的对象，或者说，只是哲学的部分对象。在宇宙人生的总体关系中，有的只讲人，有的只讲世界，有的只讲总体关系中的部分关系。有的虽然讲到总体关系，但缺少对这种关系的本体论定位。

2. 哲学一般对象的含义

依我之见，哲学的一般对象是人处理和驾驭自身与世界总体关系的普遍根据和法则。这里的普遍根据，即本体论根据，即关于人与世界总体关系的普遍本质和规律；这里的普遍法则，是指人以关于整个世界的普遍本质和规律为根据，在处理和驾驭人与世界的总体关系，即在认识世界和改造世界的活动中所应遵循的根本法则。

在哲学对象的这样两个层次中，前者是基础层次，后者是核心层次。人作为世界的一部分，如果离开了人对人与世界总体关系的普遍本质和规律的把握，人的认识世界和改造世界的活动，人对真、善、美统一的追求就失去了根本前提；另外，人们获得这种根本前提，说到底是为了以此为基础，进一步获得人的活动的根本行为法则，是为了科学处理和驾驭人与世界的总体联系，是为了追求真、善、美的统一。

在哲学史上，由基础层次和核心层次构成的哲学世界观的完整对象中，相比较而言，基础层次的哲学对象因其基础性，因而在哲学形成之初就获得了比较明确的规定，并成为古代哲学研究的重点。而且直到今天，它仍然是哲学区别于其他具体科学的基本标志之一。随着历史的发展，核心层次的哲学对象愈来愈受到哲学家的重视，特别是近代以来，它愈益上升成为哲学研究的重点。因此从总体上来说，对哲学一般对象的考察必须就上述两个层次进行辩证统一的理解。

如前所说，知识门类的划分，其根据是研究对象的不同。就哲学对象与具体科学对象的区别来说，具体科学是以有限世界的本质和规律作为对象的，哲学则是以人与世界总体关系的普遍本性为对象的。

3. 一般哲学对象是狭义的哲学对象

在哲学的产生阶段，在古希腊，大约在公元前8—6世纪，那时具体科学还没有从哲学中分化出来，人们把当时存在的天文、地理、生物等各种知识都称为哲学，哲学成了各种知识的总和，这是哲学概念的广义用法。相对于这种哲学的广义理解，还有一种对哲学的狭义理解，即我们现在意义上理解的哲学，或者说，是和具体科学相区别的意义上所理解的哲学。这种狭义理解的哲学，在古希腊伟大思想家亚里士多德那里被称之为“第一哲学”。

亚里士多德对当时初步分化的知识作了分类，在这个分类中可以看出对哲学的广义和狭义两种理解。

亚里士多德把知识分成理论科学、实践科学（指政治学、伦理学和理财学）及创制科学（指各种工艺技术及音乐、医学等）。理论科学指各种抽象理论知识的总汇，即广义的哲学。它包括第一哲学、物理学和数学。亚里士多德这里所说的作为哲学分支的物理学不同于现代的物理学，它涉及整个自然科学，即研究具体的、可感的、自然事物的科学。在亚里士多德看来，广义理解的哲学是包括第一哲学和特殊科学即物理学、数学在内的理论科学，狭义理解的哲学即第一哲学。

亚里士多德认为，所谓特殊科学……各自割取“有”的一部分，研究这个部分的属性。这里的“有”即“存在”。也就是说，其他各门具体科学都是以存在的某一方面为对象的。例如，数学只研究“存在”的量的属性。而第一哲学则是“专门研究‘有’本身，以及‘有’凭本性具有的各种属性”①。亚里士多德还指出，第一哲学的任务是研究

① 北京大学哲学系外国哲学史教研室编译：《西方哲学原著选读》上卷，122页，北京：商务印书馆，1981年。

世界的“一般”或“通则”，他说，哲学“因为它是第一的，就成为一般的，而考察作为‘有’的‘有’——考察它是什么，以及它作为‘有’而具有的各种属性，乃是这门科学的工作”①。“对于通则的探索，该属于一门哲学家的学术；因为这些真理为一切事物所同然，并不专立于某些独立科属。”②

亚里士多德的上述论述是令人惊叹的。他在两千多年前就已经把严格意义上的哲学（第一哲学）的研究对象，和具体科学的研究对象作了如此明晰的区分，即哲学是研究一般、通则的，是研究存在本身的，而具体科学则是研究具体、特殊的，是研究具体存在的。亚里士多德对于哲学（第一哲学）对象的这一理解，对以后的哲学产生了很大影响，被后来的哲学家以不同方式加以留意和继承。亚里士多德逝世后300余年，安得罗尼柯在编纂他的著作时，把他研究世界本原的哲学著作放在研究具体的自然现象的“物理学”之后，无形体的“世界本原”是“形而上”的，所以哲学也称为形而上学。从此，形而上学也就成为哲学特别是哲学本体论的另一称谓而沿用至今。

中世纪，神学占据统治地位，哲学成为神学的婢女。过去，哲学研究“有”本身，现在，“有”本身成了上帝的代名词。上帝即是“存在”本身，即最高的存在。于是，哲学成为一种以理性形式表达的神学。但是，经院哲学家托马斯·阿奎那给神学定位时，仍然把神学即哲学的对象规定为是世界的本原，世界存在的根据。他说：“……神学，是因为它所研究的对象主要是上帝。它也称为形而上学，意思是超越了物理学，因为我们在物理学之后遇到这个研究对象，我们是必须从感性事物前进到非感性事物的。它又称为‘第一哲学’，因为其他科学都从它取得自己的原则，都跟从它。”③

15世纪下半期产生了实验科学。实验科学的发展，促使它们从哲学中逐渐地分化出去。在其后的3个多世纪中，虽然许多哲学家还没有摆脱古代以来那种对于哲学的广义的理解，但把狭义理解的哲学指

---

① 北京大学哲学系外国哲学史教研室编译：《古希腊罗马哲学》，245页，北京：商务印书馆，1961年。

② ［古希腊］亚里士多德：《形而上学》，吴寿彭译，61页，北京：商务印书馆，1959年。

③ 北京大学哲学系外国哲学史教研室编译：《西方哲学原著选读》上卷，266页，北京：商务印书馆，1981年。

认为作为世界观体系的形而上学则是共同的。比如，17世纪法国哲学家笛卡尔一方面从“广义”的观点说：“哲学一词表示关于智慧的研究，至于智慧，则不仅指处理事情的机智，也兼指一个人在立行、卫生和艺术的发现方面所应有的完备知识而言；”[①] 另一方面，他又从“狭义”的观点指出：“全部哲学就如一棵树似的，其中形而上学就是根，物理学就是干，别的一切科学就是干上生出来的枝。”[②] 又说：“别的学问，……它们都是从哲学取得它们的原理的。”[③] 不难看出，笛卡尔的形而上学实际上是指世界观体系。

19世纪，自然科学的发展使它日益从哲学中分化出来，人们愈来愈明确哲学与自然科学的区别，从而更广泛地从狭义方面使用哲学这个概念。黑格尔明确指出，哲学与科学在研究对象上是不同的。他说“特殊科学的对象只是有限的对象和现象”，而哲学则是以具有完全普遍的对象作为内容的。因而“哲学以思想、普遍者为内容，而内容就是整个的存在”[④]。所谓完全普遍的对象，所谓整个的存在，就是整个世界的普遍本性。因此，他称“哲学为世界的智慧”[⑤]。什么是世界？黑格尔说：“世界这个词，一般说来是指多样性事物的无形式的整体。”[⑥] 即不具有实体形态的本质上统一的整体。

（二）哲学基础对象的理解

马克思主义哲学的产生是哲学史上的革命变革。这一革命变革在哲学对象上的表现之一，就是彻底否定了哲学史上关于哲学的广义的理解，科学地规定了哲学的基本对象是世界的总体，是自然、社会和思维发展的最一般规律。恩格斯在《路德维希·费尔巴哈和德国古典哲学的终结》中指出：“我们自己所属的物质的、可以感知的世界，是

---

① ［法］笛卡尔：《哲学原理》，关琪桐译，序言，北京：商务印书馆，1958年。

② ［法］笛卡尔：《哲学原理》，关琪桐译，序言，北京：商务印书馆，1958年。

③ 北京大学哲学系外国哲学史教研室编译：《16—18世纪西欧各国哲学》，140页，北京：商务印书馆，1975年。

④ ［德］黑格尔：《哲学史讲演录》第1卷，贺麟、王太庆等译，93页，北京：商务印书馆，1959年。

⑤ ［德］黑格尔：《哲学史讲演录》第1卷，贺麟、王太庆等译，62页，北京：商务印书馆，1959年。

⑥ 转引自［俄］列宁：《哲学笔记》，161页，北京：人民出版社，1974年。

唯一现实的。"①"它是我们人类（本身就是自然界的产物）赖以生长的基础；在自然界和人以外不存在任何东西。"②辩证法"要求把事物放在它与世界整体的总联系中来考察"。辩证法不过是"关于自然、人类社会和思维的运动和发展的普遍规律的科学"③。列宁也表述了与恩格斯同样的思想。他说，"世界是包括一切的整体"，认为哲学所研究的是"整个世界的必然联系"，是"一切事物的相互规定的联系"④。

由上可见，从哲学与具体科学相区别的意义上，哲学是以整个世界的普遍本性为自己的基本对象的。这是从亚里士多德到黑格尔、恩格斯、列宁等众多哲学家的共识。

1. 哲学以"整个世界"为对象

哲学所言的世界是"整个世界"。那么，作为哲学基本对象的"整个世界"是指什么？它是指世界无限多样性的整体。所谓世界的无限多样性，这是从整个世界的外延的意义上说的，是指整个世界包括一切事物和过程。这里所说的统一整体，是从整个世界的内涵上说的，是指一切事物和过程的统一性。换句话说，是什么把一切事物和过程结合为有机联系的整体，它们共同的本质是什么，贯穿其中的规律是什么？概括地说，哲学所理解的世界整体，或者说，作为哲学对象的世界整体，就是万事万物结合为整体的共同本质和贯穿其中的一般规律所体现的世界统一性。

2. 哲学对象不是"恶无限"意义上的整个世界

能不能脱离上述内涵，而仅仅从纯粹外延的意义上去理解整个世界呢？苏联有一位哲学家叫科普宁的就是这样理解的。科普宁把整个世界说成是微观世界、宏观世界、宇宙、反宇宙等的加和。于是他认为，哲学如果以整个世界为对象，那么哲学也就成了"包罗万象的物理学"和"自然科学"⑤。

科普宁的这一否认整个世界是哲学对象的推论是不能成立的。

---

① 《马克思恩格斯选集》第4卷，227页，北京：人民出版社，1995年。

② 《马克思恩格斯选集》第4卷，222页，北京：人民出版社，1995年。

③ 《马克思恩格斯选集》第3卷，484页，北京：人民出版社，1995年。

④ ［俄］列宁：《哲学笔记》，395、106页，北京：人民出版社，1974年。

⑤ ［苏联］科普宁：《马克思主义知识论导论》，马迅、章云译，10页，北京：求实出版社，1982年。

研究物质的结构以及原子和电子的运动，研究我们视野所及的宇宙的形成（如大爆炸宇宙学），研究这个有限的宇宙之外还有怎样的宇宙存在等，这是自然科学的任务，而不是哲学的任务。哲学的任务不是如科普宁所说的是把“物理学的研究成果”“重复”一遍。不是通过一个部分世界的认识，再加上对另一个部分世界的认识，以至无穷累积，从而去认识世界的总体。不是这样的。

众所周知，世界是无限的。因此，不能把哲学意义上的整个世界理解为无穷个部分世界的加和。因为无穷多的有限的加和，仍然是有限的。关于这一点，黑格尔有很好的分析。黑格尔在《大逻辑》和《小逻辑》里都摘引了哈勒咏叹自然或上帝的一首诗。黑格尔指出，诗中所说的“世界之上我堆起世界，时间之上我加上时间”的无限进展，这是一种坏的无限性的典型。在黑格尔看来，只是在外延的意义上去追溯时间的无限绵延、空间的无限延伸等，都是属于这一类的无穷进展。他说：“人们先立定一个限度，于是超出了这限度。然后人们又立一限度，从而又一次超出这限度，如此递进，以至无穷。凡此种种，除了表面上的变换外，没有别的了。这种变换从来没有离开有限事物的范围。”① 这种“有限化的无限”仍然是有限，无限终究是不可企及的彼岸。所以黑格尔称这种无限为“恶无限”，即不可捉摸的无限。

如果按照这种无限的思路，即从外延的无限扩张性去理解世界整体，那么人们在实际上所面对的永远只能是有限的部分世界。哲学研究的整个世界，如果这个“整个”指的是量上的总和，那么哲学以整个世界为对象，那的确不是科学的规定了。因为，我们对无限的宇宙还只认识了极小的一部分，便来谈对整体的认识，这种认识无非是一种臆造而已，决不可能是事实。科普宁正是按照这种恶无限的思路，否认整个世界是哲学的对象。我国哲学界也有人认为，以整个世界为哲学对象是“人为的虚设”。之所以产生如此认识，说到底因为他们都是从纯粹外延的意义上来理解整个世界的。这样所理解的整个世界，当然不可能成为哲学的对象。

3. 哲学对象是“真无限”意义上的整个世界

如果不是从纯粹外延的意义上，而是从外延与内涵相统一的意义

① ［德］黑格尔：《小逻辑》，贺麟译，207页，北京：商务印书馆，1980年。

上来理解整个世界，那么哲学以整个世界为对象就不仅是可能的，而且也是必然的。所谓从内涵与外延相统一的意义上去理解整个世界，就是要在思维中，扬弃关于整个世界在外延上的消极无穷进展，集中兴趣于这种恶无限得以实现的真实内容、内在的根据。这也就是黑格尔所主张的要追求“真无限”，即从有限物中揭示出凝缩于其中的，此有限物与他之外的无限物相关的内在根据。

对于无限整体的世界来说，追求真无限，就是要揭示世界无限进步过程的本质或根据。对此，恩格斯指出：“当我们说，物质和运动既不能创造也不能消灭的时候，我们是说：宇宙是作为无限的进步过程而存在着，即以恶无限性的形式存在着，而且这样一来，我们就理解了这个过程上所必须理解的一切。”① 在恩格斯看来，世界整体作为一个无限的发展过程，其根据就在于世界统一于永恒运动的物质，这就是世界整体以恶无限的形式存在的真正内容，即真无限。

换句话说，从内涵与外延相统一的意义上来理解整个世界，也就是要抓住世界作为整体的共同本质和运动发展的一般规律。这种对整个世界的共同本质和一般规律的认识，也就涵盖了无限世界的万事万物。也不管是已被我们认识之物，还是将被我们认识之物，它们都统一于永恒运动的物质。这就是马克思主义哲学所理解的整个世界。

因此，人的思维虽然不可能在具体的量上穷尽对世界的认识，但是却能在实践基础上，通过辩证思维进行概括，在质上得出对世界普遍本性的认识。世界的普遍本性并不是世界各部分特性之总和，而是存在于世界各部分的特性之中，因而揭示世界普遍本性无须在认识宇宙所有部分的特性之后。所以不能因为人类不能在外延上最终把握无限发展的世界，而否认人类认识世界普遍性的可能性。

事实上，从古希腊哲学家开始，人类就一直在对世界的普遍本性进行认识。这个认识的途径，就是古希腊哲学家所概括的从“多”中找“一”，即从众多“特殊”中找“一般”。随着人们的认识从特殊上升到一般，也就从有限进入了无限，进而对抽象的普遍性形式进行综合，这样也就形成了关于无限的整个世界的认识。正如恩格斯指出的：“我们在思想中把个别的东西从个别性提高到特殊性，然后再从特殊性

① 《马克思恩格斯选集》第4卷，344页，北京：人民出版社，1995年。

提高到普遍性；我们从有限中找到无限，从暂时中找到永久，并且使之确立起来。然而普遍性的形式是自我终结的形式，因而是无限性的形式；它把许多有限的东西综合为一个无限的东西。”① 从特殊中找到普遍，从有限中找到无限，这是任何一门科学都必须遵循的逻辑。所不同的是，哲学所追求的普遍是世界观意义上的普遍，即相对于整个世界而言的普遍，哲学所追求的无限也是世界整体意义上的无限。

4. 哲学把握“真无限”是完全可能和必要的

那么从特殊上升到普遍，也就从有限进入无限，这种认识的发展是何以可能的呢？这是因为特殊意味着确定某一特质的规定性，而排斥他质的规定性。而就确定某一特质的规定性来说，也就是对自身的限制，这也就是所谓有限性。可见，特殊本身就标示着有限性。又因为特殊意味着排斥他质的规定性，即某一特质只有在其与他质的关系中才能确定自身。而这种关系何以能成为关系，也是因为某一特质与其发生关系的他质具有共性。因此，从更高的立意来说，某一特质只有在其自身包含有与他质共性的前提下，才能与他质发生关系，才能在这种关系中确定自身。换句话说，特质的这种确定是以特殊与一般在自身存在中的关联为前提的。也就是说，特殊性总是联系着、包含着一般而存在的。如上所说，特殊意味着对自身的限定，意味着有限性。相反，普遍性或共性意味着一物与他物的关系得以成立，意味着通过这种关系而与他之外的无限相关。所以，普遍性意味着对有限性的超越，意味着无限性。可见，具有有限性的特殊不是脱离具有无限性的普遍而孤立存在的东西。特殊中蕴藏了一般，有限中包含了无限。所以，人们通过具体科学认识世界的有限、特殊，又可以通过对具体科学的反思，即黑格尔所说的“对于事物的思维着的考察”② 去认识特殊中的一般，认识有限中的无限。这种反思的意识，透过本质的经验内容而思考本质本身，透过具体的物质形态而思考物质本身，透过实证的因果性联系而思考因果性本身。这样就使人们的思维借助于具体科学又超越具体科学，从而形成对整个世界的普遍本性的认识。

这里所说的辩证思维就是通过逻辑规律和范畴形式把握世界的普

① 《马克思恩格斯选集》第4卷，341页，北京：人民出版社，1995年。

② ［德］黑格尔：《小逻辑》，贺麟译，38页，北京：商务印书馆，1980年。

遍本性，并通过逻辑综合，在思维中有条件地近似地再现世界的整体。

列宁指出："逻辑学是关于认识的学说。它是认识论。认识是人对自然界的反映。但是，这并不是简单的、直接的、完整的反映，而是一系列的抽象过程，即概念、规律等等的构成、形成过程，这些概念和规律等等（思维、科学＝'逻辑观念'）有条件地近似地把握永恒运动着的和发展着的自然界的普遍规律性"[①]，"自然界中的普遍性的形式就是规律"[②]。而作为这种普遍性的形式在人类认识中的反映而表现出来的普遍性形式就是逻辑学。所以哲学从一般内容来说，它是世界观，是以整个世界为对象的；而从思维形式来说，它又是逻辑学。

人们在思维中，逻辑地再现整个世界的过程是一个从抽象普遍不断走向综合具体的过程。黑格尔说过："逻辑理念的发展是由抽象进展到具体"[③]，是"把最初是抽象的普遍性变成整体性，因而它就成为完备的客观性。"[④] 黑格尔在这里的意思是说，认识的目的、认识所要达到的结果，是把握"具体概念"，即把握许多规定性的统一整体。但在把握具体整体的过程的开始，却是认识简单的抽象的规定性，即形成一些孤立的片面的普遍性原理。随着认识的前进，随着逻辑概念的发展，愈是在后的概念，其包含的内容愈丰富、愈全面，其片面性也就愈少，认识愈是成为一个具体整体，愈是具有真理性。黑格尔的这一思想是十分精彩的。列宁也指出："真理只是在它们（指各方面的规定性——引者注）的总和……中以及在它们的关系……中才会实现"[⑤]。

5. 把握"真无限"同时是一个从抽象普遍性上升到具体普遍性的过程

由上可见，关于对整个世界的认识，不仅是一个从特殊到普遍，从有限到无限的分析过程，而且也是一个从抽象到具体的综合过程，是分析和综合相统一的过程。科普宁在书中曾经提出这样一个问题："世界观力图反映发展的普遍规律，然而这个普遍的东西不知为什么有

① ［俄］列宁：《哲学笔记》，194页，北京：人民出版社，1974年。
② 《马克思恩格斯选集》第4卷，341页，北京：人民出版社，1995年。
③ ［德］黑格尔：《小逻辑》，贺麟译，335页，北京：商务印书馆，1980年。
④ 转引自［俄］列宁：《哲学笔记》，208页，北京：人民出版社，1974年。
⑤ ［俄］列宁：《哲学笔记》，209页，北京：人民出版社，1974年。

时被认为是整体的东西”。① 提出这样一个问题，说明科普宁没有能区别两种不同性质的普遍性，即抽象的普遍性和具体的普遍性，他不懂得具体的普遍性就是认识的整体性。对于整个世界的认识来说，只有把抽象的普遍性上升到具体的普遍性，这才是世界观所追求的目标。

比如，因果相互关系的原理，是辩证法的一个普遍原理，也可称之为辩证的因果观。但是因果观并不是世界观，它只是世界观的一个片断、一个方面的表现。因为因果联系只是世界普遍联系之网上的一个纽结，只是物质世界永恒发展的链条上的一个环节。因此，列宁说：“因果性只是片面地、断续地、不完全地表现世界联系的全面性和包罗万象的性质。”② 世界观不是停留在这种抽象普遍性阶段的认识，而是“对世界的认识的历史的总计、总和、结论”③。

人们虽然不能完全地把握世界整体，但是人在逻辑具体中，在建立科学世界观的过程中，却可以无限地接近这一点。正如恩格斯所说的：“对整个外部世界的有系统的认识是可以一代一代地取得巨大进展的”④。换句话说，从哲学的高度把握整个世界的共同本质和一般规律不仅是可能的，而且在人类认识的发展中不断地实现着。

正因为对世界普遍本性的认识，是在对一些有限对象认识的基础上，通过反思而形成的，所以，即使在人类文明发展的早期阶段，在生产力和知识水平都极端低下的情况下，当时的哲学家也形成了关于世界普遍本性的朴素的认识，从而创造了光照后世的最初的哲学。又因为哲学是对世界普遍本性的认识，所以它才能对具体科学的发展具有世界观和方法论的指导作用。以至具体科学无比昌明的今天，许多科学巨人往往还要到人类哲学的童年记忆中去吸取营养。所以，作为一个方面，只有从世界的普遍本性的意义去界说哲学对象，才能从根本上划清哲学与具体科学的界限，才能为哲学对具体科学的指导作用提供基本的科学说明。

---

① ［苏联］科普宁：《马克思主义知识论导论》，马迅、章云译，611页，北京：求实出版社，1982年。

② ［俄］列宁：《哲学笔记》，168页，北京：人民出版社，1974年。

③ ［俄］列宁：《哲学笔记》，90页，北京：人民出版社，1960年。

④ 《马克思恩格斯选集》第3卷，363页，北京：人民出版社，1995年。

（三）哲学核心对象的把握

由上可见，世界的普遍本性作为哲学的一般对象是不能否定的。但是能否认为世界的普遍本性是哲学世界观所研究的唯一对象呢？不能。

1. 人类活动的最根本法则是哲学的核心对象

这是因为从根本上说，哲学世界观所把握的世界，是以人与世界的总体关系为主要内容的世界，是以人为出发点和归宿点的世界。这并不是说，人是整个宇宙的中心或人是整个宇宙的目的，而是说人通过自己的活动（认识和改造活动）所表现出来的对世界的关系，即为了人的生存和发展。也可以说，是为了建立一个以人为中心、符合人的目的的世界。因此，从哲学世界观的高度来说，为了改造这个世界以适应人的需要，哲学无疑要研究这个世界，要揭示世界的普遍本性。除此以外，还要研究这个世界中的人，研究这个世界中人与世界的总体关系，集中到一点，就是要研究人应该遵循哪些根本法则去改造这个世界以适合人的需要。相对而言，研究人处理和驾驭自身与世界总体关系的普遍法则，比研究人处理和驾驭自身与世界总体关系的普遍根据更重要。因为获得这种普遍根据说到底是服从于、服务于寻找人的行为的普遍法则。不然，对世界普遍本性的研究就成了没有价值旨归的研究。

那么，为什么有不少人长期以来会把世界的普遍本性，即自然、人类社会和思维的普遍本质和规律作为哲学世界观的唯一对象呢？我认为有以下两个方面的原因：

一是对马克思主义经典作家的有关论述缺乏全面的统一的理解。

关于哲学的对象问题，马克思主义经典作家虽然没有直接明确论述，但他们关于哲学的一系列论述，却又从这一方面或那一方面涉及了哲学的对象。我们有些论者往往就是从马克思主义经典作家关于哲学的规定或有关论述中，引申出关于哲学对象的规定的。然而由于马克思主义经典作家是从不同角度不同方面对哲学进行规定的，加之人们对这些规定的理解又各式各样，因而由这些不同规定和不同理解中所引申出来的“哲学对象”也五花八门。事实上，这种孤立引证某一段语录作为立论的根据，很容易使立论陷于片面性。

有的论者之所以得出了世界的普遍本性是哲学的唯一对象这一结论，就是由于他们片面地理解和引证了恩格斯有关论述的结果。恩格斯确实说过："辩证法不过是关于自然、人类社会和思维的运动和发展的普遍规律的科学。"① 他还说："辩证法就归结为关于外部世界和人类思维的运动的一般规律的科学。"② 恩格斯的这两段论述都是说明辩证法定义的。这里的自然、人类社会和思维，或所谓的外部世界和人类思维，所指谓的都是无限的世界。在一切辩证哲学看来，辩证性是无限世界的普遍本性之一。研究世界的辩证性，即世界的运动和发展的一般规律，就成为哲学研究的一个重要内容，由此推而广之，得出世界的普遍本性是哲学的研究对象，应该说，是能成立的。但是如果把世界的普遍本性作为哲学的唯一研究对象，这就片面了。

因为研究世界的普遍本性还只属于认识世界的范围，还不涉及改变世界的问题。而在马克思看来："哲学家们只是用不同的方式**解释**世界，而问题在于**改变**世界。"③ 马克思这一名言不仅强调了实践的革命意义，强调了改造世界比解释世界更重要，而且从哲学研究对象的角度说明了，不仅要研究如何认识世界，而且要研究如何改造世界的问题。要把认识世界和改造世界的普遍法则作为哲学研究的核心对象。

换句话说，哲学不应该只是用不同的方式解释既成的人和世界，而且应该关注如何改变人和改变现有世界，关注人本身和人的世界的再生产、再创造。这种改变、再生产、再创造的目的，是要创造更有利和更适合于人的生存和发展的对象世界。这是人与世界的关系展开的为人的实质。而那些主张世界的普遍本性是哲学的唯一对象的论者正是忘记了马克思的上述名言。

有鉴于此，在笔者看来，站在马克思主义立场上来反思哲学对象问题，是必须的、应当的。但是，坚持马克思主义立场并不意味着限于引证马克思主义经典作家关于哲学对象的言论，更不意味着孤立地以经典作家的这一段论述或那一段论述为依据进行引申；而是应该坚

① 《马克思恩格斯选集》第3卷，484页，北京：人民出版社，1995年。
② 《马克思恩格斯选集》第4卷，243页，北京：人民出版社，1995年。
③ 《马克思恩格斯选集》第1卷，61页，北京：人民出版社，1995年。

持马克思主义的立场、观点和方法，结合哲学发展史，对经典作家关于哲学对象的一系列论述进行全面统一的理解，只有这样，才能给哲学对象以完整的科学的规定。

二是有的论者之所以把世界的普遍本性视为哲学的唯一对象，还在于他们把世界运动发展的普遍规律和实践活动的普遍规律作了不应有的混淆。不少人认为，认识规律是为了利用规律，于是认为实践活动的普遍规律就是运用于实践中的关于世界运动发展的普遍规律。因此，研究世界的普遍本性，研究世界运动发展的普遍规律实际也就研究了实践活动的普遍规律。既然如此，在他们看来，也就没有必要把人处理和驾驭自身与世界总体关系的普遍法则，或者说把实践活动的普遍规律作为哲学对象单列出来。其实这一推论是不能成立的。

认识规律是为了利用规律，这是对的。但是不能由此认为实践的普遍规律就是运用于实践中的世界运动发展的普遍规律。这是因为：

其一，世界运动发展的普遍规律具有广泛的涵盖性，而实践的普遍规律只在人的实践活动范围内具有普遍性。因此，两相比较，实践的普遍规律只是一种体现了世界运动发展普遍规律的特殊规律，或者说是被世界运动发展的普遍规律所统摄的特殊规律。也就是说，他们存在和发挥作用的范围是不一样的。

其二，被运用于实践中的世界运动发展的普遍规律在内容上也不等同于实践的普遍规律。因为实践是运用主观条件及其规律和客观条件及其规律的辩证统一过程，实践规律是组织和运用主客观条件及其规律的一种更高层次的价值统筹规律。它相对于运用于实践中的有关规律（包括世界运动发展的普遍规律），是一种如何运用这些规律的规律。或者说，实践的普遍规律是一种如何运用这些规律的普遍规律。

相对于人来说，一切规律在没有被人认识以前，只是一种自在态存在。它们一旦被人认识以后，通过主观形式反映出来，也就获得了一种逻辑态存在。而当它们在实践中被人们加以运用的时候，也就进而转化成了一种价值态存在。有关主观条件及其规律和客观条件及其规律从逻辑态向价值态转化的过程，也就是人们按照实践规律在实践中加以运用的过程。因此，实践的普遍规律并不等同于也不完全包含于世界运动发展的普遍规律。因其具有特殊性和极端重要性，所以必须把它作为哲学完整对象的一个极为重要的组成部分，即核心部分加以研究。那么能否由此认为哲学的对象是实践呢？也不能。

2. 关于实践不是哲学唯一对象的说明

近若干年来，人们在纠正上述那种认为只有世界的普遍本性才是哲学的对象这一观点的过程中，又有一些论者走向另一个极端，即根本否认世界的普遍本性是哲学的对象。在他们看来，马克思主义认为哲学的研究对象只能是实践，或者说只能是认识世界、改造世界的普遍规律，因而不应去研究世界的一般本质。这种观点，包含了对实践问题，对认识世界和改造世界的普遍规律在哲学对象中重要地位的肯定，这是有合理之处的。但它排斥研究世界的一般本质，这也就陷入了另一种片面性。之所以会产生这种片面观点也有两个方面原因：一是孤立片面地引证马克思的有关论述作为立论的根据，缺乏对马克思主义经典作家一系列论述的全面地统一地理解，脱离了哲学发展史的实际；二是对实践本身作了孤立地理解。关于第一点前文已经有所说明，这里不再赘述。笔者在此主要就第二点作点分析。

众所周知，实践作为人的一种活动，是人对外部世界的改造与被改造的关系，其中渗透着人与世界之间的认识关系、价值关系、审美关系。因而实践必须根据人们对世界的认知，根据主体的价值标准和价值取向，根据主体的审美原则，根据主体拥有的改造能力来进行。

另外，人与世界的改造关系、认知关系、价值关系和审美关系，都是以实践为基础、为落脚点的。因此，人与世界的这四种关系是相互联系、相互作用的。它们都是人与世界总体关系的相对独立的组成部分，但必须肯定的是，实践关系在其中处于核心部分。以实践关系为基础、为核心的包括认知关系、价值关系、审美关系、改造关系在内的人与世界的总体关系，展开来说也就表现为以实践为基础、为核心而产生和不断改变着的自然界、人类社会、人类思维的相互联系、相互制约、相互作用的关系。实践也就是这种相互联系、相互制约、相互作用的联结点、枢纽点。

换句话说，实践中既产生着、改变着自然界、人类社会、人类思维之间的关系，又受到这种关系的制约。自然界、人类社会、人类思维之间的关系是构成整个世界的三个部分之间的关系，是世界的局部的关系，它服从于、统摄于、被支配于整个世界的普遍联系。因此，实践受自然界、人类社会和人类思维之间关系的制约，从更高层次的意义上说，也就是受世界的普遍本性的制约，受世界的普遍本质和运动发展的一般规律的制约。任何规律对于人的活动的制约，同时也意味着为人的有意识的活动提供基础、提供根据。所谓制约，是指人的活动如果不顾客观规律，任意胡为，就会碰得头破血流，以失败而告终。所谓提供根据是说，如果事物的运动变化杂乱无章、毫无规律可言，人们的实践活动就会无所适从。所以列宁说："外部世界、自然界的规律，……乃是人的有目的的活动的基础。"①

因此，世界的普遍本性乃是人的有目的的活动的最普遍的根据和基础。换句话说，为了进行有目的的活动，为了能为处理和驾驭自身与世界的总体关系提供最普遍的根据，把世界的普遍本性列为哲学的基础对象是必然的。

总之，一般哲学对象的比较完整的规定是人处理和驾驭自身与世界总体关系的普遍根据和法则，或者说是世界的普遍本性与人改造世界的普遍规律这样两个层次的统一。

从上述规定来看，不仅前文所列第一种观点，即认为哲学对象是自然、社会和思维发展的最普遍规律的观点和第八种观点，即认为哲学对象是人类认识世界和改造世界的最普遍规律的观点具有片面性，前九种观点中的其他观点也都存在明显的缺憾。

3. 关于思维与存在关系不是哲学唯一对象的分析

这种观点确实包含有合理的成分。这是因为思维和存在的关系问题是哲学的基本问题，而且也是人与世界总体关系的集中体现，因而哲学基本问题理所当然是哲学的研究对象。否认这一点，在逻辑上是说不通的。但是，因为它只是哲学的基本问题，对思维和存在关系问题的研究只是哲学的基本内容，所以，不能由此认为只有思维和存在的关系才是哲学研究的对象。思维与存在的关系问题确实十分重要，然而它只是关于世界的本质性和作为世界发展产物的思维的能动性等方面的问题，只是部分的关于世界的总体性问题。除此以外，世界的普遍本性还包括世界的辩证性和作为人的世界所具有的价值性、审美性等方面。

① ［俄］列宁：《哲学笔记》，200页，北京：人民出版社，1974年。

4. 关于纯粹思维领域不是哲学唯一对象的解析

这一种观点，其不妥之处也是很明显的。别的不说，这种观点把哲学对象与思维科学的对象混为一谈了。之所以会造成这种混淆，这与某些论者对恩格斯下面一些论述的不正确理解有关系。

恩格斯在《路德维希·费尔巴哈和德国古典哲学的终结》的第四部分讲到，由于“三大发现和自然科学的其他巨大进步，我们现在不仅能够说明自然界中各个领域内的过程之间的联系，而且总的说来也能说明各个领域之间的联系了，这样，我们就能够依靠经验自然科学本身所提供的事实，以近乎系统的形式描绘出一幅自然界联系的清晰图画。描绘这样一幅总的图画，在以前是所谓自然哲学的任务。而自然哲学只能这样来描绘：用观念的、幻想的联系来代替尚未知道的现实的联系，用想象来补充缺少的事实，用纯粹的臆想来填补现实的空白。……自然哲学就最终被排除了。任何使它复活的企图不仅是多余的，而且**是倒退**。”①

接下去，恩格斯指出：“适用于自然界的，同样适用于社会历史的一切部门和研究人类的（和神的）事物的一切科学。在这里，历史哲学、法哲学、宗教哲学等等也都是以哲学家头脑中臆造的联系来代替应当在事变中去证实的现实的联系，把全部历史及其各个部分都看作观念的逐渐实现。……因此，在这里也完全像在自然领域里一样，应该通过发现现实的联系来清除这种臆造的人为的联系；这一任务，归根到底，就是要发现那些作为支配规律在人类社会的历史上起作用的一般运动规律。”②

在该论述接近结尾的地方，恩格斯说：“……马克思的历史观……结束了历史领域内的哲学，正如辩证的自然观使一切自然哲学都成为不必要的和不可能的一样。现在无论在哪一领域，都不再要从头脑中想出联系，而要从事实中发现联系了。这样，对于已经从自然界和历史中被驱逐出去的哲学来说，要是还留下什么的话，那就只留下一个纯粹思想的领域：关于思维过程本身的规律的学说，即逻辑和

① 《马克思恩格斯选集》第4卷，246页，北京：人民出版社，1995年。

② 《马克思恩格斯选集》第4卷，246—247页，北京：人民出版社，1995年。

辩证法。”①

恩格斯的上述论述，并不是说，哲学应以“纯粹思维的领域”为研究的对象，而是针对旧哲学，特别是针对黑格尔哲学而言的。旧哲学中有所谓自然哲学、历史哲学等，它们以幻想代替现实，用哲学的思辨代替具体科学的研究。在具体科学迅速发展的今天，辩证的自然观已把自然哲学从自然领域驱逐出去了，马克思的历史观也把历史哲学从历史领域中驱逐出去了。对于旧哲学特别是黑格尔哲学来说，就只留下一个纯粹思想的领域，那就是关于思维过程本身的规律的学说，即逻辑和辩证法，仍可以作为哲学保留下来。

恩格斯在这里所指的，关于思维过程本身的规律的学说，就是黑格尔的概念辩证法。黑格尔的最大功绩就在于恢复了辩证法这一重要的思维形式。在黑格尔那里，辩证法就是概念辩证法，也就是逻辑，它是一门关于思维形式及其规律的哲学学说。这里所谓的哲学学说，是指黑格尔的逻辑学不是具体的思维科学，不是具体的逻辑学，而是世界观。或者说，是从人与世界总体关系的角度所研究的逻辑。它不是研究抽象的一般的思维形式，而是研究包含内容的具体思维形式。黑格尔以思维的形式把自然的世界、历史的世界和精神的世界描写成一个不断发展的过程，并且力图探讨它们的内在规律性。

也就是说，他在概念的世界中猜测到了客观世界的规律。黑格尔的错误不在于他从思维领域中猜测到了客观世界的规律性，而在于他不是从自然和历史中抽取出这些规律性，相反，他把这些规律视作思维内在固有的规律，并把这些思维规律强加于自然界和人类社会，这就是他的思辨唯心主义。

总之，黑格尔的逻辑学、辩证法，是以思维的规律表现出来的整个世界的一般规律。剥去黑格尔哲学的神秘外衣，它的辩证法成果就可以被吸收过来、保留下来。因此，如果把恩格斯在上述论述中所说的逻辑和辩证法局限于思维领域作狭隘地理解，由此认为哲学以纯粹的思维领域为对象，那就是十足的误读。

5. 关于具体科学不是哲学唯一对象的反思

这样一种见解也是不恰当的。这种不恰当，首先在于它把哲学世

① 《马克思恩格斯选集》第4卷，257页，北京：人民出版社，1995年。

界观当作单纯的关于世界的最普遍的知识和科学，而忘记了哲学虽然是以知识的形态出现的，但实质上，它是以关于世界的最普遍的知识为依据的对人生、宇宙的一种态度，对人在世界上的地位和作用的一种根本观点。

哲学作为一种关于世界的最普遍的知识，无疑要以人类对世界各部分的认识为基础，要依靠对各门具体科学即自然科学、社会科学、思维科学等的概括和总结，才能形成关于世界普遍本质的知识体系。正如恩格斯所指出的，这个“认识世界的道路”就是“沿着实证科学和利用辩证思维对这些科学成果进行概括的途径去追求可以达到的相对真理。”① 也是在这个意义上，毛泽东说过哲学是自然科学知识和社会科学知识的概括和总结。

不难看出，对具体科学的概括和总结只是哲学认识形成的途径。在这里，哲学对具体科学的研究与科学学对具体科学的研究是不一样的。科学学是对具体科学本身的研究，而哲学对具体科学的研究则是从人与世界总体关系的视角，借助具体科学成果所反映的有限、特殊，去揭示其中的无限、一般。因此，如果把具体科学说成哲学的研究对象，那么也就很难划清哲学和科学学的界限了。

6. 关于人与世界关系不是哲学唯一对象的论析

这样一种见解，其可取之处在于，它大体说明了规定哲学对象的思路，但又失之过于笼统。因为人与世界的关系极为复杂，其中包含着不同层次、不同方面的许许多多的关系。这许许多多关系构成了不同学科的研究对象。哲学所研究的只是人处理和驾驭自身与世界总体关系的普遍根据和法则。如果对哲学对象不作这样具体的规定，也就很难把哲学对象和具体科学的对象加以严格区别。

7. 关于哲学对象其他观点的评说

这些观点包括，或主张哲学对象是人类社会发展的一般规律，或主张人是哲学对象，或主张人的实践活动是哲学对象的观点等，其共同的缺陷都在于没有体现哲学对象所应具有的普遍涵盖性。无疑，哲学要研究人类社会发展的一般规律，要研究人，要研究人的实践活动，但倘若分别将它们当作哲学的唯一对象，那就失之片面了。

① 《马克思恩格斯选集》第4卷，220页，北京：人民出版社，1995年。

由上可见，哲学对象问题是一个相当复杂的问题，哲学在几千年的发展史中，具体对象是变动的；不同时代、不同哲学派别的不同哲学家，其研究的侧重点是不同的，对于什么是哲学对象也有不同的理解。但是在变动和差异中也有统一的东西。这个统一的东西就是一切哲学都是关于世界观的理论。因此，必须从哲学世界观的高度给哲学的一般对象以规定，即上文所说的人处理和驾驭自身与世界总体关系的普遍根据和法则才是哲学的一般对象。当然，仅仅弄清了哲学的一般对象，是不够的，还必须从哲学世界观的高度来理解一般哲学对象与具体哲学派别的对象的关系，或者说，来理解哲学对象的共性与个性的关系。

二、哲学对象的共性与个性

从哲学与具体科学划界的意义上，或者说，从元哲学的意义上，哲学是关于世界观的理论，哲学对象是人处理和驾驭自身与世界总体关系的普遍根据和法则。哲学相对于具体科学，在研究对象上具有最大的共性，或最大的一般性。但是这个具有最大一般性的学问，就其自身的现实表现来说，是与其个别性、特殊性相联系的。哲学的最大一般性、共性正是通过不同哲学派别的个别性、特殊性获得自身的存在和表现的。哲学的这种共性与个性的关系表现在哲学对象上就是哲学对象的共性与个性的关系。基于这种认识，我们讨论哲学对象问题，除了要研究哲学的一般对象，即哲学对象的共性，还要研究哲学对象的个性，要研究它们二者之间的关系。

（一）不同层次哲学对象的共性与个性

从哲学层次或层次哲学的意义上说，最高层次的哲学是世界观哲学。我们通常所说的哲学是关于世界观的理论，就是指世界观哲学这个最高层次而言的。在这个层次哲学下面，还包括自然哲学、历史哲学、思维哲学、价值哲学、方法论哲学等层次哲学。

就世界观哲学而言，其对象是人处理和驾驭自身与世界总体关系的普遍根据和法则。在自然观、历史观、思维观、价值观、方法论等层次哲学上，它们各自研究的对象无疑有其特殊性。但是这些层次既然作为哲学学科体系的有机组成部分，在研究对象上必然有其共同性，即它们必然要研究世界的普遍本性和人认识和改造世界的普遍法则。不然它们就不能作为哲学学科的有机组成部分，也不能在研究对象上与具体科学划清界限。这里作一些具体分析。

1. 自然哲学是从世界观意义上研究自然

自然哲学把自然界的本质及其发展的普遍规律以及认识和改造自然的一般规律作为自己的研究对象，体现了它作为哲学的分支学科的特殊性。它既不同于各门自然科学技术所研究的各种自然事物的特殊本质和特殊规律，又不同于世界观哲学所研究的世界的普遍本性以及人认识和改造世界的一般规律。

自然哲学所研究的“自然界”，是指无机界、有机界和人工自然界，即狭义的自然界。自然哲学在研究自然发展和人工自然时，也涉及和包括人类社会，这属于广义的自然界。自然哲学对“自然界的研究”并不同于自然科学的研究，它是把自然界放在世界总体中，放在人与自然的关系中，或者说是置于普遍方式下加以研究，是世界观意义上的研究。从自然哲学与自然科学技术相区别的意义上说，自然哲学研究的对象是自然界的本质和发展的普遍规律及改造自然的一般规律；而从哲学对象的共性与个性关系的意义上说，自然哲学研究的对象则是哲学的一般对象即世界的普遍本性和人认识和改造世界的普遍法则在自然界中、在人认识和改造自然中的特殊表现。就马克思主义哲学的自然观来说，它要研究物质运动的基本形式及其转化的一般规律，研究自然界物质内部存在的相互作用的规律，研究自然界物质系统的螺旋式循环发展的规律，要研究人类的实践活动和科学技术的发展不断地改变着的人和自然的关系。这表现在，不仅自然界到处打上了人的烙印，而且人在改造自然界的过程中不断地改造自己，并改变着对人类和自然界的相互关系的认识。通过这种研究揭示出人认识和改造自然的一般规律。

2. 历史哲学是从世界观意义上研究历史

历史哲学也是把社会历史放在世界总体中进行研究。历史哲学并不是一般的关于历史的理论，而是关于历史的世界观理论。所谓关于历史的世界观理论，是指它是社会历史领域中所表现的世界观理论。或者也可以说，它是世界观理论在社会历史领域的特殊理论表现。比如，作为马克思主义哲学一个有机组成部分的唯物史观理论所研究的历史主体与历史客体、社会发展是一个自然历史过程、社会存在与社会意识，以及其他种种课题都不是单纯的社会历史领域的问题，而是社会领域的哲学问题。

在哲学史上，当亚里士多德使用“主体”概念时，指的就是本原的、起产生作用的“本体”。在这里，主体与客体的关系，也就是本体与由本体所产生的事物及现象的关系。

后来，在中世纪哲学中，本原和起产生作用的“本体”性质成了上帝的性质，因而主体和客体的关系也就成了上帝与上帝创造的事物的关系。由于上帝不仅是万物的创造者，而且还具有全知的性质，即具有认识能力。这样创造和认识就构成了主体概念的主要含义。近代哲学在批判中世纪的神学哲学时，将上帝的特性还给了人，人成了认识的主体，认识对象则成了客体。

马克思主义哲学则进一步指出，人不仅是认识主体，而且是实践主体，人作为结成社会的主体不仅创造了属人的自然，而且创造了人类的历史，因而作为社会主体的人又是历史的主体，由社会的人所创造的属人的自然和历史事物则成了历史的客体。由此可见，历史主体和历史客体的理论，虽然直接地说，是属于社会历史理论，但这对范畴显然不仅仅是对社会历史现象的反映，而且是对社会的人在世界总体中的主体地位和作用的理论说明。

人类社会是一个自然历史过程的理论，也是从人类社会领域所阐明的一个关于世界总体发展过程的理论。这一理论说明人类社会在归根到底的意义上，是一个从改造自然的生产劳动中所形成的生产力与社会生产关系的矛盾运动过程。生产劳动是自然与社会相统一的中介。生产力就是劳动所体现的人与自然的物质变换关系，即作为主体自然的劳动者与作为客体自然的劳动对象的统一。这种统一的实体态，就是劳动工具。这种统一的关系态，就是以劳动工具为客观标志的、在劳动中形成的“人化自然力”，即生产力。因此生产力也就是经过形式变化，获得社会规定性、适合人需要的自然力。生产关系也就是在生产劳动中所形成的、受生产力制约的社会物质关系。因此，生产力和生产关系的矛盾运动不过是在自然过程基础上通过劳动所创造的一种特殊运动即社会历史运动。在这个意义上说，社会发展是一个自然历史过程。可见，社会发展是一个自然历史过程的理论，不仅仅是从自然与历史的联系中说明了社会规律的特殊性，而且通过这种特殊性体现了社会规律与自然规律的一致性、统一性；因而也从一个方面体现了世界的本质共性。

社会存在与社会意识的关系问题是历史观的基本问题。这个问题也并不单纯属于社会历史理论的问题，也是一个关于世界的总体性的理论问题。众所周知，思维和存在的关系问题是哲学的基本问题。而哲学的基本问题与历史观的基本问题不是截然不相干的。从抽象意义上说，社会存在与社会意识的关系，就是意识与存在的关系；而从具体意义上讲，存在与意识的关系只能表现为社会存在与社会意识的关系。这是因为，意识本来就是社会的产物，是社会存在的反映，这种反映的词语也是社会提供的。自然科学和社会科学都属于社会意识，不同的只是自然科学的反映对象侧重于社会存在的自然属性、自然规律方面；社会科学的反映对象则侧重于社会存在的社会属性、社会规律方面。与社会意识相对应的存在也是指社会存在。不仅社会活动创造的存在是社会存在，就是人们考察自然时，对人类来说的现实的自然存在就是指社会的地理环境，而地理环境正是作为社会存在的前提性因素得以规定自身的。由此可见，社会存在和社会意识的关系问题不过是从社会历史领域对于思维和存在关系的现实地、具体地说明。

3. 一切层次哲学都是世界观统摄的特殊表现形态

由于篇幅限制，我们这里不想再从思维哲学、价值哲学、方法论哲学等的层次哲学上，去对哲学对象的共性和个性的关系作展开的说明。但是有一点是共同的，即不论是自然哲学、历史哲学，还是思维哲学、价值哲学、方法论哲学等，都分别是从自然、社会、思维、价值、方法等特殊的层次去揭示和表现世界的普遍本性和人认识和改造世界的一般法则。它们研究对象的特殊性中总是包含了哲学对象的一般性。因此，那种认为自然哲学、历史哲学、思维哲学等分别是对自然、社会和思维等进行研究的观点，是不妥的。不管不同哲学家侧重于哪一种层次哲学的研究，他所研究的对象都包含了哲学对象的共性和个性的统一。

（二）不同视点哲学对象的共性与个性

从哲学的透视点，或简曰“视点”意义上说，哲学史上不同的哲学派别和不同的哲学家，就研究对象来说，有的直接对世界观问题进行研究，有的则是侧重于从某一领域对世界的总体问题进行研究。而这种研究往往又是通过不同的透视点或出发点来进行的。这种不同的透视点或不同的出发点，就是不同哲学派别和不同哲学家在研究对象上的一个方面的特殊性的表现。比如，黑格尔哲学以思维为出发点，费尔巴哈哲学以感性人为出发点，马克思主义哲学以实践为出发点，现代西方的分析哲学以语言为出发点，等。然而不管他们在透视点或出发点上是多么的不同，但都是从不同的透视点或出发点去研究、展示和说明人与世界的总体关系。这里的总体关系，则是不同哲学派别和不同哲学家在研究对象上的共同性，或者叫哲学的一般对象。对此，在下面作一些具体说明。

1. 黑格尔哲学是以绝对思维为透视点的关于世界的总体研究

黑格尔说，“哲学可以定义为对于事物的思维着的考察”，“哲学的职责……以研究思维为其特有的形式”①。然而黑格尔作为研究对象的思维，只是黑格尔哲学的透视点。黑格尔哲学不过是把从这个透视点所观察的世界说成是从这里所展开的世界。这样原本作为他的哲学的透视点的人的思维也就变成和夸大成了作为世界本原的“绝对观念”。于是黑格尔主张哲学应以“绝对观念”为研究对象。他说：“哲学的历史就是发现关于‘绝对’的思想的历史。绝对就是哲学研究的对象。”②黑格尔哲学以绝对观念的辩证运动，建立起了它的庞大的客观唯心主义体系。他在客观唯心主义的基础上，实现了本体论、认识论、逻辑学三者的统一。换句话说，黑格尔以思维的形式把自然世界、历史世界和精神世界描绘为一个不断发展的过程，并且力图探索它们的内在规律性。因此黑格尔哲学，尽管其哲学的透视点及其哲学体系的逻辑出发点有其特殊性，但谁也不会否定黑格尔哲学是一种世界观，其所研究的是世界的总体性问题。

---

① ［德］黑格尔：《小逻辑》，贺麟译，38、42页，北京：商务印书馆，1980年。
② ［德］黑格尔：《小逻辑》，贺麟译，10页，北京：商务印书馆，1980年。

2. 费尔巴哈哲学是以感性人为透视点的关于世界的总体研究

在批判黑格尔哲学的过程中，费尔巴哈创立了自己的新哲学。他将人看作他的哲学的出发点。费尔巴哈虽然像18世纪的法国唯物论那样，在时间上承认自然界的第一性，人是自然界的一部分，但他又认为，在“性质上”，即重要性上，人是第一位的，断然主张“从人出发”。费尔巴哈宣称，他的哲学是“作为人的哲学的新哲学”，其宗旨“主要地也是为人的哲学”①。因此，费尔巴哈主张，“将人连同作为人的基础的自然当作哲学唯一的，普遍的，最高的对象”②。费尔巴哈从人出发，把人规定为他的哲学的对象，本质上也是通过人，即他所理解的感性人这个特殊的透视点，来表明其一般哲学的基本问题或基本对象上的唯物主义见解。

这可以从以下三点看出，一是他把人看作精神和物质的统一体。他认为人是自然界的一部分，“自然界是哺育人的母亲”，而作为自然界产物的人是有理性、意志和情感的。二是他说他的哲学之所以立足于人，从人出发，是因为只有这样才能合理解决精神和物质的关系问题。他指出，“思维与存在的统一，只有在将人理解为这个统一的基础和主体的时候，才有意义，才是真理”③。三是费尔巴哈人本学哲学兼有本体论和认识论两层意义。在本体论上，他明确指出：“存在是主体，思维是宾词。思维是从存在而来的，然而存在并不来自思维。”④强调头脑里的精神连同头脑都是“自然的产物”⑤。在认识论上，他强调指出正因为人是自然界的产物，所以人能够认识世界，人恰恰具有使他从世界的完整性、整体性方面来感知世界所必需的足够的感官。在费尔巴哈的人本学哲学中，本体论和认识论是统一的。不难看出，

---

① ［德］费尔巴哈：《费尔巴哈哲学著作选集》上卷，荣震华、李金山等译，186页，北京：商务印书馆，1984年。

② ［德］费尔巴哈：《费尔巴哈哲学著作选集》上卷，荣震华、李金山等译，184页，北京：商务印书馆，1984年。

③ ［德］费尔巴哈：《费尔巴哈哲学著作选集》上卷，荣震华、李金山等译，181页，北京：商务印书馆，1984年。

④ ［德］费尔巴哈：《费尔巴哈哲学著作选集》上卷，荣震华、李金山等译，115页，北京：商务印书馆，1984年。

⑤ ［德］费尔巴哈：《费尔巴哈哲学著作选集》上卷，荣震华、李金山等译，115页，北京：商务印书馆，1984年。

费尔巴哈的人本学，以感性的人为透视点，深入地、具体地把物质和精神的关系问题当作了哲学的基本对象。

3. 马克思主义哲学是以实践为透视点的关于世界的总体研究

在批判继承黑格尔哲学和费尔巴哈哲学的过程中，马克思恩格斯创立了马克思主义哲学。马克思主义哲学的出发点或立足点是人类的生产劳动实践。马克思主义哲学是从人的实践活动来透视现存世界的。在马克思主义哲学看来，实践首先是以人的自身活动来引起、调整和控制人与自然之间的物质变换的过程；在这个过程中，人和人之间又必然要结成一定的关系互换其活动；同时实践结束时得到的结果，在这个过程开始时就已经在实践者头脑中作为目的以观念的形式存在着，这个目的是实践者“所知道的，是作为规律决定着他的活动的方式和方法的”①。这就是说，实践内在地包含了人与自然的关系、人与社会的关系以及人与其意识的关系，这些关系的总和又构成了现存世界中的基本关系。

可以说，实践以缩影的形式映现着现存世界，它蕴含着现存世界的全部秘密，是人类面临的一切现实矛盾的汇集点。正因为如此，马克思主义哲学主张从实践出发去反观、透视和理解现存世界，把“对象、现实、感性”“当作**实践**去理解”②。马克思主义哲学认为，实践是人的客观的、感性的活动，是人类有目的、有计划地改造客观世界的物质性活动。这种活动以物质世界的优先存在为前提，实践只能改变物质存在的形式，实践不过是物质发展的最高形态——人和人类社会存在的方式，同时实践所实现的辩证运动也是世界辩证运动的最高产物和最高表现。

从认识论角度说，如果能透过对实践的科学理解，也就为全面地认识世界的物质本性和辩证本性提供认识基础。这就是马克思所说的，人体解剖是猴体解剖的一把钥匙。正是掌握了这把钥匙，马克思主义哲学才能实现唯物主义和辩证法的有机统一，辩证唯物的自然观和辩证唯物的历史观的有机统一。只有坚持科学的实践观，才有可能唯物而辩证地解决哲学的基本问题——物质和意识的关系问题。因为实践

---

① 《马克思恩格斯文集》第5卷，208页，北京：人民出版社，2009年。

② 《马克思恩格斯选集》第1卷，54页，北京：人民出版社，1995年。

本身就是物质和意识的辩证关系的体现，统一的物质世界原本并没有什么意识，是实践使统一的物质世界一分为二，分解为物质和意识双方。同样，只有实践才能解决物质和意识双方的矛盾而达到统一。这种在实践基础上达到的物质和意识的统一，归根到底统一于物质。因为，它要求的是意识符合物质自身发展的规律。只有突出实践观点，才能理解认识的辩证过程。因为认识就是一个在实践中由现象到本质，由一级本质到二级本质，以至更深本质的无限发展的辩证过程。同时，认识又是在实践中不断修正错误发展真理的辩证过程。最后，只有突出实践观才能集中体现辩证法的革命的批判的实质。因为实践是由于人们不满足于现状而进行的变革现状的活动。马克思说："对**实践的**唯物主义者即**共产主义者**来说，全部问题都在于使现存世界革命化，实际地反对和改变现存的事物。"① 总之，马克思主义哲学就是以实践为透视点，对人与世界、主体与客体、主观与客观关系的一种理论反思。

4. 现代西方分析哲学是以语言为透视点的关于世界的总体研究

现代西方分析哲学把全部哲学问题归结为语言问题，把语言分析当作哲学的首要任务，甚至唯一任务。例如，维特根斯坦认为，全部哲学就是语言批判，哲学不是理论，而是活动，即对思想进行逻辑阐明。石里克也说，他们不把哲学看作一个认识体系，而是看作一个活动体系，哲学是一种显示或者确定命题的意义的活动。赖尔认为，语言分析是哲学唯一的和全部的职能。总之，他们一致认为语言是哲学研究的首要的，甚至唯一的对象，哲学的任务就在于弄清科学语言或日常语言中的概念或命题的意义。

分析哲学家之所以如此强调语言在哲学中的作用，一个重要原因是在于他们把研究语言看作了解思想和世界之间关系这个基本哲学问题的透视点，把研究语言看作研究人类的概念系统，从而研究世界本身的一条捷径。在他们看来，世界在人的思想之外，但人只能通过语言理解世界和表达对世界的理解，所以"语言的界限就是世界的界限"，我们只能谈论"我的世界"。分析哲学家的这一见解不无道理。因为如同马克思恩格斯所言："语言是思想的直接现实"，是"现实生

① 《马克思恩格斯选集》第1卷，75页，北京：人民出版社，1995年。

活的表现”和“现实世界的语言”[①]。人类关于世界的认识成果就积淀并表现在语言中，因而可以从语言的意义去研究世界的意义。当然，分析哲学毕竟走得远了，在它那里，语言成了一个独立王国。马克思仿佛预见到了这种“语言学转向”。他指出：“正像哲学家们把思维变成一种独立的力量那样，他们也一定要把语言变成某种独立的特殊的王国。”[②] 撇开分析哲学的这一缺陷不谈，从本质上看，它是力图通过对语言的透视而达于对思想、语言和世界三者关系的总体理解。

由上可见，不同哲学派别、不同哲学家总是从不同的透视点或出发点揭示和说明世界总体性问题的。这种不同的透视点或出发点是不同哲学派别、不同哲学家在研究对象上的特殊性，而通过这些不同的透视点或出发点所研究的世界总体性问题则是他们在研究对象上的共同性。

（三）不同功能哲学对象的共性与个性

从哲学功能的意义上说，人们学习和掌握哲学，说到底是为了发挥哲学的世界观和方法论功能。由于哲学功能本身具有多样性，又由于同一功能又可以有不同的指向性，因而也就形成了哲学研究对象的某种特殊性表现。然而这种特殊性本身也包含了哲学对象的一般性，即哲学功能在特殊领域的发挥，从而意味着、体现着对世界总体性问题的具体理解和把握。

哲学功能之所以具有多样性，因为哲学不仅是一门特殊的学科，而且是一种特殊的思维类型。当人进入这种“深沉”的精神状态，思索宇宙人生，评判真伪得失，辨别善恶美丑，以及探究人类历史的意义和目的时，哲学甚至还是某种深沉的情感。哲学的这一特点使其在人类面前具有多样化的功能。这表现在，哲学从人出发，去获得关于世界的真理，则会倾向于对世界本质的追求；哲学从人出发，为了使人生活得更有价值，则会倾向于对人自身存在意义的探究，以使人在世界中找到“自我”，深刻地揭示人在历史长河中的使命；哲学从人出发，为了使人学会处理社会生活中的各种关系，于是它便成为教导人

① 《马克思恩格斯全集》第3卷，525页，北京：人民出版社，1960年。

② 《马克思恩格斯全集》第3卷，525页，北京：人民出版社，1960年。

们掌握合理“生活艺术”的原则体系，等。人们当然不应期望哲学能解除人的一切苦恼，但慰藉和解忧是哲学的使命，哲学给人们呈现理解的喜悦，以及由这种理解所带来的智力和道德、审美方面的满足感。哲学在功能上凸现着真理、道德、审美的价值取向。不同哲学对哲学功能的上述方向有所侧重与选择，以此为尺度，对人与世界关系的不同层面进行开掘，也就形成了哲学研究对象的特殊性。然而这种种不同又都统摄于人与世界关系的总体。

（四）各种门类哲学对象的共性与个性

哲学世界观和方法论功能的多方面的实现，使各种门类哲学应运而生。一般认为，门类哲学是研究某一部门、某一特定领域里的哲学问题，或者说用哲学的理论和方法论去研究某一部门、某一特定领域里的问题。研究自然领域里的哲学问题，有生物哲学、物理哲学、化学哲学、环境哲学、技术哲学等；研究社会领域里的哲学问题，有政治哲学、法律哲学、道德哲学、社会哲学、领导哲学等；研究思维领域的哲学，有语言哲学、心智哲学、逻辑哲学等。门类哲学的展开及其发展对于具体科学和哲学的发展，具有理论和实践两方面的意义。

各种门类哲学都有特定的研究领域，这就使各种门类哲学在研究对象上具有特殊性，或者说门类哲学的研究对象是特定领域里的哲学问题。但任何一种门类哲学都是以一定的哲学世界观为自身发展的理论基础和思想导向的。

比如政治哲学是一门研究社会政治关系的本质及其历史发展的一般规律的学问。作为现代科学形态的政治哲学，它是以历史（和辩证）唯物主义为其自身发展的理论基础和指导，从考察社会物质生产状况，即由社会生产力的发展及与此相适应的经济关系结构及其运转机制的变化出发，把政治运动作为经济运动的最集中的表现，并立足于政治与经济的辩证关系之上，在社会历史发展系统的诸要素与条件的总体联系和交互作用中，来揭示政治产生、发展和消亡的规律。它介于历史（和辩证）唯物主义和政治科学的中间层次。由此可见，部门哲学的对象不过是哲学的一般对象在特殊领域的具体体现。

（五）哲学对象的一般性统摄其特殊性

在哲学史上，造成哲学的一般对象在不同哲学派别、不同哲学家那里的种种特殊形态的表现，其原因是多方面的。

首先，哲学对象受制于社会实践。实践作为一切科学存在和发展的决定性因素，是哲学对象的基本确定者。只有通过实践，客观的对象才可能进入人的认识领域，哲学意识才能通过特定的方式得以发展。由于历史条件不同，人们的实践对象、实践目的，尤其是实践手段的不同，必然导致不同历史条件下哲学对象的不同。

其次，哲学对象受制于人类认识和科学的发展状况。由于各个历史时代的实践水平、人类认识和科学的状况具有相异性，不同时代的科学成果和发展水平给哲学提供了不同的概括和总结的基础、不同的特殊对象。

再次，哲学对象受着以往哲学思想的制约。这是因为哲学有着自身发展的逻辑必然性，使其自身与实践和科学发展的关系不是亦步亦趋的。因此，哲学的对象是一定时代、一定条件下的社会实践、认识和科学水平以及哲学自身发展规律在哲学意识中的契合。

最后，哲学对象受制于哲学家个人。由于哲学家的个人因素和条件各不相同，因而其哲学对象的差异也更加明显。这些因素包括哲学家的成长环境、社会地位、实践活动、知识状况、认识能力、政治倾向以至个人品性等。这也是同一时代的哲学在各个方面出现分歧的原因所在。

然而，不管不同哲学派别、不同哲学家的研究对象是何等的不同，其进行的研究总是要受对哲学一般对象的研究所形成的世界观理论的决定和统摄，或者说，只有把个别对象的有限、特殊上升到无限、普遍的高度加以研究，它们自身才是哲学的研究，这种研究成果也才能是对一般的世界观理论的丰富和充实。诚如黑格尔所言："什么地方普遍者被认作无所不包的存在，或什么地方存在者在普遍的方式下被把握或思想之思想出现时，则哲学便从那里开始。"① 黑格尔这段话论述

① ［德］黑格尔：《哲学史讲演录》第1卷，贺麟、王太庆译，93页，北京：商务印书馆，1959年。

了两层意思：其一，哲学研究的是世界的普遍存在；其二，只有把有限事物置于无限中，或者说置于普遍方式下加以把握，这才是哲学的研究。

可是，有些论者在对哲学对象问题的研究中，不作这种一般与特殊的辩证关系的分析。他们只看到哲学史上不同哲学派别的不同哲学家之间在研究对象上的变易性和特殊性，而看不到其中所包含的稳定性和一般性，因而作出了哲学无共同对象的结论。殊不知，既然被称之为哲学派别或哲学家，那总是以对共同对象的研究为前提的。另有一些论者则是脱离哲学对象的一般性或一般哲学的对象，而把纯粹有限的事物当作哲学的对象，这样做也是不对的。从哲学本性来说，它并不研究纯粹的有限，而只是把“有限”置于普遍方式下加以把握。纯粹有限的事物只能是具体科学的对象。

三、马克思主义哲学对象

（一）马克思主义哲学的哲学对象共性

众所周知，当前关于哲学对象问题的讨论，不仅仅是就一般哲学而论的，主要是为了廓清马克思主义哲学的对象，为马克思主义哲学在中国的发展提供指导。

关于马克思主义哲学的对象问题，目前国内的观点很多。值得注意的是，我们同样不应忽视在这个问题上的共性和个性的关系。即在哲学对象问题上，马克思主义哲学相对于以往哲学，有共性，也有个性。所谓共性，就是马克思主义哲学与以往哲学一样，都是以人处理和驾驭自身与世界总体关系的普遍根据和法则为对象的，它们都是关于世界观的学问。承认马克思主义哲学与以往一切哲学的共性方面，是否抹杀了马克思主义哲学与其他旧哲学在对象上的原则区别，是否抬高了旧哲学、贬低了马克思主义哲学呢？没有。马克思主义哲学的诞生无疑是哲学史上的伟大变革，但是马克思主义哲学绝不是离开了世界文明大道的偏颇学说，而是对以往哲学的批判继承。在哲学对象问题上，马克思主义哲学相对于以往的哲学，除了有共性的一面以外，又有其特殊性的一面。这表现在马克思主义哲学对哲学对象的规定更科学、更具体、更全面。

（二）马克思主义哲学的哲学对象个性

1. 马克思主义哲学给哲学对象以科学的规定

马克思主义哲学排除了掺和在以往哲学对象中的非哲学对象的部分，第一次从世界观的高度给哲学对象以科学规定。正如前文已经指出的，在欧洲哲学史上，从古希腊哲学家到近代哲学家黑格尔、费尔巴哈，他们不仅把世界观问题，而且把一些具体科学所研究的问题都视为哲学研究的对象。比如，亚里士多德把哲学看作是各种抽象理论知识的总汇。他把研究世界观问题的理论称为“第一哲学”，把研究数学问题和物理学问题的理论看作哲学的分支。在黑格尔那里，除了从逻辑学的角度研究了世界的总体问题以外，他的《自然哲学》《法哲学》等就涉及和包罗了不少具体科学研究的问题。与此相联系，在他那里，也就不能正确说明哲学与具体科学的关系。在古代，当具体科学还没有独立形成的时候，哲学被视为“一切知识的总汇”。而当各门具体科学逐渐从哲学中独立出来以后，旧哲学又力图从哲学自身推演出各门科学的原理，使哲学变成了凌驾于科学之上的“科学的科学”。因此，恩格斯指出：“就哲学被看作是凌驾于其他一切科学之上的特殊科学来说，黑格尔体系是哲学的最后的最完善的形式。”① 又说：“现代唯物主义……不再需要任何凌驾于其他科学之上的哲学了。”②

这是因为，马克思主义哲学既继承了以往哲学中关于哲学对象问题上的真理性因素，诸如哲学是研究“形而上学”问题、以“完全普遍的对象为内容”、总体地研究世界等，同时又剔除了掺杂在以往哲学对象中的实证科学的对象，第一次把哲学视作世界观的理论，把世界的普遍本性作为哲学的基本对象。与此相联系，也就正确说明了哲学与具体科学的关系。即哲学不是“知识的总汇”，而是对具体科学的概括和总结；哲学也不是“科学的科学”，而是对具体科学发挥着世界观和方法论的指导作用。顺便指出，一些哲学原理教科书不是从哲学与具体科学相互关系的角度去理解“知识的总汇”和“科学的科学”这

① 《马克思恩格斯选集》第3卷，362页注释，北京：人民出版社，1995年。

② 《马克思恩格斯选集》第3卷，364页，北京：人民出版社，1995年。

两个用语，而是把它们当作以往哲学在哲学对象问题所经历的前后相继的两个认识阶段，这一理解是不正确的。

2. 马克思主义哲学给哲学对象以现实具体的规定

马克思主义哲学克服了以往哲学在哲学对象规定上的抽象性，而给予了现实具体的规定。如上所说，马克思主义哲学与以往一切哲学一样，都要研究世界的普遍本性。但由于以往哲学都产生于社会实践和具体科学都不甚发达的阶段上，这时的具体科学尚未揭示出自己所研究领域的内部联系，对于这些具体领域在整个世界的一般联系中所处的地位，更是不甚了了。因此，在这种状况基础上所形成的哲学，往往借助于思辨和猜测来构造世界的一般联系。表现在哲学对象上，它们都是以某种特殊的“实体”或抽象的“本质”来作为世界的终极基础，并从这个基础出发，衍生出万事万物，以此来说明世界的统一性。这样，也就牺牲了世界的无限多样性。比如，旧唯物主义所研究的世界及其本性，被归结为某些自然实体及其属性；唯心主义所研究的世界及其本性，被归结为抽象的精神实体及其属性。因此，在以往哲学中，作为哲学对象的世界的普遍本性，不是现实世界的多样性的统一，而是从世界中抽取出来的某个片断及其属性的泛化，是一个抽象的存在。

与旧哲学不同，马克思主义哲学产生于人类实践和科学发展的崭新阶段上，它已经可以借助具体科学的成果，用世界本身的现实的具体的联系去取代以往哲学所附加给世界的种种人为的臆想的联系。这里的关键在于，马克思主义哲学把科学的实践观引入了哲学。它通过实践这个透视点，去认识世界的总体联系和普遍本性，通过实践证明了世界的物质性、可知性和辩证性及其他本性，在实践基础上实现了对人与世界即自然、社会和思维关系的辩证统一的理解。因此，呈现在马克思主义哲学中的对象并不是抽象的纯粹实体及其属性，而是一个通过实践不断获得多样性展现的统一于客观实在性与辩证运动性的世界。

3. 马克思主义哲学给哲学对象以丰富的规定

马克思主义哲学对象相对于以往哲学对象有无比丰富和全面的特点。哲学本身的发展是一条不断的流水，其流经的时间愈长，含量愈巨大、愈充沛。哲学的这种发展表现在研究对象上也是一个不断丰富、不断拓展的过程。

从哲学史看，古代哲学侧重点是世界的本原问题，即本体论问题。大体说来，主要有两种关于本体的学说：一是唯物主义本体论；二是唯心主义本体论。世界只有一个，为什么在世界本原问题上会产生两种不同的认识呢？如果仅从逻辑发展的角度说，这就促使人们去研究认识问题。

历史进入近代，认识论就成为近代哲学的侧重点。这样，哲学的对象就从世界的本原问题发展到思维和存在、主体和客体的关系问题，进而提出了人类对世界的认识过程和主体的认识能力等问题。然而如何看待人的认识的本质和人的认识能力，这已经是超出了认识论范围的问题，实际涉及如何认识人的本质，即人的实践性和社会性的问题。也就是说，要解决认识论问题必须进一步研究历史观。

费尔巴哈从思维与存在的矛盾中已经意识到了研究人的问题的重要性。然而他一直停留在历史的门槛外面，他在关键时刻从来不谈人的世界，每次都逃到外部自然界。另外，要科学地说明自然界向社会的辩证发展以及社会自身的辩证发展，也必须研究人的实践和人的社会。在这一点上，黑格尔有所贡献，他初步揭示了劳动的辩证本性。然而黑格尔所理解的劳动是抽象的精神劳动。历史观问题是以往哲学的一个最薄弱的环节，对旧唯物主义来说，则几乎是个空白的领域。

马克思主义哲学在这个领域实现了一场革命，创立了历史唯物主义，历史观问题从此才获得了科学的说明。不仅如此，唯物史观的创立，也为从根本上解决认识论和本体论的问题提供了理论支撑。所以，唯物史观也就成为马克思和恩格斯“所主张的观点的一个核心”。由此，历史观问题才成为唯物主义哲学研究的对象。

4. 马克思主义哲学给哲学对象以较为完整的规定

马克思主义哲学以实践为普照光，从而赋予哲学对象以较为完整的规定。马克思主义以前的一切哲学理论，总的说来不了解实践，特别是不了解人民群众的革命实践的意义。当然，这并不是说，旧的哲学根本不讲实践，同社会实践没有任何联系。实际上，哲学史上有很多哲学家谈到过实践，有许多哲学家积极参加改变现实的政治斗争和思想斗争，18 世纪法国大革命时期的哲学家、思想家尤为突出。如狄德罗在一定程度上认识到实践的革命意义，提出哲学家应把思想和行动结合起来。

但在西方，在马克思以前，哲学家们（不管是唯物主义者还是唯心主义者）只研究如何认识世界，不研究如何改造世界。他们的研究仅囿于认识领域，而未进入实践领域。这一缺陷不仅使以往哲学在哲学对象的规定上残缺不全，把如何改造世界的问题排除在哲学对象之外，而且，不可能在实践基础上对哲学对象进行总体的说明。

如前所说，世界的普遍本性只有在作为或转化为人的实践活动的根据的意义上，才可能成为哲学的对象。也就是说，把握世界的普遍本性，不是人们闲来无事的一种精神消遣，也不是出于某种单纯的好奇或理论的兴趣，而是以适应一定的实践任务为目的的。马克思主义哲学作为无产阶级的世界观，它不仅主张要在实践中认识世界，而且还主张要在实践中改造世界。认识世界和改造世界是密不可分的。人类只有在改造世界的过程中认识世界，才能在认识世界的过程中改造世界。离开了改造客观世界的实践就不可能科学揭示认识世界的规律，不可能科学揭示世界的普遍本性。同样，离开了对世界普遍本性的科学认识，离开了对认识世界的规律的揭示，也不可能很好地改造世界。

马克思的哲学是实践唯物主义，强调哲学家们不仅要研究如何认识世界和世界的普遍本性，而且要研究如何改造世界。正是从这样一个高度上，我们说，哲学的一般对象只能是人处理驾驭自身与世界的总体关系的普遍根据和法则。因此，在马克思主义哲学那里，不仅要研究世界的普遍本性，要研究人对世界的认识关系，而且要研究人对世界的改造关系、价值关系、审美关系，追求真、善、美的统一。由此可见，在研究对象上，马克思主义哲学相对于以往哲学是无比的丰富和全面。

总之，马克思主义哲学的诞生是哲学史上的深刻变革，其中首要的是哲学对象问题上的变革。这一变革的核心是从世界观的高度上以实践为基础，给哲学对象以现实具体的、全面丰富的规定。这是人类认识发展至今所获得的关于哲学对象问题上的最高成就。

第四章　哲学的基本问题

哲学基本问题是哲学全部内容中最核心和最本质的问题。它是人类世界的基本矛盾的集中表现，因而是贯穿哲学始终的基本矛盾。对哲学基本问题的不同回答是划分哲学基本阵线的一般原则，也是马克思主义哲学对以往一切旧哲学实行变革的关键所在。因此，弄清什么是哲学的基本问题，以及马克思主义哲学与其他哲学派别在解决哲学基本问题上的联系和区别，对于认识各种哲学形态的本质、哲学发展的历史，以及马克思主义哲学变革的实质，都是有意义的。

一、哲学基本问题及其表现形式

（一）哲学基本问题的人类认识史追溯

什么是哲学的基本问题？恩格斯在他的名著《路德维希·费尔巴哈和德国古典哲学的终结》一文中，不仅第一次提出了哲学的基本问题这一概念，而且在继承和发展了黑格尔和费尔巴哈有关思想的基础上，第一次明确地指出了哲学的基本问题是思维和存在的关系问题。

不少人认为，哲学基本问题是恩格斯首先加以说明的，这不甚确切。应该说，在黑格尔和费尔巴哈那里已经产生了关于哲学基本问题的思想。

1. **黑格尔关于哲学基本问题的思想**

早在黑格尔的《哲学史讲演录》中，他就提出了思维和存在的关系在哲学中的地位和作用问题。他说："哲学给自身规定了这样的任务：即把哲学的基本观念、思维与存在的统一作为对象，并加以掌握。”① 他用辩证法的观点对这一问题作了历史的考察：“中世纪的观点认为思想中的东西与实存的宇宙有差异，近代哲学则把这个差异发展成为对立，并且以消除这一对立作为自己的任务。”② 他进而还把如何消除这种对立作为区分唯心论和实在论（唯物论）的标准。他说：“因此哲学在消除对立的做法上分为两种主要形式：一种是实在论的哲学论证，一种是唯心论的哲学论证；也就是说，一派认为思想的客观性和内容产生于感觉，另一派则从思维的独立性出发寻求真理。”③ 由此可见，在黑格尔理论中已经有了恩格斯关于哲学基本问题的一个雏形了。

2. 费尔巴哈关于哲学基本问题的思想

如果说，黑格尔是在考察了从中世纪到近代哲学发展的基础上提出问题的，那么，费尔巴哈在继承了黑格尔上述思想的前提下，则是从更广阔的视野指明了精神与自然界的关系问题是整个哲学史的核心问题。他说：“神是否创造世界，即神对世界的关系如何，这个问题其实就是精神对感性、一般或抽象对实在、类对个体的关系如何的问题……这个问题是属于人类认识和哲学上最重要又最困难的问题之一。整个哲学史其实只在这个问题周围绕圈子，古代哲学中斯多葛派和伊壁鸠鲁派间、柏拉图派和亚里士多德派间、怀疑派和独断派间的争论，中古哲学中唯名论者和实在论者间的争论，以及近代哲学中唯心主义者和实在论者或经验主义者间的争论，归根结底都是关于这个问题。”④ 他也把对这一问题的不同解答看作唯物主义和唯心主义的分水岭。他说：“对于自然哲学来说，只有自然存在；对于唯心主义来说，只有精神存在。”⑤

不难看出，费尔巴哈在这里已经把精神与感性或精神与自然界谁

① ［德］黑格尔：《哲学史讲演录》第4卷，贺麟、王太庆译，240页，北京：商务印书馆，1978年。

② ［德］黑格尔：《哲学史讲演录》第4卷，贺麟、王太庆译，5页，北京：商务印书馆，1978年。

③ ［德］黑格尔：《哲学史讲演录》第4卷，贺麟、王太庆译，8页，北京：商务印书馆，1978年。

④ ［德］费尔巴哈：《费尔巴哈哲学著作选集》下卷，荣震华、王太庆、刘磊译，621—622页，北京：商务印书馆，1959年。

⑤ ［德］费尔巴哈：《费尔巴哈哲学著作选集》上卷，荣震华、王太应、刘磊译，72页，北京：商务印书馆，1959年。

决定谁的问题看作贯穿整个哲学史的基本问题。

3. 恩格斯关于哲学基本问题的理论贡献

恩格斯在继承了黑格尔和费尔巴哈的基础上，在更加明确、更加准确、更加全面的意义上指出，“思维和存在的关系问题”是“全部哲学，特别是近代哲学的重大的基本问题”①。并就此展开了论述。就哲学基本问题本身而言，恩格斯超出他前辈的主要有三点：第一，把思维和存在的关系问题概括为全部哲学的基本问题，也就是说，不仅是以往哲学史的基本问题，而且是贯穿哲学始终的基本问题；第二，把思维和存在的关系问题延伸到人类的早期生活，即人类的灵魂和肉体的关系问题，从而表明思维和存在的关系问题不纯粹是哲学的理论问题，而且是与人类的现实生活有密切关系的；第三，思维和存在的关系问题不仅有谁是第一性、谁是第二性的问题，而且还有两者是否具有同一性的问题。黑格尔和费尔巴哈虽然在其他地方都对此有所论述，但没有把这个方面作为哲学基本问题的一个部分来说明。

4. 哲学基本问题的提出是基于对人类认识史和哲学史的总结

由上可见，提出思维与存在的关系问题是哲学的基本问题并非完全是恩格斯在理论上的独创，大体说来，它是黑格尔、费尔巴哈和恩格斯等大哲学家的一种共识。之所以能形成这样的共识，并不是偶然的巧合，而是他们基于对人类认识史和哲学史的考察而得出的必然结论。根据黑格尔、费尔巴哈，特别是恩格斯的有关论述，人类认识史和哲学史围绕哲学基本问题即思维与存在的关系问题这个轴心，所呈现的不同历史形态，大体可以作如下描述：

关于哲学基本问题的原始萌芽形态。早在远古时代，生产力低下，知识贫乏，人们的思维十分幼稚，不能自觉意识到主客体的对立，从而指出思维和存在的关系问题。当他们因不了解人体的构造并为梦境所困的时候，便产生了“灵魂不死”的观念。“从这个时候起，人们不得不思考这种灵魂对外部世界的关系。”② 这是原始人类对思维与存在关系的幼稚的思考和朦胧的认识，是哲学基本问题的原始的、萌芽的形态。用恩格斯的话说：“思维对存在、精神对自然界的关系问题……

① 《马克思恩格斯选集》第4卷，223页，北京：人民出版社，1995年。

② 《马克思恩格斯选集》第4卷，223—224页，北京：人民出版社，1995年。

其根源在于蒙昧时代的愚昧无知的观念。”①

关于哲学基本问题的最初形态。在古希腊罗马时代，人们争论具体形态的物质存在与灵魂的关系，这是哲学基本问题的最初形态。在这个问题上，典型的代表之一是柏拉图，他认为灵魂和肉体是可以分离的，灵魂是先天的、不死的，属于超尘世的理念世界。灵魂与肉体二者合则生，离则死。当灵魂与肉体二者合而生时，灵魂是主宰，肉体是隶属。这种灵魂支配肉体、理念世界支配尘世的观点，便是对哲学基本问题的一种唯心主义回答。另一典型代表是德谟克利特，他认为没有什么超尘世的神的世界，上帝的产生乃出于人们的无知。他主张存在决定意识，这便是与柏拉图唯心主义路线相对立的唯物主义路线。

关于哲学基本问题的扭曲形态。中世纪的欧洲，是宗教神学的一统天下。但是在经院哲学中展开的唯名论和唯实论的斗争，以及此岸世界（自然界）与彼岸世界（神的世界）的关系的争论，是哲学基本问题的“冬眠”或扭曲的形态。所谓扭曲，是指作为实体的精神与物质的关系问题，原本就是一个虚假问题。唯名论否认共相具有实在性，认为共相后于事物，只有个别的感性事物才是真实存在的。唯实论认为共相本身具有实在性，共相是先于事物而独立存在的精神实体。恩格斯曾经就此评论说：“思维对存在的地位问题，这个在中世纪经院哲学中也起过巨大作用的问题：什么是本原的，是精神，还是自然界？——这个问题以尖锐的形式针对着教会提了出来：世界是神创造的呢，还是从来就有的？”② 列宁也指出：“中世纪唯名论者同实在论者的斗争和唯物主义者同唯心论者的斗争具有相似之处。”③

关于哲学基本问题的成熟形态。在近代，随着资本主义的形成、发展和自然科学的长足进步，作为资产阶级反对封建主义和宗教神学的思想武器的哲学理论，突出了认识问题。在这种时代条件下，思维和存在的关系问题“才被十分清楚地提了出来，才获得了它的完全的

① 《马克思恩格斯选集》第4卷，224页，北京：人民出版社，1995年。
② 《马克思恩格斯选集》第4卷，224页，北京：人民出版社，1995年。
③ 《列宁全集》第25卷，38页，北京：人民出版社，1988年。

意义"①。培根的《新工具论》、笛卡尔的《方法论》、斯宾诺莎的《理智改进论》、洛克的《人类理智论》、莱布尼兹的《人类理智新论》、休谟的《人类理解研究》、爱尔维修的《论精神》、狄德罗的《论解释自然》等，都是关于思维能不能认识存在，思维如何认识存在等问题的探讨。对此，黑格尔总结说："现时哲学观点的主要兴趣，均在于说明思想与客观对立的性质和效用，而且关于真理的问题，以及关于认识真理是否可能的问题，也都围绕思想与客观的对立问题而旋转。"②并且认为，这个对立"是哲学的起点，这个起点构成哲学的全部意义"③。黑格尔哲学和费尔巴哈哲学本身也都是围绕思维和存在的关系这个轴心而旋转的。黑格尔从唯心主义出发，把客观世界和人的主观意志都看成绝对精神的产物。他认为"思维是主体，存在是宾词"，存在统一于思维。费尔巴哈哲学批判了黑格尔的唯心主义观点，指出："存在是主体，思维是宾词，思维是从存在而来的，然而存在并不来自思维……存在只能为存在所产生。"④

由此可见，哲学基本问题是源于对认识史和哲学史的一般本质的抽象和概括。

（二）哲学基本问题的人类本体论说明

思维和存在的关系问题为什么会成为认识史和哲学史旋转的轴心呢？换句话说，思维和存在的关系问题为什么会成为哲学的基本问题呢？为了说明这个问题，认识史和哲学史的论证是必要的，但是仅仅有认识史、哲学史的论证又是不够的。因为用任何事实来论证一个全称判断的命题都有其局限性，都是不完全的。思维与存在的关系问题是哲学的基本问题，这是一个全称判断，是一个普遍性命题，如果仅从认识史和哲学史的角度进行部分的论证，那么只能说明思维和存在的关系问题是以往哲学的基本问题，而不能证明它是哲学的基本问题。

---

① 《马克思恩格斯选集》第4卷，224页，北京：人民出版社，1995年。

② ［德］黑格尔：《小逻辑》，贺麟译，93页，北京：商务印书馆，1980年。

③ ［德］黑格尔：《哲学史讲演录》第3卷，贺麟、王太庆译，292页，北京：商务印书馆，1959年。

④ ［德］费尔巴哈：《费尔巴哈哲学著作选集》上卷，荣震华、李金山等译，115页，北京：商务印书馆，1959年。

要证明它是全部哲学的基本问题，除了哲学史的论证以外，还必须有理论的说明。

1. 哲学基本问题不能停留于确认性论证

我国哲学界也有对哲学基本问题的理论说明。思维和存在的关系问题为什么是哲学的基本问题呢？一般哲学教科书主要讲了三点理由：一是，这是任何哲学都不能回避而必须作出回答的问题；二是，对精神和物质关系问题第一方面的解答，是回答和解决其他哲学问题的前提和基础，是区分唯物主义和唯心主义的分水岭；三是，物质和精神的关系问题，也是人们在实际工作中的基本问题。

以上三点从理论上的论证，就总体而言，不是很到位，不是很能说明问题的。比如，第一点谈到任何哲学不能回避思维和存在的关系问题，所以它是基本问题。实际上恰恰因为它是哲学基本问题，所以任何哲学才不能回避。当然，从结果去说明原因，进行这种论证也是可以的，但不是很有力。因为从结果去论证原因，只是对原因的确认性论证，而不是对原因的根据性论证。上述第二点论证与第一点论证相类似。实际上也正因为思维和存在的关系问题是哲学的基本问题，所以对它的解答才是回答和解决其他哲学问题的前提和基础，才成为区别唯物主义和唯心主义的分水岭。可见，这种从果到因的确认性论证，不能认为抓住了根本。第三点论证也没有从根本上说明，思维与存在作为哲学的基本问题与作为实际工作中的基本问题的内在联系。如果不揭示其中的内在联系，那么实际工作中的基本问题和哲学的基本问题岂不是风马牛不相及。

2. 哲学基本问题必须深入到根据性论证

思维和存在的关系问题之所以是哲学的基本问题，从根本上说，是因为哲学作为世界观是为了解决人的生活世界的基本矛盾，即主观和客观的矛盾。而思维和存在的关系问题正是人的生活世界的基本矛盾的集中表现和表达，这从而决定了它是哲学的基本问题。

这里要指明的是，矛盾与问题这两个概念既有联系，也有区别。矛盾是客观存在的，只有矛盾被主观所认知，对主体人来说，矛盾才转化为问题，或才成为对他而言的问题。因此，矛盾一旦作为问题被提出，也就意味着力求去加以解决。

哲学是关于世界观的学说。世界是人生活于其中的世界，人也是在世界中生活的人。世界观就是关于人与世界相统一的根本观点。人与世界的统一表现在两方面。一是，人与其他一切自然物共同作为世界一部分与整个世界的统一。这种统一是自在的，不是人为的。即人是自然界长期发展的产物，“人直接地是自然存在物。”① 因此，“我们连同我们的肉、血和头脑都是属于自然界和存在于自然之中的”②。二是，人区别于其他一切自然物而作为能动的自然物与整个世界所实现的统一。即人在自然前提下通过实践改造世界并改造人自身，在实践基础上所实现的人与世界的统一。

然而这种统一是以人与世界在实践中的分裂和对立为前提的统一。人作为能动的实践主体，通过实践对世界进行改造，这本身就意味着自身与世界的对立。这种对立首先表现在人与自然的对立，即人通过劳动改造自然，就是“人自身作为一种自然力与自然物质相对立”③。人在改造自然的过程中又产生了人与人之间的关系，形成了人类社会，人在改造社会的过程中又形成了人与社会的对立。人在改造自然和社会的过程中又引发了人自身的对立，即精神与生命、理想与现实、理性与非理性、人作为个体存在与作为类存在的对立等。

上述种种对立冲突，说到底是人希望按照自己的意愿改造世界，让世界服务于自我、适应于自我，与世界按照其固有的本性运动、变化之间的矛盾。这种人的主观欲求与客观世界的矛盾是人的生活世界的基本矛盾，是人作为人从一开始就存在的本体论分裂状态。

很多哲学家如黑格尔、叔本华、海德格尔等都曾试图在哲学上阐释《圣经》中的“原罪”意识，然而这些阐释都难以令人满意。实际上所谓“原罪”不过是人类与生俱来的这种本体论状态通过抽象而获得的一种宗教形式的表现。“原罪”是说人类的祖先因偷吃了“智慧”之果，因而被逐出乐园。基督教所设想的人的原初存在，即人未吃智慧之果以前的状态是一个原始的混沌。人不仅身心未分，同时亦与自然界相浑一。这就是说，人之所以“失乐园”，只是因为人有了智慧，从而使人的存在本身变成了一种与自然界相对立的自我分裂的存在。

① 《马克思恩格斯文集》第1卷，209页，北京：人民出版社，2009年。
② 《马克思恩格斯选集》第4卷，384页，北京：人民出版社，1995年。
③ 《马克思恩格斯文集》第5卷，208页，北京：人民出版社，2009年。

18世纪哲学家关于人对人象狼的描述，青年马克思提出的关于劳动异化理论，卢梭所感叹的“人生而自由，却无往不在枷锁之中”（《社会契约论》）以及许多哲学家关于人类生活世界的种种忧患意识，实际上都是对人的本体论分裂状态的不同角度的反映。

哲学基本问题即所谓思维与存在的关系问题，是人的生活世界的基本矛盾的反映，是现实的分裂和对立的哲学思辨形式。正因为思维和存在的关系问题在深层意义上体现着人类本体论的分裂和冲突状态，体现着人类生活世界的基本矛盾，所以思维和存在的关系问题才能成为哲学的基本问题。

当然，人类本体论中存在的这种分裂和冲突状态，随着人类实践的不断发展，而处于不断地解决又不断地产生之中。但是从全人类来说，这种解决还只是部分的，远未达到根本的解决。人类世界的基本矛盾总是借助哲学家的自由思辨和逻辑融通而获得关于根本解决的理想设定。哲学不仅产生于现实，而且超越现实，同现实构成一种否定性关系。哲学作为一种自由自觉的创造性活动，它不仅体现着人的本体论分裂，体现着人的生活世界的基本矛盾，而且是对这种分裂状态和矛盾冲突的积极否定。这种积极的否定就集中表现在哲学基本问题上所追求的思维与存在的同一。

如何实现这种同一，在不同的哲学家那里给予了不同的回答。有的主张通过上帝之手，有的主张点燃理性之光，有的主张依靠意志之力。马克思主义认为，实践既是思维与存在相对立的根源，同时也是实现思维和存在相统一的现实基础。

当然，上述这些主张就其根本意义来说，都在于追求人的本体论分裂状态的改变，即生活世界基本矛盾的根本解决。马克思主义哲学认为，只有到了共产主义社会，这种分裂和冲突才能从根本上解决，才能进入自由王国的境界。但是，就是到那时，这种分裂和冲突也不可能达到完全的解决。因而，思维和存在的关系问题作为这种分裂的冲突的反映，会一直作为哲学的基本问题存在下去。

（三）哲学基本问题不可拒斥

1. 哲学史主要是唯物唯心斗争的历史

因为哲学是从总体上去关注人与世界的关系，所以它指导人用更高的智慧从总体上自觉和自由地去处理自己同现实世界的关系，这是哲学最基本的功能和价值所在。因此，思维和存在的关系问题作为人的生活世界的基本矛盾的反映，也必然是哲学发展过程中的基本矛盾，是一切哲学关注和研究的总课题。正是对这个总课题特别是它的第一方面的不同回答，使哲学划分为唯物主义和唯心主义两大阵营，形成唯物主义和唯心主义长期不断的斗争。恩格斯说，唯物主义和唯心主义都是建立在对“物质和精神关系的特定理解上的一般世界观”。一部哲学史，从根本上说，就是围绕着思维与存在关系问题而展开的唯物主义与唯心主义斗争，以及从属于此的辩证法与形而上学斗争的历史。

唯物主义与唯心主义经历了一系列发展阶段，在各不相同的历史阶段上所产生的唯物主义和唯心主义都具有两方面的性质：一是回答哲学基本问题的共性方面；二是如何回答这个基本问题的个性方面，即特殊内容和特殊形态的方面。正因为具有上述共性的方面，它们才被称为唯物主义、唯心主义哲学派别或哲学学说；同时，也正因为具有上述个性的方面，所以才有唯物主义或唯心主义哲学的一系列发展阶段，才会有唯物主义和唯心主义在对立的具体内容、层次和形态等方面所经历的历史演化和更迭。

前文所说的，灵魂与肉体的对立让位于灵魂与具体物质形态的对立，后者又历史地被唯名与唯实、彼岸与此岸的对立形态所超越；尔后又不能不让位于自然与精神、自然界与神的对立。随着哲学的发展，这种超越还将继续下去。毫无疑问，随着这些对立形态的特殊内容由古及今以至将来不断被超越，唯物唯心各自形态及其对立的层次、形态也会相继地发生变换。但是不管它们如何变换，作为哲学的一般本质，作为它们为之展开的轴心即思维和存在的关系问题是不会改变的，是不能被超越的。在中国哲学史上发生的名实之争、道器之辩、有无之殊论、理气之异说、形神之驳难、心物之诘问，其内容和形态各不相同，但无一不是思维和存在关系问题的具体表现。因此，哲学基本问题是任何哲学家、任何哲学派别都不能回避的问题，古今中外，概莫能外。

2. 超越唯物唯心的中立路线是不存在的

在马克思主义哲学产生以后，特别是20世纪以来形成的西方各哲学流派，有一个共同的特点，即它们都宣称，对思维与存在的关系问题采取回避甚至排斥态度。它们普遍认为，哲学的发展不能再停留在思维与存在相互关系这类“形而上学”问题上，他们拒斥研究哲学基本问题，进而提出自己哲学各不相同的研究对象。具有科学主义倾向的哲学家认为，应当研究“经验”“事实”“语言”“逻辑”，具有人本主义倾向的哲学家则主张应当研究“生命”“纯粹意识”“人格”“人的自由意识”“人的存在”等。现代西方马克思主义主张研究人的实践，研究主客体关系。然而，如果进一步追问，它们所研究的这些东西的本质到底如何？那么现代西方各主要哲学派别的代表往往会异口同声地说，这些东西不是被客观的物质世界所决定的。需要指明的是，他们在否定这一点的同时，往往又把自己研究对象的本质直接或间接地、公开或隐蔽地归结为人的精神。因此他们所进行的这些研究并没有如他们所宣称的那样，即所谓脱离了哲学基本问题的制约，超越了所谓唯物唯心的对立。实际上，不过是在“中立”的幌子下，贯彻着唯心主义路线。

例如，新康德主义排除了康德哲学中的“物自体”，不过是发展了康德的唯心主义方面；经验批判主义认为，经验不是存在的反映，经验是主体的自我组织。这其实是一种唯心主义经验论；逻辑实证主义的创始人罗素认为“逻辑是哲学的本质”，“真正的哲学问题都可以归结为逻辑问题”。其后继者维特根斯坦进一步声称：“主要之点是这个理论：可以用命题即语言来论说的东西（或能思想的东西也是一样的）和不能用命题来表现而只能显示的东西，我认为这是哲学的根本问题。”应该承认，哲学研究离不开必要的逻辑分析和语言分析。但如果把逻辑问题和语言问题说成哲学的本质或根本问题，那就颠倒了方法和目的、形式和内容的关系。他们企图回避思维和存在的关系，说什么哲学上的不同派别不是以对思维和存在关系问题的不同回答为标准的，仅仅是主观上使用的逻辑法则不同，而逻辑法则是主观的约定，结果还是从精神来说明逻辑的本质。

以人本主义相标榜的存在主义宣称，它只讲存在，别的什么东西都不讲。其实讲“存在”，首先就碰到一个问题，即如何理解“存在”的问题。西方存在主义的代表人物萨特认为存在有两种：一是自在的存在，一是自为的存在。他所谓“自在的存在”就是外界世界，“自为的存在”就是自我意识。在他看来，“自在的存在”是混沌的巨大虚无；反之，“自为的存在”才是真实的。因此，外部世界的存在是以自我存在为前提的，而人的自我存在只有通过人的主观性即自我意识才能领悟到。可见，萨特所说的存在，实质上仅仅是个人的主观存在。他的存在主义仍然是一种唯心主义，即主观唯心主义。

在当今，“实践”概念也是西方许多哲学派别，特别是西方马克思主义经常搬弄的字眼，有的干脆声称其哲学是“实践哲学”“实践一元论”哲学。那么，什么是他们所说的“实践一元论”呢？他们说“一元论这个术语有什么意义？当然不是唯物主义一元论，或者唯心主义一元论，而是把实践理解为物质和精神，人和自然的对立统一性”，就是说物质、自然和精神、意识在实践中“互相溶解”了。在他们看来，似乎只要一提“实践”，哲学基本问题就不存在了，唯物唯心的斗争也就泯灭了。

然而这一套并不是什么新东西，它不过是打着“实践”旗号的阿芬那留斯的“原则同格论”。两千多年来，哲学斗争的历史说明，在唯物唯心两条基本的哲学路线之外，第三条路线从来是没有的。在哲学基本问题上，任何形式的“中立”把戏都是不可能演下去的。在这一点上，西方马克思主义也不例外。

它既然否定了世界的物质本质性，否定了客观世界和客观规律对于人类实践的决定性，那么它也就从根上否定了被物质所决定的实践本身的客观性而主张实践的纯粹主观性了。他们自己确实也是这样主张的，即要“把我们的哲学建立在‘意志’的基础之上”，实践的真正含义是“人的活动的内部原则”，意志就是一种“实践”等。不难看出，西方马克思主义所讲的实践，指的就是一种主观的心理活动，是一种精神创造物质的活动。他们所谓的精神和物质统一于实践，实际也就是统一于精神的自我创造。这种同一性和黑格尔所讲的思维和存在的同一性也就没有什么区别了。因此，西方马克思主义所讲的实践一元论，实际也就是实践的唯心论。

由上可见，在现代哲学中，哲学基本问题以及唯物唯心的对立不但没有泯灭，相反，以新的形态、新的内容在前所未有的规模、层次和领域中，更广泛的展开和具体化了。

二、哲学基本问题的内涵

思维与存在的关系问题是一个总问题，这个问题是从多方面展开的。恩格斯把这个问题概括为两方面。然而对这两个方面的理解，在我国哲学界还没有形成一致的认识。我国出版的一些马克思主义哲学教科书中，往往把基本问题的“第一方面……简称为世界本原‘是什么’的问题”，认为“唯物主义就是认为唯有‘物’才是世界的本原，唯心主义认为唯有‘心’才是世界的本原”。而把哲学基本问题的第二方面归结为“世界是否可知的问题”，认为对哲学基本问题第二方面的不同回答，划分出可知论和不可知论。对哲学基本问题的两个方面作这样的理解，从总体上说，是不全面、不确切的。

（一）哲学基本问题第一方面的理解

1. 哲学基本问题第一方面不是“世界本原”问题

哲学基本问题的第一方面能表述为世界本原是什么的问题吗？不能。因为，世界本原的提法不仅不符合恩格斯的原意，而且同恩格斯对哲学基本问题第一方面关于本原的提法有着重大的原则区别，因而此二者是不能混为一谈的。

本原这个概念可以说是和哲学同时产生的。开始，它是在世界本原的意义上被使用的。恩格斯在《自然辩证法》中谈到古代人的自然观时指出：“亚里士多德在谈到早期的哲学家时说道（《形而上学》第1卷第3章）：他们断言，‘有一个东西，万物由它构成，万物最初从它产生，最后又复归于它，它作为实体，永远同一，仅在自己的规定中变化，这就是万物的元素和本原。’”① 这就是世界本原的基本内涵。换句话说，世界本原是构成世界万事万物的最基本的元素，即“宇宙之砖”，或者说，万事万物都可以还原为某种最基本的本体、实体。

古希腊第一个哲学家泰勒斯提出了水是万物本原的观点。中国最早的哲学著作《易经》，比泰勒斯更早提出了天地万物生成的根源问题，并以乾坤作为总根源。到了春秋时期，人们认为金木水火土的相

① ［德］恩格斯：《自然辩证法》，164页，北京：人民出版社，1971年。

生相克构成了万物。后来在《管子》的“水地”篇中，明确提出了“本原”这个概念。书中说：“水者，何也？万物之本原也，诸生之宗室也。”“水地”的作者并不知道古希腊泰勒斯及其哲学思想，但在对整个世界的探讨中，从问题的提出到问题的解决，却与之达到了惊人的一致。

中外古代哲学的这种共同性并不令人奇怪。人们对事物的认识和对整个世界的考察，首先从“是什么”开始的。古代哲学和自然科学没有分家，自然科学还很幼稚，人们对自然事物的认识，多半是以直观为根据。因此难免以这种直观的结果比附到对整个世界的思考上去。既然观察到的具体的人和物都有其来源，那么整个世界也应该如此。这种关于世界本原问题，在有的哲学家如柏拉图那里，甚至和宇宙起源问题混同在一起。而这种直观比附的思维方式，在原始社会的神话和宗教里就已出现了。只是到了奴隶社会，才把这种思维方式的内容提升为哲学问题。

时代和认识水平低下的局限，使得古代哲学对世界的探讨和解释即使是唯物主义的解释也是不科学的。这种不科学不仅在于把世界本原归结为水或火，而且还在于这种提问题的方式本身。

因为世界无本原可言，世界作为整体无所谓起源和灭亡，它无始终、无边界，是本来就有的。这样，也就没有什么是万物的始基、本原。我们承认万事万物的产生和灭亡，但这是指具体事物，而不是就世界整体而言的。世界作为一个统一体是由许多因素构成的，但可否从整体去寻找到其基本的、不可再分的元素呢？这是不可能的，人类几千年的科学认识史已经证明了这一点。

2. 恩格斯言说的“本原”是思维与存在何为第一性

恩格斯在论述哲学基本问题第一方面时，使用了“本原”一词，但视角和含义已同旧哲学有本质区别。他说：“什么是本原的，是精神，还是自然界？——这个问题以尖锐的形式针对着教会提了出来：世界是神创造的呢，还是从来就有的？”①

显然，恩格斯并不是说世界的本原是什么，而是说什么是本原，不仅如此，还明确指出自然界和精神二者之间谁是本原。但世界不是

① 《马克思恩格斯选集》第4卷，224页，北京：人民出版社，1995年。

由什么本原产生出来的，而是从来就有的。接着恩格斯谈得更清楚："凡是断定精神对自然界说来是本原的，从而归根到底承认某种创世说的人，……组成唯心主义阵营。凡是认为自然界是本原的，则属于唯物主义的各种学派。"① 可见，恩格斯所说的本原是指精神和自然界、思维和存在二者谁是谁的本原问题。后来列宁概括得非常恰当："恩格斯在他的《路德维希·费尔巴哈》中宣布唯物主义和唯心主义是哲学上的基本派别。唯物主义认为自然界是第一性的，精神是第二性的，它把存在放在第一位，把思维放在第二位。唯心主义却相反。"② 所以，恩格斯所论述的本原是思维和存在、精神和自然界的关系和地位问题。这就从根本上摆脱了旧哲学那种形而上学地追求所谓世界本原的做法，在思维和存在的关系中确立了本原的科学地位，并赋予它新的含义。

西欧近代哲学中的形而上学把本原改为实体性的本体，不论这种本体是指什么，是物理的东西、心理的东西，是灵魂还是绝对存在等，因被视为超自然的、在有形体东西之上的东西，被视为脱离具体事物在世界之外的东西，马克思恩格斯斥之为"想象的本质和神灵的事物"，再一次对世界本原、实体之提法或问题本身进行了否定。

从以上马克思恩格斯有关论述来看，他们不仅没有采用世界本原之类的提法，而且否定这类提法。所以我们不能把世界本原或万物本原与哲学基本问题中关于"本原"的提法混为一谈。虽然这两种提法中都有本原这个概念，但在"本原"这个概念的含义方面，两种提法之间有着本质的区别，这一点恰好被一些人忽视了。不少人对本原的理解还停留在亚里士多德的解释，却忘记了恩格斯使用这个概念时所赋予的新的含义。

依据马克思主义经典作家的论述，哲学基本问题所提到的"本原"的含义可解释为：在精神和物质的双方中，一方不依赖于另一方而具有独立的地位，并且是具有先在、决定、派生另一方的意思。因此，精神和物质或者思维和存在，何者为第一性，何者为第二性，这里的第一性就是指先在性、决定性和派生性，第二性是后在性、被决定性、被派生性。

---

① 《马克思恩格斯选集》第4卷，224页，北京：人民出版社，1995年。

② 《列宁选集》第2卷，73页，北京：人民出版社，2012年。

3. 第一性须从终极因果关系来理解

在物质与精神谁是本原的问题上，谁先谁后、谁决定谁、谁派生谁，不能从物质和精神的一般因果联系的意义上去理解，而必须从二者终极因果联系的意义上来理解。

世界上有两类不同的事物和现象，一类是物质现象，另一类是意识现象。就二者的一般因果联系来说，物质现象可以引起精神现象。比如，粮食丰收会引起人们心头的喜悦；完成生产任务会使人感到由衷的高兴；吃了梨子知道了梨子的滋味；参加革命实践提高了思想觉悟等。这类事实说明，物质现象可以是精神现象的原因。同样，精神现象也可以引起物质现象。例如，科学的设计导致工程质量的提高；高涨的热情加快了工作的进度；自由和解放的渴望驱使人们投身反剥削、反压迫的斗争等。这一类事实说明，精神现象也可以派生、引起物质现象。

如果把上述两个结论放到物质和精神相互作用、相互转化的无限运动中，即放到物质—精神—物质—精神……的运动序列中，应该说，这两个结论相对于这个链条的某一截来说都是正确的。

但在哲学基本问题中，精神和物质谁是本原的问题，指的并不是物质和精神的一般因果联系，而是终极因果联系。也就是说，在归根到底的意义上，谁先谁后，谁派生谁，谁决定谁。列宁说："当然，就是物质和意识的对立，也只是在非常有限的范围内才有绝对的意义，在这里，仅仅在承认什么是第一性的和什么是第二性的这个认识论的基本问题的范围内才有绝对的意义。超出这个范围，这种对立无疑是相对的。"① 列宁的这一段话指明，物质和精神何者是终极原因，因而起着决定作用，这是绝对的。唯物主义认为物质第一性、精神第二性，物质是终极原因，因而归根结底起着决定作用；意识是物质派生的，是对物质的反映，归根结底只起非决定的作用，这是绝对的。但是超出这个范围，它们之间的对立就是相对的。也就是说，原因和结果可以相互交换其位置。有时物质是原因，精神是结果；有时精神是原因，物质是结果。

---

① 《列宁选集》第 2 卷，108—109 页，北京：人民出版社，2012 年。

4. 坚持第一性问题上终极因果理解的意义

在终极因果意义上理解第一性、第二性，这对于坚持唯物主义和唯心主义划分的标准，澄清对划分二者标准的歪曲有重要意义。有人说，只承认物质对精神的作用就是唯物主义，只承认精神对物质的作用就是唯心主义。事实上，承认精神对物质的作用，甚至承认精神在一定条件下的决定作用，并不就是唯心主义，而可能是辩证唯物主义。同样，承认物质对精神的作用的，也并不都是唯物主义。黑格尔也并不否定物质对精神的作用。不过他所承认的只是在客观精神派生物质这一前提条件下，物质对精神的作用。黑格尔认为："精神世界便是实体世界，物质世界是隶属于它的。"① 在这个前提下，他又认为，"精神"本质的实现离不开它所需要的物质材料，它要"受制于内部和外部自然的各种条件"②。由此可见，唯心主义并不是一般地承认精神对物质的作用，而是承认精神对物质的本原性作用。同样，唯物主义也不是一般地承认物质对精神的作用，而是特别强调物质对精神的本原性作用。因此，如何回答物质和精神谁是本原，才是划分唯物主义和唯心主义的标准。

世界本原的提法，不能作为划分唯物主义与唯心主义的标准。这是因为，如果按照世界本原是什么的提法来回答问题，从逻辑上说，其结果不是唯心主义就是向唯心主义靠拢或造成混乱。说"唯心主义认为唯有心（精神）才是世界的本原"，恰好是问题本身潜在内容的发挥和体现，倒是顺理成章的。因为世界本原的提法本身正是要求在物质世界之外，即从精神中去寻求本原，并把物质世界看成从这个超世界的本原中产生出来的。说"唯物主义认为唯有物才是世界的本原"，那就不可理解了。个体事物就是世界由它组成而处在世界之内的东西，不能说世界是由物质派生的。这样就把物质和世界看成两个不同的领域，从而就会造成混乱。因为把物质看成由具体物组成的世界的本原，物质在这里就成了无形体的实体，这是在向唯心主义靠拢。唯心主义

① ［德］黑格尔：《历史哲学》，王造时译，57页，北京：生活·读书·新知三联书店，1956年。

② ［德］黑格尔：《历史哲学》，王造时译，115页，北京：生活·读书·新知三联书店，1956年。

就是把个别事物的共相绝对化、理念化，作为具体事物的本原。

这样说，对于古代朴素唯物主义的世界本原说是否要一概加以否定呢？不是的。世界本原说的提法是不科学的，但是古代朴素唯物主义的世界本原说又包含着世界统一于物质这样的正确思想，而这一点又是应该肯定的。

（二）哲学基本问题第二方面的理解

以上所谈的是关于哲学基本问题的第一方面的内容。哲学基本问题除了这一方面以外，还有第二方面。即恩格斯所指出的："思维和存在的关系问题还有另一个方面：我们关于我们周围世界的思想对这个世界本身的关系是怎样的？我们的思维能不能认识现实世界？我们能不能在我们关于现实世界的表象和概念中正确地反映现实？用哲学的语言来说，这个问题叫作思维和存在的同一性问题。"[①] 如何理解哲学基本问题的第二个方面的涵义呢？是否仅仅是一个"世界是否可知的问题"呢？不完全是。

从恩格斯的上述论述中，可以看出，恩格斯所概括的"思维和存在的同一性问题"是有着丰富内容的。恩格斯在这里用三个问号，提出了三个问题，这三个问题又是一种不断递进的关系。

1. 关于认识来源的问题

这是第一个问题。就此恩格斯说："我们关于我们周围世界的思想对这个世界本身的关系是怎样的?"这里的思想，不是作为动词用的，不是指思维过程、认识过程，而是作为名词用的。其所指谓的是思想成果，即我们关于周围世界的思想成果对这个世界的关系是怎样的，我们关于周围世界的思想内容是关于周围世界的反映，抑或是思想本身所固有的？对这个问题的不同回答是区分唯物主义的认识源泉观和唯心主义认识源泉观，即区分唯物主义反映论和唯心主义先验论的基本标志。

2. 关于世界是否可知的问题

这是第二个问题。即我们的思维能不能认识现实世界，世界可知否的问题。恩格斯认为，不可知论就是否认认识世界的可能性，或者

① 《马克思恩格斯选集》第4卷，225页，北京：人民出版社，1995年。

是否认彻底认识世界的可能性。他说，休谟和康德属于这一类。休谟认为世界上除了自己的感觉，就不能设想有任何一种存在，人类的认识不可能超出感觉经验所达到的现象的范围。

康德虽然承认有“自在之物”存在，但他又认为，人只能认识现象界，不能认识作为本质的“自在之物”。可见，康德与休谟一样，都否认彻底认识世界的可能性。

黑格尔针对康德把现象和本质割裂开来的观点，指出现象和本质是相互联系的，人可以透过现象认识本质，人也只能在认识过程中才能理解自己的认识能力。他认为，康德在认识前就要判断理性能力有多大的做法，就像“在没有学会游泳以前，切勿冒险下水”一样可笑。然而黑格尔对思维和存在同一性的论证是唯心主义的。在黑格尔看来，思维是存在的本质，存在是思维所派生的，因而思维从认识那一开始就已经是思想内容的内容。

唯物主义也坚持思维对存在的可知性。不过唯物主义对思维和存在同一的论证，是在坚持思维是物质的产物这一前提下进行的。认为思维是人脑的机能，是对客观事物的反映。费尔巴哈说，客观世界绝不会隐藏起来，事物及其属性可以为人们所认识，就如同空气通过口、鼻和毛孔钻进我们的体内一样。人的感官足以正确地反映世界，“人恰恰具有使他从世界的完整性、整体方面来感知世界所必需的足够的感官”①。列宁认为费尔巴哈的这一论断对于反对不可知论是重要的。

然则费尔巴哈的这种关于世界可知性的论证，对不可知论的驳斥并不是十分有力的。恩格斯曾指出，对这些以及其他一切哲学上的怪论的最令人信服的驳斥是实践。恩格斯指出：对于不可知论“不用说，这种论点显然是很难只凭论证去驳倒的，但是人们在开始论证以前，就已经行动了。‘起初是行动。’在人类自作聪明地想出这个困难以前很久，人类的行动已经解决了这个困难。……当我们按照我们所感知的某一物的特性来利用它的时候，我们就是在准确无误地检验我们的感性知觉的真理或谬误了。如果这些知觉是错误的，那末我们对利用该物的可能性的判断，必然也是错误的，而且利用该物的一切尝试也必然会失败。可是，如果我们达到了我们的目的，如果我们发现物符

① 转引自［俄］列宁：《哲学笔记》，64页，北京：人民出版社，1974年。

合我们关于它的表象，发现它产生我们所预期的使用效果，那末我们就有了肯定的证据，证明在这一范围内我们关于物及其特性的知觉是同存在于我们之外的现实相符合的……”①

由此可见，彻底的唯心主义、旧唯物主义和辩证唯物主义尽管都承认世界的可知性，但是关于世界可知性的论证是各不相同的，是与其哲学路线相联系、受其哲学路线制约的。

3. 关于认识能否正确反映现实的问题

这是第三个问题。即我们能不能在关于现实世界的表象和概念中正确地反映现实。如何理解这个问题，国内哲学界有不同的认识。有的论者认为，这个问题只是第二个问题的重复强调，并无另外特别的意义。有的论者认为，第三个问题是以第二个问题为基础，即以关于思维和存在有无同一性的问题为基础，进一步追问如何实现思维和存在的统一，强调辩证的思维，怎样从不知到知，怎样从不完全的不确切的知识到比较完全比较确切的知识。还有的论者认为，这里强调的是思维的能动性。

上述第一种观点，是令人难以赞同的。如果第三个问题只是第二个问题的重复强调，实际上也就从根本上否定了提出第三个问题的必要。然而事实上，这两个问题并不等同。第二个问题强调的是认识，第三个问题是强调反映。很显然，认识不同于反映，在哲学史上，唯心主义讲认识不讲反映，只有唯物主义才能正确地把认识过程理解为反映过程，即坚持认识的反映论。另外，讲反映，也不等于正确反映。因此，第三个问题有着自己独特的内容，是对第二个问题在更深层次上的追问。

上述第二种观点在一定意义上克服了第一种观点在认识上的偏颇，认识到第三个问题不同于第二个问题，是对思维和存在同一性问题的进一步追问，但是追问什么，是不是如这种观点所认为的是追问如何实现思维与存在的同一呢？我认为这样理解比较牵强。因为在恩格斯提出的第三个问题中，只是问能不能正确反映现实，所以我们不能把恩格斯在这个问号中所没有包含的思想强加于恩格斯。

上述第三种观点认为恩格斯所问的是关于思维能动性问题。这种

① 转引自《列宁选集》第2卷，107页，北京：人民出版社，1972年。

理解也是很牵强的，缺少任何文字上的根据。

在我看来，这第三个问题是关于真理的客观性问题，即表象和概念达于对存在的真理性认识问题，即恩格斯所说的在我们关于现实世界的表象和概念中能不能正确反映现实的问题。如果认为能正确反映现实，那就不仅坚持了思维与存在的同一性的理解，而且坚持了思维与存在同一性的唯物主义理解。如果回答不能，就是坚持了唯心主义认识论，对思维与存在的同一性作了唯心主义的理解。正如列宁所说："认为我们的感觉是外部世界的映象，承认客观真理；坚持唯物主义认识论的观点，——这都是一回事。"①

总体来说，恩格斯关于哲学基本问题的第二方面的三个问题：一是我们周围世界的思想是不是对这个世界的反映，所要回答的是思想的来源问题；二是我们能不能认识现实世界，所要回答的是世界是否可知，即思维与存在是否具有同一性的问题；三是我们的思想可否达于客观真理性的问题，所要回答的是唯物主义还是唯心主义地理解思维与存在的同一性问题。这三个问题都是围绕着思维和存在的同一性而展开的。

（三）哲学基本问题应有其第三方面

思维和存在的关系除了恩格斯所论述的上述两个方面以外，还有没有第三个方面？不少论者提出，"思维对存在有没有能动的反作用以及如何估价这种反作用"，应该是哲学基本问题的第三方面。我认为这个问题的提出，是十分重要的。

1. 有第三方面才是完整形态的哲学基本问题

如前所说，哲学基本问题根源于人类的社会实践。思维和存在的关系问题，就是人类社会实践中普遍遇到的一个根本问题。人们在实践中认识世界和改造世界的全部活动，归根到底都是这样或那样地处理思维和存在的关系问题，解决思维和存在这个基本矛盾。而处理思维和存在的关系，解决思维和存在的矛盾必须回答互相关联的三个问题：第一，必须回答精神和物质谁是本原的问题，这是人们认识和改造世界的本体论前提；第二，必须回答世界能否正确认识的问题，这

① 《列宁选集》第2卷，89页，北京：人民出版社，2012年。

是认识和改造世界的认识论前提；第三，必须回答思维对存在有无能动作用的问题，这是认识世界的目的，也是改造世界的根据。

不难看出，如果仅仅回答第一、第二个问题，而不回答第三个问题，认识世界就失去了意义，改造世界就失去了根据。因此，思维对存在有无能动作用的问题，是人类在实践中认识和改造世界、处理思维和存在关系的不可缺少的基本方面，也是哲学基本问题的不可缺少的基本方面。只有把思维对存在有无能动作用的问题，作为第三个方面纳入哲学的基本问题，才能与其他两个方面一起构成哲学基本问题的有机整体。否则，哲学基本问题在总体上是不完整的。

2. 有第三方面才能澄清哲学上的原则分歧

只有把思维对存在有无能动性的问题纳入哲学的基本问题，才能进一步认清旧唯物主义、唯心主义和马克思主义哲学之间的原则分歧。旧唯物主义只看到世界的物质性及其对意识的决定作用，却否认了意识对物质的能动性。而唯心主义虽然看到了意识的能动作用，但又“抽象地发展了”这种能动作用，把意识看成世界的本质，否认了世界的物质性及其对意识的决定作用。马克思批判了这两种片面性，也就表明了他在物质和意识关系问题上的基本主张，这就是，既肯定世界的物质性及其对意识的决定作用，又承认意识对物质的能动作用。这就既唯物而又辩证地解决了物质和意识即思维和存在的关系问题。这从而表明，思维对存在的能动作用，是思维和存在关系问题的不可缺少的方面。

3. 有第三方面才能充分体现马克思主义哲学的本质精神

列宁在《哲学笔记》中曾指出：“人的意识不仅反映客观世界，而且创造客观世界。”[①] 这里的“反映客观世界”坚持了物质对意识的根源性，同时坚持思维与存在的同一性，是唯物主义地对哲学基本问题的第一方面和第二方面的回答。而“创造客观世界”则是肯定意识对物质的能动的反作用，坚持了物质和意识关系问题上的辩证法。正如毛泽东所指出的：“我们承认总的历史发展中是物质的东西决定精神的东西，是社会的存在决定社会的意识；但是同时又承认而且必须承认精神的东西的反作用，社会意识对于社会存在的反作用，上层建筑对

① ［俄］列宁：《哲学笔记》，228页，北京：人民出版社，1974年。

于经济基础的反作用。这不是违反唯物论，正是避免了机械唯物论，坚持了辩证唯物论。”①

毛泽东不仅承认精神对物质的能动作用，而且认为在一定条件下精神对物质具有决定性的反作用。毛泽东举例说：“当着如同列宁所说‘没有革命的理论，就不会有革命的运动’的时候，革命理论的创立和提倡就起了主要的决定的作用。”②

精神对于物质的反作用，在一定条件下具有决定性。承认这一点是不是与承认物质对意识的决定作用相矛盾？这是不矛盾的。物质对意识的决定作用是本原性、基础性意义上的决定作用，而精神对于物质在一定条件下的决定作用，是在反作用意义上的决定作用。有的论者认为，既然是反作用，那么在任何条件下都不可能具有决定性。其实，这一认识是不对的。

马克思的《资本论》在论述劳动地租时，就明确地把政治对于经济的一种反作用，叫作“决定性的反作用”。他说：“从直接生产者身上榨取无酬剩余劳动的独特经济形式，决定了统治和从属的关系，这种关系是直接从生产本身中生长出来的，并且又对生产发生决定性的反作用。”③ 列宁在1919年写作的《伟大的创举》一文中也说：“为了消灭饥饿现象，必须提高农业、运输业和工业中的劳动生产率。结果就形成了这样一个循环：要提高劳动生产率，就得消除饥饿，而要消除饥饿，又得提高劳动生产率。”④“这类矛盾在实践上是靠打破这种循环，靠群众情绪的转变，靠一些集团的英勇首创精神来解决的，而首创精神在群众情绪转变的背景下往往起着决定的作用。”⑤

这样的例证，不用多举了。这足以说明，“决定”一词不能用于反作用的观点是没有任何根据的。

总之，马克思主义哲学既唯物而又辩证地回答了哲学的基本问题，一方面肯定世界的物质性，物质对精神的决定作用；另一方面又承认意识对物质的能动反作用。这就与旧唯物主义和唯心主义划清了界限。

① 《毛泽东选集》第1卷，326页，北京：人民出版社，1991年。
② 《毛泽东选集》第1卷，326页，北京：人民出版社，1991年。
③ 《马克思恩格斯文集》第7卷，894页，北京：人民出版社，2009年。
④ 《列宁选集》第4卷，16页，北京：人民出版社，2012年。
⑤ 《列宁选集》第4卷，16页，北京：人民出版社，2012年。

之所以能如此，这是与马克思主义哲学实现了在哲学基本问题上的认识变革相联系的。

三、哲学基本问题上的认识变革

（一）哲学基本问题的实践理解

1. 对哲学基本问题作片面归结理解的缺陷

马克思以前的旧哲学，对哲学的基本问题采取了各种各样的回答方式。但概括起来，不外乎两种基本方式：一是单纯从物质出发的回答方式，二是单纯从思维出发的回答方式。前者认为，物、存在是思维、精神的本原，从而去说明思维和存在的统一，说明世界的物质统一性。后者则认为，心、思维是物质、存在的本原，存在不过是思维的产物，从而去说明世界的精神统一性。这两种回答方式形成了以往的唯物论和唯心论两大对立的哲学派别。它们各执一端，都具有片面性和局限性。

旧唯物论虽然强调了存在对思维的本原性、决定性，坚持用物质的东西去说明包括精神现象在内的世界上一切事物的正确立场，但是，单纯从物质存在出发去解答思维和存在的关系又势必会抹杀思维的能动性质。在它那里，存在对思维的基础地位只是通过把思维片面归结还原为存在的方式去确立的，这种单纯从存在出发的方式贯彻得越充分，对思维的能动作用抹杀得就越彻底。18 世纪法国唯物论的“人是机器”的命题就是在自然观上贯彻这种回答方式的结果。在法国唯物论者看来，尽管人的活动是有意识、有目的的，但是，人的意识在自然存在面前却是无能为力的。人同其他自然物一样，是受到自然界因果必然性的严格制约的，是绝对地服从自然界因果必然性的支配而没有丝毫自由的。人的思维可以反映存在，但是，这种反映也只是机械的摹写、简单的映照。

单纯从存在出发去考察思维和存在的关系，不仅会抹杀思维的主观能动性，而且对存在的理解也会有直观性的缺陷。既然存在是思维和存在关系的基础，既然自然界处处决定着人，支配着人，而人却不能积极能动地作用于自然界，不能在自然界打上人的意志的印记，那么，这种自然界也就只能是没有人的活动干预的自在的、原生的自然界。在《关于费尔巴哈的提纲》中，马克思正是把这一点作为旧唯物主义的主要缺陷加以批判的。他指出："从前的一切唯物主义——包括费尔巴哈的唯物主义——的主要缺点是：对对象、现实、感性，只是从**客体**的或者**直观**的形式去理解，而不是把它们当作人的感性活动，当作**实践**去理解，不是从主体方面去理解。"①

单纯从存在出发去考察思维和存在的关系，更不能科学地解释社会历史现象，不能把唯物主义路线贯彻到底。在社会历史领域，旧唯物主义也是试图从存在出发去说明社会历史现象的。18世纪法国唯物论关于"人是环境的产物"的命题，就充分地表现了他们的这种哲学立场。然而，他们又遇到了无法克服的困难。因为社会和自然领域不同，在自然界起作用的是各种盲目的、自发的力量，在社会领域起作用的则是人的活动，而人的一切活动又都是受着意识、目的支配的。人的意识，特别是杰出人物的意识对于社会生活的影响是十分明显、不容抹杀的。这样，他们就在环境改变人，人又改变环境这个"二律背反"面前陷入绝境，最终背离了自己的"环境决定人"的初衷，得出了"意识支配世界"的历史唯心主义的结论。不仅18世纪法国唯物论如此，马克思以前的一切旧唯物论都未能逃脱历史唯心论的窠臼。旧唯物论在社会历史领域内的情形，更充分暴露了它对哲学基本问题回答方式的非科学性、局限性。

与旧唯物论相反，唯心主义单纯从思维出发去解答思维和存在的关系问题，在思维方式上，也是一种片面归结。所不同的只是把存在归结为思维，还原为思维。唯心论强调思维的能动创造性。这在德国古典唯心主义哲学中表现得最为突出。然而，他们不懂得思维能动性的根源和现实基础，因而关于思维对存在的能动作用也就不可能作出令人信服的说明，而只能或明或暗地借助某种神奇的力量。唯心论否认存在对思维在起源上的第一性显然是错误的，是同自然科学所揭示的事实相背离的。由于它抽掉了思维能动性的现实基础，它不懂得思维的能动性是根源于具有创造性的物质实践活动的，是物质实践活动内化的结果；它不懂得思维的能动性是有限度的，思维并不能自己实

---

① 《马克思恩格斯选集》第1卷，58页，北京：人民出版社，1995年。

现自己，而必须依靠物质的力量，即人的物质实践活动才能实现自己；也不懂得并不是任何思维都可以转化为存在的，那些与事实的客观本性和规律不相符的虚假概念、错误观念，即使部分地付诸实践，最终也难免客观规律的惩罚。

2. 对哲学基本问题作二元论理解的错误

在哲学史上，还有一种试图把单纯以物质作为基础和单纯以思维为基础说明世界的方式结合起来的所谓二元论哲学。二元论看到了上述两种回答方式各自的片面性，试图通过把思维和存在作为两个相互并列的独立实体的方式克服它们的片面性，寻找超越唯物论和唯心论的第三条哲学路线。这显然是行不通的。

因为这两种回答方式是根本对立的，是不能用把二者撮合在一起的方式加以调和的。把这两种相互对立的回答方式结合在一个体系中，必然会遇到不可克服的理论上的困难。这在康德哲学中表现得十分突出。

康德一方面承认自在之物的存在，认为人的意识起源于自在之物刺激我们的感官后产生的感觉经验，这是唯物主义的；另一方面又认为认识离不开先天的认识形式，认识固然离不开认识形式，但把认识形式说成先天的，这又是唯心主义的。他认为，只有把先天的认识形式同后天的感觉经验材料结合起来，才能形成具有普遍必然性的数学和自然科学知识。当康德承认自在之物存在，它是唯物主义的；当他说自在之物不可认识，是悟性把规律加于自然界，呈现在人类认识中的全部自然现象是智慧的主观结构，是认识的主体——“自我”——的统一性所造成的，这时它又是唯心主义的。结果，非但未能调和唯物主义和唯心主义的对立，反而更加暴露了这种对立。

二元论之所以不能对思维和存在的关系作出合理的解答，之所以不能超越旧唯物主义和唯心论，是因为二元论在哲学思维方式上同旧唯物论、唯心论相类似，也是在思维或存在本身寻找二者关系的基础。实际上，思维和存在关系的现实基础既不是思维本身，也不是存在本身。无论是把精神还原于存在，还是把存在还原于精神，这种还原在本质上都不是在解决矛盾，而是试图取消矛盾。而存在和思维的矛盾是不能通过这种还原而消除的。因此，单纯以存在为基础或单纯以思维为基础，或企图既以存为基础又以思维为基础，去解决思维和存在的关系问题，都是没有出路的。

3. **马克思主义哲学坚持对哲学基本问题的实践理解**

思维和存在二者关系问题的基础只能是实践。马克思主义哲学在哲学基本问题上的认识变革，就是在实践的基础上实现的。

马克思早在《1844年经济学哲学手稿》中已经指出，他要创立的新哲学“既不同于唯心主义，也不同于唯物主义（这里指旧唯物主义——引者注），同时又是把这二者统一起来的真理。”① 这个统一的基础是什么呢？马克思明确指出：“主观主义和客观主义，唯灵主义和唯物主义，活动和受动”，这些“理论的对立本身的解决，只有通过实践方式，只有借助于人的实践力量，才是可能的”②。

马克思哲学揭示出思维和存在的关系是在人的实践活动中确立的，是由于人的实践活动，才有了人与世界、思维与存在的对立，同时，也只有通过人的实践活动，才能使人与世界、思维与存在达到统一。思维与存在的矛盾是人类实践活动中的根本矛盾，这一矛盾也只有通过人类实践活动才能解决。实践是主观见之于客观的活动，是把人的主观能动性转化为实践能动性的活动。

但这种主观能动性的发挥不是任意的，而是受到客观规律性制约的。实践不是没有物质前提的。没有外部的世界，人就什么也不能创造，但人生活于其中的、作为人的生存环境的自然界，又是人创造过和创造着的自然界，它愈来愈多地打上了人的实践能动性的印记。这样，就克服了旧哲学把自然本原性和思维能动性相互割裂、抽象对立的缺陷，把二者统一于一身。

实践具有客观性，这里的客观性是指实践通过自身的认识环节内化了的规律性因素，它表明人类实践的合规律性。在此种意义上说，实践的过程是人类将外在规律同化于自身活动的过程。其次，实践又含有主观性和精神性因素于其中。在这里，主观性和精神性因素是指实践对于必然性、规律性的为我本性，它包括内在于实践的主观目的、价值指向、人道理想以及伴随着的情感、意志等。主观性因素的参与表明了实践的合目的性。马克思主义把实践理解为人的能动的客观的

① ［德］马克思：《1844年经济学哲学手稿》，105页，北京：人民出版社，2000年。

② ［德］马克思：《1844年经济学哲学手稿》，88页，北京：人民出版社，2000年。

物质活动，理解为对象化和非对象化、能动和受动、内在尺度和外在尺度相统一的过程。由于对实践有了这种科学的理解作基础，马克思主义才能上升到世界观的高度，把实践看作物质作用于精神、制约人的主观性，以及精神能动地反映物质和反作用于物质的基础。

（二）立足实践的哲学基本问题的认识变革

由于马克思主义哲学以实践为基础来理解哲学基本问题，因此极大地深化和拓宽了哲学基本问题的内涵，并对之进行了科学的理解和说明。关于马克思主义哲学在哲学基本问题上的贡献，胡寿鹤先生进行了富有成果的研究①。这里参考胡先生的研究成果，从以下几个方面来展开说明。

1. 以实践为中介把存在理解为自在自然与人工自然的统一

马克思主义从实践的角度考察外部自然界、考察世界的时候，把世界分为“自在自然”和“人工自然”两部分。所谓人工自然，是以自在自然为前提，通过人的活动的作用，作为人的活动产物的自然。在人工自然中，马克思还特别强调了人化自然。所谓人化自然，是指被人的本质力量所改造并服务于人的自然。马克思指出，人类历史也就是自然不断被人化的历史。

对人类历史或人化自然而言，虽然“自在自然”的优先地位依然存在，但它之所以会变成今天这个样子，却并不是完全从自在自然本身变化而来，因而也就不能完全从自在自然本身得到说明。之所以会产生人化自然，它是在自在自然基础上，按照人的需要，通过人的实践活动创造的。马克思在批判费尔巴哈直观唯物主义时说：“他没有看到，他周围的感性世界绝不是某种开天辟地以来就直接存在的、始终如一的东西，而是工业和社会状况的产物，是历史的产物，是世世代代活动的结果。”②

自在自然是一种客观物质存在，人工自然也是一种客观物质存在。费尔巴哈只看到自然的自在性、先在性，而没有看到在自在自然基础

① 胡寿鹤：《马克思主义哲学对哲学基本问题的五大贡献》，《武汉大学学报》（哲学社会科学版），1994（3）。

② 《马克思恩格斯选集》第1卷，76页，北京：人民出版社，1995年。

上，人的实践所创造的人工自然的客观性，因而他是半截子唯物主义。马克思主义引进了实践的观点、科学地说明了“自在自然”与“人工自然”的分化、联系和转化，才能正确说明整个物质世界的统一性，从而为科学地阐明物质第一性、意识第二性的原理奠定了基础。

2. 以实践为中介把存在理解为自然存在和社会存在的统一

马克思主义哲学把哲学基本问题具体深化到社会历史领域，提出了社会存在和社会意识的关系问题，并作了辩证唯物主义的解答，从而创立了辩证唯物主义历史观，引起了社会历史观的根本变革。旧唯物主义者由于脱离人的实践活动，因而不能科学说明整个物质世界的统一。他们的唯物主义仅仅停留在自然观上，而在社会历史观方面，虽然有的思想家和哲学家也提出了某些唯物主义的见解，但总的说来还没有跳出唯心主义的窠臼。因而在马克思主义哲学产生以前，唯心主义历史观一直占着统治地位。马克思主义立足于实践，把实践作为自然和社会统一的基础。社会是自然通过人的实践活动的生成，是实践中所形成的各种社会关系的总和，所以社会生活的本质是实践的。但是社会关系作为一种客观的既定的力量又制约着人的活动，制约着人的精神。这就是社会存在决定社会意识。社会规律也就是人们自己的社会活动的规律。在社会历史领域，人既是剧作者，又是剧中人。人的社会活动既是一种自己创造自己历史的主体性活动，是合目的性的活动，同时又是必须遵循社会生活发展规律的合规律性的活动。

3. 以实践为中介对物质决定意识原理的科学说明

马克思主义哲学对物质第一性、意识第二性的唯物主义原理，进行了科学的辩证的论证。旧唯物主义已经对物质第一性，意识第二性的原理作了原则上正确的说明。这种说明包括两点：一是意识是人脑的机能，二是意识是客观存在的反映。但是，这只是为论证和确立物质第一性、意识第二性的唯物主义原理迈出了第一步。在这个问题上，马克思主义哲学的贡献有以下几点。

第一，马克思主义从生产劳动、社会实践的角度，对意识作为人脑的机能是怎样产生的问题作出了科学的说明。马克思主义指出，古人猿由本能活动发展为人的自觉劳动的过程中，由猿进化为人，由猿脑进化为人脑，由猿类的呼号吼叫进化为音节语言，并由于在社会的生产劳动过程中彼此交流思想、交换意见的需要，才使得意识适应社会生产和生活的需要而产生出来。

第二，以实践为基础，对意识如何反映客观存在的问题进行了科学的说明。指出人们为了生活实践的需要并在实践过程中认识外部世界；通过感性形式和理性形式认识事物的现象和本质，从实践到认识，从感性到理性，然后又由认识到实践，如此循环往复以至无穷，这就是意识反映客观实在的过程，是认识不断发生发展的过程。

第三，正确说明了物质是意识本原的原理，与物质和意识互为因果原理的辩证关系。指明物质对意识的最终决定作用，是就物质和意识整个因果序列的终极原因而言的，或者说是就整个因果序列的终极关系而言的。如果撇开物质和精神的因果序列的总联系，孤立地就其中某些特定环节而言，物质和意识是互为因果、相互作用、相互决定。而精神在某个环节上的决定作用，如果超越这个具体环节而放到整个因果链条中来考察，则是被更有力量、最原始、最有决定性的物质力量所决定。在这种情况下，精神原先在一个环节上所具有的决定作用就转化为整个链条上的非决定作用了。另外，精神在特定环节上所表现出来的决定作用，也是相对的，不是绝对的。也就是说，在这种决定作用发生的时候，也免不了要受物质的最终决定作用的影响和“纠缠”。

4. 以实践为中介，科学解决了思维与存在的同一性问题

以前的旧唯物主义虽然肯定了思维与存在的同一性，主张人的思维能够正确地反映客观世界，但由于脱离社会实践来考察人的认识活动，不了解认识对于实践的依赖关系，从而也不了解实现思维与存在的同一性是一个辩证发展过程。于是它用消极的、直观的、机械的观点来说明这种同一性。与之相异，马克思主义哲学指出：其一，思维与存在的同一，不是机械的一次完成的同一，而是在实践基础上和过程中逐步实现的由点到面、由浅入深、由现象到本质、由有限到无限的具体的历史的统一；其二，这种同一，不是消极的被动的统一，而是由自觉的主体性参与其中，有目的性、选择性和重构性的统一。重构包括了创造性思维和自由的想象的作用。

5. 以实践为中介，科学解决了存在与思维的同一性问题

马克思主义哲学把实践规定为改造客观世界的物质活动，把实践纳入认识论，指明了认识与实践的相互联系、相互作用、相互转化，从而不仅科学地解决了思维与存在的同一性问题，即主观能否正确反映客观的问题，而且科学地解决了“存在与思维的同一性问题”，即主观的东西能否变成客观的东西，使客观主观相一致问题。以往哲学的作用只是说明世界，唯有马克思主义哲学以改造世界为己任。马克思说：“哲学家们只是用不同的方式**解释**世界，问题在于**改变**世界。”[①] 正是为了要改变世界，所以马克思主义哲学就必须研究和解决“存在与思维的同一性”问题。

对这个问题的说明，集中表现在毛泽东关于“两个飞跃”和“两变”的理论论述中。毛泽东在《实践论》中说：“辩证唯物论的认识运动，如果只到理性认识为止，那末还只说到问题的一半，而且对于马克思主义的哲学说来，还只说到非十分重要的那一半。马克思主义的哲学认为十分重要的问题，不在于懂得了客观世界的规律性，因而能够解释世界，而在于拿了这种对于客观规律性的认识去能动地改造世界。”“认识的能动作用，不但表现于从感性的认识到理性的认识之能动的飞跃，更重要的还须表现于从理性的认识到革命的实践这一个飞跃。”[②] “这次飞跃，比起前一次飞跃来，意义更加伟大。因为只有这一次飞跃，才能证明认识的第一次飞跃，即从客观外界的反映过程中得到的思想、理论、政策、计划、办法等等，究竟是正确的还是错误的，此外再无别的检验真理的办法。而无产阶级认识世界的目的，只是为了改造世界，此外再无别的目的。”[③] 这就把哲学基本问题的内涵推进了一个新的更深的层次。

马克思以前的唯物主义哲学只解决了思维与存在的同一性问题，德国古典哲学虽然提出了实践的概念，并且讲了主客观之间的相互转化和同一，但其所指谓的都是精神活动，并不涉及改造世界的物质活动，因而仍然停留在说明世界的范围之内，只有马克思主义哲学在实践的基础上提出了“两个飞跃”和“两变”的理论。既科学地解决了“思维与存在的同一性问题”，又科学地解决了“存在与思维的同一性问题”，从而使人类哲学认识论的发展进入了一个新的境界。

---

① 《马克思恩格斯选集》第1卷，57页，北京：人民出版社，1995年。
② 《毛泽东选集》第1卷，292页，北京：人民出版社，1991年。
③ 《毛泽东文集》第8卷，321页，北京：人民出版社，1999年。

第五章　哲学的时代内涵

凡哲学都是时代的产物。任何哲学都可以从它的时代中找到其赖以存在的根据和发挥作用的领域。哲学是时代的理性表现和时代的批判武器。真正的哲学以其特有的方式荟萃时代的精神底蕴，反映时代的本质特点，从而为人们进一步认识和改造世界提供世界观和方法论的指导，推动社会实践、科学知识不断深化，促进社会历史迈向新的纪元。因此，时代性，或者说，反映时代和引导时代的哲学特性，是哲学存在和发展的生命之源。

一、哲学受制于它的时代

（一）哲学时代论的梳理

纵观哲学史，不同时代的哲学家研究的领域不同，提出的问题不同，对世界的普遍本性和人与世界总体关系的理解和把握也不同。那么，这些不同从哪儿去加以说明呢？是仅仅从哲学家个人的角度，还是主要从哲学家和哲学派别所处的时代去加以说明呢？在很长的历史时期中，哲学家们根本没有提出过哲学与时代的关系问题。他们认为哲学或哲学体系只是哲学家思想的产物，与哲学家所处的时代是无关的。在这种观点看来，中世纪之所以陷入黑暗与愚昧，是因为倡导理性的启蒙思想家还没有出世。不然，社会历史就也不致陷入千年迷误。唯物主义哲学家虽然认为哲学体系不完全是哲学家头脑的产物，但他们同样否认哲学体系与社会时代有什么关系，他们只承认思想体系与自然及人对自然的认识有关系。这种哲学观完全是一种非历史的哲学观。

在哲学史上第一个去系统思考哲学与时代关系的哲学家是黑格尔。

在批判继承黑格尔有关思想的基础上，对哲学与时代关系问题做出深刻说明的是马克思。于是在黑格尔和马克思那里，有着“猫头鹰”和“高卢雄鸡”两种见解。

1. 黑格尔的“猫头鹰”论

在黑格尔看来，哲学受到时代发展的制约，哲学的成熟只有等到时代发展到成熟阶段以后才有可能，因而哲学总是灰色的。

他说：“哲学开始于一个现实世界的没落。当哲学带着它的抽象概念出现，用灰色的颜料绘灰色的图画时，青年人有生命力的新鲜朝气已经消逝了。因此哲学所作的调和工作不是现实的调和而只是在理想世界里的调和。所以希腊哲学家大都逃避了国家的事务，而成为一般人民所称的偷闲者，因为他们退避到自己的思想世界里面。”① 还说：“无论如何哲学总是来得太迟。哲学作为有关世界的思想，要直到现实结束其形成过程并完成其自身之后，才会出现。……当哲学把它的灰色绘成灰色的时候，这一生活形态就要变老了。对灰色绘成灰色，不能使生活形态变得年轻，而只能作为认识的对象。密纳发（希腊神话中的女神——引者注）的猫头鹰要等黄昏到来，才会起飞。”② 换句话说，哲学作为对时代的认识，只能滞后于时代发展。

黑格尔看到时代发展对哲学发展的制约作用，这是他的高明之处。但是，他拘泥于这一点，而忽视了在这个问题上体现辩证法所要求的能动原则。这对辩证法大师黑格尔来说，无疑是一个不小的缺憾。

2. 马克思的“高卢雄鸡”论

马克思并不满足于黑格尔的上述见解。在他看来，“哲学是时代的思想”，因而应当有两方面的意义，一方面哲学是时代的反映，另一方面又是时代的需要。哲学不仅反映时代，而且指导时代。哲学不仅以灰色描绘灰色，而且用彩色描绘未来的美好图景。因而马克思十分强调哲学在改造环境和人自身，引发时代发展过程中的主动精神、超前意识和创造功能。

早在马克思从事哲学活动的初期，就非常重视哲学与时代的关系

---

① ［德］黑格尔：《哲学史讲演录》第1卷，贺麟、王太庆译，54页，北京：商务印书馆，1959年。

② ［德］黑格尔：《法哲学原理》，范扬等译，13—14页，北京：商务印书馆，1979年。

问题。在马克思的第一篇哲学论文——《德谟克利特的自然哲学与伊壁鸠鲁的自然哲学的差别》中，就流露出了很强烈的重视时代、重视现实的意向。马克思指出：“在自身中变得自由的理论精神成为实践力量，作为意志走出阿门塞斯冥国（埃及神话中死者和灵魂的居住地——引者注），面向那存在于理论精神之外的尘世的现实。”① 这就是说，哲学已经从脱离现实的死神的王国里走出来了，它所关心的不再是自我内心的满足和一些超感性的论证，也不仅是对世界历史的反思，而且应该成为改造现实的工具。马克思说，哲学“体系为实现自己的欲望所鼓舞，就同他物发生紧张的关系。它的内在的自我满足和完整性被打破了。本来是内在之光的东西，变成转向外部的吞噬一切的火焰。于是，得出这样的结论：世界的哲学化同时也就是哲学的世界化”②。

虽然马克思这时还是一个理性主义者，是从理性出发来看问题的，但他对哲学与时代关系的论述却是深刻的。后来，随着马克思对现实斗争的积极投入和不断深入，他进一步指出，哲学与现实结合是时代发展的必然趋势。他说：“必然会出现这样的时代：那时哲学不仅在内部通过自己的内容，而且在外部通过自己的表现，同自己时代的现实世界接触并相互作用。”③“哲学是被它的敌人的叫喊声引进世界的”④，从而充分显示出哲学的战斗力的。马克思把自己创立的新哲学比喻成为人类解放报晓的“高卢雄鸡”。他说：“一切内在条件一旦成熟，德国的复活日就会由高卢雄鸡的高鸣来宣布。”⑤ 马克思的这一论述生动体现了他所创立的新哲学的本质特征，同时也是对黑格尔的上述见解的一种超越，即哲学不仅是黄昏起飞的猫头鹰，而且是黎明前报晓的雄鸡。

3. 黑格尔和马克思都是时代感极强的哲学家

黑格尔和马克思有一点是相同的，即他们都是时代感极强的哲学家，都十分强调哲学与时代发展的紧密联系，并以此作为一个基本切

① 《马克思恩格斯全集》第1卷，75页，北京：人民出版社，1995年。
② 《马克思恩格斯全集》第1卷，75—76页，北京：人民出版社，1995年。
③ 《马克思恩格斯全集》第1卷，220页，北京：人民出版社，1995年。
④ 《马克思恩格斯全集》第1卷，220页，北京：人民出版社，1995年。
⑤ 《马克思恩格斯选集》第1卷，16页，北京：人民出版社，1995年。

入点来说明哲学的本质内涵。

黑格尔指出："每一哲学属于它的时代，受它的时代的局限性的限制"，"每一哲学都是它的时代的哲学。"① 由此他认为："哲学与它的时代是不可分的。"② "妄想一种哲学可以超出它那个时代，这与妄想个人可以跳出他的时代，跳出罗陀斯岛，是同样愚蠢的。"③ 为什么哲学不能超出它的时代，哲学与时代不可分呢？这是因为，第一，哲学"只能满足那适合于它的时代的要求或兴趣"④ 而产生。第二，哲学以时代为自己的对象，哲学"是对它的时代的实质的知识"，"哲学是对时代精神的实质的思维，并将此实质作为它的对象"⑤。第三，哲学"是被把握在思想中它的时代"⑥，是时代精神中最盛开的花朵。黑格尔指出，在反映时代精神的"多方面中，哲学是这样一个形式：什么样的形式呢？它是最盛开的花朵。它是精神的整个形态的概念，它是整个客观环境的自觉和精神本质，它是时代的精神、作为自己正在思维的精神。这多方面的全体都反映在哲学里面，以哲学作为它们单一的焦点，并作为这全体认知其自身的概念"⑦。因此，黑格尔把哲学研究视为"时代的使命和工作"⑧。

马克思主义哲学家在哲学与时代的关系问题上，充分肯定和吸收了黑格尔思想中的上述合理因素。马克思曾经指出，"任何真正的哲学都是自己时代的精神上的精华"，"文化的活的灵魂"。又说，哲学家们"是自己的时代，自己的人民的产物，人民的最美好，最珍贵、最隐蔽的精髓都汇集在哲学思想里"⑨。恩格斯也指出："任何哲学只不过是在思想上反映出来的时代内容。"⑩ 后来的马克思主义者也一直坚持并发

① ［德］黑格尔：《哲学史讲演录》第1卷，贺麟、王太庆译，48页，北京：商务印书馆，1959年。

② ［德］黑格尔：《哲学史讲演录》第1卷，贺麟、王太庆译，56页，北京：商务印书馆，1959年。

③ ［德］黑格尔：《法哲学原理》，范扬等译，12页，北京：商务印书馆，1979年。

④ ［德］黑格尔：《哲学史讲演录》第1卷，贺麟、王太庆译，48页，北京：商务印书馆，1959年。

⑤ ［德］黑格尔：《哲学史讲演录》第1卷，贺麟、王太庆译，56—57页，北京：商务印书馆，1959年。

⑥ ［德］黑格尔：《法哲学原理》，范扬等译，12页，北京：商务印书馆，1979年。

⑦ ［德］黑格尔：《哲学史讲演录》第1卷，贺麟、王太庆译，56页，北京：商务印书馆，1959年。

⑧ 北京大学哲学系外国哲学史教研室编：《十八世纪末—十九世纪初德国哲学》，350页，北京：商务印书馆，1960年。

⑨ 《马克思恩格斯全集》第1卷，219、220页，北京：人民出版社，1995年。

⑩ 《马克思恩格斯全集》第41卷，211页，北京：人民出版社，1982年。

挥了这个观点。梅林认为：一个时代的经济——政治斗争与这一时代的哲学之间的依存关系是那样鲜明地暴露出来，即使最近视的人也会明白看到。普列汉诺夫也说，每一哲学体系只不过是自己时代智慧的表现。

由上可见，黑格尔和马克思主义者不仅把哲学的时代性视为一个极为重要的问题，而且按各自的理解作出了极富启迪性的说明。

今天，我们正处在一个历史转折的关键时期，这是人所共知的。在这国际国内的大变动中，种种因素引发了哲学在当代的位置和功能的诸多议论。在其中，有人主张哲学的出路在于哲学的“商品化”“市场化”。相反，又有人抱怨哲学“太俗”，主张哲学的出路在于走向“纯学术”，即关注哲学观念自身的更新和改造。透过这两种观点的对立，可以看出在如何理解哲学的时代性问题上，还存在着种种盲点，需要从理论和实践的结合上加以澄清和说明。

什么是哲学的时代性？完整地说，这里包含两点：

首先，哲学是时代的产物，哲学依赖时代；其次，哲学表现时代，作用于时代。真正的哲学是时代精神的精华，是时代的号角。这里先谈第一点，关于第二点待本章第二部分作详细的说明。下面就时代对哲学的制约作用从三个方面来展开论述。

（二）哲学是时代发展的产物

1. 时代发展决定着哲学的产生和发展

哲学作为世界观的学问，作为对人与世界关系的总体性把握，其内容之一，是对整个世界的普遍本性的总概括，是人类全部知识的结晶。哲学在概括和总结人类知识的时候，它受到历史条件、科学发展和已有哲学成就等条件的制约。一定的时代条件决定着人类认识整个世界及其规律的广度和深度，随着时代的变化，作为观念形态的哲学也相应发生变化。所以，时代是哲学的基础和出发点。对此，恩格斯曾经指出：“哲学和那个时代的普遍的学术繁荣一样，也是经济高涨的结果。”① 这是因为在哲学形成和发展的一切条件中，经济条件是最基本的条件。

---

① 《马克思恩格斯选集》第4卷，704页，北京：人民出版社，1995年。

在一定的历史条件下，社会实践不断为哲学研究提出新的课题。对此，卢卡奇在《理性的毁灭》一书中作了科学的分析。他说："对哲学来说，问题及其解决方向，都是由生产力的发展，社会的发展，阶级斗争的开展提出来的。如不根据对这些首要推动力的认识，一个时期的哲学的根本线索就不可能被揭示出来。"① 他又说："只有在这样一种哲学关联中，哪是具有长久意义的重要问题，哪是教授们擅长分辨的无关宏旨的问题，其间的区别才能清楚地呈现出来。"② 哲学正是在回答那些有关时代发展的具有长久意义的重要问题的过程中，给人们以启迪和指导，引导人们向更高的目标前进，为人们开辟认识和改造世界的新领域，同时发展自己的普遍真理性。

由于一定的哲学只有以自己的时代为基础和出发点，只有回答时代所提出的那些重大问题，才能存在和发展，所以一定的时代又总是规定了哲学发展的基本趋势，决定了哲学的内容和形态。

人类早期，由于社会生产力和科学的不发达，人们只能从整体上对其所生活的世界形成朦胧的认识，朴素唯物主义便是如此。中世纪由于神权占据了绝对的统治地位，科学遭到扼杀，哲学成了神学的婢女，被作为论证神学的工具，使哲学烦琐枯燥、空洞无物。这就是经院哲学。近代哲学由于工业革命和科学进步，以及资本主义生产的迅速发展，而取得了重大进展。无论是以培根、霍布斯、洛克为代表的经验论哲学，或是以笛卡尔、莱布尼兹、斯宾诺莎为代表的唯理论哲学，还是以康德、黑格尔为代表的德国古典哲学，都使人类的抽象思维、人类的认识大大向前迈进了一步。

19 世纪 40 年代，随着社会生产力的发展，以能量守恒和转化定律、细胞学说、生物进化论等三大发现为代表的自然科学取得了重大进步。随着资本主义经济的发展，以及资本主义所固有的生产社会化和生产资料私人占有制矛盾的尖锐化，无产阶级反对资产阶级的斗争迫切需要有正确理论的指导。这时，马克思主义哲学应运而生，它正是当时社会发展、科学发展、哲学发展的必然结果。

① ［匈］卢卡奇：《理性的毁灭》，王玖兴等译，1—2 页，济南：山东人民出版社，1997 年。

② ［匈］卢卡奇：《理性的毁灭》，王玖兴等译，2 页，济南：山东人民出版社，1997 年。

2. 时代的实践决定着哲学的形式和结构

时代的实践不仅决定哲学的产生和发展，而且决定着哲学的形式和结构。不同时代的哲学，有着不同的形式和结构。马克思主义哲学史表明，不同的经典作家，由于生活的时代不同，或是由于同一时代中面对的主要问题不同，所以他们哲学体系的具体形式和结构也不同。马克思主义哲学是辩证唯物主义和历史唯物主义。在这样一个世界观的总前提下，从其个性特点来说，马克思以经济规律为主题，创立了以经济辩证论为主题的哲学；恩格斯以自然规律为主题，创立了以自然辩证论为主题的哲学；列宁以人类的认识规律和革命规律为主题，创立了以认识规律和革命辩证论为主题的哲学；毛泽东以人类的认识规律和军事规律为主题，创立了以认识和军事辩证论为主要特征的哲学；邓小平以社会主义建设规律为主题，形成了以中国特色社会主义建设为核心的哲学思想。这说明，哲学是由时代决定其形式和结构的。

哲学不仅是时代的产物，而且时代还影响着哲学作用的发挥。

（三）哲学依赖时代发挥作用

1. 哲学作用的发挥以时代需要为前提

对某一哲学引起共鸣或愤恨，大都是因为这一哲学表达了某一阶级、阶层或社会集团的愿望和要求，或是冒犯了它的根本利益，与它的愿望和要求背道而驰。符合它的愿望和要求，无疑会对它的根本利害有所解说或论证，使它的存在更具有合理合法的根据，从而在这一阶级、阶层或社会集团的心理上，起一种稳定、激励和鞭策的作用；反之，则会使它的存在失去合理合法的根据，从而在个人心理上产生震荡，失去心理平衡，对本阶级、阶层或所属的社会集团悲观绝望，从而产生疏离甚至背叛的心理。所以，哲学领域的斗争是如此激烈，它关系到在一定时代中活动的各阶级、阶层或社会集团的利益。这也是马克思主义哲学产生以后，资产阶级哲学家总是千方百计地攻击它、力图打倒它的原因所在。因此，哲学家的工作台虽是如此狭小，但它联系的世界恰是无比广大。

正因为时代、社会对哲学的发生和作用有这样强有力的制约，所以，当一种哲学发生深刻危机的时候，认清这一危机的关键，不是到哲学家个人的癖好、教养和性格中去寻找原因，根本的和主要的，是要到社会生活，到这一哲学与社会生活的内在关联中去寻找原因。因为哲学危机是社会危机的表征和信号，哲学思想的任何重大危机，都是受社会条件所制约的新兴力量与腐朽力量之间斗争的表现。同时，这也是新的社会生活和新的哲学产生的预示。只要这一哲学的社会生活基础失去了历史的必然性，那么，即使它所依据的阶级、阶层或社会集团利用一切手段保护它、拯救它，甚至出现新瓶装旧酒的花样翻新，也只不过是这一哲学退出历史舞台的早晚问题，绝不会重新获得历史的必然性。

2. 哲学作用的发挥依时代变化而变化

时代对哲学作用的制约性还表现在，某一种哲学相对于它所产生的年代，可能具有某种正面作用，而在变化了的时代条件下，原先的正面作用便可能成为负面的作用。比如18、19世纪流行的“地理环境决定论”这种思潮，当时曾在反对封建神学、探索社会发展的客观性方面起过一定的历史作用。但到19世纪末20世纪初，当德国K.豪斯贺费尔为首的哲学家，把这个理论用来为法西斯主义向外扩张和侵略制造理论根据时，它的进步作用一点也没有了，而只有负面作用、反动作用。另外，由于哲学家的敏锐性，他把生活现象加以概念化，在直接的生活和最抽象的思想之间架起精神桥梁，并在哲学上注重那些在当时只作为萌芽，只作为刚刚露头的倾向存在着的现象，因而他的哲学不能被许多人所理解和认可，不可能发生很大的社会影响。但是几十年或上百年之后，上述萌芽已经发展成普遍征候时，人们才重新发现了上述哲学的价值，从而得以大行其道。这种辉煌可能是早已作古的哲学家本人在生前所未曾想象到的。

时代对哲学的制约作用，在不少情况下是通过对创造哲学体系的哲学家个人的制约来实现的。

（四）哲学家是时代产儿

1. 哲学家属于产生他的那个时代

创立哲学体系的是哲学家个人，因而在哲学史上往往是以哲学家个人的名字来命名他所创立的哲学，比如康德哲学、黑格尔哲学、老子哲学、朱熹哲学等。

任何哲学体系的创立，都离不开哲学家个人的辛勤劳动，但任何个人都是属于一定时代的，都是时代的产儿。对此，黑格尔曾正确指出："个人是他的民族，他的世界的产儿。……个人无论怎样为所欲为地飞扬伸张——他也不能超越他的时代、世界。"[①] 当然，这并不是说，哲学家在时代、社会的制约性面前完全无能为力，成了消极被动的思维机器，而是说，真正的哲学家在回答时代的问题时，都要求表现时代精神。

这种时代精神不是抽象的"共相"，更不是时髦的口号，而是通过思想家个人的遭遇和切身感受体现出来的极有个性的思想。正如我国哲学家冯契所指出的："一个思想家，如果他真切地感受到时代的脉搏，看到时代的矛盾（时代的问题），就会在他所从事的领域里（如哲学的某个领域里）形成某个或某些具体问题。这具体问题，使他感到苦恼、困惑，产生一种非把问题解决不可的心情。真正碰到了令人苦恼的问题，他就会有一种切肤之痛，内心有一种时代责任感，驱使他去作艰苦、持久的探索……没有真正的感受，便不会有真正的哲学著作。"[②] 换句话说，哲学家是在一定的历史背景下，以哲学的方式、语言、风格，把自己对时代、社会和自身处境以及他个人的所感、所求、所憎、所爱凝聚于哲学逻辑中，用哲学的概念表达出来。因此，哲学体系不仅仅属于哲学家个人，更重要的是属于产生它的时代。

2. 哲学家只有深入时代才能充分发挥作用

并非任何一个哲学家都能径直深入时代、社会的内部，抓住时代、社会的本质和根本倾向性的问题。哲学家个人要做到这一点，必须具备内外两个方面的条件：一是，哲学家个人有这种能力；二是，根本的阶级利益允许他这样做。这两个方面的条件有时并非同时具备。或是具备了第一个条件，而缺乏第二个条件，因而使哲学家的个人才能无法充分发挥出来，甚至为此牺牲生命，这种情况并不鲜见。或是具备了第二个条件，而缺乏第一个条件。在这种情况下，哲学家个人只能把统治阶级的官方行话变成粗俗乏味的哲学胡说，借助政治淫威大

① ［德］黑格尔：《哲学史讲演录》第1卷，贺麟、王太庆译，48页，北京：商务印书馆，1959年。

② 冯契：《冯契文集》第1卷，6页，上海：华东师范大学出版社，1996年。

喊大叫，这在腐朽没落的统治阶级那里是常见的，法西斯德国和日本军国主义时期所豢养的那些哲学家便是例证。

这里的容许不容许，也有两种情形：

一是外在的。即失去历史必然性的统治阶级、阶层和社会集团，出于利益的需要，往往用法律、行政，甚至更加卑劣无耻的手段，阻止有天赋和才华的哲学家洞察、阐明时代的本质和趋向，这在封建社会末期表现得更加明显。布鲁诺所遭遇的就是这样惨痛的命运。相反，具有历史必然性，代表未来发展趋势的阶级、阶层或社会集团，则会尽一切可能，提供一切方便条件，促使有天赋和才华的哲学家尽可能全面深刻地洞察和阐明时代的本质。

二是内在的。即失去历史必然性的反动统治阶级的阶级意识，已经渗入了哲学家的骨髓。这类哲学家除去阶级意识让他们思考和表述的问题外，已没有能力和愿望顾及其他问题，更别说科学地阐明时代的本质了。在这种由外在限制转化为内在限制的过程中，使得这种哲学家由内到外都变了味，根本就不想也不会有所作为。这也是一些哲学家经过自己的哲学思考，却在应该得出的哲学结论面前停步不前，像害怕火灼一样缩回来，甚至寻找相反结论的原因所在。

总之，任何哲学都可以从它产生的时代中找到存在的根据。每个哲学体系都是以同时代的经济、政治、文化等发展水平为基础的，哲学家始终是站在具体的时代环境中去把握人与世界的总体联系的。因而一定时代的哲学以怎样的内容和形式调整人们的思维，引导人们接近客观真理，主要并不取决于哲学家的主观构想，而需要从时代的本质和社会运动的发展趋势上去加以说明。

一切哲学形态都依存于各自的时代。然而哲学是各种各样的，可以是时代精神的精华，也可以是时代的糟粕；哲学家可以是时代的骄子，也可以是时代的弃儿；可以是真理的发现者，也可以是错误理论的吹鼓手，问题在于反映时代的哪个方面。为了进一步弄清哲学与时代的关系，进一步说明哲学的时代性，还必须说明真正的哲学作为时代精神的精华是如何反映和作用于时代的。

二、真正的哲学是时代精神的精华

（一）时代精神精华的哲学凝结

1. 关于时代

什么是时代，什么是时代精神，什么是时代精神的精华，这是在层次上互相联系，不断递进的三个问题。

时代就是人们按照社会发展的某一维度，或社会的基本特征对社会运动的不同过程、阶段的区分。对社会的认识有多个维度。比如以生产力为维度，就可以把历史划分为石器时代、青铜时代、铁器时代、蒸汽时代、电气时代等。又比如，以特定的阶级在政治生活中所占据的地位，以及各阶级的经济、政治、文化的状况等为维度，来划分的社会发展的各个阶段，如封建时代、社会主义时代等。还可以从面临的主要任务和要解决的主要矛盾来划分时代，比如“帝国主义和无产阶级革命的时代”“和平与发展的时代”等。时代不仅可以从不同维度进行划分，而且时代是一个历史范畴。它是一个随着社会的发展而发展的动态存在，不是永恒不变的、僵死的。因此，在这个意义上，时代往往又被称之为历史时代。

2. 关于时代精神

相对于某一时代，有这一时代的时代精神。时代精神不是一个时代中时髦或流行的东西。在一个时代中，时髦或流行的东西很多。其在空间占据上，可大可小；在时间驻留上，可长可短；在性质评判上，可好可坏。一种用语、一种发型、一种衣服款式、一种生活习惯、一种行为取向都可能成为时髦或流行的东西。比如，“送礼好办事”，这是时下一些人的口头禅。在这样一种氛围中，谁要是求人办事不送礼，或是替人办事不收礼，则往往被人讥笑为跟不上时代。所谓跟不上时代，用句文雅的话，就是没有体现时代精神。其实，这算什么时代精神，它不过是几千年来庸俗作风的一种沉渣泛起。另外，时代精神是一个大字眼，在一些小问题上用大字眼也是不聪明的。

时代精神和时代的精神也是不同的概念。

时代的精神是一个时代中所呈现的各种精神现象的总和。在社会历史的一定阶段上，既有代表历史发展趋势的普遍精神，也有并不代表历史发展趋势但却具有某一方面代表性的精神，还有先前各个时代遗留下来的，仍然能够适合某种社会势力需要的历史传统等。

比如，在当今世界上，无产阶级和劳动人民的民主和平要求无疑是时代精神之体现。但是，在无产阶级和劳动人民要求解放的潮流中，常常会出现资产阶级人性论和人道主义的泡沫；在当代中国，主体精神之正确发挥无疑是时代之要求。但是，在这一时代的潮流中，有时也会伴随主体精神之夸张。

因此，这就需要采取科学的辨析态度，即站在正确的立足点上运用科学的方法，去透视一定历史阶段上各种精神现象的纷繁杂陈的状态，分清哪些是浮在表面、障人耳目的精神泡沫，哪些是代表时代的精神深流。所谓正确的立足点，对于马克思主义来说，就是站在占人口绝大多数的人民群众的根本利益的立场上。人民群众的根本利益和时代发展的趋势，在根本上是一致的。因为人民群众是历史的创造者，是推动历史前进的根本力量。历史的发展，时代的进步，最根本的，也就表现为人民群众的解放和幸福的增进。

时代可以从社会发展的某一特征、某一维度进行划分，但是时代精神所对应的时代是大时代。即是说，时代精神不能从社会发展的某一特征、某一维度来孤立地进行概括，这样做是片面的。只有把一个时代中社会发展的基本特点综合起来，才能反映那个时代。因此时代精神所对应的时代划分，是以社会基本特征为维度的。

因此，可以把时代精神界定为时代所达到的经济、政治、科学、文化水平所具有的根本特点的完整综合，是体现历史趋势，符合多数人意愿的潮流。

当然，时代精神也应有层次上的区别。全世界的时代精神与一个国家、一个民族、一个地区的时代精神，不一定完全一致。世界性的时代精神表现在国际经济、政治、科学文化的活动中，表现在各国人民的交往中，也表现在各个国家的时代精神中，但各个国家的时代精神必然有其各不相同的特点。

就全世界来说，当前的时代精神可以概括为：随着人类劳动实践的科学化、自动化和全球化，及生态化的发展，重新确立人在自然界的位置，实现人与自然的和谐相得，调整和建构人类自身的全球性关系，实现世界上不同社会制度国家的和平共处、合作共赢，促进人类社会的现代化发展。

在我国，对全世界的时代精神是有所表现的，但也有自身的特点。这表现在，我国人民正在以经济建设为中心，实现以工业化和信息化为内容的现代化建设。为了保证这个中心任务的完成，我们以坚持四项基本原则为根本前提，以改革开放为根本战略。我国经济制度是以公有制为主体的多种经济成分的共同发展，实现国家宏观调控下的市场经济体制；政党制度是共产党领导下的多党合作和政治协商制度；思想上坚持百家争鸣，坚持马列主义、毛泽东思想和当代中国特色社会主义理论的指导地位。

总体来说，我国现在的时代精神就是以实现现代化为中心的发展、改革、开放，建设一个中国特色的富强、民主、文明、和谐的社会主义现代化国家。

3. 关于时代精神精华的凝结

一定时代的时代精神体现在这个时代的物质文明和精神文明的活动及成果中，反映在各种科学理论和文化观念形态中。哲学则是通过对体现在社会的经济、政治、文化等各方面的时代精神进行再认识、再升华，把时代精神的最精致、最珍贵和最隐蔽的精髓集中在哲学思想里。因此，“时代精神的精华”并非一般的时代精神。

时代精神弥漫于社会生活的各个方面，体现于广大民众特别是时代先进人物的思想和行动中。可以说，在任何一个社会角落都可以或强或弱、或显或隐地感到时代脉搏的跳动，在经济、政治、文化等任何一个领域都可以嗅到时代生命的气息。但是，体现在这些方面的时代精神往往是朴素的、直观的、层次较低的、分散的，这就需要经过提炼使之升华到哲学层次，凝炼为精髓。在这个意义上可以说，现实生活中的时代精神是稀释的哲学，而真正的哲学则是精炼的浓缩了的生活真谛。

哲学对时代精神的熔铸过程，就是以特定的世界观去提高它，加固它，使之更加鲜明，更加典型，更加突出的过程。毫无疑问，在阶级仍然存在的时代，哲学对时代精神的熔铸不能不受其代表的阶级的影响。马克思主义哲学是无产阶级和劳动人民的哲学，也是最科学的世界观。它对时代精神的熔铸，也就是以科学的世界观即辩证唯物主义，科学的历史观即历史唯物主义为指导，对时代精神施加影响和进行塑造的过程。这种塑造不是以现实生活的实例充实既成的哲学观点，或是对现实生活进行白描，而冠以哲学的名词概念，如果这样做，是对哲学的糟蹋，是哲学的庸俗化，根本不能体现马克思主义哲学作为时代精神精华的本质规定。有作为的哲学工作者固然要对现实生活的时代气息十分敏感，但更需要对现实生活进行沉思，捕捉其精华，并以哲学所特有的智慧表现出来。黑格尔说："哲学的工作实在是一种连续不断的觉醒。"① 这里道出了哲学的本质特征。

哲学熔铸时代精华的过程也是时代精神陶冶哲学的过程。时代精神因哲学的熔铸而强化，其影响也更加广泛和深刻；哲学则在凝炼、强化时代精神的过程中，不断获得自身的发展完善。没有时代精神就没有哲学，而没有哲学，也就没有时代精神的凝炼和升华。

（二）时代精神精华的基本内涵

真正的哲学作为时代精神的精华，其涵义又是什么呢？至少应包含以下三个方面。

1. 抓住时代提出的重大现实问题

所谓时代的重大现实问题，就是由时代的主要矛盾所引发的问题。时代的主要矛盾是左右时代中一切其他矛盾的东西，是关于一个国家、一个民族生死存亡的关键。时代的重大问题，从主体角度来说，也就是对时代主要矛盾的一种主观意识，一种主体觉醒。它是对国家、民族的一种时代使命的召唤，对未来的希冀和憧憬。所以马克思说："问题却是公开的、无所顾忌的、支配一切个人的时代之音。问题是时代的格言，是表现时代自己内心状态的最实际的呼声。"②

因此，一切真正的哲学家必须站在时代的高度，与自己的祖国和人民同呼吸，共命运，走进现实，感悟生活，发现问题。只有发现问题，才能解决问题。所以问题的提出是哲学研究和一切科学研究的起点。在某种意义上说，提出问题比解决问题更重要、更困难。特别是

---

① ［德］黑格尔：《哲学史讲演录》第1卷，贺麟、王太庆译，42页，北京：商务印书馆，1959年。

② 《马克思恩格斯全集》第1卷，203页，北京：人民出版社，1995年。

在哲学研究中，所提出的关于时代发展的重大问题，往往可以启发、影响一代人或几代人，引导人们为之努力、献身，从而极大地推动社会向前发展。

在中国，从1840年鸦片战争失败以后，我国逐渐从封建社会变为半殖民地半封建社会。外国资本主义的侵入，对中国封建社会自给自足的自然经济起了解体作用，而对中国城乡商品经济的发展则起了促进作用。但帝国主义列强侵入中国，并不是要让中国成为资本主义国家，而是企图使中国成为殖民地、半殖民地国家。帝国主义与国内封建势力相勾结，成为阻碍中国社会进步的主要力量。随着经济结构的变化，阶级关系也发生了巨大的变化。中国封建社会的主要矛盾是地主阶级和农民阶级的矛盾，进入了半殖民地半封建社会以后，新的阶级即中国的资产阶级和无产阶级出现了，原有的封建地主阶级，加上后来产生的官僚资产阶级，就成了帝国主义统治中国的社会基础。于是，帝国主义和中华民族的矛盾，封建主义和人民大众的矛盾，成了中国社会的主要矛盾，而帝国主义和中华民族的矛盾乃是各种矛盾中的最主要的矛盾。

作为对这些主要矛盾的反映，也就产生了“中国向何处去”这样一个中心问题。从鸦片战争到1949年，我国第一流的思想家都在考虑这个问题：灾难深重的中华民族，如何才能获得自由解放，摆脱帝国主义的压迫、欺凌和奴役？一百多年来志士仁人前赴后继、浴血奋战，就是为了解决这个问题。

在解决这个问题的过程中，产生和出现了作为社会改革家兼思想家的一系列光耀千古的人物。他们先是找到了进化论作为哲学武器，从康有为、严复到孙中山，都是运用这一理论来解释历史，以求回答时代的问题。后来发生“五四”运动，中国的先进人物李大钊、陈独秀等终于找到了马克思主义这一崭新的哲学武器。马克思主义传入中国以后，经过多次论战，战胜了形形色色的封建主义和资产阶级的观点，同时也在克服革命阵营内部各种“左”的和右的错误倾向中，逐步实现了马克思主义哲学和中国革命实际的结合。这种结合的理论结晶主要就是毛泽东哲学思想。在这一思想的指导下，中国人民正确回答和解决了“中国向何处去”的问题，从而取得了新民主主义革命的胜利，建立了社会主义国家。

由此可见，能否把握时代的脉搏，抓住时代的重大现实问题，这是哲学能否成为时代精神精华的首要的根本的前提。反之，任何游离于时代问题之外的哲学，都不是真正的活的哲学。

2. 提供体现时代特点的总体思维方式

方式是人们的活动不可离开的东西。人的每一种活动，都是在一定的思想指导下，按照一定的方式进行的。打个比喻，规律是物质运动的生命，那么方式则是人的活动的灵魂。事物发展的客观规律是我们认识和变革事物的根据和向导，正确的方式则是引导人们的活动和事业走向成功的必要条件和可靠保证。方式随着人类活动的产生而出现，随着人类活动的进步而不断提高和更新。而方式的日益更新和发展完善，进一步促进人类活动走向更高水平。

真正的哲学作为时代精神的精华，它反映的不是纷繁复杂的时代现象，也不是时代发展的某一方面或多个方面成果的综合，而是反映贯穿于时代的实践活动和认识活动中的最普遍的原则和以这些原则为前提的最普遍的方式。最普遍的原则和方式也就是哲学的世界观和方法论的统一。

马克思主义哲学本身即体现了科学世界观和方法论的高度统一。马克思恩格斯十分重视他们哲学的方法论意义，反复强调：我们的学说不是教条，而是行动的指南。所谓行动的指南就是行动的方式。恩格斯说得更明确："马克思的整个世界观不是教义，而是方法。它提供的不是现成的教条，而是进一步研究的出发点和供这种研究使用的方法。"① 列宁在谈到马克思主义哲学的方法论时也着重指出："马克思的哲学是完备的哲学唯物主义，它把伟大的认识工具给了人类，特别是给了工人阶级。"② 毛泽东同志在谈到辩证法的宇宙观时也说："辩证法的宇宙观，主要地就是教导人们要善于去观察和分析各种事物的矛盾的运动，并根据这种分析，指出解决矛盾的方法。"③

由于时代条件不同，不同时代的人们在分析和解决矛盾时的思维方式不同，所达到的关于思维规律的认识程度也不同。一定哲学的基

① 《马克思恩格斯全集》第39卷，406页，北京：人民出版社，1974年。

② 《列宁专题文集·论马克思主义》，68页，北京：人民出版社，2009年。

③ 《毛泽东选集》第1卷，304页，北京：人民出版社，1991年。

本精神和基本意向总是凝结为一定的思维方式，或是通过一定的思维方式来获得表现的。从古代人把握对象的直观思维方式，到中世纪把对象“目的化”的神秘主义思维方式，到近代的撕碎对象的整体联系而对其进行孤立考察的形而上学思维方式，到黑格尔、马克思的辩证思维方式，都生动地体现了人类思维方式的不断变化，体现了人类关于思维规律的认识的不断深化，体现了不同哲学的时代特点，也可以说，哲学提供了体现时代特点的思维方式。

19 世纪以来，科学的发展引起了思维方式的巨大变革和进步，也对哲学提出了新的挑战。首先是数学，由于集合论的建立，使人类对数量的认识，从有穷量进入到无穷量，空前扩大了数学的应用范围。数理逻辑的成长，不仅把数学和形式逻辑紧密结合起来，而且把数学定理和理论证明，从个体、分散的研究变成整体、系统的研究，为科学的整体化创造了必要的条件。而在物理学中，狭义相对论使我们对物质运动的认识，从低速运动领域进到宇观领域。量子力学，又把我们对物质运动的认识从宏观领域深入微观领域。随着无机界领域内取得革命性进展，在有机界领域的科学认识也发生了飞跃，这主要是分子生物学的建立，使人们对生命现象的认识，从细胞水平深入到分子水平。特别是系统论、控制论和信息论的建立和发展，导致了电子计算机的产生和广泛运用，把科学发展推进到一个新阶段。这些新的科学成就相继进入思维方式领域，大大突破了传统思维方式的局限，引起方法论上的革命性变革，产生了一系列认识世界和改造世界的新方式。

对此，应当从哲学上予以概括和总结，把这些具体思维方式上升为哲学的思维方式。否则，作为一个重要方面，哲学就会失去时代精神精华的意义，也就不能从根本上指明解决时代问题的原则和途径。因此，真正的哲学不仅在于要抓住时代提出的重大现实问题，还在于总结时代的实践和科学的发展，使之凝结为一定的思维方式，为解决时代问题提供手段。这也是任何一种哲学保持青春活力的一个关键。

3. 提出动人心魄的美好理想追求

真正的哲学只有提出动人心魄的美好理想追求，才能成为时代的号角。时代决定哲学，哲学表现时代，作用于时代，并融入时代的每个方面。哲学研究并不是亚里士多德所说的，只是不愁吃、不愁穿，闲来无事才从事的一种贵族风度的活动。哲学家所使用的尽管是普遍的范畴和概念，但哲学也并不只是在精神王国里驰骋的精灵。

哲学在古希腊被规定为“爱智慧”。的确，自有哲学以来，在这个领域中产生了许多第一流的智慧巨星、追求真理的无畏猛士，不少人甚至为此付出了生命的代价，真可谓“无量才情无量血”。然而对哲学的这种规定毕竟太宽泛了。应该说，哲学所追求的智慧不是小聪明，而是个人和人类安身立命的大聪明，是使人善于从总体上把握人与世界、人与时代发展的关系的理论。

因此，从哲学体系产生的背景，从它的内容和价值取向看，哲学是非常现实的。哲学就是这样，在它那宁静的思维涟漪下奔突着时代的激流，在它那抽象的概念沉思中激荡着人类的心声。它是在现实推动下的或明或暗的一种追求、一种爱憎、一种理想蓝图的绘就，以哲学方式来回答时代提出的重大问题，为时代的发展提供世界观和方法论的指导。哲学的功能就在于，它用其思维成果构筑人类思维的新坐标，开拓世界的新视野，促进人的思想解放，从而提高人的自觉意识和能动作用，推动时代的发展。

因为观念变革是时代发展的必要前提，而哲学的变革总是成为社会变革的先导。这是因为，虽然“批判的武器”不能代替“武器的批判”，物质的力量只能用物质的力量来摧毁，但理论一经群众掌握，也能变成物质力量。理论只要说服人，就能被群众掌握；而理论只要彻底就能说服人。所谓彻底，就是抓住事物的根本。作为理论中一个组成部分，且是其最高层次的哲学，是人们认识、掌握和改造世界的一种最彻底和深刻的思维方式。也正因为它处于理论诸形式的最高层次，因而成为人们认识、掌握和改造世界的“头脑”，这就决定了它的变革不能不成为社会变革的先导。

从世界近代以来的历史来看，每当一个民族面临一场重大的社会变革之时，哲学的变革往往成为社会变革的前驱。例如，培根、霍布斯、密尔顿、洛克的新哲学，从思想上哺育了英国的近代改革；而卢梭、伏尔泰、狄德罗等人的新哲学，则为法国大革命铺平了思想之路。“正像在18世纪的法国一样，在19世纪的德国，哲学革命也作了政治崩溃的前导。”① 在这个意义上，马克思在说到德国的未来社会变革时

① 《马克思恩格斯选集》第4卷，214页，北京：人民出版社，1995年。

也说："哲学把无产阶级当作自己的物质武器，同样，无产阶级也把哲学当作自己的精神武器；思想的闪电一旦彻底击中这块素朴的人民园地，德国人就会解放成为人。"① 在"文革"结束不久的中国，谁曾会想到，关于"实践是检验真理的唯一标准"这样一条基本的温和的哲学原理的讨论，竟然在华夏大地上变成了十亿多中国人民思想大解放的号角，从此迈开了震惊中外的中国改革开放和社会主义现代化建设的历史性步伐。

当然，并不是任何哲学对自己的时代都有正面的巨大推动作用。这里的区别取决于哲学体系进入它的时代问题有多深，对这些问题的理解和解决提供了怎样的哲学思路，由此就会产生不同的社会功能。但是有一点是肯定的，任何哲学只要它根植于自己的时代，倾听人民实践和科学发展的声音，并作了严肃认真的思索，不管它最后怎样回答了时代提出的问题，它都是时代精神的反映，都必然会有或多或少的合理之处和或大或小的积极的社会作用。

哲学作为时代的反映和作为时代的号角，所分别说明的是哲学存在的客观根据和价值根据。这两种根据是相互联系、不可分割的。如果只讲前一点，不讲后一点，那么不仅否认了哲学存在的价值根据，哲学存在的客观根据也难以得到说明。如果哲学对时代发展漠不关心，毫无用处，那么人们又何必要去苦苦思索时代所提出的那些艰深的哲学问题呢？同样，如果只讲后一点，不讲前一点，那也就不仅否认了哲学存在的客观根据，而且哲学存在的价值根据也丧失了自己存在的前提和基础。因为只有反映时代、跟随时代脉搏一起跳动的哲学，才能具有促进时代发展的功能。

总之，哲学作为时代精神的精华，是反映不同时代人与世界关系的关注点和人类自身发展的内在要求的，总是把时代发展所达到的关于思维规律的认识成果上升到逻辑的表达，并运用哲学思考的成果为时代问题的解决提供哲学思路，即提供新的思维角度、认识方式、理想蓝图。

① 《马克思恩格斯选集》第1卷，15—16页，北京：人民出版社，1995年。

三、哲学的不断时代化

（一）时代化是哲学发展的必然要求

凡哲学都是时代的。但时代是流动不居的，因而时代精神也是历史地演化的。一个时代有一个时代的时代精神，另一个时代又有另一个时代的时代精神，并不存在超历史的时代精神。由此，作为反映时代精神精华的哲学，必须跟随时代的步伐，在时代变迁中实现自身的现代化，即时代化。

恩格斯指出："每一时代的理论思维，从而我们时代的理论思维，都是一种历史的产物，在不同的时代具有非常不同的形式，并因而具有非常不同的内容。"① 哲学的不断"时代化"，就是指哲学必须不断地去研究、探索和概括变化着的时代本质和特点，去揭示社会运动的主导趋向，从而以"非常不同的形式和内容"向人们提供新的实践活动的世界观和方法论指导。

马克思曾经从人的主体发展的角度，对人类所经历的历史大时代作了三个阶段的划分，即自然形成的人的依赖关系的时代，以物的依赖性为基础的人的独立性时代，人的个性自由发展的时代。在马克思看来："人的依赖关系（起初完全是自然发生的），是最初的社会形式，在这种形式下，人的生产能力只是在狭小的范围内和孤立的地点上发展着。以物的依赖性为基础的人的独立性，是第二大形式，在这种形式下，才形成普遍的社会物质变换、全面的关系、多方面的需要以及全面的能力的体系。建立在个人全面发展和他们共同的、社会的生产能力成为从属于他们的社会财富这一基础上的自由个性，是第三个阶段。第二个阶段为第三个阶段创造条件。"② 马克思所概括的这三大形态，实际上就是人类发展的三个大的历史时代。这三个时代都有各自不同的时代精神。

在人的依赖关系的时代中，人类社会经历了原始社会、奴隶社会、

① ［德］恩格斯：《自然辩证法》，27页，北京：人民出版社，1971年。

② 《马克思恩格斯文集》第8卷，52页，北京：人民出版社，2009年。

封建社会早期和中期阶段的发展。尽管生产力水平不断获得提高，交往关系也在不断扩大，但从总体上说，在这整个时代中，生产力仍然是在狭隘的共同体或地域性范围内进行的，处于封闭状态。生产力低下，以手工工具为主，天然劳动对象占优势，人在很大程度上依赖于自然而生活。正如马克思所指出的，“人们同自然界的关系完全像动物同自然界的关系一样，人们就像牲畜一样慑服于自然界”①。由于在自然经济社会中，人和自然的关系没有充分展开，因而人与人之间的关系也不可能得到充分发展。人与人之间的关系基本上是以血缘关系为根本纽带而结合起来的。在这种情况下，无论是社会和人本身的发展都是低层次的。因此，从远古到中世纪，人类的生活都是处在双重的绝对依赖关系之中，即对完全异己的、具有无限权威的自然的依赖，和对纯粹的血缘关系维系着的社会群体的依赖。这构成了人类发展的最初时代。

在这个时代，人类对自然的认识和对人与人之间关系的认识开始强烈地表现了一种追求，于是产生了以追求智慧为特征的哲学。但在这个时代中，人对自然的改造和人的社会关系本身的组合，都还是在狭窄的范围内和孤立的地点上进行的。由于整个生产发展水平的局限，使得人类对自己和自己存在对象的认识，都笼罩在一种神秘的、不可驾驭和理解的氛围之中。当时的时代精神更多地通过神性来表现、来夸张，从而曲折地反映人的力量，表现人对自然和社会力量的支配。神在这里不过是人的拉长了的倒影，同时又是人对之加以独立化，用以壮大自己声威的一种手段。因此，神的光环就把哲学变成了一种人在神性中理解人与世界关系的“神学世界观”。

中世纪后期，随着商品生产的发展，世界贸易航道的发现和开通，科学的长足进步，人类社会迈向了以物的依赖性为基础的人的独立性的时代。

在这个时代中，随着生产分工和交换的发展，自然经济逐渐瓦解，并转化为商品经济。商品经济所具有的历史进步作用，表现在两个方面。

第一，它是一种推动生产力发展的强大手段和动力。生产力的发

① 《马克思恩格斯选集》第1卷，81—82页，北京：人民出版社，1995年。

展又推动了自然科学的进步，自然科学反过来为生产服务，第一次把物质生产过程变成了科学技术在生产中的应用过程。这样，原先的不可克服的自然力量所裹着的神秘面纱，现在开始被科学的力量所撕开，逐渐呈现出它的真实面目。科学技术转化为生产力，这是人的主体力量的加强，是人在自然界面前主体地位的提升。

第二，商品经济的发展，打破了自然经济的封闭性和地方性的限制，使人脱离血缘共同体，获得独立性，造成了人的社会化发展。在市场经济条件下，属于不同分工领域的生产者通过彼此间的普遍交往，形成了同其他社会成员或社会群体的联系和关系。实现了人们相互之间在物质、能量、信息、情感等方面的交换和交流。由于市场调动了人的多方面需求，引导出人的多样性活动，从而使人的关系日益趋向全面和丰富。

然而在这种关系中，最根本的是以物的依赖性为基础的商品交换关系，其他一切社会关系都是以此为核心展开的。市场经济虽然为人的独立活动提供了充分的社会必要条件，促进了个人主体的生成，但从人的全面发展诸环节来看，这种独立性又是有限的，每个人只有通过物与物的交换才能建立他们之间的社会关系。在这里，人们生产的社会性表现为货币的属性。一个人的社会地位、他和别人的关系甚至他们自己的价值，在很大程度上是直接取决于他拥有多少货币。这样迫使人们把自身的发展置于物的占有之中，从而导致人的社会关系的扭曲。

但是，无论如何，这是一个人类开始自豪的时代。在短短的几百年中，人类创造了比过去所有历史时代所创造的全部生产力的总和还要多的生产力，同时也创造了比过去任何时候都要丰富得多的需要。这是一个人的主体性、主体力量第一次获得如此高扬的时代。相对于先前的神权至上的时代精神，人性、人权至上成为这个时代的精神。在20世纪以前的哲学家看来，人性就是理性，就是科学，人权就是自由、平等、博爱。因此，这个时期的哲学都具有理性主义和理想主义的特征。所谓理性主义，是指当时居于主流的哲学家都自觉或不自觉地认为，自然或人类是遵循某种规律或必然性运动的，一旦人类理性把握了这种规律或必然性，就可以实现自己的目的，从而建立一个美好的社会。所谓理想主义，是指当时居于主流的哲学家都把正在有力前进的资本主义社会看作理想中的美好社会，即永恒合理的，公正、平等、自由的社会。

然而进入20世纪以后的西方哲学开始了向现实主义和非理性主义的转向。所谓现实主义转向，是指自19世纪末叶以来，西方哲学开始逐渐意识到当代资本主义社会远不是一个理想社会。他们以“人的异化和非人化为主题”，对资本主义的弊端进行了不算深刻，但十分尖锐的社会文化批判，采取了一种现实主义的分析态度。所谓非理性主义转向，则是指当代西方哲学家逐渐地感觉到，仅仅依靠人们对必然性的认识进行活动，并不能自动导致人的自由的实现，人类的理性并不提供保障人道目标实现的前提，因而主张高扬人的非理性，即以人的意志、情感乃至本能去实现所谓人的自由。

相对于人的依赖关系的时代，以物的依靠性为基础的人的独立性时代的到来，是一个巨大的历史进步。但是无论是对人的理性主义的理解，还是从理性主义的理解跳到非理性主义的理解，都是对人的片面发展的理解；从把资本主义作为人的理想社会去追求，到作为一个直接现实去批判，所有这些都预示着：人的全面发展的实现，即以人的个性自由的时代，去取代以物的依赖性为基础的人的独立性的时代，是一种历史的必然。

马克思指出，资本主义社会靠牺牲多数人的发展来创造庞大的社会财富，创造巨大的社会劳动生产力。正是这种巨大的劳动生产力，构成了自由人类社会的物质基础。这种个人能力全面发展的要求和社会生产力全面发展之间的相互作用、相互协调的必然性，决定着资本主义社会将成为最后一个对抗社会，人类的“史前时期”将宣告结束。物对人的统治将被人对物的统治所代替，人类力量的全面发展将成为目的。到那时，人不仅成为社会的主人，而且成为自然的主人和自身的主人。马克思主义哲学作为时代精神的精华就是为了促进这个时代到来的科学。用恩格斯的话说，就是“关于现实的人及其历史发展的科学”①。

① 《马克思恩格斯选集》第4卷，241页，北京：人民出版社，1995年。

（二）马克思主义哲学在当今时代的思想魅力

关于马克思主义哲学的时代定位，这是一个十分重要的问题。即马克思主义哲学既不是单纯的以物的依赖性为基础的人的独立性时代的理论表现，也不只是人的个性全面自由发展时代的理论预见，而主要是关于从前者转变为后者的理论。因此，只要以物的依赖性为基础的人的独立性这一特征的资本主义社会还没有从地球上消失，以每个人的全面自由发展为特征的共产主义社会还没有在地球上完全建立起来，就不能轻易否认马克思主义哲学的时代价值，不能否认它是时代精神的精华。更何况，马克思主义辩证唯物主义和历史唯物主义哲学还有许多最基本的原理，对人们认识和改造自然界和人类社会都有着永久的价值。

有一种观点完全脱离马克思主义哲学的时代内涵，一味强调马克思主义哲学是19世纪的产物，并由此认为马克思主义哲学过时了。这种观点是不正确的。欧几里德的《几何原本》13章产生于公元前3世纪，是世界上最早公理化的数学著作。但是能因为它问世久远而认为它过时了吗？不能，实际上此书传世不衰，对后世数学发展的影响，非他书所能及。牛顿的经典力学是17世纪的产物，能否就此而断言牛顿力学过时了呢？也不能。事实上，后来量子力学和相对论力学的产生，并没有否定牛顿经典力学，而是使它的适用范围获得了科学的说明。马克思主义哲学虽然也受到它产生的时代制约，用恩格斯的话说："我们只能在我们时代的条件下去认识，而且这些条件达到什么程度，我们就认识到什么程度。"① 和一切科学的东西一样，它会随着时代的变化而发展，但其基本内容具有持久的生命力，不会从根本上被否定。过去的马克思主义哲学著作无疑有过时了的东西，但即使按19世纪的内容和形式来说，其基本原理经过补充、修正和发展，也可以成为今天时代精神的正确概括。何况今天的马克思主义哲学，包括国内的和国外的，已经在相当程度上反映了时代的变化。我们今天进行哲学改革，不是要推翻它的基本原理，而是要加以改进，使它能更系统、更全面、更正确地反映时代精神。

---

① 《马克思恩格斯文集》第9卷，494页，北京：人民出版社，2009年。

马克思主义哲学以及整个马克思主义从诞生之日起，除了受到来自各大洲的无产阶级和人民群众的热烈欢迎外，也曾受到来自各方面的非难，曾不断有人宣布“马克思主义失败了”，“过时了”。然而马克思主义的生命力还是那样的持久和旺盛，它的影响还是那样的深沉和有力。就连以批评马克思主义而闻名的德国学者巴茨昂也不得不承认，马克思主义是现代世界上的强大因素，是对我们世界的命运发生决定性影响的政治能量。马克思主义的精神——历史作用确实是巨大的。德国学者 H.弗莱尔也在 1991 年发表的《关于马克思的历史地位》一文中赞叹道：“他（指马克思）去世后获得的永生十分罕见，令人振奋。在如来佛祖，耶稣和穆罕默德之后，再没有一个人能像马克思那样，用自己的名字和著述去赢得数以亿计的如此之多的追随者。”①

在哲学领域，现代西方哲学流派甚多，此兴彼衰，令人目不暇接，然而不管是人本主义、科学主义，还是与这两种思潮有密切联系的现代西方马克思主义，都与马克思主义哲学有根本的原则分歧。但这没有妨碍这些派别中的一些有眼光的哲学家，对马克思主义哲学表示赞许和敬重的感情。存在主义的一个重要代表人物萨特尔，曾高度评价马克思主义是“当代不可超越的哲学”，认为任何“反马克思主义的论调，无非是马克思主义以前的旧调重弹”②。结构主义马克思主义的代表人物阿尔都塞也指出：“历史已经把我们推进了理论的死胡同，为了从中脱身，我们必须探讨马克思的哲学思想。”法国结构主义学说的代表人物、巴黎高等师范学校哲学教授雅克·德里达在巴黎的伽利略出版社出版了《马克思的幽灵》一书。他在该书中驳斥了马克思主义已经过时、已经死亡的错误观点，肯定了马克思的学说是人类知识宝库中的一份珍贵的遗产。他说：“今天的人，即使是从未读过马克思著作或不知道马克思姓名的人，甚至那些反共产主义者或反马克思主义者，不论他们承认与否，都自觉或不自觉地是马克思遗产的继承人。”③ 以上这些认识都是颇有见地的。它从一个方面说明，那种借口时代变化而认为马克思主义哲学过时了的观点，是没有根据的。

---

① ［德］H.弗莱尔：《关于马克思的历史地位》，《国外社会科学快报》（京），1992（2）。

② 转引自夏基松：《现代西方哲学教程》，359 页，上海：上海人民出版社，1985 年。

③ 转引自俞吾金：《重新理解马克思》，《学术界》，1996（5）。

马克思主义哲学为什么具有如此巨大的威力呢？人们会说，因为它是真理。这样说，当然是对的，但是还不够。任何真理都有威力，但是并非任何真理都具有像马克思主义哲学这样巨大的威力。因为马克思主义哲学是我们时代的主导真理，是我们时代的精神精华。

首先，它是立足在以往全部人类实践和科学基础上的无片面性弊病的崭新世界观。正如列宁所说：它“是从人类知识的总和中产生出来的……典范”①，是以往数千年哲学发展的最大成果。

其次，马克思主义哲学作为科学的世界观，站在人类历史发展的新高度上，从理论上解决了时代所提出的最为重大的课题：无产阶级和人民群众如何从资本主义制度和一切旧制度的束缚下解放出来，过上美好生活的问题。马克思依据对社会发展特别是对资本主义发展规律的研究，指明了人类最美好的理想——共产主义社会到来的历史必然性和条件。马克思主义关于这一理想的科学预见，揭示了历史发展的总方向，代表了人类的根本利益，因而它深深打动了亿万人的心灵，产生了强烈的感召力量，激发人们去为之追求与奋斗。

最后，马克思主义哲学是一个随实践发展而不断发展的理论。恩格斯曾经指出：“我们的理论是发展着的理论，而不是必须背得烂熟并机械地加以重复的教条。”② 马克思主义哲学的生命力，从根本上说，在于密切联系实际，不断回答实践提出的新问题以推动实践的发展，并在这一过程中，求得自身的发展。马克思主义哲学自创立以来的一个半世纪的历史，就是在实践中特别是在社会主义运动的实践中，不断地自我更新和自我发展的历史。

（三）坚持在实践中不断发展马克思主义哲学

1. 关于“凡是论”的批判

如同历史上的杰出人物在享有威名以后，他们的思想和学说往往被一些人当成教条加以崇拜一样，科学的东西有时被弄到了荒谬绝伦的地步。马克思主义也曾遭到这样的厄运，被人们当成了包治百病的灵药，到处套用的公式。在这些人眼中，所坚持马克思主义，仅仅是

① 《列宁选集》第4卷，284页，北京：人民出版社，2012年。

② 《马克思恩格斯选集》第4卷，681页，北京：人民出版社，1995年。

坚持已有的书本理论，把马克思主义坚持于抽象的条文之中，而不是坚持流动的马克思主义，不是坚持在实践中不断发展的马克思主义。

马克思恩格斯多次严厉地批判过教条主义，列宁也对教条主义深恶痛绝。斯大林曾指出："列宁的伟大，正在于他没有做马克思主义字句的俘虏，而善于抓住马克思主义的实质，并从这个实质出发，向前发展了马克思和恩格斯的学说。"① 毛泽东作为一个创造性的马克思主义者，还专门写过反对本本主义的论著。

但不容否认的是，多年来，教条主义、本本主义还是很时兴的，甚至给我国的革命和建设事业造成过巨大灾难。在中国新民主主义革命历史上，曾经出现过的"左"的教条主义，特别是以王明为代表的"左"的教条主义，几乎葬送了中国革命。新中国成立以后，这种对马克思主义的教条主义态度又一度泛滥。"句句是真理"就是风靡一时的教条主义的表现；"两个凡是"也是教条主义的一种表现。然而，现在还有一部分人甘愿从书本上讨生活，乐意从书本出发去作文章，而对中国改革开放和现代化建设的实际，对世界发展的现实不关心、不研究，甚至用已有的结论、已有的条文去裁判现实。

这种对马克思主义的所谓坚持，实际是把马克思主义变成日益脱离生活实践，逐渐失去生命活力的东西。马克思主义的哲学实质当然要体现在他们留给我们的书本条文之中，但在根本上，它是一种用以表现实践发展首先是近代以来实践发展的逻辑，是科学的思维方法和价值导向。如果脱离时代实践的发展，脱离现代科学的发展，不研究、不分析新问题，死抱住书本条文不放，那就恰好丢弃了它的真正实质。教条主义之所以是对马克思主义的背叛，其原因就在这里。

总之，在坚持和发展马克思主义哲学的问题上，既要反对"过时论"，也要反对"凡是论"。因为这两种观点虽然有许多不同，但其危害是一样的，都败坏了马克思主义哲学的声誉，扼杀了马克思主义哲学的生机和活力。马克思主义哲学的生命力在于自身的新陈代谢，随着科学和实践的发展不断丰富自己的内容，不断提出新的观点和理论，并修改已经过时的个别结论。

① 《斯大林全集》第8卷，222页，北京：人民出版社，1954年。

2. 马克思主义哲学要不断适应时代的需要

马克思主义哲学如何不断去适应时代的需要，去反映当今的时代精神呢？

首先，要从现时代的本质特性和要求出发，树立马克思主义哲学的当代视野。要善于总结当代人类实践，特别是善于总结中国特色社会主义伟大实践的经验；其次，要善于概括和总结当代科学发展的最新成果；再次，要善于批判地吸取各种哲学，特别是现代西方哲学和中国传统哲学中一切有价值的东西。

（1）要把握当今时代的特点

从世界的全局来看，我们生活在从资本主义向社会主义过渡的时代。这一时代是从1917年十月革命开始的，它还将经历漫长的岁月。从十月革命到现在，我们的时代发生了许多新的变化，人类实践出现了一些新的特点。

生产力发展加速化。如果说18世纪发生的以蒸汽机为标志的第一次技术革命，19世纪下半期发生的以电力发明和使用为标志的第二次技术革命，都极大地推动了生产力的发展和人类的进步，那么，战后发生的以信息技术为中心的新技术革命，则以更为强大的推动力促使许多部门的产值以十几倍乃至几十倍的速度增长，从而深刻地影响社会生活的一切方面。科学技术已经成为当今世界发展的重要推动力。

交往发展全球化。以生产力的高度发展为基础，交往的全球性已成为当今世界的又一重要特点。如果说蒸汽机革命所形成的是在原料和制成品方面的国际交往和分工，与电力革命相伴随的是国际性的生产分工、交换分工的完整体系的形成，那么在战后发生的新技术革命则是推动国际性的分工，向要素分工这一更深层次的发展。即从部门内的产品专业化分工过渡到工艺、零部件、辅助性生产等国际专业化分工。在生产的国际化过程中，以此为基础而形成的各国之间的经济、政治、文化的相互联系空前加深。加之战后无线电讯、卫星通讯、洲际交通工具的发展和运输费用的下降，国际互联网的开通，国际交往的普遍化，已将全球日益联系为一个整体。在这种情况下，无论哪一国的经济发展都已经不能脱离世界整体而孤立地进行，特别是一些全球性的问题，诸如生态平衡、环境问题、宇宙空间的探索等尤其如此。交往的全球化，信息量的丰富和获取的快捷，极大地开阔了人们的眼界。

和平成为一个时代主题。生产力发展的加速化和交往的全球化，使和平成为当今世界的一个主题。因为物质财富和精神财富的大量增加，人们的乐生观念和追求幸福的愿望加强，世界和平成为人们的共同心愿。另外，人类的政治文明也发展到了这样的程度，矛盾和冲突的解决不一定非要诉诸暴力，而可以通过非暴力的途径来加以解决。由于交往的全球化，各个国家之间的依存度提高。你中有我，我中有你，因而使和平共处、协商解决国际争端逐渐成为人们的首要选择。

发展成为一个时代主题。生产力发展的加速化和交往的全球化，使资本主义的基本矛盾已经明显地表现为日益扩大到世界范围的生产社会化与资本主义私人占有制的矛盾。在这种情况下，发达资本主义国家利用某些改良措施以缓和国内矛盾，同时把危机转嫁到其他国家特别是广大发展中国家，国际性的贫富分化已成为当代资本主义基本矛盾尖锐化的一个突出表现。于是，发展问题成为当今世界的另一主题。

国际关系的平等成为时代追求。为了实现世界各国和平地、持续地、全面地发展，为了使世界各民族共享人类文明的成果，必然要求人类寻找某种方式，建立人类实践新秩序，以及国家与国家之间、人与人之间新的关系。为了适应这种需要，建立以平等为核心的国际经济新秩序和国际政治新秩序，也就成为历史的必然和许多国家的共同呼声。为此，中国提出了建设和谐世界的主张。

两种社会制度的和平共处、合作竞争。资本的国际性和垄断资本剥削重点的对外转移，把许多落后国家卷入世界历史的进程。这些国家在过去漫长的历史中，因缺乏交往而孤立发展的单线模式，为社会发展的混合模式和超越模式所取代。正是在这一世界历史的背景下，一些落后国家先于资本主义发达国家走上了社会主义道路。但是这些国家在社会主义建设中，又遇到了十分复杂的问题，以至在有些国家发生了重大挫折和失败。在总结历史经验教训的基础上，社会主义国家正在通过改革开放探索继续前进的道路，以达到自我完善和发展。社会主义在总体上还处于劣势，它在短期内还不可能战胜资本主义。资本主义虽然在走向衰落，但还有活力，不可能短期内在地球上消灭。因此，社会主义和资本主义这两种制度进入了一个和平共处、协作和竞争并存的时期。可见，当代人类实践进入了一个人类有史以来最为伟大、最为壮阔、最为丰富的时代。在人类与自然的关系问题上，在向世界历史转变中的人与人的关系问题上，在人性及其合理性实现的问题上，在人类实践的发展动力和主体性提升的问题上，当代人类实践都提供了极为重要的经验教训和深刻的思想启迪。马克思主义哲学应该立足于当代人类实践，对此加以科学的概括和总结。

中国特色社会主义的和平崛起。这是与18世纪英国工业革命、1789年法国大革命、1917年俄国十月革命，以及19世纪末到20世纪初美国的崛起可以相提并论的、对世界秩序重建发生影响的重大历史事件。对于马克思主义哲学特别是中国马克思主义哲学来说，面对当代人类实践，其中最重要、最根本、最切近的实践，是十几亿中国人民进行的建设中国特色社会主义的伟大实践，改革开放和现代化建设的伟大实践，探索社会主义市场经济体制的伟大实践，中华民族走向经济腾飞、文化复兴的伟大实践。

在现代化发展道路上，世界上原先有西方欧美模式、北方苏联模式以及东亚周边模式等几种。从20世纪70年代起，生态危机、环境污染、人类困境等全球问题的发生，暴露了西方现代化模式的弊端；东欧剧变，也宣告了北方苏联模式的破产。20世纪50—80年代，在世界历史上伴随着日本及亚洲四小龙的经济起飞，开始出现东方资本主义的东亚周边模式；从20世纪80年代开始，中国的改革开放和经济起飞同步发展，开始探索社会主义现代化的中国道路。这条道路，既同西方资本主义现代化模式有重大区别，也同东方资本主义的东亚周边模式不同，是在北方苏联僵化模式失败以后，它为世界历史的发展和当代马克思主义的发展所打开的别开生面的一条崭新道路。

我们所面临的任务是十分艰巨的。从生产力角度说，我们要完成两个革命，一是工业革命，二是信息革命。从经济体制改革来说，也面临两个任务，一是建立与现代市场经济相适应的现代企业制度，二是要建立与现代市场经济相适应的宏观调控体系。从经济发展的走向来说，既要发挥市场经济的优长，促进生产力和社会经济快速发展，又要防止贫富两极分化的弊端，实现社会主义的共同富裕，即把市场经济和社会主义有机结合起来。在社会发展和经济发展的关系上，要以经济发展为中心，但又要防止“没有发展的增长”“没有幸福的富裕”，把经济发展与道德进步和环境质量的提高统一起来，实现中国特色的以人的全面发展为根本目的的社会主义现代化。

因此，中国的发展道路不仅是国际社会关注的热点，更应当是当代马克思主义哲学注视的焦点。这是一个举世瞩目的时代课题，一个不同于西方、东方周边和北方诸模式，超越资本主义的，又使社会主义充满生机和活力的现代化道路的探索。当代中国的马克思主义哲学应当首先面向中华民族改革开放的时代潮流，为中国特色的社会主义大厦开掘深层哲学基础，为中华民族腾飞展开哲学智慧的翅膀，这是当代中国哲学工作者义不容辞的责任。

（2）要科学总结和概括当代科学技术发展的成果

当今世界已进入信息化、科技化时代。科学知识急剧膨胀，更新加快，人们用“知识爆炸”来形容当代科学的这种加速发展。据统计，恩格斯所著的《自然辩证法》各类手稿涉及的各门学科的分支学科不到 170 个，而当代自然科学和社会科学的分支学科总数已达 3 万多个。古代的地学分出海洋学，发展到现在已繁衍出 130 多门分支学科。从现代科学发展来说，在今天，现代科学正从常规型向宏观型开拓，向微观型深入；其发展趋势一方面向纵向发展，一方面向综合、交叉、渗透方向发展。这种综合的表现：

一是自然科学的各门学科的综合化。比如物理化学、化学物理、生物化学等，都是这种综合化的产物。

二是自然科学、社会科学与人文科学的综合化。比如科学主义与人文主义、工具理性与价值理性的综合。这就要求把客观性为主旨的科学主义精神贯穿到人文科学、社会科学的基础中，同时要把作为主体性体现的人道目标作为统摄现代科学的价值理性尺度。

三是分析方法和综合方法的更高综合。即定量与定性相结合的系统分析方法，分析与整合相结合的总体综合方法的应用。

四是各门科学与哲学智慧更高综合。所谓各门科学，包括自然科学，人文科学，社会科学，技术科学，还有近代分化出来的系统科学，横断科学（比如，结构学、功能模拟学、仿生学等），综合科学（比如，环境科学、人口学等）。今天，我们不仅需要哲学和自然科学的联盟，还需要哲学与经济学、政治学、文化学等社会科学的联盟。其意义在于，现代科学将为哲学更新科学基础和理论形式；同时，现代哲学将为现代科学提出新的方法论基础和价值目标。现代科学的许多成果既加深了人们对马克思主义许多原理的认识，同时又提出了新的挑战。现代科学技术在经济社会发展中作用的加强，也使得各国政府日益重视科学技术。另外，科学技术研究的规模日益扩大，日益社会化，所需经费愈加庞大。因此，关于科研课题的选定、科研计划的安排及科研资金的投入等，都不能脱离国家和社会的支持和监督，这一切都促使自然科学和社会科学之间的联系日益密切，也促使辩证唯物主义自然观与社会历史观统一的加强。

鉴于历史上有过这样的教训，现在在我国，用马克思主义哲学的名义来否定自然科学成果的现象已经很少了。现在应当注意的是，有一些人借用新科学成果来否定马克思主义哲学。而这种所谓否定，多半是建立在对马克思主义哲学曲解基础上的。如把马克思主义的认识论歪曲为直观的反映论，用皮亚杰的认识发生论来否认马克思主义认识论；把马克思主义决定论歪曲为拉普拉斯机械决定论；用量子力学和非平衡态热力学所揭示的因果性来攻击马克思主义的决定论，等。这种曲解必须加以澄清。还有一些人把最新的自然科学的理论和方法，不加概括提炼而简单地塞入马克思主义哲学体系中，以为这是对马克思主义哲学的丰富和发展。这种做法也是不可取的，因为具体科学的理论和方法同哲学的理论和方法不属于一个层次。我们必须对具体科学的成果做一番艰苦的概括总结工作，把它们消化吸收，才能真正做到对马克思主义哲学的丰富和充实。

（3）要对现代西方哲学和中国传统哲学采取实事求是的批判吸取态度

第一，对现代西方哲学的批判吸取。在马克思主义哲学产生并迅速发展的同时，现代西方哲学也在批判西方传统哲学的基础上逐渐演化发展。现代西方哲学总的来说，是现代西方资产阶级世界观的理论体系。因此，不能离开对现代西方资产阶级利益和要求的分析来谈论他们的哲学。但是如果因此而采取鄙夷态度，对它们不屑一顾，这也是不对的。

现代西方哲学是对现代西方社会政治经济状况、自然科学成果和理论思维的反映。尽管当代西方理性和其哲学多数处于自我分裂的境况中，但并没有妨碍它们在许多贴近自然科学和社会生活的层面上，以某种片面的微观建构向人类思想史提供有启发意义的理论贡献。他们的成果也是人类文化成果的组成部分，而且具有现时代精神的进步因素。

例如，为了研究认识和语言表达之间的关系，现代西方哲学对语言的意义、使用及其形式进行了深入的研究，从而相应地形成了诸如语义学、语用学、语形学之类的新学科。提出了诸如人们交际的最小意义单位是言词还是语言行为这样的新问题。

在探讨科学研究的规律时，现代西方哲学提出了各种各样的科学发展模式：逻辑实证主义的“逐渐累进”的模式；批判理性主义的“不断革命”的模式；库恩的“常规科学与科学革命交替”的模式，以及拉卡托斯的“科学研究纲领方法论”的模式等。这些对于用马克思主义观点研究新领域、新问题有一定的启示作用。

现代西方哲学对相对论观念和主体性观念的重视，对人的生存本性、行为根据、存在价值，乃至前途命运的探讨，都是有一定理论意义的。

此外，现代西方哲学对某些事物的批判，如法兰克福学派对西方社会的某些批判，奎因对经验主义两个教条的驳斥（奎因，美国哲学家、逻辑学家。对经验主义两个教条的驳斥，一是他认为，把分析命题与综合命题加以区分是没有根据的；二是他认为，任何一个单独叙述物质世界的命题，都能加以证实或证伪的观点是不能成立的），也提供了值得重视的材料。只要我们采取批判吸取的态度，那么，对于证实、补充和发展马克思主义哲学是大有益处的。

马克思主义哲学在其发展中离不开对人类优秀文化成果的吸收，对现代西方哲学采取实事求是、批判吸取的态度，有利于马克思主义哲学的繁荣和发展，这样也才能使我们的哲学理论研究具有国际对话的水平。

第二，对中国传统哲学的批判继承。批判继承中国传统哲学，也是提高哲学研究水平，发展中国马克思主义哲学的一个重要方面。任何时代哲学的发展，都必须以过去哲学为基础和条件。今天的哲学研究，必须吸取历史上哲学认识发展的经验教训，锻炼思维能力，并批判地吸收以往哲学所提供的范畴、命题和思想资料以丰富自己。中国传统哲学源远流长，是中华民族的文化理性，它非常牢固地扎根于中华民族、中国人民之中，具有顽强的绵延性与生命力。它同今天人们的思维模式、思维方法、价值取向、心理状态、道德情操、民族风俗紧密地联系在一起，自然也就同今天的哲学有联系。我们要发展马克思主义哲学就必须对中国传统哲学进行扬弃，即批判继承、推陈出新。中国传统哲学对中国马克思主义哲学的发展有着非常重要的意义，包含着许多可以积极利用的因素。这主要表现在：

其一，中国传统哲学具有强烈的人文主义精神，强调主体作用，直面人生。孔子认为："天地之性人为贵。"① 把人放在首要地位。他的思想核心是"仁"，他的天人之学、做人之道、人伦之德、政治之论、教育之方，都是围绕着"仁"这一思想核心而展开的。他的重人和直面人生的思想，为其后学所发展，成为中华民族的优秀传统。

其二，中国传统哲学中的"天人合一""知行合一"思想，具有博大的系统观和原始平等思想，引导人们追求一个和谐发展的理想社会。所谓"天人合一"，主要是指天道和人道，自然与人为相通、相类和统一。孔子的"仁"学思想，强调"力"的作用，主张修人事以应天命，做到天人和谐，也是我国传统哲学中讨论的重要问题。《左传·昭公十年》载："非知之实难，将在行之。"《书·说命中》载："知之非艰，行之惟艰。"都强调了认识的实行，认为实行比知晓道理更困难。中国传统哲学中的"天人合一""知行合一"思想，至今仍有其不可忽视的价值。

其三，中国传统哲学中的忧患意识，充分显示了对国家和民族命运的时代使命感。《周易》中谈"朝乾夕惕""居安思危""因穷而通"，《孟子》提出的"生于忧患，死于安乐"的命题，都起了警钟长鸣的作用。

其四，中国传统哲学中的"自强不息"精神，表现了中华民族为理想、目标而拼搏奋斗的优良传统。《易传》首次提出"自强不息"的概念。它说："天行健，君子以自强不息。"② 意思是，"天"的本性是运转不息刚强不屈的，人应效法天，永远努力向上，绝不停止。这种自强不息精神，给予后世的志士仁人以很大影响。

其五，中国传统哲学中，"民为邦本，本固邦宁"③，"内圣外王"和"修齐治平"，以及"兼容并包"等思想经过辩证的否定，加以继承

① 《孝经·圣治章》。

② 《周易·乾卦·象传》。

③ 《尚书·五子之歌》。

和发挥，至今仍具有生命力。

由上可见，中国传统哲学内容丰富，别具特色。它同中华民族的经济、政治、文化各个领域都有密切联系，存在着可为中国新哲学所继承和利用的优秀思想。因此，我们必须重视对中国传统哲学的批判继承，使其在发展中国马克思主义哲学中发挥巨大作用。

总之，中国马克思主义哲学的当代形态，应该是创造性的、富有时代精神和民族精神的哲学智慧。

3. 马克思主义哲学要不断创新与发展

这可以从以下四个方面来着手进行。

（1）用时代的实践检验和丰富马克思主义哲学理论

把现有的马克思主义哲学原理、结论摆到时代的变化面前来检验，肯定或否定、纠正或丰富，从而发展马克思主义哲学，以适应时代的需要。

比如，以往的观点比较强调科学对实践的依赖关系，强调实践出科学，科学推动实践。现在从整体来说，当然还是这样。但是值得注意的是，二战以来，科学技术对社会经济发展的决定性反作用日益突出。正是基于对现代科学技术巨大作用的科学概括，邓小平继承和发展了马克思关于科学技术是生产力的思想。他指出："马克思讲过科学技术是生产力，这是非常正确的，现在看来这样说可能不够，恐怕是第一生产力。"① 邓小平这一新的概括无疑更深刻更准确地揭示了现代生产力发展的规律，是对马克思主义历史唯物主义的丰富和发展。这一科学概括对指导我国发展科学技术，加速现代化事业的发展，将发挥不可估量的巨大作用。如果进一步往深处想，现代科学技术作用的突出，也是现代人的素质的作用的突出，是现代人的主体地位和作用的突出。因此，在现代，如何认识人的主体地位，发挥和调控主体的日益重要的作用，以及人类对自身主体性的自我认识，自我改造，自我把握，就成为马克思主义哲学需要深入研究的一个时代课题。应该说，这也是我国哲学界，关于主体研究热掀起的一个根本原因。

（2）依据时代要求转换马克思主义哲学研究的重点

根据时代的需要，自觉转换马克思主义哲学研究的侧重点，即把

① 《邓小平文选》第3卷，275页，北京：人民出版社，1993年。

马克思主义哲学的某个侧面、某个环节突出出来加以研究，使之深化，作为马克思主义哲学的新的生长点。

比如，“实践活动的唯物主义”① 曾是马克思对自己创立的新哲学的一种表述，长期以来没有引起人们应有的重视。可是，随着中国特色社会主义建设的开展，实践的呼唤使马克思的这一表述成为一个研究热点，引起了我国哲学界较长时期的讨论，从而极大地深化和丰富了我们对马克思主义哲学的理解，并为邓小平建设中国特色的社会主义理论提供了哲学基础。

又比如，“人化自然”是马克思早就提出来的一个概念。过去在很长一段时期内，对这个问题研究得很不够，从而作为一个原因，致使某些论者把唯物主义所说的物质世界误解成没有人的世界，给有些人攻击唯物主义以借口（攻击它“见物不见人”）。今天必须加强对人化自然的研究。与此相关的是人与自然的关系问题。由于过去谈得较多的是思维和存在、精神和物质的关系问题，因而遮蔽了人与自然的关系问题。其实这是两个有区别的问题，混为一谈是不对的。今天的人类实践把人与自然的关系问题以生态平衡的破坏、资源枯竭、人口爆炸、环境污染等形式尖锐地提到人们面前，突出了解决这个问题的迫切性。这个问题的研究将进一步发展马克思主义哲学，显示马克思主义哲学对于人类命运的巨大现实意义和价值。

再比如，马克思关于跳过资本主义卡夫丁峡谷的构想，也是近若干年来，我国哲学界讨论的一个热点。这一构想是马克思晚年就俄国土地公有制能否成为共产主义发展的起点而言的。从历史实际来看，这一构想没有能变成现实。但这一构想所展开的哲学思路有着极大的意义。这一思路的核心，是在吸取发达国家发展的肯定性成果的基础上，缩短落后国家向现代社会发展的苦难历程。它揭示了社会历史发展道路的统一性和多样性的辩证关系，认识这种辩证关系对于克服以往的关于社会发展道路理解上的机械论观点有重要意义；对于像中国这样一个落后国家何以能按超越模式走上社会主义道路，何以又要通过开放吸收资本主义发展的肯定性成果等重大原则问题的理解，也能从中获得重要启迪。

---

①《马克思恩格斯选集》第1卷，56页，北京：人民出版社，1995年。

（3）针对时代提出的新问题从哲学上加以研究

抓住时代问题的研究，以带动马克思主义哲学理论的研究和发展，并促进这些问题的解决。时代问题对于马克思主义哲学来说可能是全新的问题，这无疑使马克思主义哲学面临挑战，但同时也为马克思主义哲学开拓新领域、达到新境界提供发展的契机。

比如，十一届三中全会以来，我国进行的社会主义改革事业，就把社会主义改革的理论和方法问题，提到了广大哲学工作者面前。在马克思主义经典作家那里没有也不可能提出这一问题，当然从他们那里也找不到现成的答案。然而正是通过对这一新问题的哲学探讨，才形成了如下一系列重要观点：第一，社会制度包括社会根本制度和作为其表现形式的具体体制这样两个层次；第二，社会基本矛盾，即生产力与生产关系、经济基础与上层建筑的矛盾，也就表现为生产力与根本制度以及生产力与具体体制这样不同层次的两种矛盾；第三，由此也就引出了解决矛盾的两种不同方式，前一个层次的矛盾通过社会革命来解决，后一个层次的矛盾通过社会改革来解决；第四，由于社会主义根本制度是与生产力发展相适应的，而社会主义具体体制的某些方面与生产力发展还存在着不相适应的情况，所以，社会主义改革是解决社会主义社会基本矛盾的根本途径。以上这些重要观点的形成，极大地提高了我国人民进行社会主义改革的自觉性，同时也填补了马克思主义历史唯物主义在这一方面的空白。善于将一些重大现实问题提升到哲学的高度，或将现实问题转化为哲学问题，不仅有助于推动这些问题的解决，而且有助于马克思主义哲学的发展。

（4）加强门类哲学的研究

在哲学研究中，要注意研究和建立各学科各领域的门类哲学，如经济哲学、文化哲学、教育哲学、管理哲学、政治哲学等。开展这种研究，既有利于哲学研究的深入，克服哲学旧框架的限制，又有利于提高哲学的社会功能，发挥哲学的社会作用。

总之，生活之树常青，站在时代的高度，在坚持马克思主义哲学基本原理的前提下，不断纠正和完善已有的个别原理，并不断以新的原理去丰富发展马克思主义哲学，以适应时代的需要。这是马克思主义哲学的生命力所在，是它的巨大威力所在。

第六章　哲学的一般功能

哲学的性质和特点决定哲学的功能；反过来，哲学的功能也是对哲学性质和特点的体现和折射。因此，对哲学功能的反思，是哲学反思自身的最重要的问题之一。它不仅关系对哲学作用和价值的辩护，以及与此联系的哲学本身存在的根据、理由和地位的说明，而且更为重要的是，要通过反思，弄清如何发挥哲学在认识世界和改造世界中的作用问题。

哲学的功能，即哲学的功用或用途。为了说明哲学的功能，在这里，有这样三个互相联系的问题是必须回答的。第一个问题是哲学有用吗？如果对此予以肯定的回答，那么接下来的第二个问题就是哲学有什么用？当然，这里所谓的有用或有什么用，都是相对于作为价值主体的人而言的。因而，从主体人的角度说，也就产生了以上面两个问题为前提和基础的第三个问题，即如何发挥哲学的作用问题。下面就这样三个问题来分别加以说明。

一、哲学功能的阶位

（一）哲学功能之正确定位

1. 哲学的功能取决于哲学的性质和特点

所谓哲学功能的阶位，就是由哲学的性质和特点所决定的哲学功能的层次规格或哲学的作用角色。如果对哲学功能的阶位不清楚，认识角度选取不正确或不到位，那么，对哲学有没有用和有什么用的问题，就难以获得科学的说明。

刘向在《说宛·杂言》篇中曾说过这样一个故事。名士“甘茂使于齐，渡大河，船人曰：‘河水间尔，君不能自渡，何为王者说乎?’

甘茂曰：‘不然，汝不知也，物各有短长。’甘茂接着对船夫说：“骏马一日能行千里，把它放到宫室捕鼠，还不如小猫；著名铸剑家干将做的利剑，木工用它来做活，还不及斧子。”“今持楫上下随流，吾不如子；说千乘之君，万乘之主，子亦不如茂矣！”

刘向说的这个故事很有启迪意义，所说的道理也很正确。如果仅从功能论的角度说，宫室捕鼠是小猫的功能，小猫之所以具有这样的功能，这是由小猫的性质和特点所决定的；同样，日行千里是骏马的功能，骏马之所以具有这样的功能，也是由骏马的性质和特点所决定的。因此，断定一个事物有没有功能，或有什么样的功能，只能是从该事物的性质和特点去加以说明，而不能脱离事物这种固有的内在的本质联系，去做纯主观的设定。比如，不能用能否宫室捕鼠作为判定骏马功能的标准，也不能用能否日行千里作为衡量小猫功能的根据。如果是那样，这就叫功能定位不正确，那么自然也就不可能获得正确的结论。

这个道理在如何认识哲学功能的问题上也是完全适用的。在我国部分论者中，之所以会产生“哲学万能论”和“哲学无用论”这样两种极端片面的见解，从认识的角度说，首先是由于持这两种观点的论者，在哲学功能的定位上不正确。

2. “哲学万能论”批判

“哲学万能论”认为，马克思主义哲学是威力无比的精神原子弹，只要学习了它，掌握了它，就可以事事如意，无坚不摧，无往不胜。这种观点的非科学性在于，它片面夸大了马克思主义哲学对具体科学和实际工作的指导作用，把这种指导作用变成了解决问题的替代作用，变成了包治百病的灵丹妙药、到处套用的公式。实际上，哲学理论作为世界观所反映的只是客观世界最一般的规律性的东西，而具体科学和实际工作所面对的客体都是具体和复杂的。哲学的世界观性质决定了它只能作为一般原理去指导具体科学和实际工作的进行和开展，而不能代替它们对具体问题的解决。

这种观点曾经在我国50年代后期到“文革”期间比较流行。之所以如此，总的说来，由于党的指导思想上犯了“左”的错误，更由于“文革”期间林彪、“四人帮”的肆意歪曲，于是马克思主义哲学被纳入所谓“继续革命”这一错误理论的框架之内，曲解为“斗争哲学”。因此，“哲学万能论”既是“左”的政治盲动主义的理论表现，又是为错误路线作论证的工具，成了打人的棍子。结果，不但造成了广大人民群众的思想混乱，而且也严重败坏了马克思主义哲学的声誉。

十一届三中全会以后，随着对“左”的错误思想的拨乱反正，“哲学万能论”也随之失去了往日的威风，现在相信它的人虽然不能说没有，但确实可以说是少而又少了。然而作为对这种观点的一种反弹，“哲学无用论”开始孳生。这种观点认为：学不学马克思主义哲学无所谓，人们还不是照样工作，照样生活。特别是面对市场经济大潮的冲击，人们对日常生活的琐事、物质的追求、经济的实惠予以太多的注意，于是哲学受到了一些人的冷落，“哲学无用论”在他们中间流行开来。加之，某些根本不懂哲学，甚至连大字也识不了几个的人，却成了腰缠万贯的大款，这似乎又成了哲学无用论的一种佐证。

哲学万能论不正确，哲学无用论就正确吗？也不是。

3. “哲学无用论”批判

哲学无用论之所以不正确，是因为它不符合事实。在人类历史上，哲学作为一门古老的学问，不论在中国还是在西方，已经存在两千多年了，直到今天，世界上也没有取消哲学的迹象。如果哲学果真无用，果真没有自己独特的功能，那么它早该被取消了。因为一切对象只有对人是有用的，人才会对它发生兴趣，才能去认识它、创造它、发展它。不然，人们也绝不会去从事哲学思辨这种苦役般的劳动。

当然，从历史的事实看，在不同的时代，不同的哲学具有不同的价值和功能。比如，在西方，哲学作为思维的理论，曾经被当作一种论辩和追求真理的技艺。在苏格拉底、柏拉图那里就是这样。在古代中国，哲学的政治、伦理功能表现得十分明显，哲学天命论同王权统治联系在一起，封建纲常名教被形而上学化，在王霸杂用的时代，哲学在“教化”中发挥了重要作用。欧洲中世纪，哲学被用来论证上帝的全知全能，也是一种社会功能。

中世纪后期和近代前期，科学挣脱神学的禁锢，哲学是重要的思想武器，并出现了以哲学的思辨来填补科学知识空白的情况。资产阶级反对封建统治的斗争中，哲学打了头阵，许多启蒙思想家都是哲学家。在近代德国，政治革命也是以哲学革命为先导的。

在马克思看来，不仅要说明世界，而且要改造世界，哲学是改造世界的思想武器。现代西方出现了实证主义思潮，于是“拒斥形而上学”成为一个时髦的口号，可是在这个时期，科学哲学、科学方法论却发展起来，而且至今不衰。可见，“拒斥形而上学”并非不要一切哲学，而是反对单纯的思辨。所以，历史和现实都明显地说明哲学无用论是不能成立的。

那么哲学无用论者为什么会得出和客观事实完全不符这样一种结论呢？其中一个原因在于，他们犯了类似于以能否宫室捕鼠作为评价千里马功能有无的错误。

4. 哲学和一切基础性精神产品都不具有直接实用性

哲学不能直接解决工作中、生活和思想中的各种具体问题，所以，如果用直接的功利性的观点来看待哲学的功能，那么自然就不能得出正确的结论。其实，何止哲学，包括哲学在内的一切基础性精神产品，都不具有直接的实用性。

人类所创造的精神产品，大体上可以分为两种类型。一类是基础性精神产品，由于这类产品不具有直接的实用性，因而其文化价值不能以交换价值来衡量。比如神话、宗教、哲学和科学的基本理论，都是这类基础性精神产品；另一类是应用性精神产品，比如专利发明、临床技术、工程设计、流行歌曲、法律服务等。这类精神产品因其具有使用价值，因而可以用交换价值来衡量，可以用金钱的尺度来度量。

有人会说，哲学书籍、科技书籍、外语书籍写出来，不是也可以卖钱吗？是可以卖钱，但是书价并不是这本书的文化价值，而是买书人为了获得文化价值不得不借助于的中介手段的价值，即作为文化价值载体的书本的商品价值。一本有很高文化价值的书，与一本没有多少文化价值的书，作为文化载体，其商品价值可能是一样的。

既然广义的知识有两种，一是基础性的，一是应用性的。与此相联系，知识分子也有两类，一类是创造知识（比如科学家、思想家、哲学家）和某些传播知识的人（教师）；另一类是应用知识（比如工程师、临床医生、律师、农艺师、园艺师等）和某些传播知识的人（比如通俗作家）。

第一类知识分子处于科学文化领域的核心地带，为第二类知识分子的存在提供了基础性条件（比如，没有词曲作家就没有歌唱家；没有软件理论研究，就没有软件技术的开发和应用）。第二类知识分子处于科学文化与社会、大众、市场的接壤地带，他们的工作为第一类知识分子的劳动提供了社会价值的实现。因此，第一类知识分子从他个人的得失来说，决定了他要取得成就，就必须要具有耐得十年或几十年寒窗苦的献身精神，用一句教育界的行话说，是燃烧了自己，照亮了别人，当然同时也成就了自己。这大概也是第一类知识分子的崇高和伟大之处。当然，这样说，并不排除社会要为第一类知识分子创造更好的生活和工作条件。

既然包括哲学在内的一切基础性精神产品不具有直接的实用性，那么也就不能给这些精神产品的拥有者带来直接的经济利益。

古希腊有个有名的故事。欧几里德在课堂上讲授几何学。他的一位学生站起来反问道："老师，你给我讲的这些，学了能得到什么利益吗?"欧老先生没有回答他，却回过头来对自己的跟班说："去拿两个钱来给他吧!"

这个故事耐人寻味。它说明用个人功利的观点来看待几何学是不妥的。三角形三内角之和等于180度，尽管是一个很重要的平面几何原理，但没有人买它，是卖不了钱的。不仅几何原理，牛顿的物理原理，比如万有引力定律，还有哲学原理、道德理论等，都没有直接的实用性，都不能作为商品，其文化价值都不能以金钱来衡量的。不时听到社会上有的人提出这样的问题，哲学值几个钱，道德良心值几个钱。其实，这种提问题的方式本身就是不对的。因为一切基础性精神产品，本来就是超越个人功利的，甚至是以牺牲个人利益为前提的。这些基础性精神产品虽然不能给个人带来私利，但并不能由此而否认它会给社会带来公利，即具有社会价值。

以道德为例，在中国，孔子是道德之祖。过去有人批判孔子，说孔子只讲义（道德）、不讲利。其实这是误解。孔子并不是一般地反对讲利，而是反对私利至上，主张公利至上。而公利就是义，就是道德。"君子喻于义，小人喻于利。"① 这里是说，君子晓得公利，小人计较私利。这样说，并不是美化孔子，这有孔子的言论为证。他说："因民之所利而利之"②，"放于利而行，多怨。"③ 即去做老百姓认为有好处的

---

① 《论语·里仁》。
② 《论语·尧曰》。
③ 《论语·里仁》。

事情，如果官员依据个人利益而行动，则会招到很多的怨恨。

孔子是不是只讲公利，而不讲个人正当利益呢？也不是，在他看来，应该在符合公利的前提下，取得个人正当利益。他说："富与贵，是人之所欲也，不以其道得之，不处也。贫与贱，是人之所恶也，不以其道得之（应为去之——引者注），不去也。"[①] 即发财做官，这是人人所盼望的，但不用正当的方法得到它，君子不接受；贫困和下贱，这是人人所厌恶的，但不用正当的方法去抛掉它，君子也不做。即"君子爱财，取之有道"。孔子在这里实际上是提倡勤劳致富。他曾说："富而可求，虽执鞭之士，吾亦为之。"[②] 这里"取之有道"中的"道"就是指要符合做人的道德。如果没有道德，物欲、私欲横行，人将何以为人，社会将何以存在下去，那样也就跟动物没有什么两样了。由此观之，道德本身虽然不具有直接的个人功利性，但并非没有社会价值，而恰恰是无价之宝。

基础性精神产品包括基础科学和文化。

科学是探索世界奥妙的事业，用乔治·萨顿的话说，它是不问利益与用途的。当然，就宏观而言，科学丰富了人类的知识积累，从而最终提高了人类驾驭外物的能力。但就微观而言，科学发现能否走入应用，都是不可预测的。牛顿、达尔文、爱因斯坦以至陈景润是我们星球上最为智慧的一些人。但若询问他们："诸位的成果将在何时，以何种方式造福人类？"他们无以回答。这是因为科学发现能否走入应用，不是都可预测的；即使走入了应用，发现与应用之间，也往往有着巨大的时间跨度，几十年、几百年，甚至上千年。

有人说，若只有实用，爱因斯坦即使选择了一千个课题也不会选择相对论来研究，这是说得很对的。1905 年他发表了著名的狭义相对论，1916 年他建立了广义相对论。50 年以后，他的这一理论才被应用于人造卫星的发射、宇宙飞船的航行和人对天文的观察、研究。另外，就基础科学本身来说，因为它具有社会公共性，是人类的共同精神财富，所以它即使实现了应用，也不能作为专利属于个人。具有实用性、能申请个人专利的只是依靠基础科学的技术，而不是基础科学本身。

① 《论语·里仁》。
② 《论语·述而》。

因此，不能用实用的和个人功利的观点来要求科学，不然就会剪断它那无拘无束自由探索的触角。

基础性精神产品的另一类是文化。这里的文化是狭义理解的文化，它不包括物质文化，也不是一般的精神文化，而是人文意义上的文化。是指信念、理想、道德情操、审美趣味等观念形态的文化。这种狭义理解的文化，在较大程度上超越了人的自然需要，超越人的实用功利性需要，而表现为人的精神性需要和满足。

比如宗教，人们用它来解释大千世界，寄托自己的灵魂，与物质生产没有直接关系；与狭义理解的非宗教迷信，如看相、算命、驱鬼治病、拆字、堪舆（为选房、坟之地观风水）、蛊道（迷乱人心之信奉）等也有不同。后者具有直接实用性（尽管是虚假的），甚至成为一种职业。如果宗教完全变成了一种对于个人命运的实用性追求，那么宗教也就变了味，也就丧失了它对人类命运终极关怀的崇高感情。

又如艺术，借助于这种形式，人们可以无所约束地表现自我和反映现实，可以克服一切限制去追求心灵的自由，把人的想象力、创造力发挥到极致。德国哲学家谢林称颂艺术“不仅完全与真正的野蛮人向艺术所渴求的一切单纯感官享受的东西断绝了关系，与唯有那个使人类精神对经济发明作出最大努力的时代才能向艺术索求的实用有益的东西断绝了关系，而且也与一切属于道德风尚的东西断绝了关系，甚至把那种在毫无利己方面最靠近艺术的科学也远远地置于自己的地位之下，这纯粹因为科学总是涉及自身以外的某种目的”①。尽管谢林的说法不无唯心主义本体论的色彩，但还是恰当地揭示了艺术与人追求心灵自由的内在联系。反之，如果把艺术变成了媚俗的猎取金钱的筹码，那么艺术也就变了味，也就失去了它应有的陶冶性情的审美价值。

至于作为人的主体性自觉的最高体现的哲学，由于其高度的抽象性、思辨性，所以它的非直接现实性和非实用功利性的特点则更加鲜明、更为突出。如果说，宗教为了在某种程度上克服其终极关怀对于现实人生的空疏性和隔离性，而不得不体现一些（虚假的）直接的实用功利性（比如求神驱灾、求神赐子等），以此来吸引群众的话，那

① ［德］谢林：《先验唯心论体系》，梁志学、石泉译，305页，北京：商务印书馆，2009年。

么，哲学如果稍许沾有一点直接实用功利性，则是违背了哲学的本意，其结果必然是贬低、损害、扭曲了哲学。过去所谓学哲学，会有“立竿见影”效果的观点，实际是把哲学变成了一种头痛医头、脚痛医脚的狗皮膏药。其实，哲学没有义务，也没有能力去直接解决现实生活中的诸多实际问题；没有义务，也没有能力去直接解决人的各种具体的思想问题。如果把哲学视为万能，实际上是使哲学负担了不少本不属于它的任务。众望之下，而又无回天之术，因而只能是加重那已十分沉重的十字架，非但得不到人们的理解、同情，反而让人产生失望，甚至鄙视它。哲学无用论就是这方面的典型表现。

（二）哲学大用是根本之用

冯友兰说，哲学是无用之大用。这里的“无用”是指没有实用性；这里的“大用”，是指对实用加以统摄的根本之用。如何理解哲学的“根本之用”呢？就此从以下三个方面来展开说明。

1. 哲学通过改变人的世界观去改变世界

哲学不是直接实现某种有限目的的手段和工具，哲学没有任何直接的实用功利性，没有解决任何具体问题的实际操作性。说得直白一些，哲学本身并不是经商营销之道、务农种养之法、工程工艺之术。用美国人的话说，哲学不能烤面包。因为哲学研究的是形上的道理，而不是形下的器物。

那么有人会问，既然如此，哲学还能改造世界吗？哲学当然能改造世界，特别是对马克思主义哲学来说，它还把改造世界视为第一位重要的事情。但是哲学并不能直接改造世界。直接改造世界的只能是从事实践活动的人，而不是哲学。这样说，岂不是哲学真的无用？绝不。哲学虽然不能直接改造世界，但人改造世界的各种活动总是以思想为指导的，或者说，总是在一定思想指导下的活动。而人的思想在归根到底的意义上，总是受各自的世界观所指挥和制约的。世界观是人的思想总管，并通过人的思想去指导人的行动。这正如毛泽东所指出的，无产阶级按照自己的世界观改造世界，资产阶级也要按照自己的世界观改造世界。因此世界观是人的思想和行为的最主要、最根本的方面。哲学作为世界观的理论，就是要影响、改造、塑造人的世界观，培养和发展人的本质力量，促进精神主体自觉，提高人的精神素质，培养自觉人格，增进人的思维能力。因此，哲学能改变人，而人能改变世界。

2. 哲学通过世界观向方法论转化去改变世界

哲学通过人改变世界的过程，也就是哲学作为世界观向方法论转化的过程。当然，哲学世界观转化为方法论，不是转化为实践探索和科学研究中具体操作的方法，而是一般的思维方法。有时人们也把哲学方法论比作观察问题、分析问题的显微镜和望远镜，那只是比喻的说法。马克思运用唯物辩证法研究资本主义经济关系，取得了巨大的成功，这是人所共知的。但马克思指出："分析经济形式，既不能用显微镜，也不能用化学试剂。二者都必须用抽象力来代替。"① 这里所说的抽象，正是辩证思维方法，它不同于显微镜、化学试剂等物质性的工具和手段。

哲学作为世界观，不向人们提供具体的实证知识，反倒要从具体科学中吸取养料，佐证自己的观点。哲学对客观现实的反映，需要具体科学以及政治和道德为中介，经过转化即总结和概括，才能形成哲学的理论。同样，哲学作为方法论反作用于客观现实，往往也不是直接的，也需要中介，需要经过转化。比如，哲学的智慧用于战争，这本身就要经过方法论的转化。即从哲学方法转化为军事的战略战术。时下传媒报导日本的企业家在研究如何把中国古代的孙子兵法运用于商业竞争，作为商业营销的策略。乍一听，似乎风马牛不相及，实际上不无道理，问题在于要有中介，要有转化。从哲学应用于科学研究而言，需要把哲学方法论转化为一般的科学方法，再使一般的科学方法转化为某门具体科学的方法。同样是分析，哲学的矛盾分析同社会科学中的阶级矛盾分析就有很大区别。前者是一般，后者是特殊，不经过从哲学的矛盾分析到阶级矛盾分析的转化，就很难进行实际操作。一般说来，从哲学原理到实践操作要经过如下一系列的转化。即从"道"（哲学的根本法则），到"理"（科学理论原则），到"法"（方针、政策、规划、方法等），到"术"（操作技术或实施手段），最后到"事"（实践或活动）的转化。因此，哲学作为方法论，即作为根本法则，其作用也是间接的。同时也正因为是间接的，所以它才具有普

① 《马克思恩格斯选集》第2卷，99—100页，北京：人民出版社，1995年。

遍的意义。

由上可见，哲学作为反映世界的最普遍的理论，作为改造世界的最普遍的方法，它超越于一切世俗事务之上，从根本上统摄和指挥人的一切思想和行动，为人们指明生活的目标、根据和意义。在这个意义上说，哲学是无用之大用是十分准确的。

3. 哲学是一种改变人与世界的伟大深远之力

哲学为什么有这样大的作用，这是由哲学的本性所决定的。

哲学是关于世界观的学说，它是以追求宇宙人生的最高智慧为己任的。它表现为对人生的深切的和终极的关怀。它在说明问题的广度上，具有“至大无外”的完整性、广袤性；在说明问题的深度上，具有“至深究底”的终极性、高深性。所以，哲学总是力图占领那些绝对而又不能直接把握的一切领域，透过千变万化的直观现象，抓住最为根本的东西，从而为世界、为人生规定某种无限的和永恒的意义和价值，以便为一切存在设立基点，为人生提供精神支柱。正因为如此，哲学研究问题一般地表现为不受任何限制的刨根问底，力图尽可能在最彻底的意义上提出问题并对其作出解答，从而体现它的终极关怀和对真、善、美统一的追求，以此来启示人们理智地去认识和处理人与自然、人与社会、主观与客观，以及生与死等一系列“安身立命”的难题。因此，只要人类还存在，就不可能没有哲学。哲学绝不是什么“无用之学”，哲学的功能是巨大的。它对于改变和塑造人的主观世界，变革和创造人的客观世界来说，是一种伟大的力、间接的力、深远的力。

由此可见，“哲学万能论”和“哲学无用论”，这两种截然相反的观点之所以都是错误的，其共同的原因在于，它们在认识问题的思路上，都是局限于实用功利性的层次，而没有从世界观的高度上给哲学功能以科学的规定。与这一点相联系，它们对哲学的功能也就不可能作出科学的说明。

二、哲学功能的表现

哲学的功能是多种多样的。如果从其系统结构的角度说，哲学的功能可以分为两个层次。一是一般功能，即哲学的世界观方法论功能。

二是特殊功能，即哲学世界观方法论在认识世界和改造世界的各种活动领域中所体现的特殊功能，比如哲学的科学功能、伦理功能、政治功能、军事功能、管理功能、决策功能等。我们这里所说的哲学功能仅限于哲学的一般功能，即哲学的世界观方法论功能。下面从四个方面来加以具体说明。

（一）精神教养

1. 哲学使人高雅

人类的历史是文明的发展史，是物质文明和精神文明不断提高的历史。物质文明的进步表现为技术水平的提高，它把人类带向更为远离自然状态的“人造”世界，它使人富有；精神文明的进步则表现为社会行为（包括社会整体行为和社会成员个体行为）理性化程度的提高，它把人类引向离蒙昧和野蛮的动物式行为方式越来越远的境界，它使人高雅。

人的社会行为的理性化，是在改造自然和社会的过程中人自身的改造过程，是一个用理性文化即科学理性、道德理性、审美理性，特别是追求真、善、美统一的哲学理性来教育人、培养人、塑造人的过程。

人本身是物质和精神、思维和存在、主体和客体、自然存在社会存在相统一的有机体，是这种种关系的集中体现者。正如马克思所指出的：“人是本质、是人的全部活动和全部状况的基础。”① 人如何在人的全部活动中处理和驾驭全部人类关系，即人与自然、人与社会、主体与客体、物质和精神等的关系需要理性的指引，特别是哲学理性的指引。

2. 哲学是人生的精神还乡

哲学是将宇宙人生呈于一个整体之中来加以考察的，是从最深层次上反思人从何处而来，在最终意义上寻求人的生命活动的根据和价值。引导人从世俗的、琐碎的事务中超脱出来，从有限中体悟无限，从渺小中领略伟大，使人站得高些，看得远些，想得开些，去思考关于宇宙人生的大问题、大道理，作为自己安身立命的原则。用黑格尔

① 《马克思恩格斯文集》第1卷，295页，北京：人民出版社，2009年。

的话说，“哲学本身正是人的精神的故乡”①。

没有哲学，人便失去精神的依归，失去灵魂的庇护之所。人的灵魂得不到安顿，就会在吵吵嚷嚷的日常忙碌中迷失方向，或是被物质、金钱的魔力所役使，在社会上横冲直撞，蜕变为罪恶的渊薮；或是被宗教、迷信所诱惑，走到丧失自我的地步；或是“跟着感觉走”，跟着潮流漂，来也匆匆，去也匆匆，到头来剩下的还只是精神的荒漠，生活的空虚，人生的厌倦。

因此，哲学之为哲学，它本身即是一种精神还乡。哲学家谢林曾将哲学命名为“精神漂流归记”，从而道出了哲学这种怀有乡愁冲动去寻找精神家园的功能。德国诗人诺瓦利斯指出：“哲学原就是怀着一种乡愁的冲动到处去寻找家园。”精神家园的丧失就是信仰的危机、理想的凋零和主体性的摧毁。孔子讲，要“有志于道”，庄子讲，不要“沉于物、溺于德”（人成为物欲的奴隶，道德也就丧失了），都是要人精神挺立，成为主体，自己支配自己，不要被工具化，不要成为种种贪欲如金钱欲、私欲、物欲的奴隶。康德指出“人是目的”也是此意。只有这样，才能实现自身的尊严，才能有高尚的德性和健全的生活。

如前所述，哲学无直接的实用性，或者说，哲学不能给掌握它的人带来直接的利益。因此，谁想沽名钓誉、贪图富贵，谁就别想跨入哲学的门槛。因此，学习和研究哲学的过程本身就可以提高人的境界，可以帮助人排除种种诱惑，不断去净化自己的灵魂。

西塞罗说，哲学是灵魂的医师，它能消除精神上的空虚和烦恼，使我们摆脱欲望和驱走恐惧。早期的哲学家几乎个个出身于名门望族，却蔑视权贵财产。赫拉克利特、恩培多克勒拒绝王位，阿那克萨戈拉散尽遗产，此类事不胜枚举。德谟克利特的父亲是波斯王的密友，而他竟说，哪怕找不到一个原因的解释，也比做波斯王好。

马克思如果按父亲的意愿学法律、当律师，不仅有较高的社会地位，而且还会有相当丰厚的收入。但是为了给无产阶级锻造解放的哲学武器，他却终身守着贫困，有时只能靠典当和拍卖家具来维持全家的生计。另外还要面对多种疾病的折磨和反动当局的种种迫害。为了

① ［德］黑格尔：《哲学史讲演录》第1卷，贺麟、王太庆译，159页，北京：商务印书馆，1959年。

追求真理，他不仅要和反动势力作斗争，和传统观念决裂，而且还要一次一次地否定自己许多不正确的见解，一次次地超越自我。正如马克思在《资本论·法文版序言》中所指出的："在科学上没有平坦的大道，只有不畏劳苦沿着陡峭山路攀登的人，才有希望达到光辉的顶点。"① 马克思以自己一生的奋斗，实践着、体现着他在中学时代对幸福的理解："如果我们选择了最能为人类福利而劳动的职业，那么，重担就不能把我们压倒，因为这是为大家而献身；那时我们所感到的就不是可怜的、有限的、自私的乐趣，我们的幸福将属于千百万人，我们的事业将默默地、但是永恒发挥作用地存在下去。"② 马克思是伟大的哲学家，也是无产阶级当之无愧的最大的圣者。

哲学具有高度的抽象性，哲学创造不仅要有广博的知识积累和丰富的人生阅历，而且要经过严格的长期的哲学思维的训练才能成功。因此，西方有位哲学家说，"哲学研究是苦难的事业"，"学生进了修道院，那就同我一样当苦行僧"。哲学成就的取得，要依靠漫漫岁月的艰苦耕耘。哲学研究的庄严性还在于，劳动和收获往往不成正比。别的行业，年青人成名成家的并不少见，然而"大器晚成"却是哲学家成长的普遍规律，这对人生意志是一个多么沉重的磨炼。

但是，如同王母娘娘园中的蟠桃（古代神话中的仙桃）三千年才能成熟一样，一旦成熟，也会甜美无比。在人类智慧之树上，哲学就是这样一种最美最甜的果实。为了收获这种果实，哲学家们自甘寂寞、不辞辛苦，并以苦为乐，乐在其中。孔子说："发愤忘食，乐以忘忧。"③ 18世纪法国哲学家拉·梅特里说，这是一种高级的精神享受，"研究是会使人心醉神迷的，就像爱情一样。"④ 古今中外的许多哲学家，为什么能做到以苦为乐，乐在其中呢？因为这种苦本身就是一种心灵的陶冶，一种高级的精神满足，是超越了一己得失，而达到了一种以探求宇宙人生最高智慧为生活第一需要的崇高境界。

---

① 《马克思恩格斯全集》第23卷，26页，北京：人民出版社，1972年。

② 《马克思恩格斯全集》第40卷，7页，北京：人民出版社，1982年。

③ 《论语·述而》。

④ ［法］拉·梅特里：《人是机器》，顾寿观译，6页，北京：商务印书馆，1959年。

3. 真正的哲学是民族精神之魂

真正的哲学，是哲学家经过自己的长期辛勤劳动所酿造的哲学成果，是滋养一代或几代人甚至整个民族的最宝贵的精神食粮，是提高民族素质的最高级的精神养料。因为真正的哲学总是提供一种有正确价值和意义的体系，它总要设立一种理想人格的目标或典范，引导人们去思考人生的目的、意义和价值，去追求人性的完美。

理想人格的目标或典范，指的是一种崇高的人生境界。境界一方面有客观的基础，总是源于现实生活，具有现实的内容；另一方面又是精神的创造，表现了人的本质力量，体现了人的价值追求。从主体角度考察的不同价值层次的划分和追求，表现为高低不同的人生境界。冯友兰把人生的精神境界，分为四种：自然境界、功利境界、道德境界、天地境界。所谓自然境界，是指按照“本能”或“社会的风俗习惯”去做事，浑然不觉做事的意义。功利境界是指意识到在为自己做各种事。道德境界是指意识到自己是社会的一员，而为他人和社会做各种事。天地境界即达于天人合一的境界。冯先生认为天地境界最高，达到这种境界“非经过哲学这条路”不可。天地境界如果把它解释为追求人与自然（广义的）的协调发展，应该说，这是最崇高的境界。追求人与自然的和谐协调发展，就是要把握宇宙人生的总体关系，正确处理人生的各种问题，包括人与自然、人与社会、人与他人、人与自我等关系的问题。

这种处理人生各种问题的原则就表现为人格追求。古希腊哲学家苏格拉底把人生的意义、人的使命和美德当作哲学研究的主要问题。他因追求思想方式和道德行为的一致而受到雅典当局的审判时，他宁肯饮毒而死，也不肯背叛做人的原则。马克思因此称他是“哲学的化身”。

我国哲学家孔子的人格追求可以说是“仁智合一”。孔子常说“仁者不忧，智者不惑”。孔子以“仁”为最高道德原则，仁的根本含义为“己欲立而立人，己欲达而达人”。“己欲立”“己欲达”即肯定自我的主体性，“而立人”“而达人”，即承认别人的主体性而加以协助。仁的出发点是承认人是人，以人为人。孔子自言其志，是“老者安之，朋友信之，少年怀之”。这种老安少怀的志愿，正是表现了“仁”者的胸怀。孔子在当时以“博学”著称，又以“好学”自负。他一生“学而不厌，诲人不倦”，因而掌握了广博的知识。照当时的标准看，孔子确已达到了“智者不惑”的境界。

孟子提出“浩然正气”的人格精神。他认为理、义是人性所固有的，只要扩充理性、存心养性，就能达到精神刚毅、无所畏惧。这种强调理性自觉与自愿原则的统一是有合理因素的。孔孟认为一个人有了对道德、价值的觉解，就能始终不渝地发挥意志的力量，把在艰苦环境中“苦其心志，劳其筋骨，饿其体肤，空乏其身，行拂乱其所为”①，看作锻炼自己的机会。在任何时候都能做到“慎独”②，都不放松对自己的言行作自我检讨和“自省”。人应该以人民为重，以国家为重，即“民为贵，社稷次之，君为轻”③“乐民之乐”“忧民之忧”④，甚至必须作出牺牲时也能自觉地“杀身成仁”⑤和“舍生取义”⑥。叶适也指出，人应该清醒地意识到自己的历史地位，具有强烈的历史责任感，“知其势而以一身为之”“能以一身为天下之势”⑦。

这种高度推崇理性自觉与意志坚定相统一的理论，这种自觉自愿的高尚人格追求，为历代知识分子树立了光辉的学习榜样，也为培养民族正气起到了持久的积极作用。

在人类生活中，物质生活是基础，精神生活是灵魂。尽管生活的琐碎和冷峻使多数民众往往成为追求世俗的现实主义者。但生活需要理想，精神需要阳光。崇高的理想与世俗现实的对峙，及由这种冲突所迸发出的浪漫主义光彩，就成为照亮人类精神世界的火炬，它是一个社会的精神标志。而真正的哲学所承载的就是人类的这样一种企盼和向往，这样一种追求和憧憬。

（二）思维训练

1. 哲学是人类的高级智慧

哲学不同于一般的知识，它是一种智慧，而且是一种高级智慧。

---

① 《孟子·告子下》。
② 《礼记·中庸》。
③ 《孟子·尽心下》。
④ 《孟子·梁惠王下》。
⑤ 《论语·卫灵公》。
⑥ 《孟子·告子上》。
⑦ 《水心别集》卷一《治势上》。

知识与智慧的区别在于，知识是确定的，是有一定具体内容的认识成果；而智慧则是一种文化素养，是采用反思态度，运用知识，求得实践成功的一种理智形式。如果说，“知识就是力量”，那么应该说，智慧比知识更有力量，智慧是知识力量的原动力。

“信息”在当今社会是一个“时髦”的概念。但在智慧、知识、信息这三者中，信息的层次是最低的。信息是同事物的物质过程、能量过程紧密地联系在一起的普遍现象，它是系统内部和系统之间通过相互联系而实现和保留的某一事物的形态、结构、属性和含义的表征。因此，信息是客观世界的一种普遍存在的基本形式。

客观外界的信息只有经过人的认识器官的接受、获取、储存和加工处理，变成认识成果，才能转化为人类的知识。用一个比喻来说，信息是矿石原料，知识是将矿石原料提炼后的金属，而智慧则是类似“点金术”的东西。

中国有个故事，说是有个人遇见一位神仙。神仙问他需要什么东西，他说，他需要金子。神仙用手指头点了几块石头，石头立即变成了金子。神仙叫他拿去，但是他不拿。神仙问他：“你还要什么呢?”他答道：“我要你点石成金的手指头。”智慧就是手指头所掌握的这种点金术，它能使暗淡无光的普通金属变成闪闪发光的黄金。

知识是信息的有机组合，而智慧则是知识的辩证综合，是对知识的提炼和升华，是针对不同情况的关于知识的灵活组合和能动应用。信息是分散的，平行的，知识是组合起来分深浅层次的，而智慧则是活生生的，有生命力的。由于信息、知识、智慧这三者的内在差别，这就导致了信息的传播相对来说最容易，知识的传播就困难得多，而智慧的增长则是潜移默化的锻炼和培养过程，传播智慧是不可能的。信息只是在具备知识和智慧的头脑中，才会变得特别有用。当今的时代，在信息、知识、智慧这些推动人类创造新的物质文明和精神文明的丰富资源中，智慧自然是最有用的资源。

哲学是人类的最高智慧，是智慧的结晶，是人类理论思维能力的表现和产物。因此，学习哲学也就成为人们汲取智慧的最佳所在和训练理论思维能力的根本途径。

纵观整部哲学史，它就像用人类智慧之光汇成的一条光彩夺目的银河。人类的理论思维能力就是在哲学的长河中不断得到发展的。

理论思维就是对科学的哲学观点和方法的掌握和运用。理论思维能力的高低，是决定一个民族能不能在世界上居于科学高峰的重要条件之一。恩格斯说："一个民族想要登上科学的高峰，究竟是不能离开理论思维的。"① 一个大国没有几位乃至一批世界级的哲学家，它在世界中的地位也就进不了最高层。一个钱袋空空的乞丐会令人怜悯，一个脑袋空空的大款也会招人嘲笑。因此，要提高以科技力量和经济实力为基础的综合国力，重要的一点是要提高国民的素质，包括提高国民的理论思维能力。

2. 通过哲学学习提高理论思维能力

理论思维不可少，"但是理论思维无非是才能方面的一种生来就有的素质。这种才能需要发展和培养，而为了进行这种培养，除了学习以往的哲学，直到现在还没有别的办法。"② 这是为什么呢？这里主要有以下四个方面的理由。

（1）学习哲学可以提高超经验的无限性思维能力

哲学思维具有不同于科学思维的特点。

这种不同首先在于，科学思维是对客观世界诸多领域具体事物的特殊本质和规律的反映，是真理性的有限性思维活动；而哲学思维所反映的则是整个客观世界的最一般本质和最普遍规律，它是一种真理性和价值性统一的无限性思维。黑格尔说："哲学的历史就是发现关于'绝对'的思想的历史。"③ 菲·弗兰克曾把科学和哲学比作同一根链条的两端，"科学端"从经验事实引出科学定理和原理，"哲学端"把这些定理和原理"化归"为更为普遍的东西。

其次，从思维内容上看，科学思维提供关于客体的实证知识。它与实验密切相关并以实验为必要条件，具有确定性和精密性，主要采取数学思维和逻辑思维相结合的方式。而哲学思维则是一种超经验的思辨活动，具有不确定性和笼统性，比科学思维更抽象、更根本、更开阔。

罗素认为，哲学"乃是某种介乎神学与科学之间的东西。它和神

① 《马克思恩格斯选集》第4卷，285页，北京：人民出版社，1995年。
② 《马克思恩格斯选集》第4卷，284页，北京：人民出版社，1995年。
③ ［德］黑格尔：《小逻辑》，贺麟译，10页，北京：商务印书馆，1980年。

学一样，包含着人类对于那些迄今仍为确切的知识所不能肯定的事物的思考；但是它又像科学一样是诉之于人类的理性而不是诉之于权威的，不管是传统的权威还是启示的权威。一切确切的知识——我是这样主张的——都属于科学；一切涉及超乎确切知识之外的教条都属于神学。但是介乎神学与科学之间还有一片受到双方攻击的无人之域；这片无人之域就是哲学。思辨的心灵所最感到兴趣的一切问题，几乎都是科学所不能回答的问题"①。

因为哲学思维是一种无限性思维，它比科学思维具有更多的抽象性、概括性和普遍性，它给人们提供的是关于自然、社会和思维的最一般规律的知识，以及人们认识和改造世界的最根本的立场、观点和方法，因而比科学思维有着更为根本的意义，它对于培养人们的哲学思维品质，树立科学的世界观、人生观，掌握科学的方法论，提高人的思维能力和思维素质，有其他科学所不可替代的重要作用。

（2）学习哲学是掌握人类认识发展成果的形象具体的方法

人类的理论思维能力是在历史发展的漫长过程中逐步培养起来的。理论思维尽管在各个时代表现得十分不同，但都是对人类认识发展的不同阶段的总结。哲学以最集中的形式反映出人们在特定时期的认识成果，而哲学史正像一幅认识史的画卷，以概括的形式生动地再现了人类认识的辩证发展成果，揭示了从古到今人类思维发展的内在联系。因而，要了解每一时代理论思维的状况，熟悉人们思维能力的提高过程，并从中受到启迪，学习以往的哲学是必经的途径，而且是一种形象具体的方法。

哲学，哪怕是最古老的哲学，都会给后来人以至当代人以这样或那样的智慧激发。柏拉图的辩证法启迪了海森伯的物理学思想；古印度的辩证法思想，对薛定谔在量子力学方面的贡献有影响；亚里士多德提出的"整体大于它的各部分总和"的原理，为贝塔朗菲创立一般系统论提供了思想渊源。许多伟大的思想家和科学理论创立者的成功，都得益于一定的哲学素质，都是以某种哲学的洞察凝聚起各种认识材料，才构成了恢宏的思想体系和理论学说的大厦。

① ［英］罗素：《西方哲学史》上卷，何兆武、李约瑟译，10页，北京：商务印书馆，1963年。

（3）学习哲学可以把握人类理性思维的内核

哲学的发展具有批判继承性。即某一哲学思想的创立，和以往哲学思想都有着批判继承的关系。每一时代的哲学，一方面必须否定先前的哲学；另一方面又要以先前已有的哲学思想资源作为自己的思想前提。在人类认识史上，各派哲学思想既互相斗争，又互相联系、互相渗透。正是这种交互作用构成了认识发展的长河，哲学史作为研究总的认识发展规律的科学，绝不是各种理论体系的机械罗列，恰恰是从历史的发展演变中，总结了人类认识曲折前进的过程。列宁曾高度赞扬黑格尔把哲学比作圆圈的思想。

黑格尔指出，从表面上看，哲学的发展“不过只是纷歧的思想、多样的哲学的发生过程”，这些思想和哲学彼此“互相反对、互相矛盾、互相推翻”①。哲学的发展似乎“是一个死人的王国”，“在这里，每一个杀死了另一个，并且埋葬了另一个。”② 但从实质上考察，哲学在这种“否定”和“杀死”中，按照“自身完整的圆圈”“较大的圆圈”“大圆圈”这样三个圆圈由低级向高级发展。

在近代哲学史，列宁认为“黑格尔—费尔巴哈—马克思”是一个认识圆圈。他认为，从黑格尔的唯心辩证法到费尔巴哈的直观论形而上学唯物主义，再到马克思的辩证唯物主义，认识的发展经历了否定之否定的历程。

哲学史上出现的每一种思想、理论，都是人类认识的总的链条上的一个环节，全部哲学史的发展过程，就是人类认识螺旋式上升的过程。哲学的这种不断超越自我的辩证否定，构成了人类理论思维的内核。因此，认真学习以往的哲学，把握前人思想发展的线索，有助于提高人的思维能力。因为只有这样，才能通向和把握理论思维的辩证本性。

（4）学习哲学可以从中吸取人类认识发展的经验教训

个体认识的发展与人类认识的发展大体是同步的。个人的思维逻

① ［德］黑格尔：《哲学史讲演录》第1卷，贺麟、王太庆译，21页，北京：商务印书馆，1959年。

② ［德］黑格尔：《哲学史讲演录》第1卷，贺麟、王太庆译，21、22页，北京：商务印书馆，1959年。

辑是同人类思维的逻辑也是基本一致的。基于这种一致性，个人可以吸取和借鉴人类认识的经验教训，从而提高理性自觉。

个人对事物的认识，总是先接触具体事物，取得对具体事物的直接感性认识，然后经过分析，再进入综合的理解。在认识的复杂过程中，如果把近似于螺旋曲线的某个片断人为地加以夸大，就可以被当作一条独立完整的直线。而沿着人为的“直线”就会滑入唯心主义。比如，在从感性认识到理性认识的辩证运动中，如果像贝克莱那样，把感性认识片面夸大，把主观感觉看作唯一实在的东西，就会产生主观唯心主义；如果脱离实践经验，片面夸大理性认识，把概念看成离开人和事物而“独立”的“客观”实在，就会像黑格尔那样导致客观唯心主义。如果只承认真理的相对性，就会陷入相对主义；如果夸大真理的绝对性，就会陷入独断主义。

历史的经验是一面镜子，给后人提供借鉴。如果深入研究这些唯心主义者是在什么地方失足的，是怎样夸大认识过程的某一环节而滑入唯心主义泥潭的，就可以从中获得教益，从而不断提高理论思维能力，在认识的道路上，少走弯路，少犯唯心主义和形而上学的错误。

因而，从认识史的角度看，学习以往的哲学，可以探索思维的规律，总结历史的经验教训，这是培养科学精神，提高思维能力特别是理论思维能力的一个重要途径。在这个意义上说，大学的哲学系就是理论思维能力的训练班，通过哲学的学习和研究，培养具有较高思维能力的人。也就是说，掌握哲学这一“头等智慧”，就会成为具有开阔的视野、敏捷的悟性，从而对宇宙人生奥秘具有思维穿透力的人。

（三）方法指导

1. 哲学是世界观与方法论的统一

哲学作为人类智慧的理论升华，其基本内容就是世界观和方法论。哲学是人们关于世界的总的看法或根本观点，是关于世界观的学问；同时又为人们认识世界和改造世界的一切活动提供一般方法，并且是关于这种一般方法的学问，即方法论。哲学就是世界观和方法论的统一。

如何理解世界观和方法论统一的原理，有一种观点把世界观和方法论看作哲学的两个组成部分，认为它们的统一是两个组成部分的统一。其实，这种理解是不妥的。任何哲学中都没有单独作为世界观的部分，也没有单独作为方法论的部分。过去学术界把唯物主义只是理解为世界观，把辩证法只是理解为方法论，都是一种片面的、错误的见解。

世界观和方法论的统一，是指同一个哲学体系，包括其中的任何一个范畴，任何一个原理，都既是世界观，又是方法论，是世界观和方法论的统一体。毛泽东曾经论证过唯物辩证法是世界观和方法论的统一体。他说，世界本来是发展的物质世界，这是世界观，拿了这样的世界观去看世界，去做工作，去从事生产，去指挥作战，去议论人家长短，这就是方法论，此外没有别的什么单独的方法论。

唯物主义是世界观，它给予世界本质的唯一科学的解释，正因为如此，它又是方法论。恩格斯指出："唯物主义的自然观不过是对自然界本来面目的朴素的了解，不附加以任何外来的成分。"① 这充分表明了唯物主义世界观作为方法论的功能。按照世界本来面目认识世界，不附加任何外来成分，应该是最科学、最客观地研究问题，它和主观唯心主义思想方法是根本对立的。后来，在辩证法12个要素中，列宁所提出的第一个要求就是"考察的客观性（不是实例，不是枝节之论，而是自在之物本身）"②，这使唯物主义作为科学方法显得更加突出。

辩证法无疑是一种方法，即从事物的矛盾中，从运动、变化和发展中考察事物的科学方法。但它同时又是世界观，因为它承认世界本身就是运动的、发展的，包含矛盾的。辩证法之所以成为一种科学方法，首先在于它是科学世界观。全部辩证法的基本规律和范畴的内容都是客观世界所固有的，主观辩证法只是对客观辩证法的反映，把辩证法仅仅作为方法，主观地加以应用，就会导致诡辩论，这就根本歪曲了辩证法的本质。

世界观和方法论的统一，对马克思主义哲学来说，也就是以客观世界之道还治客观世界之身。马克思主义的辩证唯物论或唯物辩证论反映的是客观世界之道，它是对客观世界之道的科学反映，因而是科学的世界观。这个道又被应用于对客观世界的认识和改造，它又是科

① ［德］恩格斯：《自然辩证法》，177页，北京：人民出版社，1971年。

② 《列宁选集》第2卷，411页，北京：人民出版社，2012年。

学的方法论。无论作为世界观，还是作为方法论，其“道”是一个。或者说，是同一个“道”。

既然世界观和方法论是一个东西，两者不能分开，那么为什么还提出哲学方法论的问题呢？应该承认，作为哲学范畴，世界观和方法论的内涵规定是有区别的。作为世界观，它具有哲学本体论的意义，是对世界的普遍本质和规律的揭示；作为方法论，则是为人类活动提供方向、道路、手段的理论原则。而这些方法论原则，又是世界观所提供的，是包含在世界观之中的，因而两者又是彼此联系着的。一般说来，世界观决定方法论，有什么样的世界观，就会有什么样的方法论。这里所说的世界观是作为方法论原则的本体论理论前提，这里所说的方法论是作为世界观的主体性能动应用。

因此，作为理论内容，世界观和方法论是不能分别独立存在的。但是，在叙述的形式上，在认识的角度上，又可以有所区别。同一个马克思主义哲学，可以用世界观的形式或从世界观的角度加以叙述，也可以用方法论的形式或从方法论的角度加以叙述。虽然叙述的形式和角度不同，其内容仍然是相同的。马克思主义哲学既是唯物辩证的世界观，又是唯物辩证的方法论。

如果我们把它作为世界观叙述出来，那么，世界观内涵就成为显内涵，方法论内涵则是隐内涵。只要我们掌握了世界观的内涵，就可以把方法论的内涵显示出来，把它变成显内涵，从而发挥方法论的功能。

反之，如果我们把马克思主义哲学作为方法论叙述出来，那么方法论的内涵就成为显内涵，世界观的内涵就成为隐内涵。这时，世界观就成为方法论的理论原则，在方法论内涵中，是以世界观的内涵为前提的。

无论是以哪一种形式来叙述马克思主义哲学，世界观和方法论在内涵上都是相互补充、相互规定的。比如世界统一于物质的唯物主义世界观原理，就包含着一切从实际出发的方法论原则。同样，一切从实际出发的唯物主义方法论原则，也包含着世界统一于物质这一唯物主义世界观的理论前提。世界观和方法论在内涵上的这种互相补充，既说明了世界观和方法论的区别，又表明了二者的统一。

2. 哲学方法论是一个体系

强调哲学作为方法论，实际是更侧重从主体角度，强调哲学在认识世界和改造世界中的作用，即强调哲学的方法功能。因为任何一个哲学体系都是由该哲学的基本原则以及这些基本原则的展开所形成的许多具体原理，遵照一定的辩证思维方法而逻辑地表现出来的。因此，哲学方法论也是一个体系，是一个由基本原则的方法论、具体原理的方法论和辩证思维方法论所构成的方法论系统。

基本原则的方法论，是最基本的方法论，是以哲学的最基本观点为原则前提的方法论。比如辩证唯物主义的最基本原则是物质原则和辩证原则，以这些基本原则为前提的方法论。比如从客观实际出发的原则；观察和研究事物，按照事物的本来面目去反映的原则；从联系、发展和矛盾的观点去认识事物的原则等，就属于这种基本原则的方法论。

具体原理的方法论，就是以作为哲学基本原则展开和表现的具体原理为理论前提的方法论。比如，以矛盾同一性和斗争性统一原理为前提的，在同一中把握斗争和在斗争中把握同一的方法论；以矛盾的共性和个性相统一原理为前提的，从个别到一般，又从一般到个别的方法论；以及具体问题具体分析的方法论等，都是这种具体原理的方法论。

辩证思维方法论，包括辩证的归纳和演绎方法，辩证的分析与综合方法，辩证的抽象与具体方法，逻辑和历史相统一的方法等。这些方法之所以具有哲学意义的方法论功能和作用，是因为这些逻辑方法都有其建立的普遍的客观根据。比如，一切事物都是一般与个别的统一，从个别上升到一般就是归纳，而从一般出发去指导对个别的认识就是演绎。因此，一般与个别的统一，在逻辑方法中就表现为归纳和演绎的辩证统一。正因为一切事物都是一般与个别的统一，所以辩证的归纳和演绎方法能够广泛应用于对自然界、人类社会和思维领域的认识，从而具有普遍性的哲学方法论意义。

3. 哲学方法论所论的是普遍方法

方法论和世界观同属哲学的最高层次。哲学方法论所论的是普遍方法。它既没有物质层面的功能，也没有技术操作层面的作用，它的功能是一种精神性的、观念性的功能。这种功能的精神性、观念性也不同于具体科学方法功能的精神性、观念性。具体科学方法是适用于一定特殊领域的方法，是一种实证性的方法。哲学方法是一种超越一切特殊性局限的最一般的方法，是一种具有普遍价值的方法。它提供的只是一种认识和改造世界的一般原则、一般思路、图式和框架。除此以外，并不提供任何具体的东西，但是又可以指导人们的具体认识活动和实践活动。这就是哲学方法论的威力所在。

比如，作为哲学方法的“适度”原则，就是一个具有普遍价值的方法论原则。所谓“适度原则”，就是依据客体存在的“度”和主体行为的目的，对客体施加以适当行为量的原则。这个原则虽然不能告诉人们，在不同的实践中如何具体应用适度原则，但确实又为人们从事一切活动指明了一般的方向。即做任何事情既不能“过”，又不能“不及”。不然，就会走向偏颇，造成危害。这个原则运用得当，对于人们治理国家、协调关系、处理问题、解决矛盾、立身处事以至日常生活，比如做饭要掌握火候，讲话要注意分寸等，都是有意义的。另外，美学中所研究的和艺术中所创造的“中和之美”，其实也是适度原则的一种具体应用和体现。

由上可见，哲学方法的功能有其固有的优越性，即不管对象客体多么特殊、多么复杂、多么的千变万化，哲学方法都有普适性的指导功能。但其局限性也是明显的。即哲学方法只是在超验领域才具有自身充分发挥作用的理由和合法性，一旦超出超验视野，进入经验领域，单纯的哲学方法就丧失其合法性，它应当通过一定的中介，转化为具体科学方法而发挥作用。因为单纯的哲学方法无法解决具体情境下的策略选择问题，缺乏可操作性。如果说哲学方法善于“诊断”的话，那么，它却拙于“治疗”。哲学方法长于必然性和应然性的确立，却短于可能性和现实性的展开。因此，离开哲学方法论的一般指导功能，人们在活动中就可能没有目标，就可能迷失方向。但如果仅仅满足于哲学方法，囿于哲学视野，也可能走向空谈。这是必须警惕的。

（四）干预现实

1. 哲学干预现实的两种形式

哲学的出发点和归宿点，都在于改造世界。世界观在每个人的头脑中形成后，每个人都把自己的世界观作为一个“蓝图”“样板”去有意无意地改变周围的世界。在存在阶级对立的国际社会环境和国内社会环境中，互相对立世界观的分歧与斗争是不可避免的。用什么样的世界观改造世界，这关系政治方向的选择，从而关系国家前途和民族的命运。哲学世界观对社会的经济、政治活动的作用是明显的，对科学研究和各项实际工作的作用也是明显的。人的思想动机、决策、规划、毅力和行为后面都有世界观指导。从“大世界”看是这样，从“小天地”看，也有世界观的影响和作用。比如，一个家庭中，父母用什么样的思想，什么样的追求，什么样的形象去影响和塑造孩子的问题。是积极向上，还是消极落后；是向真、善、美，还是主张明哲保身、自私自利，仔细分析，都可以看到世界观的作用。

如果仅就哲学对国家、民族的命运来说，哲学具有独特的干预现实的功能。

哲学对现实的干预功能，一般说来有正面和侧面两种形式。所谓正面形式，是指这种哲学本身就是以经世致用、改变世界为目的的哲学。所谓侧面形式，是说某种哲学是以脱离现实、追求自我心灵的宁静为目的的哲学。尽管如此，这种哲学也还是要以侧面形式给现实生活以干预。

以正面形式干预现实生活的哲学，比如中国古代的儒家哲学。儒家哲学讲“内圣外王之道”。内圣是就其修养的成就说的，外王是就其社会功用说的。所谓内圣外王，是说有最高精神成就的人，应该在现实社会中实现自己的理想。因此，儒家哲学很重视社会责任。这和柏拉图的“哲学王”理想有相同的意味。与此不同，老庄哲学就其直接目的来说，就是追求一种精神自足。老子把“道”看得很超越，他说“道可道，非常道”。庄子寻求一种超现象界的心灵“逍遥”，以“避世”而“欲洁其身”。这种哲学把从政做官看成一种被迫之举。但道家的哲学仍然参与塑造了中国文化，深刻影响着中国的社会和历史，成为一种重要的文化积淀。佛教哲学为了超脱人生痛苦，寻求对现世的解脱，达到“涅槃”。但这归根到底仍然是对现世生活的一种态度和反映。可见，哲学家永远必须立足于“此在”状态去建构哲学，并反过来对现实世界发生或积极或消极的作用和影响。

哲学干预现实，是通过哲学对现实的批判（所谓“批判”是辩证定义上的）功能实现的。

苏格拉底曾为自己做这样的辩护，他说："我就是神让我老叮着这个国家的牛虻，整天地，到处总是紧跟着你们，鼓励你们，说服你们并且责备你们。"① 苏格拉底的这个比喻很生动地说明了哲学的批判功能。

这就是说，哲学不是简单地、刻板地描述人与世界的现实关系，而是以一种批判态度对这种关系作出评价。对现实关系的审视和批判，对未来理想关系的追求和构想，往往是哲学世界观和方法论内在蕴含着的积极内容。

2. 设立理想目标是哲学干预现实的前提性根据

哲学所追求的理想是什么，是真、善、美的统一。这是一个具有终极意味的理想主义的设定。在现实性上，人们对真、善、美的统一，只能在一定范围内和一定程度上加以实现。但如果没有前者的完善的理想主义的设定，就不可能有后者的不完善的现实主义的实现。也就是说，离开了对"最好"的设定，那么，现实中"最不坏"的实现就是不可能的。正如中国古语所说的，"取法其上，得乎其中"。对此，科拉克夫斯基说："我们面临的抉择不是在完善的社会和另一种不完善的社会之间。然而，为了意识到两种不完善的社会之间有程度上的差别，我们对完善性必须有某种理想的标准。"② M.韦伯也说："如果没有反复地在人间追求不可能的东西，那么，可能的东西也实现不了。这是一句至理名言，全部历史经验证明了它的正确。"③ 因此，哲学的现实批判就在于它的独立的品格，即哲学虽然以现实作为前提，但又超越现实，向理想敞开自身，以某种自由精神完成理想目标的设定。而这是哲学能够批判现实、干预现实生活的内在动力。

3. 深沉忧患意识是哲学干预现实的直接精神产物

当世人囿于事功和实用的层面而不能自拔的时候，当人们还在为社会的表面繁荣所陶醉而对潜在的社会缺失和危机没有任何警觉的时候，哲学家以其设立的理想目标观照现实，以敏捷的哲学思维提出问

---

① 北京大学哲学系外国哲学史教研室编：《古希腊罗马哲学》，150页，北京：商务印书馆，1961年。

② ［英］乔治·厄本：《科拉克夫斯基谈苏联的制度和意识形态》，参见《国外社会科学动态》，1981（9）。

③ ［德］M.韦伯：《学术生涯与政治生涯》，王蓉芬译，107页，北京：国际文化出版公司，1987年。

题。这些问题深深地刺痛着哲学家的心灵，撕裂着他的灵魂，由此折射出一个由忧虑、苦闷、愤慨和力抗世俗等多种深层心理交织起来的，事关人生前途、民族命运乃至人类未来的主观忧患世界。哲学对现实的批判，不是着眼于一时一事的是非得失，也不是为社会所需求的行为提供理论上的对应物。哲学的批判不同于一般的政治批判或学术批判，它是未来的召唤，是人类走向未来的要求和动力的直接表现。它根源于对缺失、限制和痛苦的突破，是对力量、热情、价值和意义的追求，是从理想的立场，未来的立场，真、善、美统一的立场向现实和过去的叛逆。通过叛逆不断构筑人类思维的新坐标，开拓世界的新视野，促进人的思想解放，从而提高人的自觉意识和能动作用，以推动社会的发展和时代的进步。

4. 哲学干预功能的实现要把理论批判和实践批判结合起来

诚然，哲学对现实生活的作用，并不都是一样的。

如果撇开在理想目标和现实忧患上的种种区别不谈，在现实忧患和理想目标之间就存在一个广阔的空间，从而为人们提供了多种选择的可能，其中包括为各种哲学提供了存在的余地。面对苦难和忧患，人们总要想方设法去求得解脱。概括起来说，这些解脱法可以有以下几种：肉体消灭法（痛不欲生，一死了之）；来生安慰法（宗教式的）；精神胜利法（阿Q式的）；山水寄情法（中国古代隐士式的）；狂逸放任法（西晋竹林七贤式的）；哲学治疗法等。当然以上六法不是截然分开的，有时会发生交叉。

就哲学治疗法而言，伊壁鸠鲁早就说过：“哲学家的逻各斯如果不治疗人的苦难，就毫无意义。因为正如医学如果不能驱逐身体的疾病，就毫无用处一样。”（*伊壁鸠鲁：《残篇54》*）尼采也说过：“任何一种形式的艺术和哲学都可视为人们在成长和奋斗的人生中用以为治疗创伤与帮助前进的凭藉。”①

然而，如果一种哲学只是局限于治疗精神上的病痛，并以此来代替对现实生活中病痛的治疗，那么，这种哲学的价值是很有限的。因为现实生活的病痛是精神生活病痛的根源，因而是不能用对后者的治疗来代替对前者的治疗的。这也就是马克思主义哲学与以往一切哲学

① ［德］尼采：《快乐的科学》，余鸿荣译，279页，北京：中国和平出版社，1986年。

在社会批判功能上的根本区别之所在。

马克思主义以前的所有哲学家，包括全部旧唯物主义者和唯心主义者，他们的著作只在于这样或那样地解释世界，并把对世界的改变说成改变对世界的解释。因为旧唯物主义和唯心主义在历史观上的共同之处在于，都认为观念创造了现实世界。因此，要改变现实世界，要治疗现实世界的病痛只要改变现有的观念，即治疗精神生活上的病痛就可以了，这就是马克思恩格斯在《德意志意识形态》所指出的：这就是把现实的、客观的、自我身外存在着的链条变成只是观念的，只是主观的，只是在我身内存在着的链条，因而也就把一切外部的感性的斗争都变成了纯粹观念的斗争。变成了用另外一种意识代替现有意识的斗争，即纯粹精神的批判，这实际是用对世界的另一种解释来取代现有的解释。因此，马克思指出，以往的“哲学家们只是用不同的方式**解释**世界，问题在于**改变**世界”①。

这里既不是说，以往的哲学家回避世界的现实问题，也不是说，他们没有改变世界的愿望，而是说以往的哲学把改造世界的任务归结为解释世界，是用改变对世界的解释代替对现实的实践批判。18 世纪的法国哲学家提出批判封建社会的任务，怎样实现这一任务呢？他们认为，达到上述目的的途径，只在于对维护封建制度的神学进行批判，恢复“理性”的权威，这样，“理性王国”就会实现。至于青年黑格尔派，虽然他们标榜自己是一切的无情批判者，但正如马克思恩格斯所指出的：“青年黑格尔派玄想家们尽管满口讲的都是所谓‘震撼世界的’词句，却是最大的保守派。如果说，他们之中最年轻的人宣称只为反对‘词句’而斗争，那就确切地表达了他们的活动。不过他们忘记了：他们只是用词句来反对这些词句；既然他们仅仅反对这个世界的词句，那么他们就绝对不是反对现实的现存世界。”② 费尔巴哈也不例外，他和其他理论家一样，只是希望达到对现存事实的理解，然而一个真正的共产主义者的任务在于改变这种现存的东西。

在马克思恩格斯看来，任何把改造世界的事业归结为大脑的批判活动的观点都是错误的。纯粹精神上的造反“不过是对现存关系的粉

① 《马克思恩格斯选集》第 1 卷，57 页，北京：人民出版社，1995 年。

② 《马克思恩格斯选集》第 1 卷，66 页，北京：人民出版社，1995 年。

饰，对陷于贫困中的可怜的无能的灵魂的一点安慰”①，根本不能触动现存世界的一根毫毛。工人“要想站起来，仅仅在思想中站起来，而让用思想所无法摆脱的那种现实的，感性的枷锁依然套在现实的、感性的头上，那是不够的”②。“思想本身根本不能实现什么东西。思想要得到实现，就要有使用实践力量的人。”③ 当然马克思主义哲学并不轻视对现存世界的精神批判，而是主张要把对现存世界的精神批判和实践批判结合起来，要在对现实的实践批判中，确证理论批判的存在根据；要在对现实的理论批判中，为实践批判提供哲学的指导。马克思主义哲学正是通过批判地考察现实生活的现实矛盾，重新解释评估人与对象世界的各自地位、相互关系，才科学地确立了人们发展的理想目标，即把人从对象世界的统治和奴役下解放出来。这一自我解放运动，表现为人随着自我实践活动的发展，不断由必然王国走向自由王国的历史进程。

总之，哲学作为人类智慧和文明的结晶，是对人类智慧和文明的发展起着巨大开拓作用的精神武器。

三、马克思主义哲学功能的发挥

哲学具有多方面的功能，但哲学的功能只有发挥出来，才能实现哲学对人类智慧和文明发展的促进作用。哲学作为一种观念形态，其功能是不会自动发挥的，它必须通过人并借助人才能表现出来。也就是说，哲学的功能只有通过人对哲学的学习和应用才能发挥出来。

坚持哲学的学习和应用，这是马克思主义哲学从来就强调的。但是如果学习和应用得不当，不正确，也可能产生错误。因此，这里有一个如何正确地学习和应用哲学的问题。总结以往的经验教训，有以下两方面的问题是必须提出来加以讨论的。

（一）科学地学习马克思主义哲学

这是因为马克思主义哲学是科学的世界观，是关于世界观的科学，

① 《马克思恩格斯全集》第3卷，517页，北京：人民出版社，1960年。

② 《马克思恩格斯文集》第1卷，288页，北京：人民出版社，2009年。

③ 《马克思恩格斯文集》第1卷，320页，北京：人民出版社，2009年。

因此必须以科学的态度对待它、学习它。

1. 学习马克思主义哲学要加以系统理解

马克思主义哲学是一个科学体系，是一个由世界观、自然观、历史观、人观、认识论、价值观和方法论等构成的一个哲学体系，其中包括许多范畴和原理。而世界观是马克思主义哲学的最高层次，它是贯穿其全部哲学的灵魂。因此学习马克思主义哲学必须系统地进行学习，必须把其中的任何一个原理与其他原理联系起来加以理解。如果把完整的哲学体系肢解成了支离破碎的个别词句，就有可能使其变成面目全非的东西。因为一个理论观点，一旦从体系中孤立出来，势必可以随意加以解释，甚至可以为错误的东西作证。

比如，实践范畴在马克思恩格斯创立马克思主义哲学的过程中起了奠基性的作用，但绝不能把实践范畴脱离马克思主义哲学的整个体系作完全孤立的理解。在马克思主义哲学体系中，实践是人改造和探测客观世界的社会物质活动。物质性和社会性是实践的本质特征。如果离开了实践的物质性，那就会把实践理解为脱离物质前提和物质手段的纯粹精神性活动，那就是黑格尔所理解的实践，这也是西方“马克思学”中大多数人所理解的实践。如果离开实践的社会性，那么就会把实践理解为纯粹个人的活动，存在主义的马克思主义就是这样引申的。不难看出，作这样理解的实践与马克思主义的科学实践观，不仅相去甚远，而且是根本对立的。

因此，学习马克思主义哲学不能泛泛地读书，而应该有系统地学习一些东西，特别是要掌握马克思主义哲学世界观的本质精神。

2. 学习马克思主义哲学要和学习其他科学及中外哲学结合起来

马克思主义哲学是对人类以往全部知识的科学概括和总结，因此学习马克思主义哲学，不能就马克思主义哲学来学习马克思主义哲学，持这种态度是学不好的，而且也是违背马克思主义哲学的科学本性的。列宁曾经在《青年团的任务》一文中指出：“共产主义是从人类知识的总和中产生出来的，马克思主义就是这方面的典范。”①“凡是人类社会所创造的一切，他（马克思——引者注）都有批判地重新加以探讨，任何一点也没有忽略过去。凡是人类思想所建树的一切，他都放在工

① 《列宁选集》第4卷，284页，北京：人民出版社，2012年。

人运动中检验过，”“如果以为不必领会共产主义本身借以产生的全部知识，只要领会共产主义的口号，领会共产主义科学的结论就足够了，那是错误的。”① 他还指出：“学习共产主义只限于领会共产主义著作、书本和小册子里的东西，那我们就很容易造就出一些共产主义的书呆子或吹牛家，而这往往会使我们受到损害。”② 列宁最后得出结论说：“只有了解人类创造的一切财富以丰富自己的头脑，才能成为共产主义者。”③

列宁的这些论述是极为深刻的，对于我们学好马克思主义哲学也有极为重要的意义。马克思主义哲学是两千多年来哲学发展的最科学形态，如果不懂欧洲哲学史，不懂中国哲学史，不了解现代西方哲学，那么，除了不能从中吸取有价值的东西以外，对于马克思主义哲学的学习来说，也不可能通过历史的分析和比较，理解和掌握马克思恩格斯所实现的哲学变革的实质。如果不懂一点自然科学、社会科学和人文科学，也不能理解和掌握马克思主义哲学的科学基础和科学本质，当然也就更谈不上吸取各门具体科学的研究成果，并加以概括和总结，来丰富和发展马克思主义哲学。现在我们一些大学哲学系的学生，知识面太窄，这对于学习马克思主义哲学是很不利的。在这一方面，必须进行补课。

3. 学习马克思主义哲学要和实践结合起来

马克思主义哲学是源于实践，经过实践的检验，并随着实践的发展而不断发展的科学世界观。因此，学习马克思主义哲学必须联系具体的历史实践，联系马克思主义哲学的具体历史发展过程来进行学习。不要忘记理论与实践的基本的历史联系，要在这种联系中考察马克思主义哲学，包括它的一系列原理是怎样产生的，在发展中经过了哪些主要发展阶段，并根据它的这种发展来考察它现在是怎样的。

在现代西方哲学中，有些人热衷于谈论早期马克思和晚期马克思的对立，谈论马克思和恩格斯的对立，谈论列宁与马克思的对立。在我们国内，也有人不能科学说明毛泽东思想和邓小平理论的关系等。

① 《列宁选集》第4卷，284页，北京：人民出版社，2012年。

② 《列宁选集》第4卷，282页，北京：人民出版社，2012年。

③ 《列宁选集》第4卷，285页，北京：人民出版社，2012年。

这些观点尽管具体内容各不相同，但在思维方式上有一点是共同的。即把某一时期、某一人物的思想绝对化、凝固化，而不是从生动的、发展的历史联系中，来考察理论本身的发展。

比如，马克思在1844年发表的《〈黑格尔法哲学批判〉导言》中提出的，“人的根本就是人本身”这样一个命题，有的论者把这个命题作为马克思主义关于人的本质的经典性论述，来加以肯定和引用；另有的论者把这一命题作为纯粹的人本主义命题加以否定。其实这样两种理解都是不对的。之所以会发生理解上的错误，原因在于他们都脱离了马克思关于人的本质的探索过程。

“人的根本就是人本身”这样一个命题，是马克思对当时费尔巴哈通过对神的哲学的批判而建立人的哲学批判的一种肯定和赞扬，即人的本质就在于人的本身之中，不应该到人之外，到上帝那里去寻找。同时这一命题也是马克思对自己当时所进行的关于法哲学批判成果的一种概括性总结，即不能像黑格尔那样用国家的本质来说明人的本质，而必须用人的本质来说明国家的本质。

但是，这个命题本身也只是为揭示人的本质提供了某种前提，即要从人本身去说明人的本质。至于如何理解人本身，又如何从人本身去说明人的本质，它并没有给人什么启示。经过一段时间的探索，到1845年春，马克思在《关于费尔巴哈的提纲》中，才科学地揭示了人的本质。他说：“人的本质……在其现实性上，它是一切社会关系的总和。”①

马克思对人的本质的科学规定是不是对“人的根本就是人本身”这一命题的否定呢？不是，而是以此为基础的发展，是对这一命题给予历史唯物主义的定向和深化。用马克思的话说：“社会本身，即处于社会关系中的人本身。”② 这样，马克思把人的社会存在、社会本质与人本身的存在统一起来，从而作出了科学的说明。

在我看来，缺乏这种历史联系的观点，常常是马克思主义哲学研究中，许多分歧和争议产生的一个重要原因。

---

① 《马克思恩格斯选集》第1卷，56页，北京：人民出版社，1995年。

② 《马克思恩格斯文集》第8卷，204页，北京：人民出版社，2009年。

4. 学习马克思主义哲学要和自身素质的提高结合起来

学习马克思主义哲学的直接的目的，是提高人的精神素养。即掌握科学的世界观，提高思维能力，而这是一个长期的学习、训练和修养过程。急功近利，急于求成是不行的，必须持之以恒，锲而不舍。学习哲学不是阅读几本哲学教科书，熟记几条哲学原理即可奏效的。哲学理论是一种特别高深的学问，具有极广的概括性和极高的抽象性。因此，学习马克思主义哲学，就要求刻苦钻研、深思熟虑。要对马克思主义哲学的真谛有深刻领会，仅仅认真读书是不行的。哲学理论必须结合人们的实践经验和掌握大量科学知识的基础上加以理解体悟，达到融会贯通，才能内化为个体的精神素质。

黑格尔曾经指出："一句格言，在完全正确理解了它的青年人口中，总没有阅世很深的成年人的精神中那样的意义和范围，要在成年人那里，这句格言所包含的内容的全部力量才会表达出来。"① 黑格尔的这段话，其内涵十分凝重，也是十分正确的。作为抽象程度较高的、经过千锤百炼的人生格言，尚需通过丰富的人生阅历才能加以领悟，那么抽象程度比人生格言高得多的哲学，当然更不能停留在字面的、口头的理解，而必须用经过生活的血与火淬砺过的心灵来加以把握。美丽的精神凤凰只有在生活的烈火中，才能获得新生。

（二）科学地应用马克思主义哲学

一般地说，任何理论的社会价值都在于应用，即使是"纯理论"（例如数学的某些分支）也不例外，无非是各有其应用的对象、范围、形式和特点。其中，有的是直接应用，有的是间接应用罢了。如果根本不能应用，那么再好的理论，即使是马克思主义，也是没有意义的。早在延安时期，毛泽东同志就将理论和实践的关系形象地比喻为"矢"和"的"的关系。他强调，中国共产党人之所以要找马克思主义这个"矢"，就是为了射中国革命这个"的"。邓小平也一再告诫人们，理论不能脱离实际，学习马克思主义理论，要着眼于马克思主义理论的应用。

马克思主义哲学理论的应用不同于其他理论的应用。因此，我们

① ［德］黑格尔：《逻辑学》上卷，杨一之译，41页，北京：商务印书馆，1981年。

必须研究马克思主义哲学应用的特点。如果不掌握这些特点，所谓科学理解马克思主义哲学的应用就是一句空话。那么，马克思主义哲学的应用，到底有哪些特点呢？

1. 马克思主义哲学的应用是和理论的创新相统一的过程

马克思主义哲学是普遍真理，而应用的对象却是经常变动的。为了应用于具体的对象，理论本身就必须创新，必须注意反映变动着的时代的要求，必须结合不同对象的不同特点。如果脱离了具体实践的具体要求，脱离了理论的创新，单纯的理论应用是绝不会成功的。因为这里的所谓理论应用，是教条主义所理解的应用，是一种生搬硬套，而不是马克思主义哲学所要求的理论应用。

试想，如果列宁只是把马克思主义哲学单纯应用于俄国，而不进行理论创新，就写不出《什么是"人民之友"以及他们如何攻击社会民主主义者》《唯物主义和经验批判主义》，以及《哲学笔记》等哲学著作，那么马克思主义哲学理论也就不可能被应用于俄国革命并使之取得成功。同样，如果毛泽东不写出《反对本本主义》《实践论》《矛盾论》以及《关于正确处理人民内部矛盾的问题》等哲学著作，马克思主义哲学也不可能用来指导中国的革命和建设，并使之取得成功。因此，马克思主义哲学的应用总是伴随着理论的创新，它是理论应用和理论创新相统一的过程。从根本上说，离开了理论的创新，也就无所谓理论的应用。同样，离开了理论的应用，也就无所谓理论的创新。

因此，任何把哲学理论的应用和哲学理论的创新割裂开来的观点都是错误的。哲学的应用是一项严肃的对社会高度负责的事业。为了搞好哲学应用的工作，哲学必须密切注视时代的发展，真正反映时代发展的新要求，不断地实现自我创新，使其应用能真正为时代服务。

2. 马克思主义哲学的应用是从哲学层次上揭示问题的实质和规律

任何理论都要联系实际，都要为现实服务，但哲学理论不是直接地联系实际、为现实服务。哲学远离物质经济基础，是高高地悬浮在空中的学问。它的应用是间接性的。马克思主义哲学无疑要从实际出发，要研究社会实践中提出的重大课题和科学的重大成果。但是，它的回答决不局限于这些课题和成果，而是以此为起点，经过多层次的抽象、概括，上升为高度抽象、综合的哲学思维，从世界观和方法论的高度提供人们认识和解决问题的思想武器。

在这方面，马克思主义经典作家为我们提供了许多值得效仿的范例。马克思、恩格斯从康德的“星云假说”看到的，不仅是这个假说的具体内容，而是上升到辩证法和形而上学两种发展观对立的高度来说明问题的实质。他们从细胞学说中看到并回答的，是关于客观事物普遍联系的哲学原理；他们从商品这个资本主义社会的细胞出发，分析和揭示了资本主义社会的本质，进而揭示了人类社会形态的更替规律。列宁面对物理学的新发现，揭示了物质结构形态的多样性与世界的物质统一性，即统一于客观实在性的辩证关系原理。毛泽东面对社会主义社会的多种矛盾，提出了人民内部矛盾和敌我矛盾两类不同性质的矛盾学说。只有这样从哲学层次上揭示问题的实质和规律，它所产生的社会效应才是普遍的、深刻的，并且是长期起作用的。

3. 马克思主义哲学的应用是把哲学方法转化为具体方法的过程

马克思主义哲学是作为一般的哲学方法论原则而起作用，或者是作为人们认识和实践的逻辑根据而起作用的，并在人们认识和实践领域的多方面、多层次上，通过多种渠道实现自己的职能。但由于其作用过程的复杂，作用方式的间接，使得马克思主义哲学在发挥其作用的过程中，必须经过一个抽象原理和方法具体化的过程，同时还要经过各种理论中间环节，才能实现其方法论功能。

在这方面，毛泽东在领导中国革命和建设的过程中，创造性地运用马克思主义哲学的方法论，把哲学方法论转化为具体的思维方法、工作方法、领导方法，为我们留下了宝贵的精神财富。例如，他把“实践—认识—再实践”的理论，转化为“群众—领导—群众”的工作方法；把“特殊— 一般—特殊”的认识过程，转化为“个别指导— 一般号召—个别指导”的领导方法；把“质、量、度”的理论，转化为“胸中有数”的数量分析方法；把抓住主要矛盾同时注意次要矛盾的原理，转化为抓住中心、兼顾一般的“弹钢琴”工作方法；把一切从实际出发的原理转化为调查研究、“解剖麻雀”的工作方法等。这样把抽象原理和方法经过各种理论中间环节加以具体化，马克思主义哲学才能作为人们认识世界和改造世界的方法论武器而具体地发挥作用。

4. 马克思主义哲学应用是宣传、武装群众并转化为群众行动的过程

马克思主义哲学是无产阶级的世界观，是代表无产阶级和广大人民群众根本利益的哲学。因此，马克思主义哲学必须从哲学家的圈子里，走到广大人民群众中去。用毛泽东的话说，让哲学从哲学家的课堂上和书本里解放出来，变为群众手中的尖锐武器。为了实现这个目的，需要处理好哲学教育中的灌输和启迪，提高和普及，系统读书和通俗语言的讲解辅导，学校教育与社会宣传等一系列关系问题。

在哲学理论的学习和宣传中，其本身的通俗化、群众化是一个必须着力解决的问题。在这方面，毛泽东给我们树立了光辉的榜样。他用“一分为二”“实事求是”“九个指头与一个指头”“有的放矢”“不是冤家不聚头”等语言所表达的哲学道理，具有鲜明的中国特色，为中国老百姓所喜闻乐见。毛泽东哲学思想所具有的这一特点，使它能够迅速被广大干部和群众理解和掌握，从而在指导中国革命和建设的进程中，发挥了巨大作用。

哲学是智慧的海洋，广阔而深邃。在它的深处，藏有无数的思想珍宝。因此，只有那些不畏艰辛、勇于探索的人们，才能获得丰厚的酬劳。

第七章　哲学与科学

在精神文化的各个领域中，对哲学影响最大最深者首推科学。人类在长期的实践中，日益加深着对世界各部分的了解，获得了关于自然界、人类社会和人类思维的各种知识，经过加工整理，形成了不同层次的具体科学，包括自然科学、社会科学和思维科学。可以说，科学是形成理论体系的自然知识、社会知识和思维知识的总称。哲学是以总体的方式把握世界以及人和世界的关系。因此，哲学离不开具体科学，它是依靠具体科学提供的思想材料，进行最高层次的抽象和概括而形成和发展的。同样，具体科学的研究作为一种认识活动，它也离不开理论思维，离不开世界观的指导。哲学与具体科学之间存在着相互依赖、相互影响的密切关系。如果哲学工作者和科学工作者能够按照科学与哲学的客观联系建立起巩固的联盟，必将促进哲学和具体科学的迅速发展。

一、哲学与科学关系理解的三种旧模式

马克思主义哲学以前和以外的许多哲学，都没有能正确解决哲学与具体科学的关系问题。在这方面存在着三种理解模式：

（一）“知识总汇”的理解模式

在古代，哲学是一切知识的总汇。恩格斯曾经指出，人类古代最早的一批哲学家，在当时往往也是富有各种知识的人。他们“十分自然地把自然现象的无限多样性和统一性看作不言而喻的，并且在某种具有固定形体的东西中，在某种特殊的东西中去寻找这种统一”①。如

① ［德］恩格斯：《自然辩证法》，164 页，北京：人民出版社，1971 年。

把水、火、土、气、原子等有形实体看作一切自然现象的本原，并由此把自然界看作内在联系和永恒发展的对象和现象的总和。由于在古代低下的生产力水平上，没有更多的实际材料，缺乏观察和实验的手段，哲学家们用来说明世界的唯一办法只能是凭借一颗善于思维的头脑，用思辨和逻辑论证来代替他们所不知道的自然界和人类的真实联系，用直觉和猜测来填补所缺乏的事实。这样，据此建立起来的哲学观念体系也不可能在实践中得到检验。所以，古代人对于自然现象的理解，只能依靠直觉思辨的哲学，而贫乏肤浅的自然知识、社会知识和思维知识就包括在这个哲学体系里。

于是，古代哲学成了一种包罗万象的学说。哲学和科学还处于原始的统一体的形态里。在这种状况下，古希腊文化前期的主要科学成果都包含在当时的哲学观念中。例如，泰勒斯（约前624—前547）的演绎几何学和物质本原的思想；毕达哥拉斯（约前580—前500）及其学派的以数为中心的科学思想；德谟克利特（约前460—前370）等人继承和发展了的留基伯创立的原子论思想等，都属这种情况。亚里士多德（前384—前322）是古希腊最渊博的学者、最伟大的思想家。他研究了形而上学（他称为第一哲学）、逻辑学、伦理学、生物学、物理学、天文学及多门社会科学，成为这一系列专门知识的奠基人。但是他仍旧把整个知识体系叫作哲学。正因为那个时候，科学还没有从哲学中分离出来，因而哲学家的著作既是哲学著作，又是科学著作，具体知识的论述富有哲学的性质，哲学的理论分析又包含着具体知识。

但是，需要指出的是，古代哲学家在哲学形式中对具体领域的知识的积累，又为科学从哲学中分化出来打下了基础。科学和哲学的分离，这既是人类思想发展的内在要求，也是古希腊先哲们从一开始就有的两种不同的研究倾向（柏拉图、亚里士多德等人基于整体的猜测、思辨和逻辑推理，阿基米德等人注重局部的观察、实验和讲求实际）的进一步展开。诚然，科学从哲学中分化出来，是以建立理论为标志的。古代的天文学、几何学、力学等虽然达到了比较高的水平，但从整体上看，因为偏于经验描述，还没有形成自己独立的理论体系，故而只能从属于哲学。或者说，它们只是具备了从哲学理论中分化出来的可能性。只有在获得大量可靠的材料和对这些材料进行逻辑概括和理论表达的条件下，可能性才转化为现实性，某门具体科学才能从哲学中分化出来，获得它自己独立的形态。

科学和哲学的分离经过了一个相当艰难的时期。在欧洲，这个时期就是中世纪。欧洲的封建社会从5世纪到17世纪延续了1000多年。其间从5世纪到15世纪，通常被称为中世纪。早在3世纪初，在希腊人被罗马人征服以后，基督教在社会上日益占据统治地位。进入中世纪，这种宗教就逐渐成为统治一切的力量。这时候，科学和哲学一同被淹没在神学的污泥浊水之中。自由的科学研究和真正的哲学沉思被压抑、被禁止，神学的变种——经院哲学似乎成了唯一可称得上学问的东西。于是荒谬的传说到处流行，神秘的圣灵不断显现，浸过十字架的污水竟成了包治百病的圣水，一根头发从头上掉下来也成了上帝万能的表现。在宗教神学与经院哲学的束缚下，科学受到迷信的严重摧残，哲学也被贬低为神学的婢女。

然而，历史并未因神学的重压而中断，人类的认识也没有因僧侣的愚弄而停止。在欧洲，14世纪末15世纪初，随着资本主义生产关系在封建社会内部的萌芽，文艺复兴的号角唤醒了整个欧洲，也唤醒了哲学和科学。它们携起手来，打破神学的禁锢，走上了共同发展的道路。在相得益彰的旗帜下，近代科学和近代哲学相继形成，并取得长足发展。天文学、机械力学、化学、地质学、生物学等自然科学的各分支学科相继出现，并获得独立地位。从17世纪下半期开始，随着资产阶级在经济上政治上的强大和资产阶级革命的爆发，资产阶级的政治经济学、法学、社会学等也相继出现。在这个时期，思维领域中出现了心理学、数理逻辑、辩证逻辑等学科，亚里士多德的形式逻辑也达到某种完善地步。这样，古代的包罗万象的哲学解体了，它分成几门或几十门相对独立的学科。随着科学不断从哲学中分离出来，这个时期的哲学逐渐成为完整的世界观意义上的哲学，从古代形态转变成了近代形态。

（二）“科学之科学”的理解模式

哲学和科学关系的上述新的变化，在一个相当长的时期中，在许多哲学家和科学家的头脑中并没有形成相关的、正确处理两者关系的自觉意识，结果给哲学和科学都造成了巨大损害。

拿自然科学来说，在近代，由于实验方法的建立，自然科学已经由直觉思辨的研究发展到了实证的研究（以实验事实为依据、并由实验事实来检验的研究），从而具有了科学的形式。与此同时，哲学家也就相应地丧失了单凭直觉思辨就可以对自然界的事物和现象发表议论的历史根据。

然而谢林-黑格尔哲学时代，对这种变化视而不见，以自负、狂妄的态度对待科学，遮蔽哲学与科学的正当关系。19 世纪的黑格尔哲学，一方面是古代、近代西方哲学思想的集大成，另一方面又严重脱离了近代自然科学的发展。尽管黑格尔在不少地方都提到，要从自然界和历史中举出最恰当的例子来确证辩证法的规律，然而，在他的哲学体系中，自然科学却只处于一种注脚的地位。黑格尔从原则出发而不是从科学事实出发，妄图把自己的哲学凌驾于科学之上，武断地把科学纳入其庞大的唯心主义体系。黑格尔把他那万能的辩证法公式（正题—反题—合题）套用到自然领域，对科学家当时正在研究的许多自然现象（如“电”）作出了荒唐可笑的解释。因此，空前庞大的黑格尔哲学对 20 世纪之交的激动人心的科学革命，几乎没有产生影响。

黑格尔这种把哲学凌驾于科学之上，用哲学代替具体科学研究的观点，在现代西方哲学中也没有完全绝迹。例如，现象学就认为，自然科学是一种低级知识，是包含错误的相对知识，而哲学则是一种高级知识，现象学就是这种哲学的代表。因此，它认为，哲学不能以自然科学为依据，自然科学无权干预和批评哲学，相反，自然科学却应以哲学为基础。

与上述观点相反，科学家们则态度偏激，嘲笑哲学家对于科学的无知妄说，由此造成了科学界延续数代人的普遍厌恶哲学的可怕情绪。时至今日，对哲学望而生畏，认为哲学无用的思想情绪仍未消除。这种情况，扼杀了在整个近代发展史上所表现的哲学和科学卓有成效的合作精神，导致哲学和科学的空前对立。值此科学需要哲学理论作为工具概括经验材料，哲学需要实证知识作为基础发展辩证思维，自然过程的辩证性质需要科学去揭示的重大历史关头，科学和哲学相互诘难，使双方蒙受了不可挽回的重大损失。

（三）“哲学科学化”的理解模式

作为对黑格尔视“哲学为科学的科学”这种观点的一种纠偏和逆反，实证主义应运而生。在这个意义上说，实证主义的产生有它的历史合理性。但是，它又走向了另一种极端。它唯科学论，贬低哲学，认为哲学追求一般，超越了经验，超越了人类认识的极限，是形而上学，应予抛弃。随着科学主义思潮的发展，反哲学的情绪愈演愈烈。从经验批判主义到逻辑实证主义都认为，研究思维和存在、意识和物质关系的传统哲学已经失去意义。哲学研究的新的科学方法就是要对经验科学的命题和概念进行逻辑分析，哲学的作用仅仅在于使经验科学的命题得以明晰。

20世纪初，科学家兼哲学家罗素开了分析哲学之先河。逻辑实证主义步其后尘，开始对科学语言、科学命题的结构进行细致的逻辑分析，形成了声势浩大的分析哲学运动。他们的努力对于扩大哲学的研究领域，无疑是有意义的。

但是，他们把哲学局限于或归结为是对科学、语言，以及逻辑等哲学的反思，并进而要求“哲学的科学化”，这是狭隘片面、很不妥当的。所谓哲学的科学化，也就是哲学的实证化（逻辑实证主义）、哲学的精确化（邦格）、哲学的逻辑化（罗素）。在这种背景下，有人主张用实证科学的概念“场”的内容去规定哲学的物质范畴；有的主张用精确化、形式化的数学、逻辑语言代替哲学中通常使用的模糊性较大的自然语言；还有人主张要把辩证法纳入定量研究的轨道。以上这些主张都在一定程度上反映了哲学研究中的实证化倾向。

哲学科学化的主张，力图消解哲学思维所具有的思辨性、综合性和直觉性三大特征，很容易导致哲学走向没落和衰亡。这是因为哲学思维的优势并不在精确性、实证性和逻辑性，它在这三方面不如数学、物理学和逻辑学。它的长处在于以直觉为基础，以辩证思维为工具，对科学尚不能进行精确说明的各种现象进行思辨的说明，如果要它弃长取短，也就必然会导致哲学的衰落。哲学固然可以在一定程度上达到实证性、精确性和逻辑性，但不能以牺牲哲学思维的思辨性、模糊性和直觉性为代价，否则只能是削足适履，适得其反。比如，不能要求哲学实证化。任何哲学命题都具有一般性，它只能获得部分的事实证明，但并不能完全证明。拿“世界是无限的”这个哲学命题来说，它就无法用已知的事实来完全证明。只能靠科学和实践的长期发展以及哲学的论证来不断地实现。又比如，精确化，自然科学可以，但哲学不行。拿“生产力的发展必然引起生产关系的变革”这一命题来说，是不可能就其中生产力的发展进行量化的。再比如，逻辑化，用这一点来要求哲学也不现实。哲学的观点不是单纯逻辑推导的结果，它伴随着直觉、顿悟等非逻辑思维的作用。

另外，随着20世纪中叶以来科学综合化趋势的加强，控制论、信息论、系统论的出现，也使得对科学及其发展历史的实证主义解释、单纯的语言分析、逻辑分析表现了极大的局限性。在这种背景下，波普尔的理性批判主义多少突破了实证主义的框架，从而促进了西方科学哲学的迅速发展。诸如奎因的“本体论承诺”、库恩的“范式”、拉卡拉斯的“研究纲领”、费耶阿本德的“高层背景理论”、图尔敏的“自然秩序的理想”，以及劳丹的“研究传统”等，都承认有某些非常普遍的预设对科学及其发展是根本的前提，因而在不同程度上确认了哲学对于科学的指导作用。在语言哲学领域也出现了一股形而上学思潮，即所谓“分析的形而上学”思潮。例如，英国语言哲学家斯特劳逊就公开倡导所谓“描述的形而上学研究”，致力于探究语言与世界本体的关系。

通过以上的回顾和评述可知，在哲学与科学关系的理解上存在的这三种模式：一是古代的“哲学为知识总汇”的模式；二是近代黑格尔的“哲学为科学之科学”的模式；三是现代的“哲学科学化”的模式，都是历史的产物，是历史发展的一个阶段上的理论现象。第一种模式是适应古代知识十分贫乏的情况而产生的，很显然，它已不适应当今的哲学和科学。以黑格尔为代表的第二种模式，试图用哲学的思辨代替科学的实证，它从一个极端混淆了哲学和科学的区别，因而也是不可取的。第三种模式又试图用科学的实证消融哲学的思辨，它从另一个极端混淆了科学与哲学的区别，同样也是不可取的。

总之，关于哲学和科学关系的以上三种理解模式，都没有能把科学与哲学的关系正确理解为特殊和普遍的辩证关系。

二、哲学与科学的辩证统一

（一）科学与哲学的区别和联系

科学与哲学是既有区别又有联系的。

1. 科学与哲学的区别

从研究对象上说，各门具体科学是研究世界的某一领域或某一方面的特殊规律的科学，都具有自己的个性；哲学则是研究自然界、人类社会和思维的共同本质及其运动和发展的普遍规律的学说，它反映了一切具体科学的共性。从理论体系的形式来说，科学是由实验观察材料（陈述性知识），实证性定律、定理、原理（程序性知识），假说、学说、理论（解释性知识）等知识单元组成的系统；哲学则是从最抽象的概念的逻辑引申，即具体化的过程中所展开的哲学概念、哲学原理所构成的理论体系。从目标设定上来说，科学活动的直接目标是求得真理，科学对现实的反映不是对现实的虚幻的、歪曲的反映，而是实事求是地反映客观世界及其规律性，获得具有客观真理性的知识。哲学活动的目标是真、善、美统一。哲学尽管有唯物、唯心之分，有辩证法、形而上学之别，但是只要是有价值的哲学观点，总是以某种形式、从特定方面揭示出某些真理性认识，给人以智慧和启迪。另外，它总是反映社会中人们一定的利益和美好的愿望，总是要从理论中说明人们在实际活动中表现出来的世界观、人生观和价值观。因此，不能将科学与哲学混为一谈。

2. 科学与哲学的联系

科学与哲学又是相互联系的，而且这种联系还是极为密切的。

一方面，哲学要依赖科学获得自己存在的科学根据。列宁指出："在马克思和恩格斯看来，哲学没有任何单独存在的权利，它的材料分布在实证科学的各个不同部门。"① 这就是说，哲学不能从自身产生出来，哲学对世界的整体见解，只能从对构成这个世界的整体的一些部分的认识开始，即从具体科学开始。每一个时代的哲学家，他们直接

① 《列宁全集》第1卷，379页，北京：人民出版社，1984年。

面对科学的思想领域进行思考，通过对具体科学的概括和总结，形成自己的反映世界的理论和范畴体系。因此，具体科学构成哲学一般认识的基础和前提，科学作为推动历史前进的革命力量，也是推动哲学前进的革命力量。

另一方面，科学也要依赖哲学，获得自己存在的哲学支持。哲学的一般原理是对各门具体科学的普遍概括和总结，因此一切有价值的哲学观点，比具体科学更全面、更深刻地反映着事物的本质，对各门具体科学均有普遍的指导意义。不论科学家是否意识到，他们都不能不在其研究工作中以某种哲学观点为指导，依靠哲学作出的一般结论，按照某种一般方法论进行分析和推演。

科学与哲学的这种相互联系、相互作用，已经被许多具有很高科学素养的哲学家和具有深厚哲学素养的科学家所承认。

爱因斯坦是20世纪杰出的科学家，同时，他对哲学也有着浓厚的兴趣和深入的研究。他认为："如果把哲学理解为最普遍和最广泛的形式下对知识的追求，那么，哲学就可以被认为是全部科学研究之母。"他在1950年应国际外科医学院邀请而发表的演讲中曾强调："由于知识的增长，有重大意义的专业化是不可避免的，医学也是如此。可是在这个专业里有一个天然的界限。如果人体的某一部分出了毛病，那么，只有很好地了解整个复杂机体的人，才能医好它；在更复杂的情况下，只有这样的人才能正确理解病因。因此，对于医生来说，普遍的因果关系的深刻知识具有头等重要的意义。"① 在这里，爱因斯坦正是以通俗而朴素的语言，揭示了科学和哲学的内在联系。量子力学的创始人海森伯也认为："自从十六、十七世纪以来，与科学基本概念密切联系的哲学概念的发展，成为自然科学巨大发展的前驱，并相互影响。"② 德国著名物理学家玻恩也指出，每个科学阶段都和当时的哲学体系有着相互影响，科学给哲学提供观察事实，同时从哲学中接受思想方法。

总之，科学和哲学的相互联系可以从总体上概括为，科学是哲学

① 《爱因斯坦文集》第1卷，519、518页，北京：商务印书馆，1979年。

② ［德］海森伯：《物理学与哲学——现代科学中的革命》，范岱年译，39页，北京：商务印书馆，1981年。

的基础和动力，哲学是科学的概括和指导。它们是相辅相成，辩证统一的。这种辩证统一的关系可以分别从以下两个方面来具体加以说明。

（二）科学是哲学的基础和动力

这里所说的科学是哲学的基础，是指科学为哲学的概括提供思想材料的基础。如果从整个社会的角度说，社会存在决定社会意识，而人们的存在就是他们的实际生活过程，亦社会实践过程。科学和哲学作为社会意识的两种形式，它们都是社会实践的产物和反映，都随着社会实践的发展而发展，社会实践是科学和哲学共同的也是最基本的基础。

因此，上文所说的科学是哲学的基础，是以承认实践是科学和哲学的共同基础或根本基础为总前提的。换句话说，是在社会意识对社会存在具有相对独立性的意义上说的。科学和哲学作为两种不同的意识形态是相互联系、相互作用的。从科学对哲学的关系来说，科学是对社会实践的比较直接的反映，哲学是对社会实践的比较间接的反映，按照恩格斯的说法，它是悬浮在空中的学问，它要通过一些中介才能反映社会实践。科学就是这样一种中介，而且是重要的中介。因此，科学是哲学的基础，指科学是哲学反映社会实践的中介性基础。科学对哲学的推动作用，也是这种中介性作用。

科学对哲学的基础和动力作用，主要表现为以下几个方面。

1. 科学为哲学提供发展的背景

一切具体科学都是对客观事物及其规律的近似正确的反映，它必须从客观存在的事物出发，而不能靠主观臆测，所以科学的本质和唯物主义是一致的。科学的发展总是表现为由片面的认识到全面的认识，从浅层的认识到深层的认识，从事物的认识到过程、联系的认识的前进上升过程。因此，科学发展的本性是和辩证法一致的。所以，每个时代的唯物主义哲学、辩证法哲学总是以最新的科学成果作为自己的前提，并随着科学的发展而改变自己的形式。

有人以为科学只为唯物主义、辩证法提供发展背景，而不为唯心主义、形而上学提供发展背景，其实不是这样。

在哲学史上，唯心主义、形而上学也是以最新的科学成果作为自己的前提，并随着科学的发展而改变自己的形式的。与唯物主义和辩证法不同的是，唯心主义、形而上学不是从正面，而是从反面来反映科学的发展成果的。具体说来，就是：

其一，唯心主义、形而上学是以人们对客观世界的认识不足为前提，是对这种认识不足的反映。这正如爱因斯坦所指出的，精神世界的许多愚昧落后现象都是在"科学知识尚未插足的一些领域里"[①] 发展起来的。"上帝 = 我不知"是恩格斯对僧侣主义目的论自然观的简明概括。恩格斯指出，实际上，"上帝在信仰他的自然科学家那里所得到的待遇，比在任何地方所得到的都坏"。伟大的科学家牛顿同时又是虔诚的宗教徒，他甚至自言是出于宗教目的而研究科学的。然而，在他认为他的万有引力定律能够起作用的太阳系范围内，他绝对不允许上帝或任何其他神秘力量再随便插手，而只是指派上帝负责"第一次推动"，因为对于牛顿力学来说，只有那里还属于未知领域。宗教和迷信以及唯心主义是随着科学知识的进展而败退，并改变自己的形式的。

其二，唯心主义、形而上学是科学突进到新的领域，旧的理论和概念发生急剧变革的时候，人们认识迷乱的反映。例如，19 世纪末 20 世纪初，在物理学上发现某些元素的放射性现象，这种放射性元素转化为另一种元素，并进而发现了原子中有电子等更小的粒子，电子的质量随着它们速度的变化而变化，这就推翻了原子的不变性、不可分性以及质量不变等观念。这些伟大的发现引起了物理学的革命。然而一些受形而上学思想支配的物理学家，却由此得出了"原子非物质化"的错误结论。他们怀疑物理学对象的客观实在性，陷于悲观、失望和混乱之中。这就是所谓"物理学的危机"。这时，马赫主义者利用自然科学理论发展中的困难，大叫"物质消失了""唯物主义已被驳倒了"，以兜售其经验批判主义理论。

其三，唯心主义、形而上学是人们对科学成果加以片面和歪曲理解的反映。比如哲学史上的机械唯物论就是对机械运动力学片面理解的哲学表现，庸俗进化论也是对生物进化论片面理解的哲学反映。

2. 科学为哲学提供概括的材料

每一阶段具体科学发展中具有世界观意义的新成就，均能为哲学提供有说服力的佐证材料，并有助于进行新的哲学概括，从而得以证

---

① 《爱因斯坦文集》第 3 卷，184 页，北京：商务印书馆，1979 年。

实和发展自己。例如，非欧几何的出现，不仅改变了自康德以来人们对欧氏空间形式及其与物理空间关系的经典看法，指出那种空间与物质运动无关的、绝对不变的观点是错误的，而且进一步证实了辩证唯物主义的时空观，驳斥了形而上学机械论的时空观。爱因斯坦的相对论，特别是广义相对论则进一步揭示了时间、空间的特性同物质运动的特性的紧密关系，证实了辩证唯物主义关于时空与物质运动不可分割原理的正确性。19、20世纪之交的物理学革命以前，人们总以为牛顿力学体系决定了后来的科学家，除了修修补补以外，别无所为。所谓科学就是经过经验确证了的科学命题的集合，是不容置疑的。然而，相对论、量子力学理论的产生改变了这一切，改变了哲学对科学及其创造性传统的看法，也改变了整个哲学的思维方式（个别哲学流派例外）。又比如，当自然科学思维中的整体结构观念、有序观念形成以后，贝塔朗菲进一步依据生物学提出的有机论概念和20世纪六七十年代在军事、技术及组织管理等方面发展起来的系统工程观念，才从哲学上概括和总结出了一般系统论的理论。

3. 科学可以校正哲学的发展

哲学的演变同科学的进程相关联，科学的状况决定哲学的发展水平。没有来自科学的反馈信息，哲学必将陷入盲目的境地。可以说，没有近代科学的发展，就不可能使哲学摆脱古代那种直观性、模糊性的特征。没有现代科学大综合化的实现，就不可能使哲学摆脱17、18世纪机械论、形而上学的特征，也不可能产生系统的辩证的唯物主义。19世纪黑格尔的“同一性哲学”被自然科学所抛弃，也正是因为他无视自然科学的要求，随心所欲地构造体系，企图以“绝对精神”的外化演绎代替具体科学的经验归纳。至于具体的哲学观点、具体原理无一不要在科学发展中不断求得验证，或肯定，或否定，或补充，或修正。比如，蛋白质和胰岛素人工合成的成功，这不仅是科学上的重大成就，而且也有力地驳斥了不可知论，驳斥了把生命物质和非生命物质绝对对立起来的形而上学观点，从而进一步证明了世界的辩证统一性原理。

4. 科学的某些概念和方法可以提升为哲学的概念和方法

一些具体科学的概念经过语义提升，可以移植到哲学中来，变成哲学概念。比如系统概念在具体科学中是作为某种特殊概念而存在的，其在生物学中指的是生物系统，在天文学中所指的是天体体系，在社会学中所指的是社会有机系统。如果从这些特殊的指谓中，抽象出系统的一般涵义，即对系统本身进行规定，那么在这种情况下，“系统”也就上升成为哲学概念。贝塔朗菲的一般系统论和我国一些学者所研究的系统哲学，都是在哲学层次上使用“系统”概念和对系统开展哲学研究的。可以说，不少哲学概念都是通过对相应的科学概念的提升而形成的。

除某些科学概念可以提升为哲学概念以外，具体科学的方法也可以有条件地移用于哲学研究。比如，数学方法、系统论、信息论、控制论的方法。此外，具体科学理论本身也可以转化为哲学研究的方法。在现代中，耗散结构理论、协同学、突变理论提出了自组织理论。一般认为，自组织现象不仅在自然界存在，在人类社会也同样存在，这样也就可以把自组织理论转化为哲学研究的方法。

以上关于科学对哲学发生作用的论述表明，真正推动哲学前进的不是纯粹思想的力量，而主要是以社会实践为基础的科学日益迅速的进步。

（三）哲学对科学的概括和指导

在科学与哲学的相互关系中，不仅科学对哲学发生作用，而且哲学也对科学发生作用，即哲学对科学有指导作用。

哲学对科学之所以具有指导作用，说到底是因为，哲学是对科学的概括。哲学概括和总结了一切具体科学的发展成果，它是一种源于但又高于具体科学的人类理论的最普遍形式。所谓高于具体科学，是因为哲学着眼于整体，具体科学着眼于局部；哲学反映一般，具体科学反映特殊。部分构成整体，整体又统率部分；一般来自特殊，又指导特殊。

比如，水在0℃结冰，随着水的温度的上升，到100℃会汽化。通过对这个科学理论进行概括提升，由此知道量变可以引起质变，并懂得防微杜渐，这就是哲学智慧。一旦获得了这种智慧，它就为具体科学认识一切具体事物提供了某种指导作用。

从认识论的角度说，人们认识总体，认识一般，其目的之一就在于更好地认识局部，认识特殊。康德在谈到哲学思维的特点时指出：

“哲学的认识，唯在普遍中考虑特殊。”① 黑格尔也说过：“认识矛盾并且认识对象的这种矛盾特性就是哲学思考的本质。”② 哲学从各门具体科学概括出哲学的范畴和原理，同时又运用它得到的范畴和原理，去指导具体科学对世界的各个方面进行更深入、更具体、更全面的考察。这是因为哲学以人类的实践和知识为依据，又是对已有知识的深化、扩展，即溢出直接知识所没有的东西。这就是对知识的普遍意义的领悟。这样哲学才有自己存在的必要和价值。由此可见，对具体科学的指导作用是哲学内在固有的一项功能。

哲学对具体科学的指导作用，不是代替作用，不是代替具体科学去回答和解决实际问题，也不是对具体科学的成果予以哲学的裁决。关于这个问题，马克思主义经典作家历来都说得十分明白。

恩格斯说：“马克思的整个世界观不是教义，而是方法，它提供的不是现成的教条，而是进一步研究的出发点和供这种研究使用的方法。”③ 他还多次批评“不把唯物主义方法当作研究历史的指南，而把它当作现成的公式”④ 的错误。列宁也曾十分明确地提出：“历史唯物主义也从来没有企求说明一切，而只企求指出‘唯一科学的’（用马克思在《资本论》中的话来说）说明历史的方法。”⑤ 毛泽东也指出：“马克思主义只能包括而不能代替文艺创作中的现实主义，正如它只能包括而不能代替物理学中的原子论、电子论一样。”⑥ 毛泽东的这段话虽然是对文艺工作说的，然而对上述问题同样是一目了然的回答，即哲学对具体科学研究，对实际问题的解决，只能起世界观、方法论的指导作用。

具体说来，哲学对具体科学研究的指导作用，表现为前者为后者提供信念支持、前进向导、思维能力训练和方法论的启示。

1. 哲学为具体科学研究提供信念支持

在人们有意识的活动中，坚持正确的信念对具体科学研究以及其

① ［德］康德：《纯粹理性批判》，蓝公武译，499页，商务印书馆，1960年。

② ［德］黑格尔：《小逻辑》，贺麟译，132页，北京：商务印书馆，1980年。

③ 《马克思恩格斯全集》第39卷，406页，北京：人民出版社，1974年。

④ 《马克思恩格斯选集》第4卷，688页，北京：人民出版社，1995年。

⑤ 《列宁专题文集·论辩证唯物主义和历史唯物主义》，166页，北京：人民出版社，2009年。

⑥ 《毛泽东著作选读》下册，552页，北京：人民出版社，1986年。

他一切活动，都是必不可少的巨大精神力量，而最根本的科学信念则来源于正确的世界观。对于具体科学研究者来说，他所从事的研究虽然是某一具体的领域，但是作为一个生活于社会和自然中的人，都是自觉不自觉地以一定的世界观为指导的，以某种哲学的普遍原理和基本观点作为观察和认识事物的思维框架或理论背景。正如恩格斯所指出的："不管自然科学家采取什么样的态度，他们还是得受哲学的支配。问题只在于：他们是愿意受某种坏的时髦哲学的支配，还是愿意受一种建立在通晓思维的历史和成就的基础上的理论思维的支配。"①

因此，问题的关键不在于具体科学的研究者是否受哲学的支配，而在于受什么样的哲学支配。哲学思想的正确与否，会极大地影响科学的发展。以牛顿为例，当他研究自然现象时，他承认自然规律的客观实在性，他是一个自然唯物主义者，因而能在力学、数学、光学等方面获得一系列重大发现。但他又是一个机械唯物主义者，只承认物体在外力作用下的机械运动，而不承认物体的自我运动，最后拜倒在上帝面前，承认"神的第一次推动"。当上帝的魔影在他头脑中作祟时，他就陷入了唯心主义的泥坑。在他后半生中，竟用了 25 年时间来研究神学，企图证明上帝的存在，从而白白浪费了宝贵的时间。另外，林耐把发现生物进化论的桂冠留给了达尔文，也是受上帝创世说误导的一个众所周知的例子。

可见，对于科学家来说，接受正确的世界观指导，从中获得科学研究的信念是头等重要的事情。比如，客观世界的可知性这一正确的哲学命题就曾鼓舞了许多科学家不避艰辛、满怀信心地去探索世界的奥秘。我国明末清初的天文学家王锡阐，在天文观测中，坚信"测愈久则数愈密，思愈精则理愈出"。在三十多年中，只要天气晴朗，他总是从黄昏到天明，坚持观测天象，从而积累了大量第一手资料，在天文学方面做出了卓越的成绩。

伟大的英国物理学家、化学家迈克尔·法拉第，一生对科学的贡献甚多，其中最重要的是在电磁学的实验研究方面。法拉第取得如此众多的科学成就的一个重要原因，是哲学给予他一个坚定的信念。他说："我长期以来坚持一种看法，几乎可以说是确信，……物质的力借

① ［德］恩格斯：《自然辩证法》，164 页，北京：人民出版社，1971 年。

以表现出来的各种形式，都有一个共同的起源，或者换句话说，它们如此地直接关联和相互依赖，以致好像可以从一种形式转换成另一种形式，并在它们的作用中具有同等的能力。”正是这一哲学信念，使他在战略上藐视一切困难，以惊人的毅力，朝着揭示自然力的统一性的目标前进。他说，在科学实验中，那些“徒劳无益的努力和许多其他从未发表过的失败的工作，动摇不了我从哲学考虑中得出的坚定信念。”① 在这一信念的支持下，他的关于电、磁、光相联系的实验研究，经过23年的漫漫长途，最终得到成功。关于哲学信念与科学研究的这种关系，正如爱因斯坦所指出的：“相信世界在本质上是有秩序的和可以认识的这一信念，是一切科学工作的基础。”②

2. 哲学为具体科学研究提供前进的向导

具体科学研究除了要有正确的信念支持外，还必须沿着正确的方向和道路前进，方能获得成功。在这一点上，哲学也能为科学提供重要帮助。爱因斯坦曾经指出：“哲学一经建立并广泛地被人们接受以后，又往往促进科学思想进一步向前发展，它能够指示科学从许多可能着手的路线中选择一条路线。”③ 提出量子假说的德国物理学家普朗克明确指出：“研究人员的世界观将永远决定着他的工作方向。”④ 量子力学的创始人海森伯也说过：“哲学：不管自觉不自觉，总是支配着基本粒子物理学的发展方向。”⑤ 那么，哲学何以能决定科学的发展方向并能指示科学选择发展道路呢？这是因为：

第一，科学思维的特点在于实证性，而哲学思维的特点在于实证性的超越，即达到思辨性。当知识的实证要求使科学不得不用两条腿，在实证的大地上一步一步地迈进的时候，哲学却用它那思辨的反思建立起关于未知领域的可能图景。它是探索世界知识大军的先遣队，正是这支先遣队深入到情况不明的敌方境内布下前哨，指示科学从许多

① 转引自姚慧华、刘元亮：《谈谈哲学思维在法拉第科学研究中的作用》，《清华大学学报》（哲学社会科学版），1987（1）。

② 《爱因斯坦文集》第1卷，284页，北京：商务印书馆，1979年。

③ 《爱因斯坦文集》第1卷，374页，北京：商务印书馆，1979年。

④ 转引自任忱：《哲学学导论》，195页，太原：山西人民出版社，1987年。

⑤ 参见［德］海森伯：《物理学和哲学——现代科学中的革命》，范岱年译，195页，北京：商务印书馆，1981年。

可能的道路上选择一条。

第二，科学研究是一种认识活动，既离不开客观事实，也离不开理论思维。为了了解客观事实，需要进行观察实验。怎样进行观察，如何进行设计，都有一个世界观、方法论的指导问题。

第三，科学研究更重要的任务是透过现象寻找各种具体事物的本质和运动的规律。即对观察、实验所取得的大量材料进行加工，由感性认识上升为理性认识。为此，就要遵循认识规律。爱因斯坦曾经总结说："科学要是没有认识论——只要这真是可以设想的——就是原始的混乱的东西。"①

第四，理性认识的过程是运用概念进行判断、推理的过程。这个过程中的每一个步骤都是离不开哲学的。无论哪一门科学都要涉及诸如现象与本质、必然与偶然、可能与现实、原因与结果、个别与一般等概念和范畴，而这些都是哲学所提供的。当运用概念进行判断推理时就更离不开哲学，因为离开哲学所提供的思维规律，就连最简单的定理定律也建立不起来。对此，石里克在《逻辑先验主义》一书中指出："科学上那些决定性的、划时代的进步，总归是这一类的进步：它们意味着对于基本命题意义的一种澄清，因此这只有富有哲学活动才能的人才能办得到。"这种澄清科学基本命题的能力，得益于哲学提供研究路线和方向的启示。薛定谔、海森伯、玻恩、狄拉克等人通过对微观粒子、波等概念的哲学分析所创立的量子力学，维纳、申农等人创立的控制论、信息论，以及贝塔朗菲创立的系统论等，要么本身就具有哲学方法论的意义，要么其创立过程就是哲学选择的一种研究活动。

第五，任何科学研究，说到底都是从结果去探求原因，从偶然中去寻找必然。科学研究都是从有限的事物出发，去探求现象背后的原因，探求其本质的必然性，解答各种各样的为什么。而每一个为什么后面还可以再提一个为什么，每一级本质的背后还有更深一级的本质，这样就构成了一个无穷的序列。这个序列的不断延伸就是科学不断发展和深化的过程，同时也是具体科学不断走向哲学、不断借助哲学为之导向的过程。因为从一般原因到"终极原因"的追求，从初级本质

① 《爱因斯坦文集》第1卷，480页，北京：商务印书馆，1979年。

到最深刻本质的探索，也就自然而然地超越思维的局限性、表层性，而引导到思维的整体性、深层性，并进而达于哲学思维的境界。比如，问人是什么？回答是，人是高级动物。接下来的问题是，动物是什么？回答是，动物是具有细胞膜的、异养性的生物。接着会被追问，生物是什么？回答是，生物是一种由蛋白质和核酸构成的能进行新陈代谢的物质。再接下来的问题是，物质是什么？回答是，物质是不依人的意志为转移的客观实在。在这里，也就达到了哲学思维的境界。可见，任何一位科学家要把对具体领域的思维贯彻到底，都必然要借助哲学思维为他指示前进的方向。

3. 学习哲学是增强思维能力的根本途径

科学研究作为人类的一项认识活动，它一刻也不能没有理论思维。俄国科学家门捷列夫指出："观察和实践是科学的躯身，……概括学说、假设和理论是科学的灵魂。"20世纪著名科学家怀特海认为，近代科学正是始于这两方面的结合。他说："对于详细事实的强烈兴趣，和对于抽象概括的同样的热忱，这两者的结合，形成了我们社会的新气象。"① 爱因斯坦也曾中肯地说："只有最大胆的思辨才有可能把经验材料之间的空隙弥补起来。"② 思辨的优点首先就在于它能弥补经验的局限，使理性的触角伸展到实践的前面。

那么，科学家如何才能锻炼和提高自己的理论思维能力呢？恩格斯指出："为了进行这种锻炼，除了学习以往的哲学，直到现在还没有别的手段。"③ 之所以如此，是和哲学的根本特点相联系的。这一特点就是，哲学是"对于事物的思维着的考察"④。思维问题是哲学研究的重要对象。随着哲学和各门具体科学的发展，原来包含在哲学中的实证知识逐渐从哲学中分离出去，这样认识论问题在哲学中的地位日益凸现出来。哲学作为认识论，所提供的不是一般的知识，而是关于思维的知识；但又不是如思维科学那样关于思维的具体知识，而是关于思维的方法和原则的根本的知识，即探索科学知识如何产生，何以产

① 转引自［奥］菲利普·弗兰克：《科学的哲学》，许良英译，42页，上海：上海人民出版社，1985年。

② 《爱因斯坦文集》第1卷，585页，北京：商务印书馆，1979年。

③ ［德］恩格斯：《自然辩证法》，45页，北京：人民出版社，1971年。

④ ［德］黑格尔：《小逻辑》，贺麟译，38页，北京：商务印书馆，1980年。

生的，是使人聪明的智慧。亚里士多德称哲学追求的是“头等智慧”，康德认为哲学家是“智慧的导师”。学习哲学对于启迪思维、解放思想、激发智能都具有重大的推动作用。

4. 哲学为具体科学研究提供方法论指导

哲学是世界观，又是指导人们认识和改造世界的根本方法论。方法论是哲学的重要组成部分，不同的哲学具有不同的方法论。唯物主义方法论的根本要求，是一切从实际出发，实事求是。辩证方法论的根本要求，则是坚持普遍联系的、运动发展的、系统整体的、矛盾分析的观点。哲学作为最一般的方法论，对于具体科学研究的思维方法都可以提供指导和启示。具体科学研究中常用的类比方法、归纳与演绎方法、分析与综合方法等，都是以世界的多样性统一的原理为基础的。系统的方法、历史的方法、追溯的方法、预测的方法等，是以世界的普遍联系原理为基础的。用这些科学方法所取得的每一个重大科学发现的背后，都赫然闪耀着客观世界的统一性和辩证性原理的光辉。

哲学家建立自己的理论后，也往往致力于把自己的哲学思想转化为方法，运用到各个专门学科领域中，从而对科学发生影响。例如，美国的过程哲学家，就竭力把他们的代表人物怀特海的观点、概念运用到数学、物理学、生物学、宗教、历史、美学等各个方面。结构主义涉及的范围也十分广泛，它的观点和方法也已经渗透到了语言学、文学、美学、心理学、历史学等许多学科领域。

从上面的分析可知，哲学对科学研究具有指导作用，这是哲学的一种功能，也是科学发展的必然要求。正是基于对哲学指导作用的充分肯定，所以费尔巴哈曾经正确指出：“哲学是科学的母亲。不管是古代还是现代，头等的科学家都是哲学家。”①

总之，正确认识哲学和科学相互联系、相互作用的辩证关系，对于更好地促进哲学的发展和具体科学的发展都是必要的，对于我们正确处理马克思主义哲学与现代科学的关系也有重大的启迪意义。

---

① ［德］费尔巴哈：《费尔巴哈哲学著作选集》上卷，荣震华、李金山等译，86 页，北京：商务印书馆，1984 年。

三、马克思主义哲学与现代科学的相互促进

如前所说，科学是哲学的重要基础之一，是推动哲学发展的革命力量。恩格斯在考察唯物主义哲学的发展史同自然科学的关系时得出了一个十分重要的结论："随着自然科学领域中每一个划时代的发现，唯物主义也必然要改变自己的形式。"① 这既说明了自然科学对唯物主义形式改变的决定的作用，揭示了唯物主义发展的普遍规律性，同时也为马克思主义哲学的发展指明了方向。

（一）科学推动了唯物主义哲学的发展

唯物主义世界观的发展经历了三个主要阶段：一是古代朴素唯物主义，二是近代形而上学唯物主义，三是马克思主义的现代辩证唯物主义。

1. 在古代萌芽状态的自然科学基础上产生了古代朴素唯物主义

古代朴素唯物主义把某种具体物质形态作为世界的本原，并把世界看成逐渐生成和发展起来的。这种观点是以古代萌芽状态的自然科学知识和对自然界的直接观察为基础而产生的。从本质上看，它无疑是正确的。但由于当时自然科学水平低下，不可能对自然界进行分门别类的、系统的观察和研究，因此，对世界总画面的具体描述还很模糊，常常要依靠主观的臆测来加以说明。就现代的眼光看来，它关于世界普遍本性的解释还是幼稚的，有些甚至是荒唐可笑的。

2. 在近代以机械力学为主的自然科学基础上产生了近代形而上学唯物主义

唯物主义进一步的发展形式——近代形而上学唯物主义，作为哲学发展史上的一个新阶段的出现，是在17、18世纪的欧洲。这种情况的产生是与这一时期的自然科学有了一定发展而又发展得不充分相联系的。当时，只有天文学、力学、数学达到了较高水平，其他的自然科学部门，有些处于不成熟的状态，有些则还没有形成雏形。在物理学方面，光学由于天文观察的需要发展较快，而对热、声、电、磁等

① 《马克思恩格斯选集》第4卷，228页，北京：人民出版社，1995年。

的研究还处于搜集经验材料的阶段，谈不上系统的理论研究；在化学方面，还处在刚刚借助燃素说从炼金术中解放出来的起步阶段，直到拉瓦锡在 18 世纪 70 年代建立氧化燃烧理论，才取代燃素说；这个时期的地质学和古生物学还没有超出矿物学的胚胎阶段，只有植物学和动物学的研究，由于林耐的工作，才在分类方面达到了某种程度的完成。

近代前期，自然科学起点低，只有机械力学是一门较为成熟的科学，因而人们对简单的机械运动形式的研究比较深入，于是便出现了用机械论去解释一切自然现象甚至把人也说成一架机器的状况。自然科学发展的这一状况和特点，自然也就使当时人们的思维打上了机械论的烙印。

另外，近代前期自然科学才从哲学中分化出来，多门自然科学处于搜集经验材料的阶段，科学家运用的研究方法主要是观察、实验、解剖、分析等。他们把自然界中的各种各样的存在物和现象当作一种既成的东西搜集起来，分门别类、孤立静止地加以研究。这种研究方法，相对于古代的直观和从整体上加以猜测的研究方法是一大进步，是人们对自然存在物认识的过程所需要的。然而人们却忽视了自然存在物和现象之间的联系，忽视了对存在物的产生、发展和转化过程的研究。后来，培根和洛克把这种方法加以总结和概括，并移植到哲学中来，于是也就形成了形而上学唯物主义的世界观。这种世界观在自然科学知识上高于古代希腊，但对世界总画面的理解上，有些方面却低于古代希腊。

3. 在 19 世纪自然科学三大发现基础上产生了辩证唯物主义

从 18 世纪下半叶开始，欧洲的许多国家相继进行了资产阶级产业革命，使资本主义生产由工厂手工生产向机器大工业生产过渡。生产的进一步发展为近代自然科学发展提供了许多新的事实材料。例如，望远镜的改进使人们观察天文的手段不断完善，视野大为开阔；显微镜的发明使人们对动植物结构的认识深入更深的层次；蒸汽机的发明不仅是机器大工业产生的标志，而且给科学研究提供了重要的研究课题；开矿业的发展，运河的挖掘等，使人们对地壳的构造、生物的演化都有了新的认识。

这个时期的自然科学的研究方式也起了根本的变化。近代自然科学经过 4 个世纪的搜集材料阶段，开始进入到系统整理材料和上升到理论概括的阶段。恩格斯说："事实上，直到上一世纪末，自然科学主要是搜集材料的科学，关于既成事物的科学，但是在本世纪，自然科学本质上是整理材料的科学，是关于过程、关于这些事物的发生和发展以及关于联系——把这些自然过程结合为一个大的整体——的科学。"①这样就导致了自然科学各个领域的许多划时代的重大发现，特别是自然科学的三大发现。即能量守恒和转化定律、细胞学说和生物进化论的提出。三大发现以雄辩的科学事实，深刻揭示了自然界辩证发展的性质。恩格斯说："这样，我们就能够依靠经验自然科学本身所提供的事实，以近乎系统的形式描绘出一幅自然界联系的清晰图画。"② 正因为自然科学图景的这种变化，从而为辩证唯物主义的产生提供了自然科学的根据。

近代后期的自然科学不仅以其认识功能，而且以其物质功能给辩证唯物主义的创立以重大影响。

19世纪自然科学的一个显著特征是：科学和技术相互促进，并开始走在技术前头，成为生产的向导。科学通过技术与生产的日益密切结合，使以传统的经验技术为基础的生产，改变发展成为在科学基础上的新型工业生产，从而极大地推动了社会生产力的发展，推动了自然经济向商品经济的转变。科学技术作用的突出，标志着人的主体能力的提高。通过人的劳动所实现的自然与社会日益广泛和深化的统一，以及科学技术运用于生产引起的社会巨大变迁，都进一步显示了生产力对社会发展的最终决定作用，同时显示了阶级斗争的经济根源及其对社会发展的作用，进一步暴露了资本主义社会固有的矛盾，使历史的动因和结果逐渐明朗化。这就为辩证唯物主义的产生提供了社会实践基础。

同时，在这个基础上，也产生了以社会本身为研究对象的社会学说。其中比较有价值的，是以亚当·斯密和大卫·李嘉图为代表的英国古典经济学，特别是其中的劳动价值论；19世纪法国复辟时期历史学家基佐、米涅、梯叶里等人的关于阶级斗争的学说；以及19世纪以圣西门、傅立叶、欧文为代表的空想社会主义学说。这些社会学说也

① 《马克思恩格斯选集》第4卷，245页，北京：人民出版社，1995年。
② 《马克思恩格斯选集》第4卷，246页，北京：人民出版社，1995年。

为辩证唯物主义的创立作了思想上的准备。

费尔巴哈曾说，纯粹自然科学的唯物主义虽然“是人类知识大厦的基础，但不是大厦本身”。恩格斯肯定这句话是正确的，并说：“因为，我们不仅生活在自然界中，而且生活在人类社会中，人类社会同自然界一样也有自己的发展史和自己的科学。因此，问题在于使关于社会的科学，即所谓历史科学和哲学科学的总和，同唯物主义的基础协调起来，并在这个基础上加以改造。”① 马克思恩格斯正是按照他们自己的这个思路，不仅概括了当时自然科学的成果，而且还总结了当时社会学说的全部成果，才创立了辩证历史唯物主义，实现了哲学史上最伟大的变革。

以上所论，就是在具体科学推动下，唯物主义发展的历史。

（二）现代科学推动了马克思主义哲学的发展

马克思主义哲学产生以后，还要不断吸取具体科学的新成果，加以概括和总结，不断发展自己，不断获得自己新的表现形式，否则就会停滞不前。

在这方面，列宁是一个光辉的榜样。列宁在 19 世纪末 20 世纪初自然科学最新革命的萌芽时期，面对自然科学的一系列新发现，如 X 射线、放射性、电子等的发现，认真研究了当时物理学的这些最新成就，作出了新的概括和总结，给物质概念下了一个定义：“物质是标志客观实在的哲学范畴，这种客观实在是人通过感觉感知的，它不依赖于我们的感觉而存在，为我们的感觉所复写、摄影、反映。”② 这个物质定义在表述上尽管不够圆满，但它高度概括了世界上一切千差万别的东西的共同本质，从而使世界统一于物质的原理，具有了普遍性和不可动摇性，为坚持唯物主义提供了理论武器，丰富和发展了辩证唯物主义的物质观。

与 19 世纪相比，现代自然科学的发展已使人类的视野越出宏观领域，而向着微观和宇观两个方面去深入探索物质的结构和宇宙的奥秘。人们已经能够把握基本粒子、原子、分子、生物大分子、细胞、植物、

① 《马克思恩格斯选集》第 4 卷，230 页，北京：人民出版社，1995 年。

② ［俄］列宁：《唯物主义和经验批判主义》，120—121 页，北京：人民出版社，1971 年。

动物、人类社会、星体、星系等各种物质运动形式的连续链条，从而能够更加清晰地描绘自然界的总图景。马克思主义哲学自然要依据现代科学的发展，运用现代科学技术手段，将哲学思维推进一个崭新的阶段，使之具有现代的形式。但是这种现代形式并不是推翻原来的基本原理和基本概念，而是对某些已过时的具体理论进行修改，用新的科学成果来充实、丰富和发展自己，并随着科学的进步，科学新领域的开拓，不断提出和解决新的哲学问题。

例如，相对论证明了空间、时间的客观性，对运动着的物质与其空间、时间结构的内在联系，以及物质的质量、能量和运动速度的关系作出了新的理论解释。这些发现给物质世界的统一性原理增添了新的内容。又比如，过去没有宇宙大爆炸理论，就有关于宇宙起源的哲学探讨。现在可进一步就宇宙大爆炸起源论中的哲学问题进行探讨。这样，哲学就不断向新的领域迈进。

至于系统论，不仅使系统问题成为哲学研究的对象，而且它还以一系列新范畴、新原理，比如整体与要素、结构与功能、自组织与环境因、有序与无序等对应范畴及其相关原理，丰富和发展了唯物辩证法关于世界普遍联系的思想。

控制论从质和量两个方面深刻揭示了生命、社会和人工智能这三种不同运动形式都是控制系统。这样就在无机界和有机界之间架设了一座新的桥梁，进一步深化了世界的物质统一性原理。

信息论的发展，不仅揭示了人工智能、生物、社会等领域中存在着的共同运动规律，而且进一步证明了物质世界的普遍联系，使我们对物质与意识的关系，以及对反映过程的理解大大充实了。

20世纪以来，基因论和分子生物学的发展，使人类对生命本质的研究，由细胞水平进入到大分子水平。1953年发现了遗传物质DNA双螺旋模型，60年代又弄清了遗传密码，揭示了核酸性质决定蛋白质的性质，控制蛋白质合成的机制，建立了生物遗传变异的信息概念。这比恩格斯时代所说的生命的本质是蛋白体的存在方式，又深入到了新的层次。这就要求我们对生命的本质及其运动规律作出新的概括和表述。

还有，随着控制论、信息论和电子计算机的广泛运用，机器不但能够代替人的体力劳动，而且可以部分地代替人的脑力劳动。因此，对人和机器的关系，如何从哲学角度进行重新认识，也就成为一个新的研究课题。

现代社会科学也在不断分化和发展中。不仅经济学、政治学、法学、历史学、美学、伦理学等学科不断发展，部门经济学和管理科学的各个分支，也日益显示出它们的重要性。

随着社会实践和人类认识的发展，思维科学（心理学、逻辑学、语言学）在科学体系中越来越占有重要地位。

数学既不是自然科学，也不是社会科学，但各门自然科学都离不开数学；另外，在运用数学工具研究社会生活和进行社会管理方面，也正在不断取得进展。

自然科学和社会科学的关系也在发生变化。随着人类认识和改造世界的活动的不断深入，它们之间的相互联系、相互渗透也日益加深。管理科学的形成和发展，环境科学的出现，是自然科学和社会科学相互渗透、相互交叉的明显标志。现代科学已经出现了整体化的趋势，即高度分化与高度综合的统一，从而表现了科学体系内在结构的复杂性及其发展的广阔前景。

从以上事实可以看出，20 世纪以来科学的各个部门都取得了许多新的成就，并且正在酝酿着新的突破，它必将大大地推动辩证唯物主义向前发展。同时，现代科学本身的发展也要求科学的哲学对之进行指导。

（三）马克思主义哲学对现代科学研究的指导作用

哲学是不断发展的，科学也是不断发展的。就二者的关系来说，哲学只有不断吸收科学的优秀成果，才能丰富和发展自己；同样，科学只有接受科学的哲学指导，才能如虎添翼。对于现代科学的研究来说，接受马克思主义哲学的指导，尤为重要。这是因为：

1. 马克思主义哲学是我们时代精神的精华

马克思主义哲学是在多少世代的智慧积累的基础上，在总结新的实践和科学成果的基础上产生的。它是“关于外部世界和人类思维的运动的一般规律的科学”①，这就是说，马克思主义哲学是一门科学，

① 《马克思恩格斯选集》第 4 卷，243 页，北京：人民出版社，1995 年。

它以外部世界和人类思维的运动的一般规律为自己的科学内容。马克思主义哲学在实践基础上实现了唯物论和辩证论的高度统一，实现了唯物辩证的自然观和历史观的高度统一，又坚持了在实践基础上的认识世界和改造世界的统一。这就决定了马克思主义哲学对于具体科学研究能发挥以往任何哲学所无法比拟的巨大指导作用。

在以往哲学中，虽然有过唯物主义和辩证法的朴素的结合，但是这种古代的唯物主义和辩证法，由于其本身是幼稚和不成熟的，因而这种结合对于人们认识世界的指导作用是极为有限的。后来，朴素的唯物主义被形而上学唯物主义所代替，朴素的辩证法演变为唯心主义辩证法。由前者向后者的发展，无疑是哲学思想史的重大进步，然而这个进步是以牺牲唯物主义和辩证法的统一为代价的。在形而上学唯物主义和唯心主义辩证哲学中，以形而上学表现的唯物主义和辩证法的矛盾和以唯心形式表现的辩证法与唯物主义的矛盾，曾经达到相当尖锐的程度。形而上学限制着唯物主义，唯心主义也窒息着辩证法，使得唯物主义和辩证法都不可能贯彻到底。形而上学唯物主义和唯心主义辩证法虽然对具体科学的发展起到了一定的指导和启迪作用，但其本身所具有的不科学性，又往往阻碍了科学的发展。牛顿的机械唯物主义最终走向背离科学的唯心主义神学，黑格尔的辩证唯心主义被自然科学家所诟病，就是这一方面的典型表现。

另外，以往的哲学在历史观上总体说来是唯心主义的，因而在根本上，它也不可能对社会的研究起到正确的指导作用。人类对社会生活的认识到19世纪才开始奠定科学的基础的。在马克思主义产生以前，人们虽然已经积累了有关社会历史的大量资料，但只是在社会化大生产有所发展，无产阶级成为独立的政治力量以后，才产生了对社会形态及其变革作出科学解释的可能。而这种可能之所以能转化为现实，主要在于马克思主义的产生。马克思主义历史唯物主义和剩余价值学说的创立，是社会科学发展中的根本变革的标志。由此，才能够对经济、政治、法律、艺术、道德、宗教等社会现象进行科学的分析，并逐步产生了真正科学的各门社会学说。

总之，马克思主义哲学作为唯物主义和辩证法，唯物辩证的自然观和历史观紧密结合、高度统一的理论体系，是现代科学工作者开展科学研究的最锐利的思想武器。

2. 现代科学迫切需要马克思主义哲学的指导

现代科学特别是自然科学相对于以往的自然科学具有日益理性化、综合化、人道化的特点。这些特点迫使科学家学习和运用唯物辩证法。

（1）现代自然科学日益理性化

与古代直观性的自然科学，17 和 18 世纪以搜集材料为特征的描述性自然科学，以及从 19 世纪末开始的实证性自然科学不同，现代自然科学进入了理论性自然科学的阶段。随着人们对自然本质的不断深入的认识，自然科学的理论愈来愈抽象，自然科学的发现和发展愈来愈要借助于理性的思维、科学的预言和逻辑的推导。现代自然科学发展的这一特点决定了自然科学家，“除了以这种形式或那种形式从形而上学的思维复归到辩证法的思维，在这里没有其他出路，没有达到思维清晰的任何可能。”恩格斯还以生物学的研究为例指出：“在生物学中，如果理论自然科学家愿意从历史地存在的形态中仔细研究辩证哲学，那么这一过程就可以大大地缩短。”①

（2）现代自然科学日益综合化

人类对自然的认识，经历了原始综合阶段（古希腊到中世纪）、分析阶段（文艺复兴到 20 世纪前期）和现代综合阶段（20 世纪中期以来）的发展。现代自然科学日益综合化的表现有三：一是边缘科学大量涌现；二是一系列横断科学相继产生；三是一系列综合科学雨后春笋般的出现。这些学科以特定的自然客体为对象，运用多学科的理论、知识、方法进行研究。而要进行宏大的综合研究，就不能没有辩证哲学的指导。恩格斯说：“无论如何，自然科学现在已经发展到如此程度，以致它再不能逃避辩证的综合。”否则，“就会连两件自然的事实也联系不起来，或者二者之间所存在的联系都无法了解。”② 当然，这样也就更谈不上综合了。当今自然科学的综合化趋势，基础自然科学、技术科学和生产应用科学的综合化趋势，以及自然科学和人文社会科学的综合化趋势，相对于恩格斯时代，不仅是大踏步地向前发展了，而且具有质的提升。

① ［德］恩格斯：《自然辩证法》，29、30 页，北京：人民出版社，1971 年。
② ［德］恩格斯：《自然辩证法》，12、43—44 页，北京：人民出版社，1971 年。

（3）现代自然科学日益人道化

自然科学就其本性来说，是与自然界打交道，旨在揭示自然的奥秘。但是就其功用来说，归根到底是为推动社会的发展、推动人自身的发展服务的。特别是现代科学技术的进步，对于社会的变革，对于人类的物质文明和精神文明的迅速提高，发挥着愈来愈大的作用。但是，由于自然科学本身发展的局限性，人们在应用方面的失误以及剥削阶级的干扰，也会使科学给人类带来某些负面作用。比如，核污染、核战争、生态失衡等。于是产生了自然科学与社会生活如何协调、与人的价值－情感如何协调一致的问题，也就是自然科学发展的人道性问题。这个问题已经在越来越大的程度上，成为各门科学在理论研究和实际应用上所追求的一个中心目标，而且逐渐成为各门科学发展的基线、基准。于是人道原则成为设计和评价科学研究、科学发展的标准。自然科学的研究和发展要在这个问题上求得解决，也必须有马克思主义哲学的指导。因为马克思主义哲学从根本上指明了自然与社会、自由与必然、科学和人道之间的辩证关系，能够为科学研究战略的正确决策提供指导意见。

（4）社会科学研究更需要马克思主义哲学的指导

社会科学研究的对象是人组成的社会，是人在活动中所结成的各种各样关系的总和。然而，社会作为一种关系存在是看不见的，只能借助抽象思维才能把握。另外，人们对社会问题的观察分析，直接受其立场、观点、方法的支配，即世界观、方法论的支配。比如说，在历史学科中，史料固然重要，但更重要的是历史观。如果否认历史事实的客观性，否认历史发展的规律性，而把对历史的研究建立在一连串没有事实根据，只有如果的假设的基础上（比如，如果不发生辛亥革命，那么中国将如何发展），按这种思路来进行所谓的历史研究，只能走入歧途，根本谈不上科学的研究。因此，只有遵循马克思主义哲学前进，才能对社会问题获得真理性认识。这是已被实践反复证明了的。

3. 马克思主义哲学对于现代科学的巨大指导作用已被许多科学家所认识

法国著名物理学家保罗·朗之万，在科学活动中从自发的唯物主义逐渐发展到辩证唯物主义，成为把辩证唯物主义应用于科学研究的一位杰出代表。他说："我体会到，只有在我认识了辩证唯物主义的基本观点后，才能彻底地了解物理学的历史"，"只有辩证唯物主义才可以作为引导我们的准绳。"

英国生物学家海登说："我确信，用马克思主义来研究科学的发展，各门科学间的相互联系，尤其是化学对物理，生物对化学的关系是最有价值的。马克思主义在那些本身就与变化有关的科学部门中尤其有用，例如在进化论中。"[1]

日本物理学家坂田昌一等人，非常重视恩格斯的《自然辩证法》，自觉地运用辩证法思想指导基本粒子的研究。坂田昌一在谈到恩格斯的《自然辩证法》一书时指出："恩格斯的这部著作，在我四十余年的科学研究生活中，始终为我的研究工作不断投射出瑰宝一样的光彩。"[2]他说，恩格斯和列宁的思想"确实鼓舞了我，使我敢于同把基本粒子当作物质的原始观点相抗衡，集中力量从物质的层次观点来研究复合模型"。他在谈到毛泽东的哲学著作《实践论》《矛盾论》时也说："《实践论》和《矛盾论》是经过中国革命考验的卓越的认识论和方法论，对科学研究也必然是强有力的武器。"[3]

一般系统论的创始人贝塔朗菲也承认，马克思的辩证法是他的理论先驱[4]。贝塔朗菲原来是一个逻辑实证主义者，后来他抛弃了逻辑实证主义。他说："逻辑实证主义是完完全全过时了，作废了，而一般系统论的原理和唯物辩证法的雷同是显而易见的。"[5] 因提出"信息社会"理论而著称的贝尔，尽管在许多方面并不赞成马克思，但他还是客观公正地承认，信息化这一发展的许多方面，早已被马克思所预见[6]。

我国许多科学家，如李四光、童第周、竺可桢、钱学森等，也都是自觉运用唯物辩证法指导自己的科学研究，从而作出了突出的贡献。

---

① ［英］海登：《马克思主义哲学与科学》，佘守宪、陈鄂译，40页，上海：正风出版社，1950年。

② ［日］坂田昌一：《我的经典——恩格斯的〈自然辩证法〉》，《自然科学哲学问题丛刊》，1984（2）。

③ 转引自［日］坂田昌一：《新基本粒子观的对话》，庆承瑞、柳树滋注释，张质贤译，8页，北京：生活·读书·新知三联书店，1965年。

④ 参见［奥］贝塔朗菲：《一般系统论导言》，《自然科学哲学问题丛刊》，1979（2）。

⑤ 转引自查汝强：《科学与哲学论丛》，25、26页，南宁：广西人民出版社，1980年。

⑥ 参见《人民日报》，1984年8月24日，第3版。

竺可桢深有体会地指出："只有辩证唯物主义才能够引导自然科学家正确地去认识自然，正确地把握它的规律，然后改造它。"① 由此可见，不管在东方，还是西方，关于马克思主义哲学对于科学研究的重大指导作用，已经成为许多作出杰出贡献的、严肃的科学家的共识。

（四）建立科学工作者和哲学工作者的巩固联盟

既然科学和哲学、现代科学和马克思主义哲学存在着如此密切的关系，为了更好地发展科学和哲学，就应该根据这种关系建立科学工作者和哲学工作者的巩固联盟。列宁早已提出了这个任务。列宁认为："战斗唯物主义为了完成应当进行的工作，除了同没有加入共产党的彻底唯物主义者结成联盟以外，同样重要甚至更重要的是同现代自然科学家结成联盟。"②

唯物主义和自然科学的联盟，大约经历了古代朴素唯物主义与古代自然科学的联盟、近代机械唯物主义与近代自然科学的联盟，以及辩证唯物主义与现代自然科学的联盟这三个发展阶段。这三个阶段的联盟呈现出自发到自觉的递进过程，辩证唯物主义和现代科学的联盟，是在更高基础上的自觉的亲密的联盟。

为了实现这个联盟，作为一个自然科学家，就应该像列宁所说的那样："自然科学家就应该做一个现代唯物主义者，做一个以马克思为代表的唯物主义的自觉拥护者，也就是说，应当做一个辩证唯物主义者。"③

科学工作者怎样做一个自觉的辩证唯物主义者呢？这不仅要求科学工作者要在科学实践中、从科学所揭示的一些规律中，去认识和树立辩证唯物主义的世界观，而且要学习马克思主义哲学，学习一点中外哲学史，继承前人遗留下来的一切优秀哲学成果，吸取古希腊哲学、文艺复兴时期的哲学、17 和 18 世纪英国和法国哲学，以及 19 世纪的德国古典哲学，乃至当代西方哲学流派中的某些合理因素。同时，还应该学习中国哲学史，从先秦诸子哲学一直到近代哲学，都应该有所

① 竺可桢：《竺可桢科普创作选集》，189 页，北京：科学普及出版社，1981 年。
② 《列宁专题文集·论辩证唯物主义和历史唯物主义》，327 页，北京：人民出版社，2009 年。
③ 《列宁专题文集·论辩证唯物主义和历史唯物主义》，327 页，北京：人民出版社，2009 年。

了解。只有通过系统的理论学习和研究，从根本上提高哲学素养，激发对哲学的兴趣，才能在任何情况下，都不会为一时挫折而损伤心目中的马克思主义哲学的形象，才不会为某些偏见和迷信蒙住眼睛，才能在总结科学的新发现、新理论、新思想的基础上，在探索自然科学和社会科学、思维科学等最新成果的哲学问题中，不断丰富和发展马克思主义哲学。

为了实现这个联盟，每一个哲学工作者也应该懂得，当代科学发展的整体化趋势和社会主义现代化建设事业对我们提出了更高的要求。即不仅需要我们在专业的领域内积极进取，而且要不断从科学的最新发展中吸取营养，了解当代各门具体科学所取得的新成果与发展的新趋势。我们只有在不断概括各门具体科学的最新成果中，才能丰富和发展马克思主义哲学，我们的哲学才能跟得上科学发展的进程，也才能给具体科学的发展以正确有力的指导。在这一点上，我们要向马克思恩格斯学习，学习他们那种认真分析和概括具体科学成果的马克思主义方法，学习他们那种马克思主义的战斗精神和科学态度。

每一个科学工作者和哲学工作者都应该深深认识到，在自然科学和哲学社会科学日益整体化、综合化的今天，特别是在建设中国特色社会主义事业这一伟大的历史任务面前，比过去任何时候都更需要科学工作者和哲学工作者的通力合作和奋发努力，共同担负起历史赋予的使命。唯其如此，才能使哲学充满活力，使科学繁荣发展，才能在共同服务于社会主义物质文明和精神文明的建设中取得出色的成就。在现阶段，不仅许多理论问题的解决，需要科学工作者和哲学工作者联合起来，共同磋商研究，随着自然科学和社会科学的相互移植、相互渗透，许多现实问题的研究也需要科学工作者和哲学工作者的共同努力和联合攻关。人口问题、生态问题、环境保护问题，乃至许多重大建设工程的规划、决策等，这些关系国计民生的大问题，都需要对整个社会进行综合的治理，需要对自然、社会各个方面的相关因素作出综合的分析和考虑，然后才能作出真正科学的决策。

总之，在现代社会条件下，马克思主义哲学的大放异彩和具体科学的竞相争艳，都有赖于哲学工作者和科学工作者自觉地结成紧密的联盟。

第八章　哲学与政治

哲学不同于自然科学，但它又是对包括自然科学在内的各门具体科学的概括和总结，因而哲学具有科学性。这一属性从一个侧面把哲学与宗教根本区别开来。但哲学和宗教都是对一定经济和政治的反映，所以又都具有意识形态性。而这一点，又从一个侧面把哲学与自然科学根本区别开来。哲学集科学属性和意识形态属性于一身，与此相联系也就决定了哲学具有二重性的社会职能：一是科学职能，二是政治职能。因此，哲学既不等同于政治，也不完全从属于政治。哲学和政治都属于上层建筑范畴，它们都依赖并服务于经济基础。经济基础的性质影响、制约着哲学和政治的性质和特点。在上层建筑中，政治是核心，起着支配、决定作用。因而哲学除了受制于经济基础外，还受制于政治。同时，哲学也反过来影响政治，影响着政治的变革、巩固和发展。为了正确理解哲学与政治的关系以及它们的相互作用机制，必须对哲学的社会职能的两重性有一个了解。

一、哲学的两重社会职能

哲学具有两重社会职能，那就是哲学的科学职能和政治职能。这两重社会职能分别根源于或根据于哲学的两重属性。

（一）哲学科学职能的根据

这个根据就是哲学的科学属性。

关于哲学的科学属性，陈先达发表了很好的见解①，我是很赞成的。这里结合自己的理解，做一些说明。

---

① 陈先达：《重视人文科学在文化建设中的地位和作用》，《高校理论战线》，1997（11）。

为了说明哲学的科学属性，我们先一般地谈谈什么是科学属性或曰科学性。

1. 关于科学性

科学从其形成来说，是在社会实践基础上探索客观世界的活动；从其内容来说，它是对客观现实及其规律的正确反映；从其表现形式来说，它是通过概念、判断、假说和推理等逻辑思维形式表现出来的知识系统，是形成理论体系的各种知识的总称。

从内容与形式的辩证关系来说，相对于形式，内容具有根本性、决定性。因此，一切科学之为科学，其根本方面在于它的内容的客观性。也就是说，科学性就是指认识内容的客观性。或者说，认识中包含了不以人的意志为转移的客观内容。一切科学，其内容都具有客观性，所以，一切科学都具有科学性。科学是以发现真理、创造知识为内容的社会意识形式，其核心和实质就是提供对一切客观对象本身的真实面貌和规律的认识。

我们面对的世界是包括自然、社会和思维在内的统一体，它分别是由不同科学来研究的。这些学科的共同属性是科学性。即其内容是客观的，分别说来：

（1）自然科学本身的内容是客观的

自然科学以自然为对象，它研究自然规律以及人对自然的技术利用关系。尽管人们的世界观会影响自然科学的发现，尽管不同的阶级在利用自然科学成果时，要受到阶级利益的制约，但自然科学本身的内容还是客观的，不以人们的立场、阶级的观点为转移。因此自然科学本身没有阶级性，不是为某个阶级服务的社会上层建筑，它也不会直接随着社会经济关系的变革而改观。在一个大气压的条件下，水到100℃就沸腾，这一物理学的科学真理，对不同阶级的人们来说是一样的。认为自然科学有阶级性，例如把物理学分为资产阶级物理学或无产阶级物理学，是没有根据的。苏联农学家李森科，把关于生物遗传学的基因理论扣上“反动的”的帽子，至今还是人们谈论的笑料。

（2）社会科学也包含了不依人的意志为转移的客观内容

与自然科学不完全相同，社会科学有其特殊性。社会科学反映人们之间的相互关系和人们的社会地位，与生产关系、社会制度以及社会管理相联系。因而在阶级社会中，阶级利益不能不对社会科学发生重大影响。不同社会和阶级的研究者的立场、观点、方法不同，也必然会反映到所研究的学科上，使社会科学打上阶级的印记，具有阶级性。如上所说，虽然不能把物理学分为资产阶级物理学或无产阶级物理学，但对社会科学，比如经济学，却可以分为资产阶级经济学、无产阶级经济学；政治学也可以分为资产阶级政治学、无产阶级政治学。

在看到社会科学与自然科学在个性上相互区别的一面以外，还应该看到它们共性的方面。这表现在，社会科学和自然科学一样，都包含了不以人的意志，不以某一阶级、某一集团的意志为转移的客观内容。社会科学以社会的结构关系、规律为对象，如经济学研究经济规律、政治学研究国家和阶级相互联系的规律、军事学研究战争的规律等。如果某一作者宣称他的著作是关于经济的著作，而这一著作根本不研究经济规律，不反映经济规律，而是纯粹的主观编造，那么人们拒绝承认这一著作是经济学著作是理所当然的。这一著作也就不可能具有服务于本阶级的价值功能，对其他阶级的人们也不可能具有认识上的借鉴意义。马克思讲到资产阶级古典经济学时，曾经肯定了它的多方面的理论贡献，特别是它的劳动价值论，因而古典经济学成为马克思主义的三大来源之一。《孙子兵法》是我国战国时代的大军事家孙武所著的一部军事学著作。它深刻地揭示了战争的规律，不仅中国人把它视为军事科学的瑰宝，而且走向了世界，被翻译成多种文字，广为流传。

2. 哲学具有作为科学的一般性

哲学与自然科学、社会科学也有不同之处。哲学学说都有鲜明的个性，即体现了研究者的民族性和个人性。我们不能说，中国物理学、中国经济学，但我们可以说，中国哲学、德国哲学、英美哲学，甚至以人命名，老子哲学、庄子哲学、黑格尔哲学、费尔巴哈哲学等。但是哲学个性仍然是与一般相联系的。或者说，具有个性的哲学同样包含了科学的一般性，即科学性。这表现在：

（1）哲学和科学一样都要以事实为根据

因为哲学作为自然知识、社会知识和思维知识的概括和总结，不管其如何抽象，如何思辨，如何远离事实，但只要真正有价值的哲学，即使是唯心主义哲学，也都是以不同方式概括人类实践的成就，概括它所处的时代的自然科学、社会科学、思维科学的成就而产生。也就是说，一切科学都要以事实为根据，哲学同样要以事实为根据。

（2）哲学和科学一样都以规律为对象

科学是揭示规律的，不揭示规律就没有科学。哲学所反映的是关于世界的普遍联系的规律。任何一种学说只有反映关于世界普遍联系的规律，才能称之为哲学学说，因而它总是多多少少含有科学的成分。例如，黑格尔哲学，当然属于黑格尔，属于黑格尔所处的那个时代，它的特征是以绝对观念作为自己哲学阐述的对象和立论的根据。但是使黑格尔哲学成为人类宝贵精神财富的不是绝对观念，而是它通过绝对观念自我运动的方式，所猜测到的世界和社会运动的辩证规律，如对立统一规律、量变质变规律和否定之否定规律。恩格斯高度赞扬黑格尔在历史上第一次以唯心主义方式阐述了辩证法的规律。如果黑格尔仅仅提出绝对观念而不以绝对观念的方式阐述规律性的东西，那他就不是一个大哲学家，甚至是一文不值的狂人。关于这一点，黑格尔也曾声称："我的哲学的劳作一般地所曾趋赴和所欲趋赴的目的就是关于真理的科学知识。"①

同样，老子哲学也是个性化的，它是中国古代的，而且由老子创立的。它的特色是以道为本体来阐述它的哲学思想。老子哲学的伟大之处正在于，他通过"道"这个范畴确立了辩证宇宙观。他讲的道生一，一生二，二生三，三生万物，讲曲则全，枉则直，讲有无相生，长短相成，讲飘风不终朝，骤雨不终日，等，这都是讲宇宙的普遍规律。如果没有这些，老子就不成其为世界名人。

不要说，黑格尔哲学、老子哲学这些比较系统的有价值的哲学具有科学性，就是古老的"万物有灵"这样的幼稚的哲学观点，也包含了某种合理因素。认为万物中有灵魂，万物中都有意识现象，当然是错误的，但认为其中有某种"反映特性"则是正确的。正如列宁所说的："假定一切物质都具有在本质上跟感觉相近的特性、反映的特性，这是合乎逻辑的。"② 正是在一切物质中"反映特性"的长期发展，才形成人所特有的意识现象。也可以说，人类产生以前存在于物质中的各种反映特性构成了人类认识这种反映特性的潜在可能。

① ［德］黑格尔：《小逻辑》，贺麟译，5页，北京：商务印书馆，1980年。

② ［俄］列宁：《唯物主义和经验批判主义》，81页，北京：人民出版社，1960年。

（3）哲学与科学一样也是以实践为标准

凡属于理论范围的论断，都是可以证实或被否决的。不能检验的只能是宗教教义，这不属于理论而属于信仰的范围。哲学思维的结论是可以在实践中验证的。对哲学思维结论的真理性的检验，包含着这样两个方面：一方面是总体的，另一方面是部分的。所谓哲学理论的总体检验，是指当科学家或社会活动家把某种哲学当作自己实践活动的世界观和方法论指导的时候，他们的活动达到了预期的目的，获得了理想的效果，那么这种哲学理论总体的真理性就得到了一定的证明，否则就受到了实践的反驳。所谓哲学理论的部分检验，是指对哲学的概念、命题和原理等诸要素的直接对应性检验。比如，对世界的可知性这一哲学观点，就是通过人们在千百次的实践中把自在之物转化为为我之物而得到检验的。恩格斯曾经针对康德主义关于“自在之物”不可知的观点，明确指出：“对这些以及其他一切哲学上的怪论的最令人信服的驳斥是实践，即实验和工业。既然我们自己能够制造出某一自然过程，按照它的条件把它生产出来，并使它为我们的目的服务，从而证明我们对这一过程的理解是正确的，那么康德的不可捉摸的‘自在之物’就完结了。”①

当然，哲学思维的结论要在实践中检验，并不是说，哲学结论会通过实践获得完全的证明和检验。因为哲学结论都是包含无限性内容的命题，特别像物质的无限性这样一些命题，是不能由某些实践直接检验的，而是在人类的长期实践中，由科学史的全部总和来检验的，是由实践基础上形成的逻辑证明来检验的。

总之，哲学作为一种社会意识形式，除了有它的个性以外，还有与其他科学相一致的方面，即它们都具有科学属性。

哲学除了有作为其科学职能根据的科学属性以外，还有作为其政治职能根据的另一属性，即意识形态性。

（二）哲学政治职能的根据

如上所说，这一根据就是哲学的意识形态性。

① 《马克思恩格斯选集》第4卷，225—226页，北京：人民出版社，1995年。

1. 关于意识形态性的本质规定

“意识形态”一词来源于古希腊文的“观念”和“学说”。19 世纪法国的德特拉希所著的《意识形态概论》中，首次使用了这个概念。当时的“意识形态”被看作考察观念的普遍原则和发展规律的学说体系，是思想家在思维中独立形成的。后来，马克思恩格斯在自己的著作中曾多次使用这个词。在他们那里，这个词是在两种意义上使用的：一是特指，即当时德国流行的受黑格尔哲学影响的思辨唯心主义；二是泛指，即与社会存在相对应的社会意识的一部分，是系统地、自觉地反映社会经济形态和政治制度的思想体系。在现代生活中，“意识形态”大半不具有泛指“一般观念的学说体系”的意义，也不是专指哪一种思想体系的特殊意义，而是指谓同人们的社会经济基础、利益、立场和主张相适应的思想体系。

社会意识形态的本质是人们的社会价值观念体系。即由人们的社会地位主要是经济地位所决定的、以反映人们的社会价值取向和历史选择为特征的思想体系。它包括人们在社会一切价值生活领域中的立场、观点、主张等精神生活倾向。如艺术观念、道德观念、政治法律思想、宗教态度、哲学倾向、经济主张等。在这些方面，由于所联系的生产方式、经济基础不同，具体的社会关系、社会地位和阶级利益不同，因而不同阶级有不同的社会意识形态。

因此，在阶级存在的情况下，社会意识形态总是有阶级性的，总是一定阶级、阶层的意识形态或思想体系。同时，正是由于一定意识形态是反映一定经济形态和政治形态并为之服务的，所以由一定的经济基础所决定的上层建筑中，总是包含由同一基础所决定的政治上层建筑和意识形态构成的观念的上层建筑。正如马克思所指出的：“在不同的占有形式上，在社会生存条件上，耸立着由各种不同的、表现独特的情感、幻想、思想方式和人生观构成的整个上层建筑。”① 对此，诺贝尔经济学奖获得者诺斯也肯定说：“意识形态是普遍存在的，不限于哪个阶级”，“马克思认为，‘意识’依赖于人在生产过程中的地位，这一见解是解释‘阶级意识’发展方面的一项重要贡献。”②

① 《马克思恩格斯选集》第 1 卷，611 页，北京：人民出版社，1995 年。

② ［美］诺斯：《经济学史上的结构与变革》，厉以平译，50、52 页，北京：商务印书馆，1992 年。

由此可见，所谓意识形态性，是指观念体系所内含的社会主体的价值取向性，是对代表一定社会主体利益的经济制度和政治制度的反映性和服务性。这种反映性和服务性在阶级存在的情况下，集中地表现为观念体系的阶级性。

2. 哲学意识形态性集中表现为其阶级性

哲学的意识形态性是指哲学作为思想上层建筑的一个重要部分，它是通过社会人的切身目的和利益的棱镜来从世界观上反映现实的。在阶级社会中，这些切身目的和利益表现为彼此对立的阶级的切身目的和利益，世界观立场永远或此或彼地决定于阶级的立场，所以哲学具有强烈的意识形态性，服从于进步阶级或反动阶级的社会意向的肯定和对这些阶级进行意识形态的论证。因此，在阶级社会中，哲学的意识形态性集中地表现为哲学的阶级性。

所谓阶级性，指的是对立阶级或不同阶级所体现出来的根本对立或不同的阶级情感、阶级意志、阶级斗争原则等阶级的基本属性。哲学的阶级性，其含义是指哲学总是一定阶级利益的反映并为一定阶级服务的。哲学上的党派斗争往往也是阶级斗争的哲学表现。对此，恩格斯曾经指出："一切历史上的斗争，无论是在政治、宗教、哲学的领域中进行的，还是在其他意识形态领域中进行的，实际上只是或多或少明显地表现了各社会阶级的斗争。"① 列宁在说明哲学党性原则时，也强调指出，哲学上的党派斗争，"归根到底表现着""社会中敌对阶级的倾向和思想体系"②。

翻开哲学发展的历史画卷，真可谓学派林立，旗号繁多，但一如它们都不能逃脱唯物主义和唯心主义两个阵营一样，它们也必然要反映和代表一定阶级的利益，超阶级的哲学并不存在。例如，以动摇为特征的亚里士多德哲学，代表了古希腊中等贵族奴隶主的利益。从康德到黑格尔、费尔巴哈的德国古典哲学，则是18世纪末19世纪初德国资产阶级利益在革命前夕的反映。至于马克思主义哲学与无产阶级利益的联系就更加密切了。马克思有一句脍炙人口的名言："哲学把无产

---

① 《马克思恩格斯选集》第1卷，583页，北京：人民出版社，1995年。

② ［俄］列宁：《唯物主义和经验批判主义》，360页，北京：人民出版社，1960年。

阶级当作自己的物质武器。”[①] 说的就是他们创立的新哲学，即后来获得命名的辩证唯物主义和历史唯物主义哲学与无产阶级的紧密联系。现代西方哲学，不论是存在主义，还是实用主义，以及形形色色标榜自己“超阶级”的哲学，都在不同程度，或从不同侧面反映着现代资产阶级的利益、要求和愿望。

唯物主义和唯心主义的斗争归根结底反映了阶级利益的冲突和敌对阶级的倾向和思想体系，这一马克思主义的观点，甚至连马克思主义以外的哲学流派也有所认识。例如，罗素与杜威的互相指责是意味深长的。罗素揭露了杜威的实用主义哲学很适合美国资本主义。这引起了杜威的愤怒的反应，他反唇相讥，说罗素的哲学与英国地主贵族的利益有联系[②]。在这里，我们不去评论其中的是非曲直。但有一点是可以肯定的，即在阶级社会中，哲学与一定阶级的利益相联系并不是虚妄之言。阿尔都塞也说：“从柏拉图以来，所有历史上伟大的哲学家都是谈政治的。甚至大资产阶级哲学家……他们或多或少地都承认搞哲学实际上都是在理论领域中搞政治。”[③] 当然哲学作为远离经济基础的意识形态，它与阶级利益的联系不是简单直接、一目了然的，在这里切忌简单化、庸俗化。

（三）哲学的科学性与意识形态性的统一

哲学的科学性与意识形态性的关系，是知识与评价、真理与价值的关系在哲学中的表现。在人类实践中，价值和真理彼此不是割裂和绝对对立的，而是辩证统一的；在人类认识中，评价与认知彼此也不是割裂和绝对对立，而是辩证统一的。这种辩证统一，在哲学意识中的表现就是哲学的科学性和意识形态性的辩证统一。从一般意义上来说，某种哲学的意识形态作用往往制约着此种哲学的科学性。反之，某种哲学科学性的程度，往往也会强化或减弱此种哲学的意识形态作用。

---

① 《马克思恩格斯选集》第1卷，15页，北京：人民出版社，1995年。

② 参见［英］罗素：《西方哲学史》下卷，马元德译，423页，北京：商务印书馆，1976年。

③ ［法］阿尔都塞：《自我批评论文集》，杜章智等译，83页，台北：台湾远流出版事业公司，1991年。

哲学的科学性与哲学的蒙昧性是一对矛盾，标示哲学意识形态性的先进性、革命性与保守性、反动性也是一对矛盾。就这两对矛盾的关系来说，哲学的蒙昧性与哲学意识形态的保守性、反动性是一致的，哲学的科学性与哲学意识形态的先进性、革命性是一致的。

一个阶级（这里指的是剥削阶级）处于进步的时期，比较富有进取精神，就会比较重视哲学作为理性思维的作用，重视对最新科学成果进行概括和总结，形成某种带有启发性的哲学来表达自己进步的阶级要求。这种哲学尽管表现形式多种多样，有的甚至是唯心主义的，但总体来说，总能启发人们的智慧，给人们以某种理论思维的教益。因此，处于进步时期的剥削阶级，代表其利益的哲学能够在某种程度上实现哲学的科学性与哲学意识形态的先进性、革命性的统一。

反之，一旦这个阶级开始走下坡路，由先进向落后，甚至向反动转化时，为了使人们丧失对于现实的鉴别能力，为了维护它的已经过时的统治，它就常常转向一种反理性的哲学乞灵，常常转向哲学蒙昧主义。因此，处于没落时期的剥削阶级，代表其利益的哲学从总体上来说，是缺乏科学性的哲学，哲学的科学性和哲学意识形态的保守性、反动性处于深刻的分裂和尖锐的对立之中。

只有在人类历史上最先进最革命阶级的哲学——马克思主义哲学体系中，才实现了哲学的科学性和哲学意识形态的先进性和革命性的全面、自觉和高度的统一。马克思主义哲学以外的其他哲学，多数属于剥削阶级的意识形态，所代表的是剥削者的利益，是为剥削制度作论证。这就决定了它有程度不同的狭隘性和虚伪性，它把本来只是为一个阶级服务的哲学标榜为全民的哲学。与此相反，马克思主义哲学则公开宣布自己代表无产阶级从而代表全体人民的根本利益，是为消灭资本主义和一切剥削阶级，建设社会主义和共产主义这一最革命、最进步的事业提供武器。所以马克思主义哲学是无产阶级世界观的理论表现。正如列宁所指出的："马克思的哲学是完备的哲学唯物主义，它把伟大的认识工具给了人类，特别是给了工人阶级。"①

马克思主义哲学之所以具有彻底的革命性，正因为它具有高度的科学性。马克思主义哲学来自实践，是对实践经验特别是无产阶级革

① 《列宁专题文集·论马克思主义》，68页，北京：人民出版社，2009年。

命斗争经验的总结，并随时接受实践的检验，在实践中修正、补充、丰富和发展自己。因而它是正确揭示自然、社会和人类思维的一般规律的科学真理。在马克思主义哲学中，科学性是革命性的必要前提和保证，而革命性则是科学性的必然结论和归宿。离开马克思主义哲学的科学性，也就不能完成马克思主义哲学的革命使命。只有坚持无产阶级革命立场，坚持马克思主义哲学的革命性，与唯心主义、形而上学，与一切迷信和谬误进行不妥协的斗争，才能树立科学的世界观，才能坚持马克思主义哲学的科学性。

因此，在马克思主义哲学中，科学性和革命性是完全统一的。正如列宁所深刻指出的，马克思的“理论对世界各国社会主义者所具有的不可遏止的吸引力，就在于它把严格的和高度的科学性（它是社会科学的最新成就）和革命性结合起来，并且不仅仅是因为学说的创始人兼有学者和革命家的品质而偶然地结合起来，而是把二者内在地和不可分割地结合在这个理论本身中”①。

（四）克服两种根本对立的观点

在哲学的科学性与意识形态性的关系上，有这样两种片面观点，它们分别从两个极端把哲学的科学性和意识形态性根本对立了起来。

一种观点，只看到哲学的意识形态性和哲学的阶级功能，否认哲学的科学性，否认哲学的人类文化功能。这是一种很流行的观点，认为讲科学性就不能讲意识形态性，反之，讲意识形态性就不能讲科学性。在这种观点看来，哲学作为一种意识形态，是与科学无缘的。例如，费歇尔说，只有科学和真理有关，意识形态只是一种主观的认识，虚假的意识。阿里丢耶尔也宣称，科学和意识形态执行着不同的职能，它们没有什么逻辑联系，意识形态是硬塞给多数人的，关于周围世界的歪曲观念。“西方马克思主义者”阿尔都塞、列斐伏尔和南斯拉夫的“实践派”哲学家，也都把科学和意识形态绝对对立了起来。

如前所说，作为意识形态的哲学，不管是什么哲学都具有一定的认识价值，多少反映了客观真理，即使是代表了没落阶级利益的哲学，

---

① 《列宁专题文集·论辩证唯物主义和历史唯物主义》，213、214页，北京：人民出版社，2009年。

也会包含点滴的认识价值。任何哲学，即使基本上是荒谬的哲学，只要称为“哲学”，就有或多或少的可取之处，就会包含人类实践和认识所认同的共同的东西。否则就不是哲学，而只能是纯粹的胡话和疯话。黑格尔说，没有纯粹荒谬的哲学，哲学史也不是死人的战场，任何哲学都有一些东西被扬弃而保留了下来。可以说，哲学史就是关于整个世界的一般规律的真理性认识不断积累、不断丰富的历史。

另一种观点，则只看到哲学的科学功能，认为哲学只是智慧之学，主张对哲学进行超脱政治的“纯理论研究”。这种观点从另一个极端割裂了哲学的科学性与意识形态性的关系，是十分片面和有害的。西方曾经甚嚣尘上的“非意识形态化论”，所持有的就是这类观点。资产阶级社会学家用了很大力气来宣扬“意识形态终结”的观点。“打倒意识形态”的口号，曾得到了不少西方哲学家和历史学家、社会学家的响应。他们的目的是否定意识形态的阶级功能，尤其是否定社会主义意识形态的阶级功能。阿隆在《知识分子的鸦片》一书中公开说，意识形态的终结是意味着马克思主义对于广大居民阶层，首先是对知识分子影响的终结。美国著名社会学家克里斯托尔在评论贝尔的《意识形态的终极》时也直截了当地指出，贝尔把“意识形态”的终结，首先理解为社会主义理想的崩溃。

然而，当“意识形态的终结”论调喧闹不久，在西方就出现了“再意识形态”论。不少西方学者和政治活动家不仅承认在现代世界复杂的政治进程中，意识形态具有重要作用，而且还强调，哲学和世界观基础对于资本主义国家政党活动和政府内外政策的重要性和必要性，认为这是确定方向和控制行为的工具。哲学的意识形态性这是一个客观存在，不是由任何人主张终结就终结得了的。尽管“意识形态终结论”和“再意识形态论”不过是资产阶级意识形态的反映，但是“再意识形态论”对“意识形态终结论”的取代，也从一个侧面说明了“意识形态终结论”的破产。

正确认识哲学的科学性和意识形态性的关系，为我们正确认识哲学和政治的关系提供了基本的理论前提。这个前提就是，哲学作为对整个世界的一般规律的认识，人类实践和各种具体科学的发展是哲学发展的条件和动力，其中，社会政治实践只是哲学发展的一种条件和动力。哲学作为科学性和意识形态性相统一的意识形态，它具有多方面的功能，哲学的政治功能只是其中的一个方面的功能。另外，作为哲学的意识形态性的外在表现的社会政治职能的有效性，在很大程度上还受到哲学的科学性的制约。

那么哲学和政治的关系到底如何呢？它们是相互联系、相互制约、相互作用的关系。这里先来谈谈政治对哲学的影响和作用。

二、政治对哲学的影响和作用

政治是与阶级和国家相联系的概念。政治是一定阶级或社会集团建立自己的统治和利用国家政权维护自己统治的全部活动。即社会中的各个阶级、社会集团和政党组织为夺取政权和维护自己统治的全部活动都属于政治范畴。其他诸如经济的、文化的、管理的、教育的等活动，就其与建立和维护政治统治直接相关联的意义上，也可称为政治活动，不过，那是广义的政治活动。另外，政治的参与者不仅包括统治阶级，而且包括被统治阶级；不仅包括进步的、革命的阶级和集团，而且包括保守的、反动的阶级和集团。因此从政治活动的主体，以及与之相联系的政治活动的性质来说，既有统治阶级维护自己统治权的政治，也有被统治阶级夺取统治权的政治；既有进步的革命的政治，也有保守的反动的政治。

在阶级社会中，不同阶级、集团的人们，为什么要围绕着国家权力进行不断的政治斗争呢？这是因为政治是经济的集中表现。也就是说，旧的统治者对于旧的生产关系及其经济利益的维护，集中地表现在对政权的维护；先进阶级对新的生产关系和经济利益的维护，也集中表现在夺取政权上。在这个意义上，列宁说："政治同经济相比不能不占首位。不肯定这一点，就是忘记了马克思主义的最起码的常识。"①

正因为国家政权和围绕国家政权所进行的政治斗争关系各个阶级的生死荣辱，并由此关系一个民族的兴衰存亡，为了有效地进行政治斗争，就形成了反映各阶级利益的自觉意识，即各种形式的意识形态。所以，恩格斯说，国家是"第一个支配人的意识形态力量"②。又因为

① 《列宁选集》第4卷，407页，北京：人民出版社，2012年。

② 《马克思恩格斯选集》第4卷，253页，北京：人民出版社，1995年。

在各种意识形态中，“哲学是一定阶级意识形态的集中表现”①，是一定阶级利益的集中的理论反映，所以它受到作为经济的集中表现的政治的巨大影响。正如恩格斯所指出的：“对哲学发生最大的直接影响的，是政治的、法律的和道德的反映。”② 英国哲学家罗素也说：“哲学乃是社会生活与政治生活的一个组成部分：它并不是卓越的个人所做出的孤立的思考，而是曾经有各种体系盛行过的各种社会性格的产物与成因。”③

就政治对哲学的影响和作用来说，主要表现在以下几个方面。

（一）政治需要促进哲学的产生

政治为哲学的产生提供了一定的背景和客观的需要，从而使哲学学说直接或间接地反映一定阶级的根本利益，贯穿着一定的政治倾向。

这里所说的哲学产生的政治背景和政治需要，是指一定的政治环境、政治斗争情势和维护一定阶级利益的政治斗争的需要，作为一个方面的原因，促进了某种哲学的形成。

例如，在中国古代社会漫长的历史发展中，形成了奴隶制国家。夏朝、商朝统治者为了维护自己的统治，为了为自己的统治寻找精神支柱，从而论证其统治的合理性、合法性，就利用氏族社会遗留下来的图腾崇拜的巨大影响，创立了唯心主义天命观。认为“天帝”是整个自然、社会的主宰，声称他们的政权也是得之于“天命”的。如《尚书·召诰》记载说：“有夏服（受）天命。”所以要“率民以事神，先鬼而后礼”。奴隶主贵族统治者还经常利用“天罚”来威吓人民，假托神意迫使奴隶等去从事战争、耕作和贡纳财物。在这里，唯心主义天命观成了夏、商统治者根本利益的集中反映。

一定的哲学不仅是在一定的政治背景和政治需要中产生的，而且也是随着政治背景和政治需要的变化而改变的。比如，夏、商、周三朝虽然都信奉唯心主义天命观，但还是有区别的。夏朝、商朝统治者所信奉的是天帝绝对主宰的天命观，西周统治者所信奉的则是天人感

① 《毛泽东哲学批注集》，310页，北京：中央文献出版社，1988年。

② 《马克思恩格斯选集》第4卷，704页，北京：人民出版社，1995年。

③ ［英］罗素：《西方哲学史》上卷，何兆武、李约瑟译，1页，北京：商务印书馆，1963年。

应的天命观。之所以会发生这样的变化，是因为周人鉴于商朝覆灭的教训，深感“天命靡常”，即天帝并不会把政权专授于一朝一姓，无德的统治者可以丧失天帝授予的政权，而转授给有德之人。周人之所以能取代商而执掌政权，就是因为周人对民众广施仁德，因而得到天帝的垂爱，这从而也就为周代商的社会变革提供了世界观的论证，满足了其进行有效统治的需要。于是周人得出结论说，为了达到“祈天永命”的目的，就必须懂得“天视自我民视，天听自我民听”，因而，务须力行“敬德”“裕民”，做到“以德辅天”“唯德是辅”。

这种天人感应型天命观体系的形成，不仅对夏商时代的天帝绝对主宰的天命观是一种重要的修正和补充，而且这种哲学观点移植到政治领域也引发由天命神治向辅之以德的人治的转移。这对于后世的哲学思想和政治思想的发展都有着深远的影响。

又比如，实用主义是一种地地道道的美国式哲学。早期美国人，除土著人以外，大都是欧洲移民。从古希腊哲学家一直延续到近代的欧洲哲学传统是注意客观性，通过真理的追求去寻找人类生存的意义。而实用主义一反这一哲学传统，它从主体的功利性去理解真理。之所以会发生这种哲学的转向，从而产生实用主义这种哲学思潮，可以从美国的社会生活和政治生活中去求得说明。

美国的早期移民，是在没有多少历史负担的条件下，在没有遇到像欧洲那样强大封建势力阻碍的情况下，顺利地发展资本主义的。因此，美国的资产阶级经济制度和政治制度都比较纯粹地体现了美国资产阶级的利益，资产阶级民主自由的口号也喊得最起劲。而隐藏在这些口号后面的资产阶级个人主义和利己主义也表现得最直接、最彻底。他们在民主、自由的口号下，放任地追逐个人的发展，“成功”“利益”“效用”既表现了早期移民在创业时期所形成的务实和首创精神，又表现了资产阶级把人与人之间的一切交往都看作谋取个人私利的手段，把人与人之间的关系变成买卖、契约关系。这种情况使美国资产阶级哲学的主要任务必须是直接论证资产阶级所追逐的个人私利。实用主义的一整套理论迎合了美国资产阶级的需要，从而获得了在美国产生和长期占统治地位的社会根据。

(二) 政治需要影响哲学作用发挥

历史上唯物主义和唯心主义的社会作用不是一成不变的。马克思曾经指出："理论在一个国家实现的程度，总是决定于理论满足这个国家的需要的程度。"① 这一原则，对于哲学同样是适用的。如果某一哲学能满足社会的需要，特别是满足一定阶级的政治需要，这一哲学理论就会选择成为这一阶级的思想武器，甚至成为某种意义上的"显学"而充分发挥作用。反之，就会受到冷落，以至默默无闻。而在变化了的社会需要和政治需要的情况下，原来受到冷落的某种哲学也可能一下子受到礼遇。相反的情况也并不少见。

在西方，古代的多元哲学发展到中世纪，由于神权高于政权的封建社会需要用繁琐的抽象理论来论证上帝的存在与至上。此外，中世纪是从粗野的原始状态发展而来。北方野蛮的日耳曼民族征服了西罗马帝国，同时也把古代文明、古代哲学、政治和法律一扫而光。因而封建统治者选择了古代遗留下来的基督教，并结合统治者以宗教为精神支柱的需要，去改造柏拉图哲学、亚里士多德哲学，从而建立起自己的经院哲学。

在中国，春秋战国是群雄争霸的变革时代，孕育产生了先秦多元哲学，诸子百家，争妍斗胜。然而由乱而治，由纷争而统一的历史走向，选择了法家斗争哲学。秦王嬴政看到韩非的文章，声称得韩非而瞑目，后终得如愿，并推行其哲学与法家路线而建统一大业，结束数百年纷争。这是当时中国历史、中国政治对哲学的一次重大选择。

一统天下的建立是中国历史、中国政治的大转折。如何巩固大统一，以使政权长治久安，中国历史、中国政治又对哲学进行了一次重新选择。鉴于斗争哲学虽然带来了统一大业却又葬送了秦王朝一统天下的教训，鉴于西汉初"无为而治"的"黄老之学"，虽然给人民以休养生息，却带来了"尾大不掉"、纷争四起的教训，中国政治对哲学的选择是"罢黜百家，独尊儒术"。儒家哲学经西汉董仲舒的精致化、系统化，确立为顺应大一统社会历史的一种理论体系。想当年，孔子生前，也并不得意，用他自己的话说，是"累累若丧家之犬"。但是，后

① 《马克思恩格斯选集》第1卷，11页，北京：人民出版社，1995年。

来，儒学居然煊赫起来，被奉为至尊。这无论如何，也是孔子所未能料到的。

存在主义的先驱者克尔凯郭尔，与孔子的遭遇有某些相似之处。克尔凯郭尔，早在100多年以前就提出了关于个体存在的一整套理论，但由于当时的丹麦是一个附属于普鲁士的落后的农业国，统治阶级对它不感兴趣。故而因其缺少发生作用的社会条件而遭到压抑。可是自20世纪以来，特别是第二次世界大战以后，西方突然出现了“克尔凯郭尔热”。克尔凯郭尔的著作被译成各种文字，他的名字被列入19世纪最伟大的哲学家的行列。这是因为克尔凯郭尔所表露的那种抑郁、悲观的思想情调，符合了当时大陆国家的统治阶级尤其是德国资产阶级的心理状态。德国是第一次世界大战和第二次世界大战的战败国，在二次大战中失败得更惨，因而德国的各阶层对民族的生存和人的尊严所受到的伤害，表现出普遍的忧虑和伤感，对前途的悲观、对死亡的恐怖和对现实的烦恼，时时折磨着人们的心灵。正是在这样的历史背景下，克尔凯郭尔才开始走红，他的著作才受到青睐。也是在此背景下，才产生了雅斯贝尔斯、海德格尔等一批较有影响的存在主义的后继者。

以上事实说明，哲学的命运是与政治的命运相联系的，现实的政治直接影响到某种哲学的盛衰和它在社会生活中的地位和作用。

（三）政治斗争引发哲学党派斗争

哲学上的党派斗争总是适应一定政治斗争的需要而引发的。一场激烈的政治大革命必然伴随着一场哲学战线上的大论战。

哲学上的党派斗争与社会上的阶级斗争及政治斗争有着不可分割的联系。一般说来，历史上新兴的进步阶级、阶层和社会集团不同程度地倾向于唯物论、辩证法，它们敢于面对现实，力求改变现实，为此就必然要如实地反映现实，就必然要在一定程度上以唯物主义为自己行动的世界观前提。另外，为了改变现实，也必须或多或少地以辩证法为指导。而没落的阶级、阶层和社会集团，他们的利益与社会发展的客观要求相抵触，他们不敢正视现实，力图维持现状，因而他们通常就采用唯心主义和形而上学作为自己的思想武器，以维护自己的统治。

唯物主义与唯心主义的斗争、辩证法和形而上学的斗争，在先进阶级与反动阶级进行政治斗争的紧要关头，特别是先进阶级推翻反动阶级统治的革命斗争关头，显得特别激烈和尖锐。因为政治革命意味着社会的大动荡、大变革，意味着阶级关系和阶级利益的根本调整。因此，不同阶级的思想家都要为自己阶级的生存权利进行哲学的论证，寻找哲学的支持，以鼓舞本阶级的士气。

中国历史上的春秋战国时期，是一个从奴隶制向封建制转变的大变革时期，文人蜂起，思潮激荡，出现了百家争鸣的局面。政治上比较保守的儒家宣扬唯心主义天命观，主张尊天命，畏天命。孔子说：君子有三畏，畏天命，畏大人，畏圣人之言。意欲阻止新兴地主阶级犯上作乱。不然，“得罪于天，无所祷也。”并认为今不如昔，人心不古。而代表新兴地主阶级利益的荀子则针锋相对地批判孔子那种天命决定人事、君权神授的唯心主义观点，提出了“天行有常，不为尧存，不为桀亡”的唯物主义观点。韩非也反对天命观，并大声疾呼“当今争于气力”，从而认为社会是发展变化的。他把古代历史分为上古之世、中古之世、近古之世。认为古代不同于当今，因此“世异则事异”“事异则备变”。韩非代表着新兴地主阶级的激进派，强调运用暴力打击奴隶主残余势力的反抗。

中国历史上另一个社会大变革发生在近代。人们通常将近代与春秋战国时期相提并论，因为两者都恰逢社会巨变，观念转折，并由此形成了百家争鸣的局面。然而就社会之变化深刻，观念之纷繁复杂，以及变化速度之急剧和覆盖面之广泛等方面，春秋战国实难与近代相提并论。然而不管有多少新的特点，中国近代各种思潮、各种哲学斗争都从属于历史性的巨变，都是对鸦片战争以后中国向何处去这一全然陌生的难题的解答。诸学纷陈，相争相生，一时间中国成了各种哲学思潮较量的战场，其中有非理性主义与实证主义的对立，人本主义与科学主义的对立，变易史观与不变史观的对立，马克思主义与其他种种哲学思想的对立等。中国人民经过长期的比较、推求、分析、论证，最终选择了马克思主义作为自己的指导思想。

在近代欧洲，伴随着资本主义取代封建主义的巨大变革，也在哲学上引起了形而上学唯物主义与宗教唯心主义，人道主义与神道主义的激烈冲突。这一冲突是资产阶级大革命的产物。

（四）政治统治需要某种国家哲学

掌握国家政权的阶级，总是要把某种哲学提升到国家哲学的高度，使其成为占统治地位的世界观理论。

历史上国家的产生与哲学的产生是大致同步的。它们都是随着社会生产力的一定发展和阶级的出现而产生的，是物质劳动和精神劳动分工后形成的。这种同步不是纯粹偶然的，而是有其内在的必然性。国家和哲学作为上层建筑受制于和反作用于它的经济基础，而它们之间又相互影响，相互作用，密不可分。一定的哲学为国家的路线、方针、政策提供思想指导和理论原则，而国家则保证其哲学思想和理论的实现。所以国家总是把一定的哲学提升到国家哲学的高度，让它成为占统治地位的哲学。马克思说："统治阶级的思想在每一时代都是占统治地位的思想。这就是说，一个阶级是社会上占统治地位的物质力量，同时也是社会上占统治地位的精神力量。"① 某一阶级在政治上的统治和通过国家哲学实行精神上的统治是根本一致的。

"国家哲学"这个概念是1844年1月马克思在《黑格尔法哲学批判导言》中首次提出来的。他说："德国的法哲学和国家哲学是唯一与正式的当代现实保持在同等水平上的德国历史"，"德国的国家哲学和法哲学在黑格尔的著作中得到了最系统、最丰富和最终的表述。"②1886年，恩格斯在他的哲学名著《路德维希·费尔巴哈和德国古典哲学的终结》一书中，曾谈到黑格尔的体系，"甚至在某种程度上已经被推崇为普鲁士王国的国家哲学"③。

"国家哲学"概念在马克思恩格斯那里，有两种涵义，一是指用一定的哲学观点，去论述国家的学说；二是指一个国家内占统治地位的哲学。它是该国统治阶级世界观的理论表现，是国家制定方针、政策和规范社会生活的指导思想和根本原则，是维护统治阶级利益的最高的或最核心的意识形态。我们这里所说的国家哲学是后一种意义上的国家哲学。

---

① 《马克思恩格斯选集》第1卷，98页，北京：人民出版社，1995年。
② 《马克思恩格斯选集》第1卷，7、8页，北京：人民出版社，1995年。
③ 《马克思恩格斯选集》第4卷，214页，北京：人民出版社，1995年。

国家哲学在历史上和现实中的存在，是一个客观的社会事实。柏拉图在欧洲哲学史上，是首先提出和制定贵族奴隶主国家哲学的哲学家。他鼓吹天命和森严的等级制，以论证奴隶主统治的永恒性。

在我国漫长的封建社会中，自汉武帝接受董仲舒提出的“诸不在六艺之科，孔子之术者，皆绝其道，勿使并进”[①] 的建议，罢黜百家、独尊儒术之后，我国历代封建统治者都把儒家学说作为其国家哲学。为适应不同时期封建统治者的需要，儒学还有其不同的表现形式。

西欧封建社会中独占统治地位的哲学是以神学历史观为核心的经院哲学，托马斯主义从13世纪起成为西欧封建社会的国家哲学。黑格尔哲学曾被推崇为普鲁士王国的国家哲学，这是马克思恩格斯多次提及的。黑格尔本人也供认不讳。他说：“我们不像希腊人那样把哲学当私人艺术来研究，哲学具有公众的即与公众有关的存在，它主要是或者纯粹是为国家服务的。各国政府对那些献身于哲学这门专业的学者们表示信任，它们把哲学的发展和内容完全托付他们。”[②] 在哲学派别林立的美国，实用主义的基本原则一直被美国资产阶级及其代表人物当作自己思想和行动的准则。它几乎渗透美国社会生活的一切方面，在意识形态领域处于一种主导地位，甚至被当成美国资产阶级思维方式的象征，因而在实质上成为了美国的国家哲学。

1917年俄国十月革命的胜利，使马克思主义哲学在社会主义国家政权的支持下，逐渐取得了国家哲学的地位。1945年之后，马克思主义哲学在东欧社会主义各国，也先后被提升为国家哲学。1949年，中华人民共和国成立后，毛泽东同志明确指出：“指导我们思想的理论基础是马克思列宁主义。”从此，马克思主义哲学由作为中国共产党的世界观，进而被拓展提升为社会主义新中国的国家哲学。

由上可见，任何一个国家总要选择某种哲学作为它的国家哲学。至于何种哲学会成为选择对象，其根本之点在于：它具有何种阶级属性，古今中外概莫能外。只是占统治地位的剥削阶级，往往像掩盖国家的阶级性质一样，去掩盖国家哲学的阶级属性。对此，无产阶级则毋庸讳言。

---

① 董仲舒：《举贤良对策三》。

② ［德］黑格尔：《法哲学原理》，范扬等译，序言8页，北京：商务印书馆，1979年。

在国家哲学发展史上，存在着两种不同的国家哲学。从阶级属性看，一是剥削阶级的国家哲学。这种国家哲学在不同时期不同国家，往往有其不同的表现形式。依据社会形态的不同，可将其划分为奴隶主国家哲学、封建主国家哲学和资产阶级国家哲学。这些国家哲学可统称为旧的国家哲学。旧的国家哲学虽有或多或少的合理之处，但在总体上都不是科学的国家哲学。二是社会主义国家哲学，即与各国社会主义实践相结合的马克思主义哲学，这是一种崭新的国家哲学，它是无产阶级世界观的理论表现，是科学的国家哲学。

当然，坚持马克思主义哲学在社会主义国家的主导地位，并不是唯我独尊，并不排斥其他各种哲学的存在。相反，正是在对各种哲学的批判继承，特别是在与反马克思主义哲学的较量中，马克思主义哲学才能得到丰富和发展，才能不断提高自己的生命力和战斗力。这是其一。其二，坚持马克思主义哲学在社会主义国家的主导地位，主要表现在世界观、方法论上的指导作用，并不是为社会主义国家单纯进行具体政策的论证辩护。其三，马克思主义哲学作为社会主义国家的国家哲学，不是单纯依靠国家权力去维护它的统治地位，强行要人们接受，而主要是依靠它的科学性、真理性和实践性去赢得人民，去战胜各种反马克思主义哲学的挑战，巩固自己的统治地位。

总之，哲学自产生以来，就与社会政治保持着密切联系，受着社会政治多方面的影响和作用，从而使哲学的存在和发展，带有了明显的意识形态倾向和特色。

三、哲学对政治的影响和作用

政治影响和作用于哲学，但是这种影响和作用是双向的。也就是说，哲学反过来也对政治发生影响和作用。

黑格尔曾经指出：“哲学是对时代精神的实质的思维”，“时代精神是一个贯穿着所有文化部门的特定的本质和性格，它表现它自身在政治里面以及别的活动里面。”①

① ［德］黑格尔：《哲学史讲演录》第1卷，贺麟、王太庆译，58、57页，北京：商务印书馆，1959年。

马克思也说：“哲学在政治方面所做的事情，就像物理学、数学、医学和任何其他科学在自己领域内所做的事情一样。”① 也就是说，应当把哲学对政治发挥的作用，看作哲学的基本任务和必然具备的政治功能。

那么，哲学对政治的影响和作用到底如何呢？下面从四个方面来进行具体说明。

（一）哲学革命对政治革命的先导作用

政治革命是以没落阶级丧失政权和新兴阶级夺取政权为标志的革命。这一种革命无疑要以武力为后盾，并且在绝大多数情况下，要通过一番武力的决战，表现为一种暴力斗争。但是，统治阶级的最终灭亡，关键还在于使民众无法忍受下去，也使其内部一部分人忍受不下去，并且形成了改变现状的自觉意识。这时，旧的统治机体才能在民众起义的进攻中，一触即溃，“唏哩，哗啦！”可见，统治阶级维持其政治统治，需要建立在一定思想统治能够维持的基础上。这种思想统治对于没落阶级来说，起着欺骗人，欺骗同伙，同时也欺骗自己的作用。那么，推翻一个已经腐朽的统治阶级，同样也必须从思想着手，揭露这种思想统治的虚伪性和反动性。

当一个社会发展到需要进行政治革命的紧要关头，反对革命的没落阶级和促进革命的新兴阶级都会运用舆论工具，在意识形态领域进行一场生与死的较量。前者力图用自己的旧思想、旧观念去蒙昧群众，后者则力图用自己的新思想、新观念去启发群众。这种思想观念上的较量，必然要上升为作为各阶级最高精神支柱的新旧哲学之间的斗争。这时候，新哲学对旧哲学的批判、克服，就成为政治变革的先导。启蒙派哲学家为18世纪资产阶级革命所作的贡献之一正在这里。

法国启蒙哲学家是一批著名的资产阶级思想家，他们以“百科全书”派为中心，掀起了一场清算封建意识形态的思想解放运动，这就是历史上著名的“启蒙运动”。“启蒙”从根本上说，就是唤起民众，为最终推翻封建社会和建立资本主义社会作思想准备。“启蒙”思想之所以能唤起民众，就因为它是新生的充满朝气的资产阶级的思想体系。

① 《马克思恩格斯全集》第1卷，127页，北京：人民出版社，1956年。

其特点主要表现为崇尚理性，崇尚人的自然要求，认为理性就是自由、平等、博爱，凡是不合理的、不符合人性的东西，就不是真理。由此出发，它反对宗教所鼓吹的迷信、蒙昧主义，认为宗教信仰是人为的虚构，主观的编造。他们这样做也就破坏了教会的神权统治，从而使理性主义逐渐深入人心。随着天国虚幻性的被戳穿，“启蒙”就在人们中间，就以对真实的世俗利益和人本身的关注，取代了对于虚幻的天国利益的关注，认为不断追求幸福、欢乐、高尚的、美好的生活是人类的本性。中世纪的神权和“专制政体”的统治，是对人的这种追求的阻碍，是对人性的扼杀，因而必须加以反对。

启蒙学者还进一步揭示了“教士阶层”的虚伪性，抨击他们在鼓吹民众牺牲自己世俗利益的同时，却把民众所牺牲的世俗利益拿来满足自己贪得无厌的私欲。这是维持封建特权所造成的一种颠倒和不平等。

这样，启蒙的功绩就集中地表现为，通过对神权主义和封建主义的批判，重新发现了人，重新确立了人在世界中的位置，它使中世纪濒于萎缩、退化的人类，重新焕发了生命力和无穷的创造精神。

列宁在《马克思主义三个来源和三个组成部分》一文中，对以法国百科全书派为代表的法国唯物主义哲学给予了高度的评价。他说：“在欧洲全部近代史中，特别是 18 世纪末叶，在同一切中世纪废物，同农奴制和农奴制思想展开决战的法国，唯物主义成了唯一彻底的哲学，它忠于一切自然科学学说，仇视迷信、伪善行为及其他等等。因此，民主的敌人便竭尽全力来‘驳倒’、破坏和诋毁唯物主义。”① 尽管启蒙哲学存在着历史局限性，启蒙学者内部的许多观点也不尽一致，但是他们在思维方式中表现出来的理性批判精神是共同的。正如恩格斯所说，它成了 1789 年政治变革的哲学前导。

无产阶级是一个以解放全人类为自身解放前提的阶级，在无产阶级革命的进程中，也经历了同种种蒙昧主义的斗争。无产阶级除了要同资产阶级和封建阶级的蒙昧主义作斗争外，还要同自身内部形形色色的蒙昧主义进行斗争。无产阶级用以战胜各种蒙昧主义的思想武器，就是马克思主义，特别是马克思主义哲学。马克思主义哲学是无产阶

① 《列宁专题文集·论马克思主义》，67 页，北京：人民出版社，2009 年。

级世界观的理论表现。在无产阶级取得政权以前，马克思主义哲学作为无产阶级的精神武器，同形形色色的蒙昧主义进行了不调和的斗争，它用科学的世界观指导无产阶级的解放运动，为无产阶级夺取革命的胜利奠定了思想基础。马克思曾经预言说："只要进一步发挥我们的唯物主义观点，并且把它应用于现时代，一个伟大的、一切时代中最伟大的革命远景就会立即展现在我们的面前。"① 当然，无产阶级在夺取政权以后，马克思主义哲学仍然是无产阶级同各种蒙昧主义的残余和变种进行斗争的思想武器。

（二）哲学对政治制度的规划设计作用

在社会系统中，从中介手段来说，可以把各种关系区分为两大类：一是物质的社会关系，二是思想的社会关系。在这种区分中，按照列宁的看法，政治上层建筑基本上属于思想的社会关系。政治法律制度同生产关系、经济关系不同，后者是不以人的意志为转移的客观关系、物质关系；政治上层建筑则是人们根据经济基础的要求（无论自觉或不自觉），并通过人的意识，或者说，是以人类意识为中介而形成的。人剥削人的经济制度是在社会发展的一定阶段上自然发生的，而国家等强制性机构则是统治阶级为保护一定的经济制度自觉建立的。事情往往是这样，先是经济关系出现变化，这种客观变化反映到思想上，然后在一定思想的指导下建立政治制度、国家制度。

这里的思想指导主要是指，在一定的哲学思想的指导下，提出建立政治制度、国家制度的价值导向、目标模式以及行动准则和计划。因此，哲学对政治的这种规划设计作用，包含着理论层次和纲要层次两个方面。前者制定阶级的理想，后者则是实现这一理想的原则规定。这两个层次设计的总和就是阶级的任务和目标系统，也即阶级的社会理想及其实现原则。因此，黑格尔说："国家的根据就是作为意志而实现自己的理性的力量"②，"国家是精神为自己所创造的世界。"③ 当然，这里的精神不是黑格尔所指谓的作为绝对精神表现和一个环节的伦理

① 《马克思恩格斯全集》第13卷，526、527页，北京：人民出版社，1962年。

② ［德］黑格尔：《法哲学原理》，范扬、张企泰译，259页，北京：商务印书馆，1961年。

③ ［德］黑格尔：《法哲学原理》，范扬、张企泰译，285页，北京：商务印书馆，1961年。

精神，而是作为社会经济基础的反映和体现其要求的哲学精神。在这种精神指导下，建立了国家制度。也就是说，国家制度总是根据一定的哲学设计建立起来的。

法国大革命时期建立了典型的资产阶级国家制度，但其思想模型早正由孟德斯鸠、卢梭、伏尔泰等人提出来了。这种思想模型就是以人类理性为渊源的自然法理论，包括自然状况、自然权利、社会契约，及卢梭提出的人民主权为原则的政治哲学体系。为美国人民解放斗争作出巨大贡献的卓越的政治思想家和政治活动家托·杰弗逊，也把这一系列原则作为自己从事政治活动的指导思想，并结合美国的社会历史条件，参与并创立了美国的资本主义国家制度。

社会主义国家制度是在马克思主义哲学思想的指导下建立起来的。马克思主义哲学揭示了社会运动的基本规律，并运用关于社会运动基本规律的理论去分析资本主义社会，得出资本主义必然灭亡、社会主义必然胜利的结论。但马克思又指出，由资本主义向社会主义过渡不是直接进行的，“在资本主义社会和共产主义社会之间，有一个从前者变为后者的革命转变时期。同这个时期相适应的也有一个政治上的过渡时期，这个时期的国家只能是无产阶级的革命专政。”① 无产阶级专政在本质上是无产阶级（通过马克思主义政党）领导的国家政权，人民群众是国家的主人。这个政权对人民实行民主，对敌人实行专政。它按照民主集中制的原则管理国家事务。尽管由于具体历史情况的不同，各个社会主义国家的政治制度各有特点，但都体现了马克思主义哲学指导下的共同原则。

（三）哲学为一定政治力量提供思想路线

哲学既是世界观，又是方法论。任何哲学理论都要转化为方法论，并进一步在实际工作中加以贯彻、运用和体现。即表现为一个政党的思想路线和政治路线。所谓思想路线是指某一阶级、社会集团或政党，化为指导思想并用以支配自己行动的认识路线。哲学认识论和思想路线是一致的。认识论是思想路线的理论基础，是一切阶级及其政党的思想路线的哲学根据，思想路线则是认识论一般原理的具体化，是它

---

① 《马克思恩格斯选集》第3卷，314页，北京：人民出版社，1995年。

在实际工作中的贯彻、运用和具体的体现。

思想路线与政治路线也是统一的，两者有着内在的联系。政治路线是一定的阶级及其政党在一定历史时期为实现政治目标而规定的行动路线。在这里，思想路线又是政治路线的理论基础。正确的政治路线的制订和贯彻有赖于正确的思想路线和认识路线的支持。

我们党的认识路线是辩证唯物主义认识论，即以辩证唯物主义为指导，坚持实践、认识、再实践、再认识，循环往复，不断提高，以至无穷的路线。以这样一条认识路线为理论基础，我们党坚持一切从实际出发、理论联系实际、实事求是、在实践中检验真理和发展真理的思想路线，坚持把马克思列宁主义的普遍真理和中国革命和建设的具体实践相结合。在辩证唯物主义认识路线和思想路线的指引下，十一届三中全会以来，我们党立足于中国国情，从我国社会主义初级阶段的实际出发，尊重群众的首创精神，走自己的路，建设中国特色社会主义，形成了我党在社会主义初级阶段的一个中心、两个基本点的政治路线。即领导和团结全国各族人民，以经济建设为中心，坚持四项基本原则，坚持改革开放，自力更生，艰苦奋斗，为把我国建设成为富强、民主、文明、和谐的社会主义现代化国家而奋斗。

这条基本路线体现了马克思主义哲学的基本原理和我国社会主义初级阶段的具体实际的结合，生动具体地运用和体现了马克思主义哲学的基本观点和基本原理。诸如，以矛盾普遍性和特殊性的辩证关系原理为依据的，建设中国特色社会主义的总方针；以主要矛盾理论为依据的经济发展中心论；以社会基本矛盾理论为依据的改革论；以内因外因的辩证关系原理为依据的独立自主、自力更生方针和对外开放、争取外援的政策相结合的战略、策略；坚持以物质和意识的辩证关系原理为依据的物质文明和精神文明两手抓的指导思想；坚持以能动的、革命的反映论为依据的群众路线等。

我们党关于社会主义初级阶段的基本路线和一系列方针政策都是以马克思主义哲学为理论基础制定出来的。因此，对这条基本路线和一系列方针、政策的理解、贯彻和执行，同样离不开对马克思主义哲学的学习和掌握。马克思主义哲学为理解、贯彻和执行这条基本路线和一系列方针、政策，提供了最基本的立场、观点和方法。只有用辩证唯物主义理论教育干部群众，才能提高执行党的路线、方针、政策的自觉性，才能克服盲目性，抵制“左”和“右”的干扰；才能坚持实践的科学性，按规律办事，实事求是，克服主观随意性和片面性；才会有革命坚定性，树立克服困难的信心、决心和勇气，最终实现党的路线和政策所规定的目标和任务。

（四）国民哲学素质提高的重要政治作用

哲学作为观念形态的文化，除了它对政治的直接作用外，还有其间接的作用。哲学可通过对国民素质、科技发展、经济发展、社会管理等方面的影响，间接地对政治发生作用。

国民素质包括国民的身体素质、科技素质、文化素质和政治思想素质等方面，其中最重要的是政治思想素质。政治思想素质的核心又是树立世界观、人生观、价值观的问题。历史总是人的活动的历史，而人的活动总是有意识的活动，总是在一定世界观、人生观、价值观指导下的活动。因此，国民的哲学素质，特别是科学的哲学素质的提高，会赋予整个民族一种崭新的理性自觉或历史的自我意识。这对于培养一代代新人，对于重塑新型的国民精神，促进整个社会的进步和发展，都是有重大意义的。

国民的哲学素质所造就的广大社会成员在世界观上的心理定势，直接影响社会成员对国家、对民族的态度，参与政治生活的积极性，以及执行政治的路线、方针、政策的效率。

国民的哲学素质可以影响着科技的进步和科技运用的政治方向。不善于哲学思维，即使掌握某种科学技术，也只能是工匠而不可能成为卓有成就的科学工作者。这也是历史和现实中许多大科学家极富科学素养同时又极富哲学素养的原因所在。自然科学的服务方向总是显示一定的政治倾向，这种政治倾向的选择是与科技工作者的世界观、人生观、价值观相联系的。

以哲学为载体和作为其核心的价值观，是促进经济发展的一种文化动力，从而有利于促进政治的巩固。考察一些地区和国家的经济发展可以发现，都有一定的模式。这些不同的经济发展模式的背后，都蕴藏着某种价值观念。例如，美国市场经济模式实际体现了一种自由主义和个人本位的文化价值观念，日本市场经济模式则是强调企业精神和社会共同体的作用。关于价值观念等文化因素与经济发展的关系问题，马克斯·韦伯早有阐述。他认为，西方资本主义的发展得益于新教伦理精神的支持。正是新教伦理所要求的恪尽职守、艰苦创业以赎原罪的精神，对西方资本主义的发展起了一种规范的动力的作用。价值观对经济发展的这种规范的动力的作用，也就是对“经济方面的政治”（列宁语）的作用。

国民哲学素质也会通过社会管理与政治发生联系。社会有分工，有协作，同时也就产生了管理。社会管理是把个体目标纳入社会总体目标的一种手段。管理就涉及管理者和被管理者两个方面的素质。如果仅从管理者的角度说，是把人当工具来管理，当动物来管理，还是把人当作人来管理，就涉及用什么样的哲学观点看待人的问题。如果以科学的哲学观点为指导，正确看待人，正确处理人力、物力和财力的关系，就能促进社会机体的有效的运行和发展。社会的各种关系通过管理顺畅协调起来了，就会创造最佳的社会效益，就会有利于社会政治的稳定。

由此可见，哲学通过一些环节对政治的作用是多方面的。

（五）马克思主义哲学的巨大政治作用

马克思主义哲学作为迄今为止人类唯一科学的世界观，它的政治功能集中到一点，就是为无产阶级和广大人民的解放事业服务。

中国共产党人领导全中国人民创立和建设新中国的全部经验表明：社会主义中国的命运是同马克思主义哲学不可分割地联系在一起的。社会主义中国是马克思主义哲学与中国革命实践相结合的光辉产物，马克思主义哲学是社会主义中国存在和发展的理论根据，只有坚持马克思主义哲学，我国的改革开放和现代化建设事业才能兴旺发达。

早在“五四”时期，接受马克思主义哲学的中国先进分子就认为，第一位的任务就是“用无产阶级的宇宙观作为观察国家命运的工具，重新考虑自己的问题”①。毛泽东哲学思想集中体现了中国共产党人用马克思主义哲学观察和解决中国社会政治问题的鲜明特色，并且取得了极大的成功。邓小平继承和光大了毛泽东哲学思想的这一优良传统，抓住“实事求是”这个毛泽东思想的精髓，开创了一条中国特色社会

① 《毛泽东著作选读》下册，677页，北京：人民出版社，1986年。

主义建设道路，也取得了举世瞩目的伟大成就。

在当前发挥马克思主义哲学的政治功能，就是要使马克思主义哲学服务于把我国建设成为一个富强、民主、文明、和谐的社会主义现代化强国的宏伟目标。为此，就必须从哲学理论上科学地论证和把握：社会主义代替资本主义的历史必然性，在帝国主义时代俄国和中国选择社会主义道路的历史必然性，在现代条件下社会主义进行改革的历史必然性。只有从哲学的高度认清了这三个历史的必然性，才能不被暂时的现象所迷惑，不被一时的曲折所吓倒，才能毫不动摇地坚持社会主义制度，巩固、完善和发展社会主义制度。

马克思恩格斯创立的唯物史观和剩余价值学说，使社会主义从空想变成了科学，论述了上述第一个历史必然性，“最先说明了社会主义不是幻想家的臆造，而是现代生产力发展的最终目标和必然结果”①。是以无产阶级为代表的现代生产力的发展所引起的资本主义社会基本矛盾运动的必然结果。科学社会主义从19世纪40年代诞生以后，迅速与工人运动相结合，在国际范围内形成了科学社会主义运动。

列宁和毛泽东论述了上述第二个历史必然性。列宁坚持马克思主义的革命辩证法，精辟分析了资本主义从自由竞争到私人垄断的历史发展，指出在帝国主义时代由于资本主义经济政治发展的不平衡规律的作用，社会主义可能首先在少数或者甚至在单独一个国家内获得胜利。毛泽东立足于整个世界形势和中国的国情，总结了鸦片战争以来中国人民长期奋斗的经验教训，指出，在帝国主义时代，由无产阶级领导的新民主主义革命，再也不属于资本主义的范畴，而是属于世界社会主义革命的范畴。中国新民主主义革命的胜利，它的发展前途只能是社会主义。俄国十月革命的胜利是帝国主义时代历史的客观逻辑在俄国的必然结果；同样，中国走上社会主义道路也是遵照“历史的启示”（恩格斯语）和“历史的辩证法”（列宁语）。

党的十一届三中全会以来，改革已经成为当代中国社会发展不可逆转的大趋势。改革，是社会主义过去发展的归宿，是社会主义今天发展的主题，是社会主义未来命运之所系。我国改革开放的“总设计师”邓小平继承和发展了毛泽东关于社会主义社会基本矛盾的学说，

① 《列宁专题文集·论马克思主义》，52页，北京：人民出版社，2009年。

提出了关于社会主义根本制度和具体体制的两个层次的理论，科学论述了社会主义改革的历史必然性。社会主义根本制度是基本适应社会主义生产力发展的，是优越的。社会主义根本制度的优越性必须通过适应生产力发展的具体体制来加以体现和发挥。改革的目的就是要克服妨碍社会生产力发展的旧体制中的弊端和缺陷，推动社会主义向前、向上发展，最大限度地满足人民日益增长的物质和文化生活的需要，从而更好地表现出社会主义的优越性。因此，改革不是心血来潮的偶然举动，不是人为制造出来的强加于社会主义的东西。改革是社会主义发展到现时代的必然要求，是人们建立在社会主义发展客观规律基础上的自觉行动。另外，改革也不是某些人所主张的“全盘西化”，而是社会主义的自我完善。

在新技术革命方兴未艾，世界经济政治文化一体化趋势逐渐加强，社会主义和资本主义两种制度和平共处、协作和竞争的时代条件下，以马克思主义哲学为指导，进一步明确社会主义在全世界胜利的必然性，中国走上社会主义道路的必然性，中国社会主义改革的必然性，帮助人们树立坚定的社会主义和共产主义信念，并且自觉地为之努力奋斗，这是我们做好政治思想工作，发挥马克思主义哲学的政治功能的基本着眼点。

总之，哲学与政治具有互动性。一方面，政治影响哲学，推动哲学的演化发展。另一方面，哲学也影响政治，制约着政治的走向和进程。哲学和政治的这种相互作用，是在人的实践基础上实现的。人在创造历史的实践（包括政治）活动中，产生了哲学并推动了哲学的发展；哲学又在人的实践（包括政治）活动中，发挥着能动的指导作用，促进人类实践活动的发展。这两种作用是同一实践过程的不同角度的抽象，它们在现实的实践过程中是有机地联系在一起的。

第九章　哲学的思维方式

在劳动实践基础上形成的人的思维和不断提高的思维能力，是人区别于动物的一个重要方面。哲学作为最高级的理论思维的表征，它区别于宗教、艺术等非理论思维，也不同于其他形式的理论思维，即各门具体科学的思维。这种区别和不同，除了表现在哲学的对象、内容和功能等方面外，还集中地表现在哲学有其特有的思维方式。某种对象只有通过哲学思维方式加以认识，才能作为哲学的现实对象；只有通过哲学思维方式的加工、处理，外在的对象才能转换成为哲学特有的内容；而哲学的内容只有通过哲学思维方式加以组织和表达，才能发挥其世界观和方法论的功能。因此，哲学思维方式对于哲学思维来说具有某种根本性。它是哲学思维的灵魂。所以，研究和掌握哲学的思维方式对于学会哲学思维，提高哲学思维能力，充分发挥哲学所应有的世界观和方法论功能，是有重要意义的。

为了揭示哲学思维方式的特性，下面来对一般的思维方式进行必要的考察。

一、思维方式

（一）思维方式的基本含义

什么是思维？按恩格斯、列宁的观点，人类的思维有两方面的意义：一方面是指人脑反映客观事物的活动，是高度组织起来的物质——人脑的内部矛盾运动，从而称之为思维运动；另一方面是指人脑活动的产物，这被称之为思维成果。思维运动和思维成果是相互区别又相互联系，既对立又统一的。因此，表达人脑活动和人脑活动产物的语词“思维”，也含有两种用法：一是作动词使用，即动词思维；

一是作名词使用，即名词思维。

当作动词使用的思维是人脑的思维活动和思维能力的发挥和发展。也就是说，思维活动过程同时就是思维能力的发挥和发展过程。即列宁所说的，认识是“一系列的抽象过程，即概念、规律等的构成、形成过程”①。这样的思维能力的发挥、发展和思维的活动，被看作物质运动的高级形式，是与被当作“精神”看待的“思维”不同的。

被当作名词使用的“思维”（意识），反映的内容就不同了，它反映的是思维活动的“产物”，是被当作精神看待的。恩格斯在《路德维希·费尔巴哈和德国古典哲学的终结》中提出哲学的基本问题——“思维和存在的关系问题”，其中的“思维”是作为名词使用的，这里的“思维和存在”与“意识与物质”、“精神和自然”是同一含义。即恩格斯在《反杜林论》中说的“什么是思维和意识，它们是从哪里来的，那末就会发现，它们都是人脑的产物”②。

分清思维的两种不同用法和两种不同含义，是重要和必要的。犹如将生产过程和它的产品区分开来一样，它能使我们辨别清楚什么样的“思维”是与“存在”相对立而存在的，什么样的“思维”是人脑的机能和活动。此外，这种区别还为我们研究思维方式提供了必不可少的思维视角，即思维主体和思维客体相统一的视角。因为，思维主体为了获得一定的思维成果，依赖思维活动的进行，而思维活动作为思维主体对思维客体的反映，又要依赖一定的思维方式。因此，必须从对思维主体与思维客体相统一的视角来对思维方式进行规定。可以说，思维方式是由主体的知识、观念和方法有机构成的反映客体的相对稳定的样式。

（二）思维方式的构成要素

思维方式是一个有着复杂层次结构的系统。一般说来，它包括以下几个方面的构成要素：

1. 知识要素

知识要素是思维方式的子系统。它是由知识数量、知识种类、知

① ［俄］列宁：《哲学笔记》，194页，北京：人民出版社，1974年。

② 《马克思恩格斯选集》第3卷，374页，北京：人民出版社，1995年。

识层次等相互联系、相互作用所构成的知识系统。这个知识系统是思维方式所依存的基础。首先，知识系统中的知识数量的多少制约着思维方式的“网幅”，即思维方式总体规模的大小，其所体现的思维视野和空间容量的大小。其次，知识系统所包含的知识种类也在总体上规定着思维方式的性质和功能指向。比如，如果请地质学家绘画，音乐家鉴定矿石，都会发生困难，因为构成他们各自思维方式中的知识种类不同。最后，知识系统中知识层次的高低也会制约思维方式本身层次的高低，从而对客观世界反映的深度也不同。

总之，知识系统作为思维方式的子系统从各个方面制约并规定着思维方式，构成了思维方式的基础。而知识总是以概念形式固定下来，并纳入相应的概念体系和结构。因此，随着实践和认识的发展，知识愈来愈抽象化、概念化和系统化。由于知识的这一特点，使得以知识结构为基础的思维方式，也就主要表现为一种概念框架，或概念的网状结构。

2. 观念要素

观念要素包括在广义的知识范畴中，在这里特指在一定知识结构基础上凝结的对于事物的观点、意念。观念要素也是思维方式的子系统，是由世界观、自然观、历史观、人生观和价值观以及关于各种具体事物和现象的具体观念、观点所构成的观念系统。其中，世界观是决定一切的总观点，人生观、价值观特别是价值观是观念系统的核心。由于观念要素是知识结构的凝结物，因而它有一个或长或短的形成过程，这个过程的长短取决于知识要素积累的深广程度与结构的合理与否。它一旦形成就具有相对的稳定性，并在思维方式结构中起着决定性的作用。这种作用表现为人生观、价值观是建构思维方式的“内聚力”。思维方式组织、建构的原则，不仅是由客观对象的结构及其属性所规定，而且也为主体的价值观念所制约。因为人的思维不仅反映现实，而且表明主体对现实的态度。所以主体总是要以自己的利益、愿望为尺度，以特定的价值观念来进行思维方式的建构。思维方式中占主导地位的价值观念一旦发生更新，必然导致构成思维方式各要素的相互离散，甚至带来思维方式的改进和重组。

另外，价值观念决定了思维方式的指向。在认识活动中，人不只是信息的被动储存器，而是运用思维方式，有选择地接受和加工对自己有用的信息。这就是说，思维方式具有一定的认识指向功能。这种认识指向功能，不只取决于思维方式中知识结构的性质，而主要取决于思维方式中价值观念的性质。这就使思维带有价值属性，从而成为对人有用的思维。最后，价值观念容易使思维方式凝固化，并导致其功能的固结。价值观念的这种惰性往往不会因社会经济基础和人们生活条件的变化而立即消失，它借助于历史的惯性，“像梦魔一样纠缠着活人的头脑”[①]。因而带来了思维方式的凝固化，并导致认识的僵化。所以，为了防止思维方式的僵化，根据客观世界的变化及其实践需要的改变，及时更新主体的价值观念是非常必要的。

3. 方法要素

随着知识的获得，观念、观点的形成，在主客体相互作用的过程中，在既定知识结构的基础上，观念、观点要素直接决定着人们观察处理具体事物的思考路线与方式。这样，观念、观点便转化为人们思考、处理问题的方法，即主体把握客体的思维方法。方法是思维方式结构中的最高层次，也是思维方式结构中的功能层次。由于它直接为观念、观点层次决定，因此，它也是一个多层次结构系统。其中包括最高层次的哲学方法，中介层次的一般方法和基础层次的具体方法。在这三个层次中，哲学方法是带决定意义的，它渗透于其他各层次的方法中，并通过其他各层次方法体现出来。由于方法要素为相对固定的观念要素直接决定，因此，它一旦形成，也就具有相对稳定的特性。

4. 思维方式是知识、观念、方法的综合体

在人们的思维活动中，上述三个要素的有机结构，经过无数次重复，形成一种定型化的、相对固定的思维方式，它是上述三个要素有机综合的整体表现。

有人曾经用思维方法来界定思维方式，这是不妥的。从内容上看，思维方式含有思维方法无法包含的观念成分。思维方式在反映主体作用于客体时，具有观念和方法有机统一的必然性和整体性，而思维方法则只反映主体作用于客体的程序性和操作性。从功能上看，思维方式回答“以何种观念为指导并采用何种方法作用于客体”的问题，它对主体的认识活动具有规范、导向作用，思维方法则只回答“用什么

---

① 《马克思恩格斯选集》第1卷，585页，北京：人民出版社，1995年。

程序以及通过什么道路和手段作用于客体”的问题。从性质上说，思维方式有优劣之分，思维方法则基本上是中性的。

还有人曾用主体的知识结构来界定思维方式。这种观点看到知识结构对于思维方式的基础性、制约性，但夸大了这一方面，把思维方式归结为知识结构的认识功能，这也是片面的。因为，第一，思维方式包含着知识结构无法包含的观念因素，其中主要是价值观念因素。与此相联系，第二，思维方式和知识结构具有不对称性。即具有大体相同知识结构的主体，可能有不同的思维方式；而具有相同思维方式的主体，也可以有不尽相同的知识结构。另外，知识的多少与思维方式也没有相应对等的联系。比如，在革命战争年代，一字不识的工人、农民可能在敌人的威胁下宁死不屈；而一些知识分子却可能动摇、叛变。第三，思维方式和知识结构的变化具有不同步性：前者的变化不一定导致后者的变化，而后者的变化也不一定引起前者的变化。

思维方式与观念要素，特别是与价值观念的关系也是如此。我们不能单纯从思维的价值导向上来规定思维方式。思维方式无疑包含了思维的价值导向，但是这种导向的形成不能离开一定的知识基础；另外，思维的价值导向也必须通过一定的方法、手段的现实运用，才能获得具体的体现和实现。因此思维方式作为一定知识基础上的观念和方法的统一，观念总是方法的观念，否则就会落空，就没有实际意义；方法也总是一定观念的方法，否则就会没有指向，没有存在的价值。

不难看出，任何从知识要素、观念要素、方法要素的某一个片面来理解思维方式的做法，都是对思维方式的某种肢解。总之，思维方式的构成是一个由知识要素上升为观念要素，再转化为方法要素，并最终综合为系统整体的过程。思维方式是思维主体的意向和智能的集中表现。

（三）思维方式的根本性质

为了进一步展示思维方式的本质，有必要对思维方式的根本性质加以进一步的说明。概括起来说，思维方式主要有以下几个方面的性质规定。

1. 思维方式的主体性

思维方式是主体的思维活动方式，它从属于思维主体，是主体的相对稳定的“先验框架”。当然，这并不是说它先于一切经验，而是就具体的思维过程而言，它总是表现为既定的前提。这一前提一旦形成，就具有相对的稳定性，表现为思维主体的某种传统和习惯。思维方式总是凝聚着思维主体的经验、知识和文化修养，体现着主体的立场、观点和价值取向，表现着主体对客体进行认识的视角、视野，认识和评价的尺度，包括真、善、美尺度。因此，不同地域、不同民族、不同国度的人们以及不同的个人，其思维方式互有差异，甚至根本不同。思维方式的主体性，还表现在，对思维着的人们来说，思维方式一旦被掌握和运用，也就具有了其主体性要求。换句话说，只有具有一定素养的人，才能成为掌握和运用某种思维方式的主体。

2. 思维方式的手段性

思维方式是主体反映客体的方式，无疑具有手段性，是主体获得思维成果的手段。思维是思维主体对思维客体的反映，反映作为思维主体和思维客体的相互作用过程，是观念加工制作的方式。在具体的思维过程中，人们究竟采取何种思维方式，不仅受主体所制约，而且受客体所制约，受主客体在观念上统一的目的所制约。比如，人们要获得关于客体的科学认识，就必须采用科学思维方式；人们要获得关于客体的哲学认识，就必须采用哲学思维方式；要获得关于客体的艺术表现，就必须采用形象思维方式。思维目的是思维主体和思维客体的意向性统一，为思维目的所规定的思维方式是思维主体和思维客体的中介性统一，思维成果则是思维主体和思维客体的现实性统一。

由上述的作为目的意向性统一，到作为手段的中介性统一，再到目的和手段矛盾运动所形成的，作为思维成果的现实性的统一，就是整个思维过程。

因此，思维方式的手段性表现为互相联系的两个方面的内容。其一，思维方式作为手段既受主体所制约，具有主体性，又受客体所制约，具有客体性，融合了主体性和客体性两个方面，是二者的统一。其二，思维方式作为手段，是思维目的发展转化为思维成果的中间环节。只有借助于一定的思维方式对客体进行反映，才能形成思维成果，实现思维目的。目的的现实性依赖于手段的现实性，因为确立目的只是提出任务，选择手段才能实现任务。从这个意义上说，手段特别是有效手段的选择高于目的的确立。

当然，脱离一定的目的、不为目的服务的手段，也不是真正的现实的手段。因此，在人类的思维活动中，对于它所要分析的对象和研究的课题而言，都有一个寻求和选择思维方式的任务。思维方式不仅为解决问题提供手段，它还带来了有关研究者在解决这些问题过程中，应当遵循某种活动规范的信息。比如系统的思维方式，就包含了对研究者必须运用系统的观点、遵循系统的原则和方法进行思维的规定，这就是思维方式对思维效果、思维主体以及整个思维过程的规定性。

3. 思维方式的社会历史性

如前所说，思维方式对于现实的思维来说，都是从属于一定主体的，具有主体性；但它反过来对于思维着的人们又有着主体性要求。思维方式从属于一定的思维过程，但同时这种思维过程又必须接受这种思维方式的规范。如何理解思维方式对具体的思维主体和具体的思维活动的这种一般的规范性呢？很显然，这不能单纯从具体的思维主体和具体的思维活动来求得说明，而必须把思维方式放在一个宏大的背景下，从思维方式形成的社会历史根源，即它所具有的社会历史性去求得说明。

思维方式、生产方式和生活方式是人类社会的三种基本活动方式。一定的物质生产方式决定着一定的生活消费方式，而一定的物质生产方式和消费方式又决定着人们的思维方式。不同性质、不同水平、不同特点的生产方式和生活方式给人们不同的知识要素，激发了人们不同的利益欲望、价值目标、热情指向，决定着人们不同的思维方式结构。因为生产方式和生活方式是历史地发展的，所以被它们决定的思维方式也是历史地发展的，也具有历史性。从思维本身演进历史的角度考察，人类文明史同时是一部思维方式的发展史。在这个意义上说，思维方式就是在历史实践基础上形成的、千千万万人合成意志的一种主体化形式表现。正如《原始思维》的作者列维·布留尔所说的："具有自己的制度和风俗的一定类型的社会，也必然具有自己的思维样式。不同的思维样式将与不同的社会类型相符合。"①

在茹毛饮血的原始社会，图腾崇拜成为原始人思维方式的普遍特征；在黑暗的中世纪，宗教的唯灵论的思维方式占据主导地位；文艺

① ［法］列维·布留尔：《原始思维》，丁由译，20页，北京：商务印书馆，1981年。

复兴后，伴随着近代实验科学的兴起，形而上学唯物经验论的思维方式占着主导地位；到了19世纪，由于资本主义生产方式与近代自然科学的发展，黑格尔的自觉辩证逻辑体系又应运而生；接着在无产阶级历史使命的召唤和自然科学三大发现的基础上，马克思又为全世界劳动人民锻造了唯物辩证论的思想武器。由于思维方式是社会历史的产物，是千百万人合成意志的主体化共性的形式表现，所以它对一定社会历史中进行着的具体思维和具体思维的主体都具有某种制约性、规范性。思维方式的这种制约性和规范性不过是生产方式和生活方式的社会历史性以折光的形式对人和人的思维的制约性和规范性的一种表现。

（四）思维方式的分类

以上所言，只是对思维方式根本性质所作的一般性说明。由于人类思维的丰富多样性，因而与不同思维相联系的思维方式也就具有各不相同的特点。又由于人们从不同的视角对思维方式加以认识，因而对思维方式的分类也各式各样。常见的分类有以下几种：

1. 基于思维活动对象的分类

根据思维活动所指向的不同对象，可以把思维方式分为：科学思维方式、哲学思维方式、宗教思维方式、艺术思维方式、审美思维方式、道德思维方式、政治思维方式、经济思维方式等。

2. 基于思维活动基本手段的分类

根据思维活动所赖以进行的基本手段来划分思维方式。从这个角度，人们把思维方式分为：抽象思维方式、形象思维方式、灵感思维方式。抽象思维方式依靠概念，是以概念、判断、推理等形式反映事物内在本质和规律的思维活动方式。形象思维方式依靠形象，是通过感性形象和观念来反映和把握客观事物的思维方式。灵感思维方式依靠顿悟，又称顿悟思维，它是指在潜意识中酝酿成熟时突然与显意识沟通的一种人们没有意识到的对信息加工的思维方式。

3. 基于思维结构层次的分类

根据思维活动的历史发展和这种历史发展所积淀的思维的结构层次，把思维方式划分为：直观思维方式、知性思维方式、辩证思维方式。史前人类的认识只是直观的认识，人和自然处于天然的和谐之中，主体和客体浑然一体。那时人类的认识处于童年时期，还没有抽象思维能力，认识事物离不开事物的具体形象，是以形象来反映事物。人类思维的进一步发展，是在对具体事物和形象进行直观认识的基础上，超越直观而进入抽象和概括，形成一般的概念。这时人类虽然有了抽象思维能力，但是根本达不到辩证思维水平，只能是知性思维方式，即在思维中把对象“僵化”“孤立化”“折碎”“分开”，然后逐一加以考察的思维方式，它在人类思想史上长期占据统治地位。辩证思维方式的出现是很晚的，“并且只对于较高发展阶段的（佛教徒和希腊人）才是可能的，而其充分的发展还晚得多，在现代哲学中才达到”①。

4. 基于思维活动功能的分类

根据思维活动的功能把思维方式分为六种，即原始－神话思维方式；艺术－审美思维方式；逻辑－思辨思维方式；体悟－直觉思维方式；计量－运算思维方式；以及日常－综合思维方式等。

原始－神话思维方式的功能在于，通过对巫术和神话世界中虚构规律和秩序的描述，去解释自然界和生活里可观察感知的表层秩序。它是一种始终保持鲜明直观性和有象性的思维方式。

艺术－审美思维方式的功能在于通过对蕴含于审美对象和艺术世界中的深层秩序的描述，去解释现实世界中可观察感知的表层秩序。它是一种运用想象、移情和寄托、象征，并始终伴随着个性化形象（映象和心象）的思维方式。

逻辑－思辨思维方式是一种运用演绎、归纳或假设、求证的逻辑思维方式。它根据逻辑规则，思辨或分析自然、社会和心理领域中的深层秩序和思维秩序。

体悟－直觉思维方式，其功能是统一描述自然界和人文心理的深层秩序，然后统一解释相互关联的各个领域中的基本秩序。这是一种鲜明的映象和心象同抽象的概念相互关联并交替出现的一种思维方式。

计量－运算思维方式，其功能是通过描述深层的数量关系和运算秩序，来论证和解释表层的数量关系和运算秩序，这是一种有时可能具有一定的直观性和形象性，而更经常无象的高度概念化的思维方式。

日常－综合思维方式，没有相对固定的思维秩序，而是综合其他

① ［德］恩格斯：《自然辩证法》，201页，北京：人民出版社，1971年。

思维方式的操作秩序作为自己的秩序。

不难看出，对于思维方式的上述不同角度的划分只具有相对的意义。但是有一点是肯定的，即上述每一个角度的划分，对人类思维都具有某种普遍的涵盖性，对于人们从不同角度去认识和分析思维方式，都具有某种普遍的意义。

二、哲学思维方式的思辨性

（一）哲学思维的根本特性是思辨性

1. 思辨性是最高层次的抽象概括性

上面我们分析了一般思维方式的本质，这就为进一步分析哲学思维方式的特性，提供了普遍性的理论前提。

哲学思维方式与宗教思维方式、艺术思维方式和科学思维方式等，除了具有共性的一面外，也有其个性的方面。从个性的方面来说，哲学思维方式是一种理论思维方式即逻辑思维方式，而宗教思维方式和艺术思维方式都是非理论思维方式，前者的主要特点是盲目的信仰，后者的主要特点是典型形象。

哲学思维方式和科学思维方式虽然都属逻辑思维方式，都具有抽象性、普遍性和综合性，都运用概念、判断和推理等形式，但哲学的思维方式与科学的思维方式在抽象性的程度、普遍性的范围、综合性的规模上，都是不同的。前者具有极大的抽象性、普遍性、综合性，后者只具有一定程度和范围的，即有限意义上的抽象性、普遍性、综合性。造成这种差别的原因在于哲学思维方式具有不同于科学思维方式的思辨特性。

在任何理论体系中，概念（或范畴）是最基本的成分，是构成理论大厦的“砖石”，任何形态的理论都是以范畴为自己的基础，并在这个基础上，展开范畴的具体内容，从而形成判断（或命题），并以概念和命题的联结来构造自己的理论框架。因此，在某种意义上讲，范畴怎么样，理论体系就怎么样。我们只要研究了某种理论形态的概念的根本性质，也就可以大体确定这种理论形态的根本性质和所运用的思维方式的性质。黑格尔认为："哲学和科学的区别乃在于范畴的变换；"[①] 恩格斯也把哲学分为"具有固定范畴的形而上学派，具有流动范畴的辩证法派"[②]，都是在上述意义上言说的。

任何概念和判断都是主体对客体的属性、关系、过程的本质的反映。如果这个反映是正确的，那么说明这个反映具有科学性。所谓正确反映，也就是说，得到事实和实验的证明，或曰实证。即任何科学的概念、判断都具有实证性。但它们在形式上又是主观的，是对客体的本质反映而不是客体本身，这又形成了他们具有抽象性的特性。任何理性思维的概念和判断都是客观与主观的统一，都具有实证性和抽象性双重性质。理性思维的概念和判断内在的这种双重性质，是相互联结又相互区别的对立统一关系。这两重性互为存在的前提，离开实证性仅有抽象性，或离开抽象性仅有实证性的理性思维的概念和判断都是不存在的。但是，这两种性质在理性思维的概念和判断中的主导地位不同，便表现出两种不同的概念和判断，因而也表明所运用的是两种不同的思维方式。

具体科学的概念和判断，是着重用实证的方式去反映实体的属性、关系、过程，因而要求概念和判断必须以精确性和严密性为第一要义。因此，具体科学的概念必须有准确的判定内容和范围。由于实证性在具体科学的概念、判断中占据主导地位，决定了具体科学思维的根本特征在于它的实证性。虽然在科学概念、判断中有（而且必定有）抽象性存在，科学思维也探求它所研究领域的普遍必然性的东西，把握这个领域的本质和规律，需要抽象。然而在科学思维中却是以实证性为主导去联结、制约其抽象性，是在实证基础上的抽象和概括。因此，从主导意义上说，科学思维方式是实证性思维方式，实证性思维方式是科学思维中占统治地位的方式。

例如，作为具体科学概念的"物质"，在其内涵上为"实物"和"场"所具有的本质属性，其外延则不超出现代物理学的研究范围。尽管科学家们深知在"实物"和"场"外还有许多未知的东西存在，也深信随着科学的发展，现代具体科学的"物质"概念的属性和范围会

---

① ［德］黑格尔：《小逻辑》，贺麟译，49 页，北京：商务印书馆，1980 年。

② 《马克思恩格斯选集》第 4 卷，302 页，北京：人民出版社，1995 年。

不断拓展、更新，但是，他们在进行科学思维时，还必须严格地以现有的实证内容为界限来运用这个概念，必须“把他的陈述表述得他自己总能够证明它们是真的”①。

与具体科学思维不同，哲学思维的根本特性是思辨性。哲学思维以科学思维为基础，但又不满足于具体科学所给定的实证内容，不限于具体科学的研究范围。它用反思的方式突破、超越具体科学，扬弃、升华具体科学知识内容。用一句通俗的话说，哲学是一种打破沙锅问到底的学问。哲学的范畴，从其外延上，总是超出具体科学概念的有限的特定研究领域，去追求客体的无限性。哲学是以整个世界为研究对象的。从其内涵上，它总是突破具体科学对事物初级本质的概括和抽象，去再概括、再抽象出客体最普遍、最深层次的本质和规律。因此，哲学的范畴所涵盖的内容和范围，虽有最大的普适性和深刻性，但也带有不确定性和不完全的实证性。例如，哲学的范畴“物质”，其内涵是在实证内容基础上揭示出更具普遍性、深刻性的“客观实在性”，其外延则大大超出了“实物”和“场”的界定。造成哲学范畴这种状况的主要原因，是其内在的抽象性占据主导地位，并以此去联结、制约它内在的实证性所致。哲学思维中占主导地位的抽象性是对具体科学思维中抽象性知识的反思，是对抽象性概括性认识的再抽象、再概括，或曰最高层次的抽象概括性，即思辨性。

具体科学思维中的抽象和概括，相对于感性经验来说已具有间接性，是通过对具体事物、现象感性材料的加工，而概括出背后的本质认识。哲学思维是在这种初步抽象、概括基础上的再抽象、再概括，具有更多的间接性，这不是一般的抽象概括，而是远离物质存在的思辨。

哲学思维的这种超越实证知识，追求更普遍、更深层次本质认识的本性和突破实证知识确定的有限范围，去探求无限范围的问题的本性，主要靠什么来实现呢？显然，再靠科学实证的方式已无济于事，它是靠人们的反思和思辨，即思辨性思维方式。

2. 思辨性是哲学的根本特性

哲学范畴正是靠思辨性思维方式才得以形成。黑格尔说：“哲学和

① ［德］H.赖欣巴哈：《科学哲学的兴起》，伯尼译，7页，北京：商务印书馆，1983年。

科学的区别乃在于范畴的变换。所以思辨的逻辑，包含有以前的逻辑与形而上学，保存有同样的思想形式、规律和对象，但同时又用较深广的范畴去发挥和改造它们。”① 哲学范畴和具体科学概念，虽然都来源于实践，都具有客观性和科学性，但哲学范畴并非像具体科学概念那样直接产生于实践。由于思维的本性要求超越和扬弃具体科学概念的直接性和肤浅性，而形成更深广的哲学范畴，所以没有思辨性思维方式就不可能从具体科学概念，而变换、升华为哲学范畴。例如“矛盾”“实践”等哲学范畴，通过思辨把它们的内涵抽取成最少而又最深刻、最简单、最普遍，以至成为如黑格尔所说的没有感性杂质的“纯概念”；把它们的外延扩展成无限大的“极限概念”。因此，哲学范畴的真理性不是通过一个事例、一次实践或一种眼前的实效来完全验证的，它归根到底是由人类实践的全部总和来检验的。

靠思辨性思维方式，哲学命题才能被理解和把握。许多哲学命题（对世界的普遍规律的表述），如“世界的统一性在于它的物质性”，“物质世界在空间和时间上都是无限的”，“任何事物内部都包含着矛盾”，“肯定和否定是辩证的同一”等，之所以成为真正的哲学命题，就在于它们包含了具体科学所不能提供的、不能证实的内容；在于它们不仅仅含有已知领域的确定性的知识，而且含有对未知领域的无确定性的知识。而这种未知领域的无确定性的知识主要是靠思辨获得的。在常识和具体科学看来，对立的东西之间有同一性是不可理解的。肯定就是肯定，否定就是否定。真理就是真理，谬误就是谬误，它们之间怎么会有同一性？然而，哲学的思辨性便可以使人们在对立中认识到它们的同一：肯定中有否定，否定中有肯定。错误往往是真理的前导，真理是从错误中发展而来的。正如黑格尔所说的：“思辨的观念本身就包含着辩证的因素和对有限东西的扬弃。”②

靠思辨性思维方式，哲学才能显示其存在的真正价值和意义。哲学优越于具体科学的地方，不在于它使人获得被证实的东西，而在于它能使人获得那些尚未被证实的东西。正是因为哲学可以摆脱实证性的束缚，使人的思维获得更大的自由度，因此，它可以通过思辨性，

① ［德］黑格尔：《小逻辑》，贺麟译，49页，北京：商务印书馆，1980年。
② 转引自［俄］列宁：《哲学笔记》，336页，北京：人民出版社，1974年。

在一般觉得没有问题或不成问题的地方提出问题，以一些科学暂时不能解决或解决得不好的问题，对一些永远不可能确定无疑地获得解决而又确实是人类理智不能不思考、不能不回答的问题，给出某种体现智慧的思辨的回答。这种思辨的回答能超出现实性而揭示事物的发展前景，判断天地万物之大理，帮助科学认识主体从更广阔的背景中审视自己的研究课题，启发科学的进一步发展。这是其他科学所无法比拟的，也正是哲学思维永远不能被其他科学所取代，真正显示其存在价值和意义的根本所在。

正是基于上述理由，可以说，哲学思维的根本特征在于它的思辨性。哲学的这种思辨性思维方式决定了它的无确定性、无限性、最大普遍性、综合性等其他特性。

当然，哲学不能离开社会实践和具体科学。哲学的无确定性、最大普遍性、无限性是通过对具体科学的确定性、特殊性和有限性的内容和方法的再认识和再升华而得来的。哲学不是简单地抛弃具体科学，而是内在地包含着实证科学的知识，把特殊作为一个环节包含在普遍之中，把有限作为一个环节包含在无限之中。

但是哲学思维和科学思维是不同层次的理性思维，两者不可混同。正如黑格尔在《小逻辑》中指出的："对于思辨意义的概念与通常所谓概念必须加以区别。认为概念永不能把握无限的说法之所以被人们重述了千百遍，直至成为一个深入人心的成见，就是由于人们只知道狭义的概念，而不知道思辨意义的概念。"① 因而哲学思维方式与科学思维方式是两种相互区别的思维方式，这是不能混同的。

3. 哲学史上关于思辨性的认识

在哲学史上，明确揭示出哲学思维的思辨特性的是黑格尔。在黑格尔看来，哲学概念就是思辨的概念。哲学思维就是"思辨的思维"，只有以思辨概念为基础，才具有哲学思维的特征，才可以称之为本来意义上的哲学。

思辨性是一切哲学范畴、一切哲学所共有的特性。古代哲学家已经意识到了哲学范畴的这种性质。柏拉图把一般（理念）看成独立于个别事物之外的存在，由一般理念构成的是可知世界，由具体个别事

① ［德］黑格尔：《小逻辑》，贺麟译，49页，北京：商务印书馆，1980年。

物构成的是可见世界。“可见的世界”，只是科学技术研究的对象，“要把辩证法所研究的可知的实在和那些把它们的假设当作第一原理的所谓科学技术的对象区别开来，认为前者比后者具有更大的真实性”①。柏拉图以唯心主义语言说明了辩证法要把握作为事物本质的“理念”。亚里士多德则主张要“专门研究‘有’本身，以及‘有’借自己的本性而具有的那些属性”②。显然，无论柏拉图的“理念”，还是亚里士多德的“有”，都力图去揭示万事万物最普遍的本质，都具有思辨的性质。

承认哲学思维区别于科学思维的根本特性是思辨性，承认哲学的思维方式是思辨性思维方式，这对马克思主义哲学是否同样适用呢？如果给予肯定的回答，那么，承认马克思主义的思辨性和承认它的科学性、实践性，是否矛盾呢？应该说，马克思主义哲学同样具有思辨性，因为这是一切哲学的共性。而相对于唯心主义哲学的思辨性而言，科学性、革命性、实践性则是马克思主义哲学的个性。因此，马克思主义哲学思辨性和它的科学性、革命性、实践性是不矛盾的，是相结合、相统一的。

马克思主义哲学的思辨性和西欧近代的唯心主义思辨哲学有着本质差别，也同中国的魏晋玄学大相径庭。这些唯心主义的思辨哲学，是以先验的原则和脱离客观世界的所谓“纯思辨”观念为出发点，去说明自然界、人类社会的产生和发展等问题。它离开客观世界，离开社会实践，用超出感性经验的思辨去探讨经验之外、实践之外的种种问题。因此，唯心主义哲学的这种思辨性是脱离客观性、科学性基础的独断性思辨。马克思主义哲学的根基是社会实践，它与现实生活紧密相连，它的命运和具体科学息息相关。马克思主义哲学的思辨性是在社会实践基础上，以具体科学所提供的实证知识内容为前提和依据，所进行的更高层次的概括和抽象。因此，这种思辨是科学性思辨。

因为马克思主义哲学的思辨性和科学性、实践性是结合在一起的，

① 北京大学哲学系外国哲学史教研室编：《古希腊罗马哲学》，201 页，北京：商务印书馆，1961 年。

② 北京大学哲学系外国哲学史教研室编：《古希腊罗马哲学》，234 页，北京：商务印书馆，1961 年。

所以这种反思和思辨更能把握事物的真实性和本质。人们靠感觉经验和表象只能认识事物的表面现象，事物的本质和真实性都不是直接呈现的。所以，感性直观无法认识事物的内在本质。只有靠人的理性思维才能透过表面的、偶然的现象，更真实地去把握事物的内在本质。黑格尔说："我们可以说唯有借助于反思作用去改造直接的东西，才能达到实体性的东西。"① 哲学的反思和思辨是以实践和具体科学所提供的养料，对思考的对象进行再思考，对事物初级本质认识的再深化，把握事物最普遍的本质和规律。形式上哲学理论更抽象了，离感觉经验和现实生活更远了，更具有思辨性质，但它却更能揭示事物背后潜藏的本质和规律，在客观内容上更深刻、更真实了。

正如列宁所指出的："当思维从具体的东西上升到抽象的东西时，它不是离开——如果它是正确的……真理，而是接近真理。物质的抽象，自然规律的抽象，价值的抽象等，一句话，那一切科学的（正确的、郑重的、不是荒唐的）抽象，都更深刻、更正确、更完全地反映着自然。"② 列宁又说："表象比思维更接近于实在吗？又是又不是。表象不能把握整个运动。例如它不能把握秒速为30万公里的运动，而思维则能够把握而且应当把握。"③ 因此，在实践和具体科学基础上的哲学思辨性愈强，它把唯物论和辩证法愈表现得彻底，愈能显示出哲学的生命力。

有人说，哲学是用"第四种眼睛看世界"，这是很对的。第一种眼睛是人的两只直观肉眼，只能使人看到世界的形象和色彩，即五彩斑斓的景和象。人需要第二种眼睛，即经验之眼看到现存事物景和象背后的情和识，做到触景生情、见象生知。第三种眼睛是理性之眼，能触景成理、见象生智，把握事物的本质和规律。第四种眼睛是哲学慧眼，求是中之是，观天外之天，把握最大、最深之理。

当然，笼统地称哲学是抽象的学说、思辨的学说，是不全面、不准确的。说哲学是抽象、思辨的，是远离现实生活的，这是从它的理论表现形式上说的。马克思曾说，哲学是"高悬于空中"的，哲学对

① ［德］黑格尔：《小逻辑》，贺麟译，77页，北京：商务印书馆，1980年。
② ［俄］列宁：《哲学笔记》，181页，北京：人民出版社，1974年。
③ ［俄］列宁：《哲学笔记》，246页，北京：人民出版社，1974年。

现实的反映是一种间接的“折射”。恩格斯也说，哲学是“更高的即更远离物质经济基础的意识形态”。并指出，哲学“同自己的物质存在条件的联系，越来越错综复杂，越来越被一些中间环节弄模糊了。但是这一联系是存在着的”①。哲学的表现形式上的这些特点，就决定了它是以思想为其特殊的研究领域，不应直接研究自然和社会的具体问题，这是各门具体科学的研究对象和任务。哲学把握客观世界的方式总是间接的，它同自然、社会打交道，是以自然、社会问题反映在一定的认识之中为条件的。

既然哲学思维方式的本质特性是思辨性，那么如何理解其科学的思辨性呢?

(二) 哲学的科学思辨性的基本规定

哲学的科学思辨性可以简单概括为哲学对无限事物的普遍本质的辩证理解。这一定义包含不断递进的三个层次的基本规定。

1. 一种揭示矛盾的辩证理性

关于这一点，黑格尔指出，“思辨的真理”，必须揭示和概括事物内在的辩证关系，即对立统一关系。他说：“理性的思辨真理即在于把对立的双方包含在自身之内，作为两个观念性的环节。”② 又说：“思辨的东西……在于这里所了解的辩证的东西，因而在于从对立面的统一中把握对立面，或者说，在否定的东西中把握肯定的东西。”③ 如果范畴仅仅揭示了事物的某个片面，这样的范畴也就谈不上科学的思辨性。

2. 一种统摄特殊的普遍理性

事物的真实性或本质总是隐藏在事物现象的背后，它不直接呈现出来，要靠理论思维去把握，即通过主观思维的能动作用，对感性材料进行加工和改造，才能抓住事物的本质。哲学的科学思辨性就要求哲学范畴是一种反映事物普遍本质的辩证理性，即黑格尔所说的，“去寻求那固定的、长住的、自身规定的、统摄特殊的普遍原则。这种普

① 《马克思恩格斯选集》第4卷，253、254页，北京：人民出版社，1995年。
② ［德］黑格尔：《小逻辑》，贺麟译，184页，北京：商务印书馆，1980年。
③ ［德］黑格尔：《逻辑学》上卷，杨一之译，39页，北京：商务印书馆，1977年。

遍原则就是事物的本质和真理”①。

3. 一种把握无限的辩证理性

任何具体科学的概念都是概括个别和特殊事物的本质，因而在它所研究的特殊领域内才具有普遍性。而思辨意义的概念即哲学概念是要把握无限事物的普遍本质，也就是说，哲学范畴要把握无限，就必须极度地概括各种事物的共性，极度地抽象各种事物的深刻本质，使之具有高度的思辨性。

那么，怎样才能达到哲学范畴所具有的科学思辨性呢？怎样才能达到对无限事物普遍本质的辩证理解呢？这里要注意把握三个互相联系的环节，即哲学的反思、批判和整合。

三、哲学的反思、批判和整合

哲学的科学思辨性是通过哲学的反思、批判和整合等诸环节实现和体现出来的。因此，一般地了解哲学的科学思辨性是不够的，还必须联系哲学的反思、批判和整合等环节来加以具体的理解和说明。

（一）哲学的思辨性反思

1. 作为对感性经验反思的思维运动

“反思”在现代生活中是使用频率比较高的一个词。在哲学界有一些论者在谈及哲学思维方式时，也往往认为哲学的思维方式是反思，并引用黑格尔的话说，“哲学的认识方式只是一种反思”②。其实，这两个判断是有区别的。黑格尔的意义很明白，反思并不专属于哲学，哲学的反思只是反思中的一种，言下之意，还有其他种类的反思。那么到底什么是反思呢？

反思在近代以来的西方哲学中广泛使用，它在黑格尔的《逻辑学》和《小逻辑》中也经常出现。“反思”原来是在光的反射的转换意义上使用的，作为认识概念，它是借用光反射的间接性意义，指那种不同于直接认识的间接性认识。例如，J.洛克把离开感觉形成的内部经验的

① ［德］黑格尔：《小逻辑》，贺麟译，76页，北京：商务印书馆，1980年。

② ［德］黑格尔：《小逻辑》，贺麟译，7页，北京：商务印书馆，1980年。

心灵活动称为反思，B.斯宾诺莎则认为反思是认识真理的比较高级的形式。

黑格尔继承了关于"反思"的上述理解。他认为，所谓反思就是"跟随在事实后面的反复思考"①。也就是说，"要想真正知道外界对象和事变，以及内心的情绪、直观、意见、表象等的真理必须加以反复思索"②。很显然，黑格尔把反思看作相对事物、相对于感性经验的思维运动。这一思维运动是自身的，它不依赖于外界事物的作用。黑格尔认为，这一思维自身的反思是和普遍性联结在一起的。一切对象的本质，须通过反思才能认识，思维的反思作用是人独有的主观能动作用。因此，反思作为一种认识形式不同于经验认识形式。黑格尔说："我们总是首先通过经验去认识真理，但经验也只是一种形式。……此外还有一种认识真理的方法，就是反思，反思的方式用思想的关系来规定真理。"③

黑格尔在这里所说的反思，其涵义是很广的。即反思是相对于经验认识形式的一种理性认识形式。我们日常生活中常说的"对实践经验进行反思"，这里就是广义上使用的"反思"，是指对实践经验进行理性的概括和总结。

2. 作为对"思维"反思的思维运动

人类认识除了对感性经验必须进行反思，即理性认识以外，对于理性认识、对思维也存在一个反思的问题，即黑格尔所说的"思维的思维"。比如相对于经验科学的理论科学在很大程度上就是"对思维的思维"，即对观念事实、对初级思维成果的思维，对产生这种认识过程和认识方法的思维。

那么哲学的反思与理论科学这种"对思维的思维"的关系如何呢？

3. 哲学反思是对"思维的思维"的再思维

哲学的反思是对理论科学这种"对思维的思维"的再思维，即对理论科学这种思维的思维。理论科学的思维是对某些特殊领域、特定方面的思维的考察。它思维的仅仅是这种思维的具体内容，而哲学的

---

① ［德］黑格尔：《小逻辑》，贺麟译，7页，北京：商务印书馆，1980年。
② ［德］黑格尔：《小逻辑》，贺麟译，42页，北京：商务印书馆，1980年。
③ ［德］黑格尔：《小逻辑》，贺麟译，87页，北京：商务印书馆，1980年。

反思是对科学思维成果的再抽象、再概括，其着眼点是考察思维本身的一般形式即规律，在思维中去揭示思维与对象的关系，进而探索思维如何反映存在，如何与存在统一，以便人能够按照思维的本性和规律去思维。总之，哲学思维的指向，是思维本身（的本性和规律），也只有这种指向思维本身的思维，才能称之为哲学的反思。这正如黑格尔所说的："思维进展的次序，总是超出那自然的、感觉的意识，超出自感觉材料而推论的意识，而提高到思维本身纯粹不杂的要素。"①

4. 哲学知性反思和辩证反思的辩证统一

黑格尔在谈到哲学反思时，又进一步指出哲学的反思，有两种不同的性质：一是知性的哲学反思，二是辩证的哲学反思。在他看来，辩证的哲学反思才是真正的哲学思维。

黑格尔在谈到知性的反思时说，近代哲学特别是康德以前的形而上学不懂得思想自身包含着的矛盾，而相信"只靠反思作用即可认识真理，即可使客体的真实性质呈现在意识前面"②。其结果就停滞在"知性思维"的地步。所以，他们"'通常总是从主观的意义上来理解反思，认为它是判断力的运动，这个判断力超出某一直接的表象，给表象寻找普遍的规定，或者把这些普遍的规定同表象作比较'。'但是这里所指的不是意识的反思，也不是特殊和普遍作为自己的规定的比较确定的悟性反思，而是一般的反思'"③。换句话说，知性的反思虽然是以一种思维的方法对于事物进行考察，但它往往把事物的各方面孤立进行分析，因而不可能得出关于事物本质的真实认识。在黑格尔看来，这种知性反思的结果，只会使人的认识处于一种片面的状态。所以，他得出结论："形而上学并未能超出单纯抽象理智的思维。它只知直接采取一些抽象的思维规定，以为只消运用这些抽象规定，便可有效地作为表达真理的谓词。"④

由于知性反思的缺陷，必然导致了辩证反思的产生。黑格尔哲学的一个优点就在于：他不仅像过去的某些哲学家那样，把人的理性认

① ［德］黑格尔：《小逻辑》，贺麟译，52页，北京：商务印书馆，1980年。
② ［德］黑格尔：《小逻辑》，贺麟译，94页，北京：商务印书馆，1980年。
③ 转引自［俄］列宁：《哲学笔记》，138页，北京：人民出版社，1974年。
④ ［德］黑格尔：《小逻辑》，贺麟译，96页，北京：商务印书馆，1980年。

识阶段区分为“知性”与“理性”，而且第一次把“理性”细分为“消极的理性”与“积极的理性”。

在黑格尔看来，所谓“消极的理性”就是有限的规定的纯粹外延的超出，黑格尔称之为对有限的规定的“外在的超出”①。所谓“积极理性”就是不满足、不停留于这种对有限规定的外在超出，不停留于片面的否定，而是“在对立的规定中认识到它们的统一，或在对立双方的分解和过渡中，认识到它们所包含的肯定”②。即黑格尔所说的内在的超越，这就是辩证的反思。

所以，黑格尔认为“凡是志在弥补这种缺陷（知性反思的缺陷——引者注）以达到真正必然性的知识的反思，就是思辨的思维，即真正的哲学思维。这种足以达到真正必然性的反思，就其为一种反思而言，与上面所讲的那种抽象的反思有共同点，但同时又有区别”③。

可见，辩证反思之所以能够克服知性反思的缺陷，就在于它看到了事物内部的内在联系和矛盾。在黑格尔看来，要真正认识事物，最根本的就是要“进一步追寻到它（事物）的后面，要知道那究竟是怎么一回事，要把握它的本质。”黑格尔指出：“反思的规定的真理只能存在于它们的相互关系中，因而，反思的每一个规定在其本身的概念中都包含着他物”④。

不难看出，真正的哲学反思不能停留于知性的反思，而是以知性的反思作为基础，通过扬弃，对知性反思进行辩证的再思考，而达到辩证的反思。从具体的理论科学的反思发展到哲学的反思，再从知性的反思上升到辩证反思的过程，也就是从哲学上的抽象上升到具体的过程，其目的是获得无限事物的关于普遍必然性的具体真理。

那么，实现辩证反思的途径是什么呢？这个途径就是对对象性理论的信仰前提进行辩证的批判。因此，要理解辩证的反思，必须联系这种批判进行分析。

---

① ［德］黑格尔：《小逻辑》，贺麟译，176 页，北京：商务印书馆，1980 年。
② ［德］黑格尔：《小逻辑》，贺麟译，181 页，北京：商务印书馆，1980 年。
③ ［德］黑格尔：《小逻辑》，贺麟译，48 页，北京：商务印书馆，1980 年。
④ 转引自［俄］列宁：《哲学笔记》，143 页，北京：人民出版社，1974 年。

（二）哲学对对象理论前提的批判

批判二字曾长期被误用和滥用。原本意义上的批判，是指对是非曲直的判断和对真假善恶的褒贬，它是以反省经验和思考为基础的理性活动。批判对于哲学来说，是其对待事物所持有的一种最基本的态度。所谓哲学的批判，是指哲学作为人类精神文化的灵魂，作为对人之存在意义的终极关怀，因而要对人类生活和人类思维赖以支持的一些最基本的假定前提加以质疑和思考。

人类是要过理性生活的。人类的一切活动都有意识、趋目的、奔理想的。因此，人类的生活、社会机制的运行、科学活动的开展，实际都需要有一些最基本的假定前提。譬如“人为万物之灵”，便是人类在处理自己与外部世界的关系时，所遵循的一个最基本的假定前提。科学家在从事科学研究之先，也必须具有某种思维框架。这种框架，康德称之为先验范畴，皮亚杰称之为格局，库恩称之为规范。总之，人类的社会生活有许许多多包涵信念的、基础的假定前提，没有这些假定前提是不可想象的。

一般说来，人们是不希望别人对他们所假定的东西加以追究的。这些假定前提在日常生活中，往往被绝大部分人视为当然的东西，因而是没有必要予以追问的东西。客观地讲，如果人人都不断地去追问这些假定前提，检验信仰的假定条件，那么在行动上就会迟疑不决，就会影响人们的生活。问题的另一方面还在于，如果对这些假定前提作批判性的考察，那么就会发现它们有时远远不如看上去那样可靠，也远远不如看上去那么明确。因而将它们视为当然而束之高阁，人的思想就会凝固，社会就会陷入僵化，历史的脚步就会停滞。很显然，要使认识不断发展，社会不断进步，历史不断前行，就必须对假设质疑，向前提挑战，对信仰批判。

哲学批判是对对象性理论的前提性的批判。对象性理论大致可分为两类，一类是具体科学的理论，一类是哲学自身的理论。这些理论所具有的相对于哲学批判的对象性质，是难以通过抽象的规定来充分说明的，只有在具体的批判过程中才能加以把握。

举例来说，近代西方启蒙学者对社会契约问题的研究，主要是从制度、法律角度来论述社会政治权力何以产生的问题。就其本身来说，应属法学、政治学等具体学科研究的对象。但启蒙学者没有停留于此，而是把问题继续向前推进，把研究的中心推向这一理论的前提性分析。即侧重考察契约社会所出发的所谓“自然状态”，并进而推到了关于人的本性的研究。霍布斯认为，人的本性是自我保存，为了保存自己而不惜伤害同类，于是发生了一切人反对一切人的战争。为了克服这种状态，人们相互转让权利，缔结契约。

对此，孟德斯鸠则从法的角度进行了研究。他首先对法作了一个哲学意义上的概括：“从最广泛的意义上来说，法是由事物的性质产生出来的必然关系。”① 法是万物的本质关系，人的本性亦是法的一种形式，在自然状态中具体地表现为四条法则：希望和平，寻求食物，相互爱慕和过社会生活。当人类进入联系紧密的社会后，争执与战争日益频繁，为此人们缔结契约以消除冲突，于是自然法过渡到人为法。

卢梭则认为，自由平等是人的天赋权力，自然状态中的人有两种天然感情：自爱心和怜悯心，他们过着独立自在的生活，由于生产方式逐步改变，特别是工艺技术的进步及心理意识的变化，产生了私有制，继而产生了一系列不平等的契约。上述启蒙学者的观点，对今天的人们来说，可能持有异议，但就他们那个时代来说，无疑是深刻的哲学批判。即把思考由法学和政治学推进到它们的前提性领域。

这种对对象性理论的逻辑前提的追寻性的批判，即我们通常所说的寻根究底。海德格尔说：“正是敢于探测那个深不可测的东西的尝试……它将我们的追问推到极点。正是这种尝试使哲学得以存在。”② 对对象性具体科学理论前提的不断追问，最终都会表现为某种哲学观点的陈述。

一般说来，哲学批判都乐于对新的具体科学理论、原理、观点进行反思，并试图在传统哲学范畴内对它们加以说明。但是当新理论难以被传统哲学体系接纳，哲学思辨将转而对传统哲学作出相应的改变。在科学发展史上，对于一个新的实验结果、一个新的科学观点，常常提出几种不同的哲学说明。在这种情况下，哲学批判就不仅表现为对

① ［法］孟德斯鸠：《论法的精神》上册，张雁深译，1页，北京：商务印书馆，1961年。

② 转引自［英］乔治·斯坦纳：《海德格尔》，李河、刘继译，57页，北京：中国社会科学出版社，1989年。

对象性具体科学的前提性批判，而且表现为这种批判的延伸，即各种不同的哲学解释、哲学说明之间的相互盘诘和驳难。哲学的不同观点、不同学派之间的相互盘诘和驳难，从整体上看，也就是哲学的自我批判或纯粹哲学批判，即以哲学本身理论为对象的前提性考察。

哲学的这种批判，从客观效应来说，可以促成对象性理论在根本前提上实现重大层次跃进，成为科学突破性发展所必须。从主体性要求来说，可以倡导理性自由精神，即培养生动活泼的怀疑精神和创新意识。而从哲学本身来说，也可以导致哲学的发展乃至新的建构。黑格尔通过对康德的知性反思理论的批判，而建立起自己辩证反思的理论，就是通过批判而实现的哲学的发展。

不过，对于哲学来说，批判只是过渡性和中介性的，从而也是手段性和工具性的。哲学正是通过否定、通过批判达到肯定。在哲学的思辨中，哲学批判只是充当了由抽象走向具体、由有限走向无限的"梯子"。正像费尔巴哈所指出的，真正的怀疑是一种必然性，它旨在游移不定中求确定，在偶然之中求必然，在现象之中求本质。黑格尔也曾指出："哲学不能像怀疑主义那样，仅仅停留在辩证法的否定结果方面。怀疑主义没有认清它自己的真结果，它坚持怀疑的结果是单纯抽象的否定。辩证法既然以否定为其结果，那么就否定作为结果来说，至少同时也可说是肯定的。"① 因此，对于哲学来说，批判应该是辩证的，其结果应是辩证的综合，是关于世界的整体性的综合理解。

（三）哲学是世界整体观念的综合

黑格尔说："整体就是具体的。"② 仔细分析起来，应该有六种具体。一是现实具体，指客观现实中事物的具体整体；二是感性具体，是指人的认识对于现实具体在知觉和表象阶段的反映；三是思维具体，是指现实中的具体在思维中的综合的总体的反映；四是艺术具体，是指从审美角度把握事物的艺术形象具体；五是虚幻具体，是指宗教信仰所创造的神灵世界具体；六是实践精神具体，即实践的观念模型具

① ［德］黑格尔：《小逻辑》，贺麟译，181页，北京：商务印书馆，1980年。

② ［德］黑格尔：《哲学史讲演录》第1卷，贺麟、王太庆译，29页，北京：商务印书馆，1959年。

体。关于人类精神把握世界的上述后四种具体方式，马克思在《〈政治经济学批判〉导言》中指出："整体，当它在头脑中作为思想整体而出现时，是思维着的头脑的产物，这个头脑用它所专有的方式掌握世界，而这种方式是不同于对于世界的艺术精神的，宗教精神的，实践精神的掌握的。"①

区分这些对于世界的不同的精神掌握方式，对于正确理解思维具体是很有意义的。拿艺术具体与思维具体的区别来说，艺术具体是思想内容（普遍性）与艺术形象（特殊的个体的形象）的统一。正如黑格尔所说："就艺术美来说的理念并不是专就理念本身说的理念，即不是在哲学逻辑里作为绝对来了解的那种理念，而是化为符合现实的具体形象，而且与现实结合成为直接的妥贴的统一体的那种理念。"② 与艺术具体不同，思维具体不具有外在的形象性、可感性。它是经过抽象，在扬弃现实具体和感性具体的基础上，进而通过综合，以概念的逻辑体系来反映和再现对象整体的，是在思维中把握事物的内在联系的总体。

在思维中再现事物内在联系的总体，这是哲学思维和科学思维所追求的目标。其思维的特点是，从整体中抽象出的最基本的规定出发，渐次分析出或引申出它所包含的各种矛盾的各个方面，进而达到关于对象的多样性统一和多种规定综合的认识。这是以"抽象""具体"等概念为基础，从抽象规定上升到思维具体的推理过程，这一过程同时也是以分析为基础的综合过程。正如列宁所指出的：由抽象上升到具体，"分析和综合的结合——各个部分的分解和所有这些部分的总和、总计"③。离开了分析就谈不上综合，离开了综合也就谈不上具体。"具体之所以具体，因为它是许多规定的综合，因而是多样性的统一。"④

如何理解这里的"总和"和"统一"，如何实现由分析到综合、由抽象到具体？恩格斯说，事物的总和和统一就是"事物是对立面的总和和统一"⑤。实现由分析到综合、由抽象到具体，要运用对立统一的

---

① 《马克思恩格斯选集》第2卷，19页，北京：人民出版社，1995年。
② ［德］黑格尔：《美学》第1卷，寇鹏程译，92页，北京：商务印书馆，1979年。
③ ［俄］列宁：《哲学笔记》，239页，北京：人民出版社，1974年。
④ 《马克思恩格斯选集》第2卷，18页，北京：人民出版社，1995年。
⑤ ［德］恩格斯：《自然辩证法》，85页，北京：人民出版社，1971年。

辩证思维方法，从整体上把握事物，着眼于事物的整体，着眼于事物内部要素的各种联系。因此，事物整体在思维中的再现，或思维具体的形成，从方法上来说，是抽象到具体、分析与综合的矛盾分析法的综合运用。

在这里，具体科学的思维具体和哲学的思维具体的不同在于：具体科学的思维具体所再现的是有限事物的整体，哲学思维具体所再现的是无限世界的整体，是世界内在联系的总体。许多普遍性的概念、范畴以及由这些概念、范畴所构成的命题的理论系统，最终使世界的内在联系在思维中作为一个整体复现出来。当然任何哲学都不能完全做到这一点，但人类认识的发展，可以无限地接近这一点。

哲学思维是关于整个世界的思维具体，这一思想是黑格尔提出来的，并且他的哲学在某种意义上体现了这种思维具体。所以恩格斯说："黑格尔第一次——这是他的伟大功绩——把整个自然的、历史的和精神的世界描写为一个过程，即把它描写为处在不断的运动、变化、转变和发展中，并企图揭示这种运动和发展的内在联系。"① 可以说，恩格斯对黑格尔这一功绩的肯定是有保留的。原因在于，黑格尔是在客观唯心主义的基础上再现世界整体的，他把世界看作绝对精神的外化和回复，因而他再现的世界是一个以绝对观念为前提的理论上完成的世界，是封闭的世界观念整体。在批判黑格尔哲学的过程中，马克思主义哲学思维所再现的关于整个世界的思维具体，是以实践为基础的思维具体，是一个开放的随着实践和科学发展不断加以完善和丰富的思维具体。

总之，哲学的思维方式是一种通过思辨性反思，以对象性理论的前提性批判和关于世界的整体性观念综合等为品格的理论思维方式。

① 《马克思恩格斯选集》第3卷，362页，北京：人民出版社，1995年。

第十章　哲学理论的逻辑体系

哲学作为系统化、理论化的世界观，这一本质内涵决定了哲学应该是一个体系，哲学的体系性是哲学的一个内在规定和内在要求。不同形态的哲学并无体系有无，而只有体系完善程度和科学程度的区别。任何一个哲学体系都有它的逻辑起点，确定哲学的逻辑起点是哲学体系展开的前提和基础。不同的哲学体系的区别集中地表现在其不同的逻辑起点上。哲学体系的形成过程就是按照一定的原则，从逻辑起点出发，不断展开自身，不断特殊化自身，不断丰富自身的过程。

在我国哲学界，关于哲学的体系问题特别是马克思主义哲学的体系问题，关于马克思主义哲学的逻辑起点问题，存在着不同观点的争论，至今还没有取得一致的意见。下面的论述将联系这些问题作一些具体分析。

一、哲学的体系性

（一）成熟的哲学都有体系

有一种观点认为，哲学不应该是一个体系。哲学一旦体系化，就必然导致哲学本身的封闭、凝固、僵化。马克思主义哲学产生以前，哲学家们的一个误区，就是热衷于构造一个永恒绝对的真理体系。马克思恩格斯在哲学史上所实现的空前伟大的变革之一，就在于他们终止了人类对一切永恒、绝对的真理体系的追求和构造。马克思反复声称，他的任务绝不是给人们颁布某种绝对真理体系，而是在批判旧世界中发现新世界。于是，持有这一见解的论者得出结论说，马克思主义哲学本身并不要求搞体系，马克思主义经典作家也不主张搞哲学体系。因此，必须破除关于哲学的体系化的思维方式。

企图构成一个永恒绝对的真理体系，这是以往哲学的一个重要弊端。马克思主义哲学批判和摒弃旧哲学体系的这种弊端，无疑是正确的，是应该肯定的。但是由此而认为，哲学本来就不应该是一个体系，这一推论是欠妥的，是不能成立的。这就如同时把小孩子与洗澡水一起泼出去一样，是不可取的。

从哲学的本性来说，真正成熟的哲学，应当是系统的、有体系的。

1. 哲学体系化是哲学与哲学对象同构性的必然要求

哲学的对象是整个世界，是由万事万物所构成的系统整体。哲学作为对这种系统整体的一种反映和认识，哲学认识的系统性根源于反映对象的系统性，根源于反映对象的系统性要求。对于世界的系统整体性，古希腊哲学家已经猜测到了。正如恩格斯所概括指出的，古代辩证法家把世界当作一个统一的整体，并且力求“在某种具有固定形体的东西中去寻找这种统一”①。对这种统一的规定和说明，形成了哲学的第一个有决定意义的概念“本原”，这是从古希腊哲学家泰勒斯开始的。

什么是本原，亚里士多德解释说，所谓本原是指“一样东西，万物都由它构成的，都是首先从它产生、最后又化为它的”②。因此，任何一种哲学对世界本原的某种确立，也就要求它对这个本原加以具体的说明，要求它从这种关于世界的本原的观点出发，去解释和说明世界的统一性，去展开或构造自己的哲学体系。

在古希腊哲学史上，泰勒斯提出了“本原”概念，并且明确把“水”作为万物的本原，从水这个本原去说明宇宙的根源，然而这种说明还不是哲学思辨的，而是物理学的描述（当然含有哲学的意义）。他说，世界开始是一片汪洋，后来从水中产生了陆地，进而形成了世界上的一切。这就使得他关于“水”本原观的论断成为解释自然现象（如地震）的根本原理。然而，水是万物的本原这一命题是怎样提出来的，是怎样证明的，又怎样从水推演出特殊形态的各种事物，从遗留下来的史料中，看不到泰勒斯对上述问题有什么说明。

---

① ［德］恩格斯：《自然辩证法》，164页，北京：人民出版社，1971年。

② 北京大学哲学系西方哲学史教研室编译：《西方哲学原著选读》上卷，15页，北京：商务印书馆，1981年。

因此，泰勒斯的哲学并不表现为一个完整的体系。用黑格尔的话说，“这并不是由于缺少资料，而是因为最初的哲学还不能有系统”①。然而以泰勒斯为开端，古希腊经历了伊奥尼亚哲学、南意大利哲学和原子论哲学的发展历程，终于迎来了以苏格拉底哲学、柏拉图哲学特别是亚里士多德哲学为代表的希腊哲学的体系化时期。因此，最早的哲学虽然不是体系化的哲学，但哲学的体系化是哲学发展的必然趋势，是哲学对象系统整体性的主观反映。

2. 哲学体系化是哲学科学性的必然要求

任何成熟的哲学都是通过一系列概念、范畴、命题来表达其哲学思想的。然而这些概念、范畴和命题在哲学中不是平列的，也不是机械的组合，而是有机的统一。要达到有机的统一，就必然提出体系化的要求。这里的体系化不仅是组织观点和材料的写作方式问题，而且是把哲学思考引向深刻和缜密的途径与方法。表现在：

第一，任何一个哲学概念、范畴和命题只有作为系统整体中的一个有机环节，才能在与其他环节的相互区别和规定中，获得应有的说明。比如“物质”这个哲学范畴，旧唯物主义、辩证唯物主义和各种唯心主义都在加以运用，但其涵义是互有区别，甚至是对立的。因此，同一个“物质”范畴在不同哲学体系中的涵义是不同的。这种不同只有联系不同的哲学体系才能获得应有的说明。因此，对哲学家提出的任何一个概念、范畴，包括命题都必须联系哲学家的哲学体系去加以理解和把握。这也是我们党一直号召要完整地、准确地理解马克思主义、列宁主义、毛泽东思想的一个重要原因所在。

第二，哲学体系化才能使哲学的概念、范畴、命题达于逻辑的有序性、层次性。哲学的概念、范畴、命题，有些是更为基本的，是逻辑上在先的，另一些由前者经过定义或者推理派生出来的，是逻辑上在后的。在先的概念、范畴、命题为在后的提供逻辑根据，在后的概念、范畴、命题为前面的提供具体说明。比如，从辩证法角度说，从联系说明相互作用，从相互作用说明运动，从运动说明发展，反过来，相互作用、运动、发展等又是对联系的具体展开和证明。哲学的概念、

① ［德］黑格尔：《哲学史讲演录》第 1 卷，贺麟、王太庆译，181 页，北京：商务印书馆，1959 年。

范畴、命题通过体系化，从逻辑上表明了它们之间的内在联系，表明了它们的顺序性和层次性，这就把哲学思考引向周密化、细致化，其结果往往导致哲学思想的全面和深刻，有助于揭示和克服潜在的逻辑矛盾。

第三，哲学的体系化是人类思维的能动性、概念的辩证性的具体要求和体现。在哲学体系的展开过程中，由前承的概念、原理到后继的范畴、原理的推移、引申，这实际是概念、原理的矛盾展开和转化。马克思肯定，矛盾是“一切辩证法的源泉的思想”[①]，因而在他看来，事物的发展过程也就是内在矛盾运动的过程，事物的矛盾运动反映在人的逻辑思维中，就是概念的辩证法，概念的矛盾运动。拿系统辩证法来说，系统作为一个起点范畴，它本身包含了内在的矛盾，系统是由相互联系相互作用的要素按照一定的层次和结构有序组织起来的、具有特定功能的有机整体。

因此，由系统中直接引申出来的是整体和部分（要素）这一对范畴，这是系统中包含的潜在矛盾的直接展开。整体以部分作为依托，不然整体就不能存在；反之，部分也不能离开整体，离开了整体的部分也就失去了原先在整体中所具有的系统质。系统的整体和系统的要素通过系统的结构和层次相互联系、相互作用。要素定位于系统的一定层次，通过结构构成整体，整体通过结构统摄系统的层次，即定位于一定层次上的要素。这样结构和层次这一对范畴又从整体与要素的矛盾运动中进一步引申出来，由结构与层次的矛盾运动又可以进一步引申出结构与功能、有序与无序、自组织与他组织、封闭与开放、稳定与涨落、协同与竞争等一系列范畴[②]。

这样，在体系中的范畴、概念、原理就不再是孤立的、僵死的，并且也不仅是外在形式上的顺序排列，而获得了内在的生命，活跃起来，流动起来。在这种流动中，哲学内容获得了从抽象到具体、从贫乏到丰富、从简单到复杂的发展。

---

① 《马克思恩格斯全集》第23卷，654页脚注，北京：人民出版社，1972年。

② 参见陶富源：《系统在唯物辩证法逻辑体系中的地位》，《赣南师院学报》，1987（3）。

（二）哲学体系的相对性

既然哲学的体系化是哲学发展的本性所必然要求的，那么，为什么马克思和恩格斯对黑格尔的哲学体系和杜林的哲学体系十分反感，持一种批判的态度呢？在说明这个问题以前，先来考察一下黑格尔关于哲学体系的理论。

1. 黑格尔哲学体系论的功绩

在哲学史上，黑格尔是第一个认真对待哲学体系问题的人。从理论上说，黑格尔在这个问题上的贡献主要有四点。一是，他明确肯定了哲学“本质上应是一个体系”。二是，他对哲学的体系化进行了论证。他说：“哲学若没有体系，就不能成为科学。没有体系的哲学理论，只能表示个人主观的特殊心情，它的内容必定是带偶然性的。哲学的内容，只有作为全体中的有机环节，才能得到正确的证明，否则便只能是无根据的假设或个人主观的确信而已。”“因为真理作为具体的，它必定是在自身中展开其自身，而且必定是联系在一起和保持在一起的统一体，换言之，真理就是全体。”① 三是，黑格尔说明了从抽象上升到具体的构成哲学体系的逻辑方法论的思维行程。四是，他科学说明了哲学体系与哲学史的关系。他说：“哲学是在发展中的系统，哲学史也是在发展中的系统。”并指明：“这就是哲学史的研究所须阐明的主要之点或基本概念。”②

在黑格尔看来：“哲学史上所表现的种种不同的体系，一方面我们可以说，只是一个哲学体系，在发展过程中的不同阶段罢了。另一方面我们也可以说，那些作为各个哲学体系的基础的特殊原则，只不过是同一思想整体的一些分支罢了。那在时间上最晚出的哲学体系，乃是前此一切体系的成果，因而必定包括前此各体系的原则在内；所以一个真正名副其实的哲学体系，必定是最渊博、最丰富和最具体的哲学体系。”③ 他说：“各派哲学的原则是被保持着的，那最新的哲学就是

① ［德］黑格尔：《小逻辑》，贺麟译，56 页，北京：商务印书馆，1980 年。

② ［德］黑格尔：《哲学史讲演录》第 1 卷，贺麟、王太庆译，33 页，北京：商务印书馆，1959 年。

③ ［德］黑格尔：《小逻辑》，贺麟译，54—55 页，北京：商务印书馆，1980 年。

所有各先行原则的结果，所以没有任何哲学是被完全推翻了的。那被推翻了的并不是这个哲学的原则，而只不过是这个原则的绝对性、究竟至上性。……因此我们对于哲学的态度，必包含一个肯定的和一个否定的方面。我们必须对于一个哲学的这两方面有了正确的认识，态度才算公正。”①

黑格尔的这些论述是特别精彩的。他既肯定了每一种哲学体系都有其价值，同时又指出每一种哲学体系都具有历史的片面性，都具有相对性，不能绝对化，都将被哲学的发展所超越。但哲学的发展是保留了以往一切哲学成果的继承性的发展，因而在时间上最晚出的哲学，才可能是最渊博、最丰富和最具体的哲学体系。然而，尽管黑格尔关于哲学体系的辩证认识是这么深刻，但悲剧在于，在他建构自己的哲学体系时恰恰违背了他在哲学体系问题上所揭示的辩证原则。

2. 黑格尔哲学体系的弊端

辩证法认为事物的辩证发展是没有止境的。恩格斯说：“真理是在认识过程本身中，在科学的长期的历史发展中，而科学从认识的较低阶段向越来越高的阶段上升，但是永远不能通过所谓绝对真理的发现而达到这样一点，在这一点上它再也不能前进一步，除了袖手一旁惊愕地望着这个已经获得的绝对真理，就再也无事可做了。”② 但是黑格尔却没有能从传统哲学体系的弊端中解脱出来，即恩格斯所指出的：“他不得不去建立一个体系，而按照传统的要求，哲学体系是一定要以某种绝对真理来完成的。”③ 于是，黑格尔在断言真理是发展过程的同时，又主张整个发展过程有一个终点，以便在这个终点上“结束他的体系”④。黑格尔认为，在社会历史领域，普鲁士国家是社会发展的顶峰；在认识论领域，黑格尔自己的哲学就是绝对真理。

辩证法的本质在于承认对立面的矛盾斗争是永远都有的。黑格尔之所以会把自己的哲学体系视为终极真理，在于他的唯心主义体系使他认为矛盾，最终可以调和、平息，他把对立面的统一看成是最终的，

---

① ［德］黑格尔：《哲学史讲演录》第1卷，贺麟、王太庆译，40—41页，北京：商务印书馆，1959年。

② 《马克思恩格斯选集》第4卷，216页，北京：人民出版社，1995年。

③ 《马克思恩格斯选集》第4卷，217—218页，北京：人民出版社，1995年。

④ 《马克思恩格斯选集》第4卷，218页，北京：人民出版社，1995年。

而矛盾则是过渡性的。

他认为，矛盾斗争只在平常所说的具体事物即他所说的“有限事物”中进行，至于在无限的“最高真实”或“绝对真实”中，则一切矛盾都消失了。他说：“绝对理念（又可译作“绝对观念”——引者注）……没有过渡。”[①]“最高的真实，本然的真实，就是最高的对立与矛盾的解决。在最高的真实里，自由与必然，心灵与自然、知识与对象、规律与动机等的对立都不存在了，总之，一切对立矛盾，不管它们采取什么形式，都失其为对立矛盾了。”[②]

这样，黑格尔的唯心主义体系就把辩证法固有的一些最重要的原则都加以歪曲了，把辩证法批判的、革命的本质都“闷死”[③]了。总之，黑格尔的绝对真理体系是一切矛盾的终极，没有矛盾自然也就没有发展了。在黑格尔看来，他的哲学体系是唯一尽善尽美的体系。

3. 对“绝对真理”体系的批判并非否定哲学的体系性

和黑格尔相似，杜林也是一个创造体系的专家。杜林声称自己是一切时代中最伟大的天才，是“在当代以及为了这一力量（哲学）目前可以预见的发展而代表这一力量的人”[④]。也就是说，他自认为自己是现代的和“可以见到的”未来的唯一真正的哲学家。杜林认为他的“‘哲学不承认任何纯属虚幻的地平线，而是要在自己的强有力地实行变革的运动中揭示外部自然和内部自然的一切地和天’……它的结果是‘完全独特的结论和观点……创造体系的思想……确立了的真理’”[⑤]。

正因为黑格尔哲学和杜林哲学都以包罗万象的绝对真理体系相标榜，因此马克思恩格斯曾激烈批判了黑格尔、杜林那样的哲学体系，而且反对德国当时的哲学家们动不动就创造一个哲学体系的狂热。但是能否由此认为，马克思恩格斯根本否认哲学应有体系呢？不能。马克思恩格斯所反对的只是那种包罗万象的、最终完成的、关于自然和历史的认识的体系，因为这种体系是和辩证思维基本规律相矛盾的。

---

① ［德］黑格尔：《小逻辑》，贺麟译，422页，北京：商务印书馆，1980年。
② ［德］黑格尔：《美学》，寇鹏程译，123页，北京：人民出版社，1979年。
③ 《马克思恩格斯选集》第4卷，218页，北京：人民出版社，1995年。
④ 转引自《马克思恩格斯选集》第3卷，367页，北京：人民出版社，1995年。
⑤ 转引自《马克思恩格斯选集》第3卷，367—368页，北京：人民出版社，1995年。

但是，他们在反对旧哲学体系时，并不是说根本不要体系。对于哲学体系的这种辩证态度，在马克思、恩格斯那里是一贯的、明确的。即使他们在批判黑格尔哲学体系和杜林哲学体系时，为了防止人们产生误解，也没有忘记声明这一点。

比如，恩格斯在分析和评价黑格尔哲学体系时，一方面指出："这种近代德国哲学在黑格尔的体系中完成了，在这个体系中，黑格尔第一次——这是他的伟大功绩——把整个自然的、历史的和精神的世界描写为一个过程，即把它描写为处在不断的运动、变化、转变和发展中，并企图揭示这种运动和发展的内在联系。"① 另一方面又指出："黑格尔的体系作为体系来说，是一次巨大的流产，但也是这类流产中的最后一次。就是说，它还包含着不可救药的内在矛盾：一方面，它以历史的观点作为基本前提，即把人类的历史看作一个发展过程，这个过程按其本性来说在认识上是不能由于所谓绝对真理的发现而结束的；但是另一方面，它又硬说它自己就是这种绝对真理的全部内容。关于自然和历史无所不包的、最终完成的认识体系，是同辩证思维的基本规律相矛盾的。"② 在做了这种批判的分析以后，恩格斯紧接着指出："但是，这样说决不排除，相反倒包含下面一点，即对整个外部世界的有系统的认识是可以一代一代地得到巨大进展的。"③

这里有两点必须注意。第一，恩格斯对黑格尔哲学体系的分析和评价是辩证的，他所反对的只是黑格尔把自己的哲学说成最终真理的体系，而肯定和赞扬这个体系是第一次对整个自然的、历史的和精神世界的有系统的认识，即反对哲学构造永恒绝对的真理体系，但并不排斥"对整个外部世界的有系统的认识"。并不否定以哲学理论体系的形式反映整个外部世界。第二，上述目标的实现，只能在"一代一代地得到巨大的进展"，永远不可能由某人或某种哲学在某时宣告最终完成。因此，历史上从来不存在永恒不变的和不能超越的哲学理论体系。

① 《马克思恩格斯选集》第3卷，362页，北京：人民出版社，1995年。
② 《马克思恩格斯选集》第3卷，363页，北京：人民出版社，1995年。
③ 《马克思恩格斯选集》第3卷，363页，北京：人民出版社，1995年。

（三）马克思主义哲学的体系性

1.《反杜林论》对马克思主义理论的系统表述

恩格斯在《反杜林论》中对杜林哲学体系进行了批判。恩格斯为了避免当时德国流行的随意创造体系的误解，曾经在该书的第一版序言中明确指出，“这本书的目的并不是以另一个体系去同杜林先生的‘体系’相对立”。接着又指出，“可是希望读者也不要忽略我所提出的各种见解之间的内在联系”①。有的论者孤立地引证上述前一句话，并解释和引申为恩格斯反对哲学的体系化。这种理解是不确切的。如果把上述两句话联系起来，并联系原书的上下文来理解的话，其意思是十分清楚的。即写作这本书的目的，从主观上讲不是为了构造一个体系去同杜林的体系相对立，然而由被批判“对象本身的性质”所决定，为了进行有针对性的批判，从而“涉及非常广泛的理论领域”，因而“以自己的见解去反驳他的见解”，而且是系统的见解，所以恩格斯才希望读者不要忽视他所提出的各种见解之间的内在联系。

这种理解和解释的正确性还可以从《反杜林论》第二版序言中获得进一步的证明。恩格斯在第二版序言中说：“本书所批判的杜林先生的‘体系’涉及非常广泛的理论领域，这使我不能不跟着他到处跑，并以自己的见解去反驳他的见解。因此消极的批判成了积极的批判；论战转变为对马克思和我所主张的辩证方法和共产主义世界观的比较连贯的阐述。”② 很显然，恩格斯所说的“不是以另一个体系同杜林先生的‘体系’相对立”是从主观动机说的，而实际结果却造成了对马克思主义哲学世界观的有内在联系的比较连贯的表述。因此，抓住只言片语作纯主观的解释、引申，认为马克思主义哲学创始人反对哲学的体系化是没有根据的。

任何成熟的哲学都是作为体系而存在的，没有体系就不能成为科学，就是凌乱的、片面的东西，就可能是偶然的堆积，或机械的拼凑。科学的任务，在于探索对象的一般规律，从而形成该门学科的一系列概念、范畴的严密结构的理论体系。马克思说过：“整体，当它在头脑

---

① 《马克思恩格斯选集》第 3 卷，344 页，北京：人民出版社，1995 年。

② 《马克思恩格斯选集》第 3 卷，347 页，北京：人民出版社，1995 年。

中作为思想整体而出现时，是思维着的头脑的产物。”① 而“整体就是具体的”②。思维的具体就是由多种知性的规定所构成的理论体系，即在通过抽象扬弃感性具体的基础上，进而通过综合以概念的逻辑体系来反映和再现对象的整体。

2.《资本论》对马克思主义政治经济学的体系阐述

马克思在说明《资本论》的写作时指出：“研究必须充分地占有材料，分析它的各种发展形式，探寻这些形式的内在联系。只有这项工作完成以后，现实的运动才能适当地叙述出来。这点一旦做到，材料的生命一旦观念地反映出来，呈现在我们面前的就好像是一个先验的结构了。”③ 这种正确反映现实运动的理论结构正是马克思所追求的体系。《资本论》的结构是资本主义经济的现实运动的正确反映，是马克思所阐释的关于资本主义社会发生、发展和必然灭亡的规律。《资本论》对资本主义社会的系统分析，就构成了马克思主义政治经济学的理论体系。

但是，马克思主义政治经济学的理论却并没有最终完成，这个理论体系并没有穷尽对资本主义经济运动的认识，更没有穷尽对社会主义经济运动的认识。事实上，列宁的《帝国主义论》正是对资本主义垄断阶段的经济现象作出的补充概括，斯大林的《关于社会主义经济问题》、毛泽东的《论十大关系》以及邓小平的经济思想，都是对马克思主义政治经济学的补充、丰富和发展。

3. 马克思主义哲学是以实践为核心展开的无产阶级世界观体系

马克思主义哲学的产生是哲学史上的革命变革，而实现这一变革的关键是科学实践观的确立，实践观点是马克思主义哲学的基本观点。马克思主义哲学就是以科学实践观为核心的无产阶级世界观的理论体系。

马克思主义哲学把实践观点贯穿于自己的本体论、认识论和历史观之中，形成了唯物论与辩证法相统一，唯物辩证的自然观与历史观

① 《马克思恩格斯选集》第2卷，19页，北京：人民出版社，1995年。

② ［德］黑格尔：《哲学史讲演录》第1卷，贺麟、王太庆译，29页，北京：商务印书馆，1959年。

③ 《马克思恩格斯选集》第2卷，111页，北京：人民出版社，1995年。

相统一，认识世界与改造世界相统一的严密而完整的科学体系。列宁曾经把马克思主义哲学比作一块整钢。他说："在这个由一整块钢铸成的马克思主义哲学中，决不可去掉任何一个基本前提、任何一个重要部分，不然就会离开客观真理，就会落入资产阶级反动谬论的怀抱。"①

马克思主义哲学的本体论是彻底的唯物主义一元论，它肯定世界的物质性和自然对人的意识的先在性。但是自从人和人类社会出现以后，在人力所及的范围内，物质世界的存在和发展就不是一个完全自在的过程，而是通过人的实践所实现的人与世界相互作用的过程。因此，脱离实践就不可能有科学的唯物主义一元论。另外，实践作为物质世界辩证运动的最高产物和最高表现，因而实践也就成为认识世界的物质性和辩证性及其统一的透视点和进行科学理解和说明的基础。因此，关于世界一般本性的认识，其实是对人自身物质活动的认识，是对实践这一能动的感性的对象进一步进行抽象思维的结果。

实践观点不仅是正确理解世界的物质性和辩证性有机统一的基础，也是正确理解人的认识的本质和规律的基础。马克思主义哲学认为，实践对认识具有决定作用。认识就是一个在实践中由现象到本质、由第一级本质到第二级本质以至更深本质的无限发展的辩证过程。同时，认识又是在实践中不断修正错误发展真理的辩证过程。

唯物史观的创立是马克思的伟大贡献。马克思主义哲学认为，人类的实践活动，特别是物质生产活动是人类社会存在和发展的前提，同时也是自然界和人类社会统一的基础。人类以自然界为前提，通过劳动创造了人类社会。因此，人类社会不过是通过劳动实现的自然界的延续，人类社会的发展就是作为劳动结果又作为劳动延续的中介物质力量即生产力，与作为劳动结果又作为劳动延续的中介社会物质关系即生产关系的矛盾运动的过程。因而实践范畴成为历史唯物主义的出发点，也是把唯物辩证的自然观和历史观统一起来的基础。

马克思主义哲学以实践范畴作为自己理论体系的核心，因而它的历史使命和社会功能不仅表现在它能够正确地说明和解释世界，而且更为重要的是能够有效地改变世界，从而在实践基础上，实现其科学性和革命性的有机统一。

---

① 《列宁选集》第2卷，221—222页，北京：人民出版社，2012年。

（四）马克思主义哲学体系的开放性

马克思主义哲学作为对世界整体的现实运动的正确反映是不完全的。因为这种反映在客观上同样受到历史条件的限制，而在主观上也受到认识能力的限制。这一点，是作为辩证法巨匠的马克思和恩格斯所一再声明的真理。马克思并没有最终完成体系的奢望，马克思主义哲学不是一个结束了真理的体系，而是一个在实践中需要一代一代地不断加以丰富和发展的体系。因此，对于这个体系不能静止地、教条式地把握，而只能从动态上辩证地去把握。因为运动着的物质世界将不断出现新情况、新问题，需要马克思主义哲学进行新的概括和总结，以充实自己的体系。其次，这个体系不是自我封闭的，而是开放的，它在完善自身时，总是抛弃原有的某些过时的结论，并不断吸取各哲学流派某些合理的成分，因此它毫无宗派气息或定于一尊的武断。

有的论者反对哲学体系化特别是反对马克思主义哲学的体系化，其中一个重要理由就在于，他们认为一讲体系就必然封闭僵化，就不能开放发展。其实，这种认识是片面的，是缺乏具体分析的。

体系和封闭并不是必然联系的，体系和开放也不是必然对立的。相反，开放总是以一定的体系或系统的存在为前提的。

从系统论的观点来看，开放是系统由无序走向有序的必要条件。“开放系统是指系统中有着要素的流入和流出，从而其组成的要素发生着变换。”而“一个系统如无‘从外部’进入的要素和‘向外部’排出的要素，则是封闭的。”① 因此，一个系统，比如哲学理论系统，或哲学理论体系，如果能不断听取来自实践和科学发展的呼声，不断吸取其他哲学体系的有价值的成果，不断进行自我完善和自我更新，那么这个哲学体系就是开放的，不是封闭的。因此，那种认为哲学理论一旦体系化，就必然走向封闭的观点是武断的，是与系统论所揭示的真理相违背的，也是不符合马克思主义哲学发展史的实际的。

系统论还认为：任何和外部世界无交换关系的封闭系统，都会自发地趋于无序和混乱，或迟或早会走向“死亡”，即热力学意义上的均

① ［奥］贝塔朗菲：《关于一般系统论》，《复印报刊资料》（自然辩证法），1985（3）。

匀无序的热混沌状态。这实际上是以否定的方式告诉人们，只有开放，系统才能自发地组织起来，形成更有序的状态。

然而开放涉及一个开放程度的问题。系统开放度为零，意味着系统与外界隔绝，成了封闭系统。系统开放度为100%，则是意味着系统毫无“边界”，与环境融为一体，那么系统也就不复存在了。系统不存在了，也就更谈不上系统的开放性了。因此，开放本身就意味着某种“边界”的存在，意味着作为开放者的系统的“边界”的存在。可见，开放本身就是以系统的存在为前提的，哲学理论的开放，也是以哲学理论体系的存在为前提的。

既然开放总是相对于系统而言的开放，因此这种开放就不是畅通无阻的开放，而是经过“过滤”和“选择”的开放，是使系统保持一定程度的“自治性”和“独立性”，又具有生机和活力的开放。对于马克思主义哲学体系来说，它的开放性就在于对于人类的思想成果并不是兼收并蓄，而是吸取人类认识中一切优秀的思想成果。对这些优秀成果也不是简单的包容，而是从哲学上去总结和概括，并整合到自己的理论体系中。因此，坚持马克思主义哲学的理论体系性，也是使马克思主义哲学的开放性沿着正确的方向发展和获得巨大成效的重要保障。

总之，马克思主义哲学是一个科学的理论体系。马克思主义哲学体系同旧哲学体系的根本区别在于，它既不是包罗万象的、最终完成的、固定的理论框架，也不是亘古不得更改的“绝对真理”，而是动态的、开放的科学体系。至于教科书的体系则是对马克思主义哲学体系和理论框架的表述，这种表述可以有侧重点的不同，也可能有完善程度和科学程度的不同。因此，哲学教科书可以有不同的写法，人们对某种哲学教科书的体系也可以有不同的认识，一时难以取得一致意见也没有什么要紧，但是不能由此否定马克思主义哲学是一个科学的理论体系。在承认这一点的前提下，才有可能谈得上如何比较完整地、科学地表述这个哲学体系的问题。但是可以相信，这个问题在科学探索和哲学争鸣中，是完全可以逐步获得解决的。

二、哲学体系的逻辑起点

（一）逻辑起点的地位

考察哲学理论体系的构成，首先必须考察哲学理论的逻辑出发点。因为逻辑出发点是哲学理论体系形成的起点，也是不同哲学体系相区别的重要标志之一。

1. 人类认识前后相继的两条道路

马克思在《〈政治经济学批判〉导言》中，曾科学说明了完整把握对象所必须经过的两条前后相继的认识道路。马克思指出："在第一条道路上，完整的表象蒸发为抽象的规定；在第二条道路上，抽象的规定在思维行程中导致具体的再现。"① 在马克思看来，从具体到抽象是科学认识中的研究过程，从抽象到具体是科学认识中的叙述过程。

认识来自实践，来自现实具体，开始于直接经验和感性具体。人们在获得丰富的感性材料之后，就开始运用思维能力来分析这些材料，进行抽象，即对它们"加以去粗取精、去伪存真、由此及彼、由表及里的改造制作功夫"②，"在分析中达到越来越简单的概念；从表象中的具体达到越来越稀薄的抽象"③，这就是科学认识的研究过程，即从具体到抽象的过程。

当认识获得最简单的概念以后，又回过头来进行思维综合，在思维中再现具体，达于思维具体，这就是科学认识的叙述过程，即从抽象到具体的过程。这个叙述过程，也就是科学理论体系的建构过程。

这就是说，科学理论体系的建构乃是从抽象到具体的叙述过程，而不是从具体到抽象的研究过程，尽管后者是前者的前提和基础，后者的终点是前者的起点，所以科学的理论体系的建构是从在此之前已经过了一系列的抽象而获得的最简单的概念规定开始的，而不是从现实具体或感性具体开始的，尽管科学理论的最终来源是现实具体和人

① 《马克思恩格斯选集》第2卷，18页，北京：人民出版社，1995年。
② 《毛泽东著作选读》上册，291页，北京：人民出版社，1986年。
③ 《马克思恩格斯选集》第2卷，18页，北京：人民出版社，1995年。

们的实践。

2. 理论体系是以逻辑起点为根据展开的

经过一系列抽象而获得的最简单的概念，也就是理论思维的逻辑出发点。逻辑出发点是理论思维的前提，是理论得以展开的依据。因此，理论思维首先需要确定的是理论的逻辑出发点，其次才是理论的具体展开。这对一切科学来说都是一样的。

比如欧几里德选择了五个自明公理作为自己数学研究的逻辑出发点，推出了整个古典几何学理论体系。欧几里德几何学最精美的所在，就是它作为逻辑出发点的五个公理假设。这五个直观公理是欧几里德几何学的基础、逻辑演绎的前提，也是我们理解欧几里德几何学的钥匙。

黑格尔的客观唯心主义以“绝对理念”为基石和出发点，他那庞大而严整的哲学大厦，就是从绝对观念出发而建构起来的。

从逻辑出发点开始而逐步展开理论，是任何形式的理论体系的建立都要遵循的道路。相应的理论观点都是从这个逻辑起点或基本前提出发而引申出来的，相应理论的构成也是以这个逻辑出发点或基本前提为统一原则而创设的。

在一定逻辑出发点基础上展开的具体理论，会由于出发点本身的抽象程度不同、抽象方式不同而形成科学理论之间的差距。无论是同一学科的不同理论，还是原有理论体系被新的理论体系所取代，都集中表现在逻辑起点的不同和逻辑起点的转换。

比如光学理论，早一点是由惠更斯以光能够作波浪式运动的流体作为逻辑起点，去解释光的折射现象，创立了他的波动说。牛顿虽然在 1704 年出版的《光学》里保留了波动说的一些要点，但他则以光是由直线运动的粒子所组成的观点，即微粒性作为逻辑起点，去解释光的反射和折射等现象，创立了微粒说。德布罗意对光学理论的重大发展，是以他把光的波动性和微粒性作为综合的逻辑起点为特征的，他的波粒二象性的光学理论，较好地解释了各种光学现象。

在哲学上，唯物主义和唯心主义两个基本派别的划分，是根据其各自哲学逻辑出发点的不同。以精神为出发点和对精神的不同理解和规定，构成了各种不同形式的唯心主义哲学体系；以物质为出发点和对物质的不同理解和规定，则构成了各种不同形式的唯物主义哲学体系。

（二）逻辑起点的获得

1. 运用归原方法获得逻辑起点

如何获得理论思维的逻辑出发点呢？按照辩证唯物主义的观点，思想体系的开端，也就是现实对象发展的开端。

我们知道，人们总是“先研究事物，尔后才能研究过程”①。这是因为，事物作为一个现实存在，可以直接去加以认识；而过程作为消失于历史演变中的过去，则不能直接地加以把握。但是，事物的形成过程又是以积淀的形式，包含于现实的事物之中。也就是说，任何事物都是一定过程展开的结果。因此，人们可以从现实存在的事物出发，运用归原方法，去追溯这一事物形成的历史，揭示它的开端。找到了现实对象发展的开端，也就获得了关于这个对象的理论的逻辑起点。

所谓归原方法，就是从结果追溯事物形成过程和发展起点的方法。

这是因为，事物的发展都是从简单到复杂，从低级到高级，从开端到展开的运动。也就是说，任何事物都是从一个最简单、最低级的开端发展来的。这个开端，从过程看，它是形成事物的萌芽；而从过程的结果看，它又是构成事物系统整体的最基本的部分、最简单的单元。因此，概括地说，归原方式也就是分析事物最基本的单元、探求事物形成过程的开端的方法。这是对事物发展过程的逆向的思索，是把复杂的、高级的、展开了的东西归结为简单的、低级的、开端的东西。

马克思对人类社会的研究，就是“从历史上最发达的和最复杂的生产组织”、“资本主义社会”开始的。他认为：“最后的形式总是把过去的形式看成是向着自己发展的各个阶段。”② 因此，表现资本主义的“各种关系的范畴以及对于它的结构的理解，同时也能使我们透视一切已经覆灭的社会形式的结构和生产关系”③。所以，马克思“对人类生活形式的思索，从而对它的科学分析，总是采取同实际发展相反的道

① 《马克思恩格斯选集》第4卷，244页，北京：人民出版社，1995年。

② 《马克思恩格斯选集》第2卷，23—24页，北京：人民出版社，1995年。

③ 《马克思恩格斯选集》第2卷，23页，北京：人民出版社，1995年。

路。这种思索是从事后开始的，就是说，是从发展过程的完成的结果开始的”①。通过对社会生活的追溯性分析，马克思形成了物质生产劳动这个最基本的概念，认为劳动是整个社会历史的实际起点，是“适用于一切社会形式的关系的最简单的抽象”②，因而是历史唯物主义的逻辑起点。历史唯物主义的整个理论体系是对劳动这一逻辑出发点的具体展开和完成。

马克思主义关于资本主义的政治经济学说的逻辑起点，也是这样获得的。马克思花了很长时间，去寻找作为资本主义社会经济发展的开端，这个开端导致了资本主义的发生和进一步的发展。他终于发现了它，这个开端就是商品，即简单的商品交换。简单的商品交换的发展，产生了货币，货币在一定条件下转变成了资本。这样就从最初的简单的商品经济中，历史地发生和发展成为资本主义。商品作为资本主义发生和发展的起点，也是马克思主义关于资本主义的政治经济学的逻辑起点，即马克思写作巨著《资本论》的逻辑起点。

拿化学的研究来说，其认识程序也是从构成化合物的最小微粒分子的研究开始，继而又从分子的研究，追溯到原子的研究。在化学中，它的对象的基本形式是化学元素，原子是元素的最小单位，由原子组成分子。而元素之间的结合，组成了化合物。任何复杂的物质都是由基本的元素从简单的形式逐步过渡到或转变为复杂的形式，这恰恰表明了无机界物质的发展过程。也就是说，元素是无机界物质发展过程的起点，因而也就成为现代化学的逻辑起点。在这个意义上可以说，现代化学也就是关于化学元素化合的学说。

人们对生物发展过程的研究，也是从生物机体的研究开始，追溯到对生物发展过程的研究，进一步追溯到对细胞的研究。通过研究，人们知道，整个植物、动物和微生物都是由细胞构成的，是按照细胞的分化和繁殖这个共同规律发育和生长起来的。细胞是一切生物发展的起点，自然界多样性的生物物种，包括人在内，都是由少数原始单细胞胚胎按照遗传和变异、自然选择和生存竞争的规律长期进化发展的结果。因此，“细胞”这一概念也就成为生物学展开自己体系的逻辑

① 《马克思恩格斯全集》第23卷，92页，北京：人民出版社，1972年。

② 《马克思恩格斯选集》第2卷，22页，北京：人民出版社，1995年。

出发点。

2. 逻辑起点是逻辑体系展开的“细胞”

既然，科学的理论体系的开端是运用归原方法经过一系列抽象而获得的简单概念，那么如何来认定这个简单概念，即抽象到何处为止呢？显然，抽象不应该是任意的、无限的，过犹不及，必须适度。适度的标准和根据是什么呢？按照辩证逻辑的要求，适度的抽象，体现在如下几个方面：

第一，它应当反映对象最一般、最基本的本质；

第二，它应是构成对象的基本单位；

第三，它应以胚芽的形式包含着对象整个发展中的一切矛盾。

也就是说，作为逻辑体系的开端不仅具有简单性的特点，而且具有收敛性的特点。它作为事物发端的、萌芽的东西，又是尚未展开的整体，潜在地包含了事物的整体性。这里可以借用生物学的“细胞”来作比喻。

因此，开端不是统一的，不同的研究对象有不同的开端，因而关于不同对象的理论体系也就有各不相同的逻辑起点。相对于无生物来说，分子是它的最基本构成，是它的形成的开端；相对于分子来说，原子是它的最基本构成，是它的形成的开端。正如任何事物都有自己的形成过程一样，任何事物都有自己的开端，如同细胞之对于生物体，神经元之对于大脑，门电路之对于计算机，商品之对于资本主义社会的那样。

（三）马克思主义哲学逻辑起点是辩证物质

哲学作为世界观的理论体系，其建构也应当是从抽象到具体的叙述过程，其开端范畴对于世界的万事万物来说，应该是反映世界的本质的最一般、最简单、最普遍的概念；应该是包含了世界发展过程中一切矛盾的胚胎的概念；应该是自明的，无需通过对象中的其他范畴可以直接提出的概念。

关于科学理论的开端，黑格尔曾经说过：“本原也就是开端，即对于思维是首要的东西，对于思维过程也应当是最初的东西。”[①] 然而在

① 转引自任忱：《哲学学导论》，10页，太原：山西人民出版社，1987年。

哲学史上，各种形式的哲学体系所选择的标示世界本质的概念，即其逻辑出发点是各不相同的。但有一点则是共同的，即无论是旧唯物主义，还是唯心主义的各种哲学体系，对哲学理论逻辑出发点的选择，可以说基本上没有满足最普遍、最概括、最基本等诸项要求。

马克思主义以前的唯物主义者，或是以某种具体物质形态的概念，比如火、水、气、原子等作为逻辑起点的范畴，或是把自然界，或是把人作为逻辑出发点的范畴，都不能满足哲学逻辑出发点的要求，都不是最概括、最普遍、最基本的要求。唯心主义哲学家习惯于把精神性的范畴看作世界的最后根源，选作自己理论的逻辑出发点。这些作为出发点的精神性范畴，虽然符合最概括、最普遍的某些要求，但它并不是最基本的。只有辩证唯物主义，才科学回答了逻辑出发点的问题，才真正找到了作为哲学理论逻辑出发点所要求的最普遍、最概括、最基本的范畴。这个范畴就是辩证唯物主义所理解的，在人的意识之外，又能被人的意识所反映的辩证客观实在概念，即科学的物质概念。

马克思主义哲学作为世界观的科学，它所讲的世界，是自然界、人类社会和人类思维的统一整体，是客观世界和主观世界即物质世界和精神世界的统一整体。这是一个人生活于其中的，是包括人，与人有关的世界。因此，哲学就是要从根本上揭示和解决人和自然界（广义的）的关系，揭示和解决主观世界与客观世界、思维和存在、精神与物质的关系，为人类的生存和发展提供根本的原则和方法。

哲学的这种研究对象和研究目的，决定了它的开端范畴只能是物质概念而不能是其他。物质概念是人们在长期的历史发展中对以人和自然的关系为基本内容的世界，是人生存的世界，即人和人的活动本身进行一系列的抽象获得的。

最初，人们对这个世界的认识是一个混沌的关于整体的表象。随着实践的发展和认识的深化，人们发现这个世界是通过“各种实在形式和运动形式而存在的”①。

这些实在形式是极为丰富多样的。大至星体、星系，乃至总星系，小至分子、原子，乃至各种基本粒子；简单如单细胞生物，复杂如动物、人类等，都是实在形式的具体表现。为了把握宇宙总体的这些构

① ［德］恩格斯：《自然辩证法》，50页，北京：人民出版社，1971年。

成部分，人们在认识中形成了一个一般的抽象概念：实体，用它来标示宇宙中那些具有某些确定的规定性，因而彼此相对独立存在的个体物。因此，实体是对宇宙总体的构成部分的抽象表达。

各种运动形式也极为丰富多样。它包括机械的、物理的、化学的、生物的、社会的、思维的等变化和过程。为了把握宇宙中各种事物的存在形式，人们在认识中逐渐形成了一个一般的抽象概念：运动，用以表示“宇宙中发生的一切变化过程，从单纯的位置变动起直到思维”①。

在对世界的、世代相承的唯物主义的抽象分析中，人们逐渐认识到物质世界的任何一种实在形式、任何一种运动形式，都具有暂时的、相对的性质。物质世界只是作为不依赖于人的意识的辩证客观实在性，才是永恒的、绝对的。辩证客观实在性，这是辩证唯物主义对物质世界各种存在形式和运动形式的共同本质的最抽象概括。用恩格斯的话说，在世界上，“除了永恒变化着、永恒运动着的物质及其运动变化的规律以外，再没有什么永恒的东西了。”② 因此，融辩证性与客观实在性于一体的辩证物质范畴是对哲学的研究对象的本质和基础的最科学的抽象，因而辩证物质范畴理所当然应作为科学世界观的马克思主义哲学的开端范畴。

（四）马克思主义哲学逻辑起点的两种误解

对辩证物质作为马克思主义哲学的逻辑起点，在哲学界人们的认识并不是完全一致的。其中主要有这样两种观点：一种观点认为马克思主义哲学的逻辑起点是存在而不是辩证理解物质；另一种观点认为，马克思主义哲学的逻辑起点是实践，而非辩证理解物质。这样两种观点，都是不能令人赞成的。下面就此做一些具体分析。

1. “存在”不能充当马克思主义哲学的逻辑起点

主张“存在”是马克思主义哲学的逻辑起点的观点认为，存在范畴比物质范畴更抽象，外延更广泛。其实，这是难以成立的。

在哲学史和现代哲学中，存在是一个被广泛使用的具有多种涵义

① ［德］恩格斯：《自然辩证法》，124页，北京：人民出版社，1971年。

② 《马克思恩格斯选集》第4卷，279页，北京：人民出版社，1995年。

的范畴。《苏联哲学百科全书》在“存在”这一词条中，就归纳了11种主要涵义。在对“存在”范畴这11种理解中，被马克思主义哲学加以继承和运用的大体有以下两种涵义。

存在的第一种涵义是与思维相对，是物质的同义语。比如恩格斯的《路德维希·费尔巴哈和德国古典哲学的终结》以及列宁的《唯物主义与经验批判主义》中在论及哲学基本问题时，总是在与思维相对的意义上，把存在和物质视为同等程度的概念，作为通用语，都是标志着客观存在的哲学范畴。

那么，既然在与思维相对立的意义上，存在和物质是同义语，二者彼此等同，那为什么还要把这两个概念都保留下来，并加以混用呢？这是遵循语言使用的“约定俗成”原则。在哲学基本问题这一特定领域内，把存在与物质混同使用，这不仅在马克思主义哲学文献中，而且在哲学史上都是常见的现象。比如，贝克莱认为“存在就是被感知”，黑格尔所谓“思维统摄了存在”，费尔巴哈所说的“存在是主体，思维是宾词”等。以上这些哲学家虽然对存在与思维的关系作了或是唯物主义，或是唯心主义的说明，但是把思维与存在、精神与物质的关系问题看作哲学的基本问题，在与思维相对的意义上，把存在当作物质的同义语来使用，则是共同的。既然这种使用早已通行，就必须把它当作既成的事实加以接受。当然，如果有一天人们都赞成改变约定，则需另当别论。

存在的第二种涵义是与无相对，是有，即对无的否定。在欧洲哲学史上，巴门尼德所说的存在与非存在，赫拉克利特所说的既存在又不存在，这里的存在就是有。黑格尔在《小逻辑》的《存在论》中，也是把“存在”当作“有”的同义语来使用的。黑格尔对这一涵义的有特色的表述方式就是“存在或有”。恩格斯在《反杜林论》的一处地方，也是在与无相对意义上使用存在概念的。他说：“当我们说到存在，并且仅仅说到存在的时候，统一性只能在于：我们所说的一切对象是存在的、实有的。”① 由此看来，恩格斯认为，存在就是实有。

那么在与无相对的意义上，存在或有的范畴是不是比物质范畴更抽象呢？其实并非如此。存在或有，它只是对事物的现实肯定，并不

① 《马克思恩格斯选集》第3卷，383页，北京：人民出版社，1995年。

是对事物的本质揭示。有人说，世界上所有一切事物最根本的本质就是事物的存在。在这里，实际上是把存在和本质混为一谈了。本质无疑是一种存在，但事物除了有本质的存在以外，还有非本质的存在，本质只是存在中最根本的东西。拿人来说，人作为存在，是肉体存在物，是理性存在物，是从事实践活动的社会存在物。必须坚持从人的存在去揭示人的本质，但不能认为存在就是本质，不能把人的本质归结为单纯的肉体或纯粹的精神，或是肉体性、精神性和社会性的统一，人的本质只能是在实践基础上所形成的一切社会关系的总和，这才是对人的本质的科学说明。大而言之，世界上一切事物的本质，并不在于所有这些事物的存在，而只能是贯穿于万事万物的普遍本性，即物质性。

存在作为万事万物的“共同性”，即现实肯定，这只是标志了万事万物存在这样一个“简单的基本事实”，至于这个基本事实的本质是什么，绝不是根据“单纯的存在……来作出判断的”①，而必须具体地把握存在的各个方面进行分析、综合、抽象概括，才能揭露事物的本质。正如列宁所说：“概念（认识）在存在中（在直接的现象中）揭露本质（因果律、同一、差别等等）——整个人类认识（全部科学）的真正的一般进程就是如此。”② 诚然，我们这里所说的存在并不是指某一事物的存在，而是作为万事万物“共同性”即实有的规定，因而这里的存在也是一种抽象。然而正如黑格尔曾经指出的：“共同性也是一种普遍性，不过是普遍性的一种外在形式。”③ 换句话说，存在作为万事万物的共同性，作为万事万物普遍性和共同本质的一种外在形式，也只是为认识万事万物的普遍性和共同本质提供了某种前提。

正是在这个意义上，恩格斯指出：“尽管世界的存在是它的统一性的前提，因为世界必须先存在，然后才能是统一的。”但是世界的统一性并不在于它的存在，“世界的真正的统一性在于它的物质性。”④ 由此可见，认识万事万物的本质，即世界的物质性，相对于万事万物的存

① 《马克思恩格斯选集》第3卷，383页，北京：人民出版社，1995年。
② ［俄］列宁：《哲学笔记》，355页，北京：人民出版社，1974年。
③ ［德］黑格尔：《小逻辑》，贺麟译，71页，北京：商务印书馆，1980年。
④ 《马克思恩格斯选集》第3卷，383页，北京：人民出版社，1995年。

在来说，无疑更困难、更间接，需要更高的抽象能力。因此，不是存在范畴比物质范畴更抽象，相反，物质范畴相对于存在范畴来说，抽象程度更高。

第二，所谓存在范畴比物质范畴的外延更广泛，其实也并非这样。持有这种观点的论者认为，“存在概念不仅包含物质现象，并且包含着精神现象”。“存在无所不包，在存在以外就没有任何东西了。”这一认识似乎有理，但是一经分析，就有问题了。

从世界统一性的意义上说，物质现象和精神现象都是存在，都是“有”而不是“无”。但是它们并不是一个层次的东西，不可以等量齐观，同行并列。物质是对于精神而言的，物质不是精神，精神不是物质，不能把二者加以混淆。唯心主义把物质归结为精神，庸俗唯物主义把精神等同于物质，此二者都是错误的。但是从起源和本质上说，精神又是物质发展到一定阶段的产物，是人脑的机能，是对物质的反映。在归根到底的意义上，物质决定精神，世界是物质的，世界统一于物质。因此，列宁完全肯定了唯物主义哲学史上的“除了物质的存在，没有别的存在”① 这个正确论断。恩格斯也说过：“确信在物质世界之外并不单独存在着一个精神世界。”② 可见，从世界统一性的意义上说，物质范畴是涵盖一切的。

那么，如果不是从世界的统一性即精神统一于物质的意义上，而是在物质与精神相区别的意义上，能否说存在或有范畴比物质范畴的外延更广呢？我认为，也不能。无疑，在存在或有范畴的外延中，是包含物质现象和精神现象，但是并不能由此断言，存在或有范畴比物质范畴的外延更广泛。如前所说，存在或有只是对事物的现实肯定，它是一个现实指向性的概念。比如说，我有钱，这里的有或存在是对钱的一种现实肯定，一旦钱花光了，有也就转化成了无，存在变成了非存在。可见，存在范畴只是包含了具有现实肯定性的物质现象和精神现象。

至于历史上曾经存在过而现实中已经灭亡了的事物，以及现实中不存在而将来可能存在的事物，就其现实性来说，都是无，不是有，

① 《列宁选集》第 2 卷，90 页，北京：人民出版社，2012 年。
② 《马克思恩格斯全集》第 20 卷，664 页，北京：人民出版社，1971 年。

是不包含在存在或有范畴的外延之内的。另外，我们所说的存在，即作为对事物现实肯定的判断，只适用于那些人类已经知道的事物，而“在我们的视野的范围之外，存在甚至完全是一个悬而未决的问题”①。与存在范畴不同的是，作为客观实在的物质范畴，既包括现存的，也包括历史上曾经存在过的和未来可能产生的一切不以人们的意志为转移的事物；既包括我们所知道的，也包括尚未被人类所认识的一切客观事物。相比较而言，物质范畴比存在范畴的外延要广泛得多。

既然存在或有范畴大于和高于物质范畴的两点理由是不能成立的，因此，以存在范畴作为马克思主义哲学的逻辑起点也是不能成立的。在我看来，任何哲学都不能真正以存在范畴为逻辑起点，如果硬要以存在范畴作为马克思主义哲学的逻辑起点，那就必然会模糊马克思主义哲学的党性原则，这是十分有害的。

如上所说，存在或有只能是对事物的现实肯定。在这里，事物是主词，“存在或有是绝对的一个谓词”②。谓词是说明主词，从属于主词的，不是自为的，而是为他的。因此，从存在或有的词性本身来说，它不能充当任何哲学的逻辑起点。有人会说，黑格尔哲学不是以存在为逻辑起点的吗？笔者认为，这种观点只是从形式上看问题，而实质上并非如此。在形式上，黑格尔是把“纯存在或纯有……当成逻辑学的开端”③。但是黑格尔所理解的纯存在并不是对存在的现实形态的抽象反映，而是完全独立于现实形态之外的纯粹的观念，用黑格尔自己的话说，纯存在或纯有，就是“纯思”，也就是关于绝对观念的第一个纯粹设定，所以黑格尔主张“以这种纯思作为逻辑学的开端”④。

由此可见，黑格尔虽然在形式上以存在为逻辑起点，但也意识到作为谓词的存在是不能真正作为逻辑起点的。为了解决这个矛盾，也为了使他的客观唯心主义体系获得一个最初的支点，黑格尔为谓词“存在”设立了一个主词“纯思”，作为他的哲学的逻辑起点。所谓“纯思”就是客观地发展着的抽象理念。因此，在实质上，黑格尔是以

---

①《马克思恩格斯选集》第3卷，383页，北京：人民出版社，1995年。

②［德］黑格尔：《小逻辑》，贺麟译，189页，北京：商务印书馆，1980年。

③［德］黑格尔：《小逻辑》，贺麟译，189页，北京：商务印书馆，1980年。

④［德］黑格尔：《小逻辑》，贺麟译，190页，北京：商务印书馆，1980年。

抽象的理念为其哲学的逻辑起点的。

正因为存在只是一个谓词，所以不同的哲学派别或不同的哲学家可以为他设立不同的主词。比如黑格尔把存在理解为抽象的理念，主观唯心主义者贝克莱把存在说成是主观的感知，宗教神学认为上帝是唯一真实的存在，如此等。正因为如此，存在概念也就成了一个装盛不同食品的盒子，或成了一种调和各种哲学派别的杂拌汤。德国哲学家杜林就曾试图利用“存在”概念来调和他的形而上学唯物主义与他的唯心主义杂质之间的矛盾，提出了“世界统一于存在”这个折中主义的命题。对此，恩格斯在《反杜林论》中给予了有力的批判。在现代哲学中，也有一些哲学派别利用“存在”概念的谓词中性偷运唯心主义。比如，存在主义标榜它所研究的存在，不是“存在者”是什么的问题，而是研究“存在”是怎样“在”，并且认为只有“在”才是一切存在者存在的基础和根源。实质上他们所说的存在仅仅是个人的主观存在，其哲学仍然是一种唯心主义。

2. “实践”也不能充当马克思主义哲学的逻辑起点

在马克思主义哲学逻辑起点的问题上，还有另一种观点。这种观点认为马克思主义哲学的逻辑起点应该是实践，而不是物质，如果以物质为逻辑起点，则不能划清马克思主义哲学与旧唯物主义的界限。

如何看待这一观点呢？在我看来：

哲学作为人们从世界观角度把握世界的一种方式，它必须要建立关于世界的统一性理论，即要建立自然与人（包括人的社会和人的精神）相统一的理论。所不同的是，旧唯物主义、唯心主义、马克思主义哲学对于自然与人相统一的基础各有不同的说明，从而形成了它们之间的原则分歧。

旧唯物主义主张从自然本身来理解自然与人的统一。这有对的一面，但是它又仅仅以自然为基础来理解这种统一，完全排除了人的能动活动在人与自然统一中的作用和意义。所以这种统一观导致了旧唯物主义的两个重要缺陷，一是自然观上的形而上学性，二是历史观上陷入了唯心主义。

与旧唯物主义相反，唯心主义则以精神为基础来说明自然与人的统一性。从柏拉图到黑格尔都持有这种观点。所不同的是，黑格尔在其关于绝对精神异化和复归的过程中，贯穿了“作为推动原则和创造原则的否定性的辩证法"，并且把这种否定性理解为劳动，以此作为一个环节来说明自然与人的统一。但是，黑格尔所理解的劳动乃是抽象的精神劳动。由此，黑格尔关于自然与人相统一的合理思想罩上了神秘主义的色彩。

鉴于自然与人的统一问题上，旧唯物主义和唯心主义各有其片面性和错误，马克思、恩格斯提出了关于自然与人在自然基础和实践基础即人为基础上辩证统一的理论。马克思认为"人直接地是自然存在物",① "是自然界的一部分"②。"人的存在是有机生命所经历的前一个过程的结果。只有在这个过程的一定阶段上，人才成为人。"③ 因此，在马克思看来，自然与人首先是在自然发展基础上的统一。但同时马克思又认为，人是在自然基础上通过劳动改造自然同时也改造自身的存在物。因此，自从有了人，自然也就不断从自在的自然转化为人化的自然。自此，自然史也就变成了与人类史相联系的"历史的自然"。同样，由于历史是人们在自然基础上能动的创造，所以，历史也就成了"自然的历史"④。他说："在工业中向来就有那个很著名的'人和自然的统一'，而且这种统一在每一个时代都随着工业或慢或快的发展而不断改变。"⑤

由此可见，坚持马克思主义关于自然与人的辩证统一理论，既要讲自然基础，也要讲实践基础，要坚持这两个基础的辩证统一。这样，在自然与人相统一的问题上，才能既坚持唯物主义，而又能和局限于自然主义的旧唯物主义划清界限；既能吸取唯心主义特别是黑格尔哲学关于人的能动活动及其意义的思想成果，又排除了唯心主义的糟粕，从而真正体现了马克思恩格斯所实现的哲学变革的实质。

肯定自然与人是在自然基础和实践基础上的辩证统一，会不会导致马克思主义关于自然与人统一理论上的二元对立呢？应该承认，如果把这两个基础平行起来，这种担心不是多余的。然而在马克思主义创始人看来，自然与人相统一的自然基础和实践基础是从不同角度说

---

① 《马克思恩格斯文集》第1卷，209页，北京：人民出版社，2009年。
② 《马克思恩格斯全集》第42卷，95页，北京：人民出版社，1979年。
③ 《马克思恩格斯全集》第26卷（Ⅱ），545页，北京：人民出版社，1973年。
④ 《马克思恩格斯文集》第1卷，209页，北京：人民出版社，2009年。
⑤ 《马克思恩格斯选集》第1卷，76—77页，北京：人民出版社，1995年。

的。自然与人相统一的自然基础是从自然演化系统的角度说的，自然与人相统一的实践基础是从主体人的能动作用的角度说的。这样两个不同角度不是矛盾的、对立的，而是统一的、互补的。

这种互补表现在两个方面，一是自然与人在自然基础上的统一，如果不借助实践环节，不引入实践观点，那么这种统一便无法得到贯彻和科学的说明。因为人并不单纯是自然演化的产物。二是自然与人在实践基础上的统一，如果不以上述在自然基础上的统一为前提，也不能获得自身的存在和科学的说明。

无论是自然与人相统一的自然基础，还是实践基础，都是世界物质统一性的两种基本存在形式。前者是物质世界的自在存在形式，后者是物质世界的自为存在形式。物理的、化学的、生物的运动及其转化和递进，是自然物质的存在形式。实践也是物质运动的一种形式，即物质自然界发展的高级形态——社会人的存在形式，所以马克思讲到实践，总是一再声明他所理解的实践是“真正现实的、感性的活动”，“对象性的”“活动”[①]，是“物质实践”[②]等。所谓“物质实践”，就其本质而言，就是统一于物质的实践，是以物质自然界为前提，为客观基础的实践。马克思说：“没有自然界，没有感性的外部世界，工人什么也不能创造。”[③]又说：“劳动只创造了物质的新的生产能力……人并没有创造物质本身。甚至人创造物质的这种或那种生产能力，也只是在物质本身预先存在的条件下才能进行。”[④]“整个自然界——首先作为人的直接的生活资料，其次作为人的生命活动的对象（材料）和工具——变成人的无机的身体。”[⑤]另外，人之所以能够通过劳动改造自然界，归根到底也是因为人与自然是一致的，是根源于自然界的。正如马克思所指出的：人“所以创造或设定对象，只是因为他是被对象所设定的，因为它本来就是自然界”[⑥]。

很显然，在自然与人的辩证统一关系中，不是实践基础优先于自

---

① 《马克思恩格斯选集》第1卷，54页，北京：人民出版社，1995年。
② 《马克思恩格斯选集》第1卷，92页，北京：人民出版社，1995年。
③ 《马克思恩格斯文集》第1卷，158页，北京：人民出版社，2009年。
④ 《马克思恩格斯全集》第2卷，58页，北京：人民出版社，1957年。
⑤ 《马克思恩格斯文集》第1卷，161页，北京：人民出版社，2009年。
⑥ 《马克思恩格斯文集》第1卷，209页，北京：人民出版社，2009年。

然基础，而是自然基础优先于实践基础；不是物质统一于实践，而是实践统一于物质。承认实践统一于物质，承认物质是马克思主义哲学的逻辑起点，会不会贬低实践基础在人与自然统一中的地位和作用，以及实践在马克思主义哲学中的地位和作用呢？实际上，不仅不会贬低，而且恰恰为实践的客观地位和作用提供了物质性的根据和科学的说明。

主张以实践为马克思主义哲学逻辑起点的观点，为什么错误，这里主要有两点。第一，在自然与人的统一中，它否认自然基础的先在性、根源性的作用。第二，它不是把实践看作物质实践，看作物质世界的一种自为存在形式，而是把物质统一于实践。这一观点认为，“自然是依存于历史实践的第二性的东西”，只是作为一种内容“存在于人的经验和实践中”。“离开人的实践活动，一切存在对人来说都无从谈起”，“实践之外是否有某物存在”“是十足的形而上学的先验问题”。于是实践成了无条件的绝对，成了世界的本原。哲学史的教训说明，把人的能动性的某一方面加以夸大，变成脱离物质的神化了绝对，就会导致唯心主义。历史上的“存在就是被感知”的观点是错误的，今天某些人所主张的存在就是被经验、被实践的观点，同样是错误的。因此，不能用实践取代物质作为马克思主义哲学的逻辑起点。

三、哲学体系的逻辑展开

（一）哲学理论体系的基本构成要素

哲学理论的体系，就是构成哲学理论的要素，按照一定的原则，逻辑地组织起来的有机统一体。

从系统的观点来说，要素是系统的构成部分。系统同诸要素之间是整体与部分的关系。

哲学理论，是一种公理化程度较低，或较弱的理论体系。

所谓公理化程度较低，是就哲学理论相对于具体科学理论而言的。具体科学理论是通过概念、公理、逻辑论证来反映认识客体的，它所提供的是确定的和精密的知识，因而它是一种公理化、形式化程度比较高的逻辑推理体系。而哲学是一种超经验的思辨活动，具有不确定性和笼统性。另外，哲学既有科学性。即它是对自然科学、社会科学、思维科学的概括和总结，同时又内涵价值性。即它是特定时代、特定社会的人们的主观欲求、意向、情感的表达。用德国学者H.赖欣巴哈的话说，哲学是诗性的，“哲学思维总是和诗人的想象连在一起”①。哲学的科学性，要求哲学理论具有公理化的理论结构，而哲学的诗性又制约着哲学理论的公理化程度，即哲学理论的结构一般说来是公理化程度较弱的逻辑结构。

因此，哲学理论的要素，不能像较严格的公理系统中的要素那样，达到很清晰、精炼、精确的程度。但是这不否认哲学理论的要素比科学理论的要素更一般、深刻、广远。

哲学理论体系的基本要素，可以分为哲学范畴、哲学命题、哲学原理。而在每一种类型的要素中又包含着极其丰富的子要素。

1. 哲学范畴

范畴，通常有两种用法，其涵义也不同。

一是相当于类型、范围或领域。比如，××属于思想范畴，××属于上层建筑范畴等。

二是指知识领域中高度概括的基本概念。上面所讲的哲学的范畴就是指哲学的最基本概念。

范畴作为基本概念，是人的思维对客观事物普遍本质的概括和反映，是人们把握世界的极为重要的思维形式，它构成理论的基本单元。列宁指出：“范畴是区分过程中的一些小阶段……是帮助我们认识和掌握自然现象之网的网上纽结。”② 不同的学科都有反映本学科研究对象本质方面的基本概念，如数学中的数、点、线、面、体；力学中的力、质量、速度、功；生物学中的个体、种、同化、异化、遗传、变异；经济学中的商品、价值、货币等范畴。各门科学就是借助这些范畴和其他的概念，再现丰富多彩、不断运动变化的具体事物，揭示出该学科研究对象的本质和规律，构成该学科的理论体系。

哲学范畴是对整个世界的最普遍本质的概括和反映，它相对于具体科学范畴具有最大的概括性和最大的普遍性。一般的具体科学的范

① ［德］H.赖欣巴哈：《科学哲学的兴起》，伯尼译，25页，北京：商务印书馆，1983年。
② ［俄］列宁：《哲学笔记》，90页，北京：人民出版社，1974年。

畴仅在自己所研究的特定领域内具有普遍意义。

哲学作为世界观理论，所统摄的包括自然观、历史观、人观、认识论、价值观、方法论等，哲学范畴包括世界观范畴、自然观范畴、历史观范畴、人学范畴、认识论范畴、价值论范畴、方法论范畴等。比如，实践、认识、感性、理性、真理、谬误、绝对真理、相对真理等就是认识论范畴；联系、运动、发展、对立、统一、质变、量变、肯定、否定、本质、现象、可能、现实、偶然、必然等就是辩证法范畴。

每一种具体的哲学理论，除了运用共同的、通用的哲学范畴以外，还要建立属于自身的范畴。这些隶属自身的范畴，往往体现了这种哲学理论的特殊性、创新性。比如历史唯物主义中的社会存在、经济基础、生产方式、上层建筑概念，科学哲学理论中的实证、证伪、范式、研究纲领等范畴，皮亚杰发生认识论中的图式、顺应、自我中心化等范畴。这些独创性的范畴与哲学的某些通用范畴的有机组合，也就成为决定了该哲学理论体系是这样而不能是那样的重要原因。构成哲学理论体系的范畴要素的这种情况，要求人们在把握任何一种哲学理论体系的范畴要素时，既要了解到一般哲学范畴及其在该种哲学理论中的特殊意义，又要重点抓住属于该种哲学理论体系的特殊范畴要素，这样就可以为了解该哲学体系的其他形式的构成要素，以至该哲学体系的性质提供了便利条件。

2. 哲学命题

命题在逻辑学中指表达判断的语言形式，由系词把主词和宾词联系而成。例如："人是社会性动物。"这个句子就是一个命题。哲学命题是指表达哲学观点的语言形式，每一种哲学体系都以一些命题构成理论的骨架。这些命题展开哲学范畴的具体内容，表现范畴之间的联系和转化，表现哲学理论体系所持有的观点。

哲学的命题要素，因作用不同而分属于不同的层次。具体地说，有下列几个层次。

一是基础性命题。这类命题一般是某种哲学思想体系的基础或逻辑前提。从这类命题出发，哲学一步一步构筑他的整个哲学体系。比如，"世界统一于物质"，就是马克思主义哲学的基础性命题。

二是核心命题。指某种哲学理论的核心部分，整个哲学体系环绕这个命题展开并为论证这个命题而服务的。比如，“通过现实道路，实现人的彻底解放”，就是马克思主义哲学的核心命题。

三是过渡性命题，或中介性命题。指构成某种哲学理论的中介环节的一些命题。它既是由某个前提推导出来的结论，又是后面结论的前提，起着承上启下的过渡作用。

四是例证性命题。这些命题的特点在于：哲学家借用某个生动的、具体的事例来说明自己的哲学思想。芝诺的“飞矢不动”，公孙龙的“白马非马”都是这类例证性命题。

在某一哲学理论体系中，什么命题是基础性命题，什么命题是核心性命题，什么命题是中介性命题，什么命题是例证性命题，必须具体情况具体分析。特别是前三种命题，其联系的紧密性是很高的。另外，同一命题在不同的哲学理论体系中，其归属的类型可能是不一样的。因此，某一命题属于什么层次，不能脱离开其在一定哲学理论体系中的地位和作用作孤立的考察。

3. 哲学原理

原理是指带有普遍性、基本性的规律的揭示。或者说，是具有普遍意义的道理。哲学原理，是指在哲学理论的命题或判断中，比其他命题或判断更为普遍、更为基本的一些命题或判断。这些命题或判断对于哲学理论的逻辑结构而言，是基础性或者核心性的，在哲学理论中所揭示的是自然、社会、思维之间的根本联系的规律。哲学原理构成一门哲学学说的核心部分。如巴门尼德的“存在是唯一的”，普罗泰戈拉的“人是万物的尺度”，萨特的“存在先于本质”，马克思的“哲学家们只是用不同的方式解释世界，而问题在于改变世界”等，都是集中体现了他们各自哲学理论的核心或基础。哲学原理是哲学认识活动的理论结晶，是哲学理论表现其内容的主要形式，因此，掌握某一哲学理论的若干原理，才能从对哲学理论构成要素的了解，上升到对整个哲学理论体系的了解，以抓住根本性的东西。

（二）哲学理论体系建构的主要原则

哲学范畴、哲学命题和哲学原理作为构成哲学理论的三种不同类型的要素，在哲学理论构成中不是平行的，也不是杂乱堆集在一起的，而是哲学家们按照一定的原则进行创造性思维建构的结果。这些原则主要有以下三点：

1. 问题解答原则

任何一个哲学理论体系的建构，都是为了提出和解答一定的问题。正是在提出和解答问题的过程中，才形成了一定的哲学理论体系。因此，哲学家在展开自己的哲学体系时，首先要说明的是针对什么样的问题，需要进行哲学解答或需要重新进行哲学解答，从而为自己哲学理论的建立提供依据。

这里的问题，有关于哲学的基本的和全局性的问题，可称为哲学的基本性问题，也有关于哲学的某一局部的问题，可称为哲学的具体问题，还有其他学科向哲学提出来的问题，这些问题都可以作为某一哲学研究、解答的对象。

比如绝大多数古典哲学家提出了什么是根本的存在者这样的问题。古典唯物主义和唯心主义以及二元论都对“在者”是什么的问题给予了不同的回答，形成了各自的哲学理论体系。海德格尔认为，“在”并不是一种实体，而是一种显现，一个过程，“在者”只有在“在”中才能得到领悟。而在古典哲学家那里恰恰造成了“在”的遗忘及对“在”的意义的疏略。因此，海德格尔提出了如何理解“在”的问题，并由此展开了他的本体论学说。无论是“在者”是什么，还是“在”的意义如何的问题，都是属于哲学的基本性问题。弗洛伊德在其无意识理论中提出的性欲问题，波普尔在其科学哲学中提出的证伪问题等，都是哲学的局部性问题。

由于时代和民族不同，其他学科向哲学提出的问题也不同。这其中，可能是有关道德的哲学问题，有关政治的哲学问题，有关宗教的哲学问题，或有关自然科学和数学的哲学问题等。当一位思想家站在某种学科的立场上来审视哲学并对哲学提出重大问题时，回答这种重大问题，就可能会促使一种新的、独特的哲学理论的形成。这就是哲学分支学科建构的问题依据。

问题解答原则告诉我们，任何哲学理论都是在解答问题中发生、发展的，同时，也是因为不能回答新的问题而走向衰亡的。

提出哲学问题是重要的，就哲学理论来说，仅仅提出问题又是不够的，提出问题是为了从哲学理论上解答问题。在这个意义上说，哲学理论就是解答问题的理论。解答不同的哲学问题，或对同一哲学问题的不同哲学解答，形成了不同的哲学理论。如何解答哲学问题，不同的哲学理论都坚持和贯穿各自不同的主导性原则。一定的哲学理论总是按其主导性原则来解答哲学问题的。

2. 主导泛化原则

哲学是由一系列命题或范畴为环节构成的整体。在这一系列命题或范畴中，哲学家总要选取一个命题或范畴作为自己的主导原则，并把它加以泛化，去解释哲学问题。这样，一种哲学理论就形成了。历史上的每一个哲学体系都是以一个主导命题或范畴加以贯穿的，主导原则是哲学体系的核心和灵魂。历史上的哲学理论，都是不同主导原则泛化的体现。在西方哲学中，柏拉图用的是理念主导原则，叔本华、尼采用的是意志主导原则，柏格森用的是生命冲动主导原则等。马克思主义哲学则是以实践为主导原则的。

哲学家在自己的认识过程中，把自己进行的个别研究所得的结论提高到普遍的哲学的高度加以解释和说明，然后又用经过哲学洗礼的这种原则、结论作为指导，泛化到各个领域中去。比如，弗洛伊德在精神病研究中发现了无意识原则，当他把这一原则作为主导原则提到哲学的高度上，并泛化到宗教、伦理、美学、历史等各个领域中去的时候，一种新的哲学理论——弗洛伊德主义形成了。索绪尔在语言学的研究中运用了结构这一原则，当这个原则被提升到哲学的高度，并被莱维·斯特劳斯、拉康、福柯、巴尔特等作为主导原则泛化到对人类学、社会学、心理学、史学、文学等研究领域中的时候，结构主义流派随之就形成了。

这种主导原则在有些场合是受到前辈或同辈哲学家的影响，把他们哲学中所包含的某一命题或范畴加以提升而获得的；在更多的场合则是从其他学科中选取出来并提升到哲学高度上的。一种主导原则的泛化，可以由一个哲学家来进行，也可以由一群哲学家或其他学科的专家来进行。达尔文创立的进化论原则，就被斯宾塞、斯本格勒、杜威等一大群哲学学者泛化到社会学、史学、教育学等多个领域中去了。

当一个主导原则泛化或外推的时候，具有一种无限膨胀的倾向。这种倾向发展到一定程度，必然会超越该原则本身所固有的力量和价值的限度。于是，在泛化和外推中逐渐出现了单凭这个原则无法解释的现象，从而导致另一个与此不同的新原则的兴起。它走完同样的旅程，被另一个更新的原则所取代。

对一种具体的哲学理论而言，它不能同时体现多个主导原则，而只能用一条主导原则反映世界普遍联系的一个方面。根据黑格尔的观点，历史上的每一个哲学系统都贯穿着一个主导的命题或范畴用以解答一定的哲学问题，用来选择组合有关的思想材料，从而展开其哲学的理论。

一个哲学家只要选取一个有价值的，还未被前人泛化或外推过的原则或范畴，潜心研究并加以泛化或外推，他就可望提出一种新的哲学理论。

哲学家们按照一定的主导原则，解答一定的哲学问题，逻辑地展开自己的哲学理论体系。这里所说的逻辑，是指哲学理论体系必须坚持逻辑的一致性原则。

3. 逻辑一致原则

逻辑一致原则有两个方面的涵义：

一是哲学理论自身的无矛盾性。对于任何一种哲学理论，不能选取相对立的两种基本概念与基本关系，不能有两个基础和核心，不能从同一逻辑基础推出相互矛盾的命题和结论。这是形式逻辑对任何一个严谨的理论体系的必然要求，也是一个起码的要求。如果在基本内容上自相矛盾，前后对立，那么这种哲学理论本身就不能作为完整的理论体系而成立。因此，在哲学史上，尽管有不少哲学家追求对自身哲学作完全公理化的或完全自由的陈述，前者如莱布尼茨、黑格尔、罗素的哲学，后者如休谟、叔本华、柏格森、萨特的哲学，但承认哲学理论的逻辑一致性并用它来指导哲学理论的建立，则是共同的。

二是哲学理论自身的协调整体性，即找出哲学的逻辑出发点，按照理论自身的需要和可能进行逻辑推演，实现从抽象到具体的不断前进、不断展开、不断丰富，以达于整体一致。

在这里必须避免陷入固定范畴的形而上学，而坚持范畴流动性的辩证思想。关于这一点，恩格斯曾经指出，历史上有“两个哲学派别：具有固定范畴的形而上学派，具有流动范畴的辩证法派（亚里士多德、特别是黑格尔）；后一派证明：根据和后果、原因和结果，同一和差异、映像和本质这些固定的对立是站不住脚的，经分析证明，一极已经作为核内的东西存在于另一极之中，到达一定点一极就转化为另一极，整个逻辑只是在前进着的各种对立之上展开”①。坚持范畴的流动性，就是坚持在范畴的相互联系中，获得它们的互相规定、相互说明，达于相互转化和连成一体。

前些年，讨论马克思主义哲学体系的改革问题，有人把以往哲学原理教科书构成部分的“辩证唯物主义”和“历史唯物主义”，或“唯物论”和“辩证法”，“认识论”与“唯物史观”等关系斥责为“板块结构”体系。其实这种指责是缺乏分析的，是不科学的。以往哲学教科书的缺陷并不在于是否把马克思主义哲学原理分成若干部分，而在于是否在范畴的流动中揭示了这些部分的内在联系，从而说明了马克思主义哲学是一个有机整体；它对哲学基本原理的阐述是否符合马克思哲学创始人和继承者的思想；是否反映当今科学发展的新成果，回答现实的新问题。如果撇开这些根本性的问题不谈，只看到某一教材的内容被分为几个部分，就指责它为“板块结构”，不能不说，这是一种不科学的态度。

对哲学理论的建构来说，坚持范畴流动性的辩证观点，就集中表现为要坚持从抽象到具体的逻辑方法论原则。

从抽象到具体的主要思维方法是综合。即把反映了事物各方面本质的抽象的规定综合起来，形成关于统一事物的整体的认识。使具体在思维中再现出来，即达于理性的具体。马克思说：“从抽象上升到具体的方法，只是思维用来掌握具体、把它当作一个精神上的具体再现出来的方式。但绝不是具体本身的产生过程。”②

由抽象上升到具体，这是以抽象为逻辑起点，通过各种形式的逻辑中介，到达到以具体为标志的逻辑终点的辩证思维过程。这也是一切科学体系包括哲学体系展开自身的叙述方法原则。马克思主义哲学体系的逻辑顺序也应该从某个抽象的开端，经过抽象的不甚具体，向着愈来愈甚具体的过渡，这其中的每一步具体都是从开端的向前引申，同时又是对开端的退后“证明”③。这样，在逻辑起点和逻辑终点之间用大量的逻辑中介联结起来，构成一环扣一环的逻辑过程。最初包含

① 《马克思恩格斯选集》第4卷，302页，北京：人民出版社，1995年。
② 《马克思恩格斯选集》第2卷，19页，北京：人民出版社，1995年。
③ ［俄］列宁：《哲学笔记》，92页，北京：人民出版社，1974年。

于高度抽象之中的多样性规定，在逻辑的推演中，逐渐地、愈来愈清晰地展示它自身的丰富内容。理性具体作为从抽象到具体的逻辑终点，是以一定结构有机地组织起来的具有许多规定性的丰富的总体。

马克思主义哲学的逻辑起点是科学的物质范畴，这在前面已经说过了。物质是世界的本质，物质范畴以它的极为简单性和极大抽象性成为马克思主义哲学的开端。物质即辩证的客观实在，此外，就再也不能说什么了。用恩格斯的话说，它是一个“纯粹的抽象”①。

（三）马克思主义哲学理论体系的建构

马克思主义哲学的逻辑终点是什么，这是一个有争议的问题。在我看来，马克思主义哲学作为一个以物质为逻辑起点、以实践为主导原则来展开宇宙人生的辩证统一关系、追求真善美辩证统一的、关于人的彻底解放的科学世界观，马克思主义哲学的逻辑终点只能是自由概念。自由概念是思维与存在、精神与物质、主观与客观、主体与客体、实践与认识、自在与自为、主体尺度与客体尺度、个人与社会，以及真、善、美等多种关系的统一和许多规定的综合，是马克思主义哲学中的最高概念，并且最终为人类的生存和发展提供了根本的原则和方法，是和人类不断从必然王国走向自由王国的历史发展相吻合的。自由概念作为马克思主义哲学的逻辑终点并不是矛盾的终极，自由总是相对于必然而言的，是从必然不断走向自由，从低层次的自由不断走向高层次的自由。只要人类还存在，这个过程就永远不会完结。因此，马克思主义哲学以自由为逻辑归宿，也体现了马克思主义哲学的彻底辩证性、开放性。

马克思主义哲学从物质概念过渡到自由概念，需要经过哪些中间环节，这些中间环节哪些已经建立起来了，哪些还有待通过概括总结科学的成果，通过批判吸取其他哲学的成果不断加以建立，特别是这些中间环节如何按照从抽象上升到具体的原则不断推演、展示出来，这还是一个需要在已有成就的基础上，继续付出巨大劳动的工作。但是需要指出的，这个工作不可能有一天达到绝对完美性，不可能实现所谓一劳永逸。因为马克思主义哲学本身是一个开放的、随着实践和

① 《马克思恩格斯文集》第9卷，511页，北京：人民出版社，2009年。

科学的发展而不断得到发展和丰富的体系。每一代人只能在自己所能达到的认识水平上，对于马克思主义哲学的逻辑体系给予一个相对科学的陈述。

第十一章　哲学理论的发展途径

“真理是由争论确立的。”① 这是马克思的一句名言，也是辩证唯物主义认识论的一个重要原理。没有学术上不同见解的争论，没有思想交锋，认识就会停滞，甚至会陷于僵化。只有在自由思考、自由争论的基础上，科学和文化才能充分发展和繁荣。哲学上不同观点、不同理论、不同派别之间的论争，是推动哲学理论发展的动力，是哲学理论发展的通常途径。因此，这里首先要提倡的是哲学的自由精神。

一、哲学的自由精神

哲学的自由精神，或者说，哲学研究所需要的自由精神是一种独立思考、追求真理、自由讨论的精神。

（一）独立思考的精神

人区别于动物的特点之一是，人会思考。动物是本能地生存，而人是理性地生活。从这个意义上说，人之所以为人，就在于他会思考。人们中的智者之所以成为智者，也就在于他会独立思考。

独立思考，是指一种非奴隶状态、非依从状态的思维。它是思想者的一种内在的精神自由，是思维的触角向未知领域的自由舒展，是思维破除种种束缚的一种自我展开和自我成全。

独立思考是思想者所具有的一种最可宝贵的精神品格。它表现为不惧怕权贵，不迷信权威，不盲从传统，不屈从私念，不人云亦云，而是用自己的眼睛看世界，用自己的脑袋想问题，用审视的态度对待

---

① 《马克思恩格斯通信集》第1卷，李季译，567页，北京：生活·读书·新知三联书店，1957年。

一切，按自己的理性判断力行事。

坚持独立思考是难能可贵的。这是因为坚持独立思考往往要付出代价，有时甚至是沉重的代价。

众所周知，古希腊伟大的哲学家亚里士多德因为坚持独立思考，对老师柏拉图的理念论提出了批评，因而受到柏拉图的冷遇。本该属于他的学园掌管者的位子，也被柏拉图在临终前确定给他人。然而亚里士多德对此不以为然。他说："我是尊敬老师的，但我尊敬老师并不是为了求名谋利，而是为了追求真理。"他留下了"吾爱吾师，吾尤爱真理"的千古名言，并以自己的人格和学说，而成就了一位旷世伟人。

相对于亚里士多德，布鲁诺的命运就异常悲惨了。因为他坚持独立思考，积极宣传进步的哲学思想和自然科学真理，对"圣经"提出了种种怀疑，由此各种迫害接踵而至，最后被罗马教会烧死在鲜花广场。临刑前，黑衣主教走过来说："可怜的人，再过一会儿你就要站到你的创造者面前了，赶快放弃你那异端邪说，向上帝忏悔吧！"布鲁诺昂着头，坚定地回答说："我不能够，我不愿放弃，我没有可以放弃的事物！"布鲁诺为了维护自己的思想自由，而牺牲了宝贵的生命。

坚持独立思考的难能可贵，不仅在于独立思考者可能受到来自外界的迫害和不公的对待，而且还在于独立思考是在前人所提供的思想材料的基础上进行的。这些前人，有的是科学的巨匠，有的是思想的大家。他们一个个以自己的博大体系，确立了他们在科学史或思想史上令人惊叹的崇高地位。对哲学史来说，从苏格拉底到马克思，从孔子、老子到毛泽东，站立着多少个哲学巨人，耸立着多少座理论殿堂，每一座殿堂都藏有思想的珍宝。马克思就曾惊叹黑格尔哲学殿堂中藏有无数的珍宝。如何能不被这些前人所压倒，钻进殿堂又能走出殿堂，探得珍宝，又能发现他们的不足、失误，并在此基础上进行批判继承，有所创新，把理论向前推进，这是十分困难的。因为凭着独立思考，用自己的双脚在黑暗中走出一条路来，总是要比让别人牵着鼻子走老路，有更多的艰辛和更多的风险。所以，马克思把"科学的入口处"比喻为和"地狱的入口处一样"，在"这里必须根绝一切犹豫"①。

坚持独立思考的艰难还在于要超越思想上的旧我，达于思想上的

① 《马克思恩格斯选集》第2卷，35页，北京：人民出版社，1995年。

新我，要实现思想上的自我超越。思想者的头脑不是一块白板，各种传统、习惯，各种经验、知识被人们内化以后，成了自我素质的一部分，并对人的思想和行为发生影响。从思维来说，这些构成了人的思维背景和思维框架，成了影响人的思维视角和思维取向的因素。因此，独立思考本身也意味着对思考者自己的自我审视、自我批判，对自己头脑中的旧思想、旧观念、旧习惯的清除。

就青年马克思来说，他也不是天生的马克思主义者。他信奉过黑格尔的历史唯心主义。用他自己的话说，曾经追随在青年黑格尔派首领鲍威尔后面“风驰电掣的飞奔”。然而《莱茵报》时期所碰到的关于物质利益的问题，却使他陷入了深深的苦恼，经过痛苦的思想斗争，他又欣喜若狂地接受了费尔巴哈人本主义的影响。后来，通过政治经济学的研究，马克思又发现了这种人本主义的抽象本质，于是又进一步和自己头脑中的人本主义影响作斗争，勇往直前地走上历史必由之路，从一个历史唯心主义者转变为唯物主义历史观的创始人。

恩格斯也是经过多次自我超越，才成为马克思主义创始人的。青年恩格斯为了卸下宗教信仰这一沉重的精神枷锁，内心深处曾经陷入痛苦的深渊，甚至不得不噙着泪水反复思考，让科学与神学、理性与信仰在头脑中拼命厮杀。他认为，只有在大脑中战胜一切怀疑的人，才是自由的人。马克思恩格斯写作《德意志意识形态》，其主要目的就是为了清算“自己原有的信仰”。实现自我超越、自我否定，这是坚持独立思考的极为艰难的一环。历史上有不少的科学家、思想家在做出一定的成绩以后，由于不能实现自我的新的超越，因而在新的发现面前或是惊慌失措，或者囿于旧说，伸手就能抓到的真理也被轻轻地滑了过去，从而成为时代的落伍者。

坚持独立思考的艰难还在于，独立思考是以长期的认真学习、刻苦钻研为基础的。独立思考不是胡思乱想，不是信马由缰，而是在占有大量材料的基础上，通过加工制作，思有所悟、学有所得的表现。那种满足于走马观花、一知半解的人，是很难谈得上进行独立思考的。头脑空空，不要说独立思考，就连思考也难以进行。头脑是思想的加工厂，没有经过长期实践和学习的积累，就不可能加工制作出精神产品来。

我国卓越的科学家竺可桢之所以能通过独立思考，写出中外著名的科学论文《中国近五千年来气候变迁的初步研究》，除了因为他在几十年中对气象进行辛勤的观测以外，还因为他从浩瀚的中国历史文献中，梳理出了许多关于我国古代气候的资料，从而为他揭示中国历史上气候变迁的情况和规律提供了极为有利的条件。《天体运行》的作者哥白尼，在1496年到1506年曾求学于意大利，到过罗马、维也纳等五六个城市，几乎读遍了这些地方所收藏的数学和天文学书籍。没有这些知识积累，哥白尼就不可能提出科学的“太阳中心说”，从而否定长期被人们视为真理的“地球中心说”。

总之，独立思考并不是一种单纯的主观取向，它意味着要冲破内在方面和外在方面的种种束缚；也不仅仅是一种良好的愿望，它意味着很高的素质要求。

在我们这样一个人民当家作主的国家里，宗教势力和反动阶级对自由思想的压迫，从根本上说是结束了。但由此认为，在我们国家里坚持独立思考会变得轻松起来，这也是不切实际的。这不仅因为坚持独立思考，对思想者内在素质方面的要求并没有丝毫降低，而且从外在环境来说，虽然在总体上比旧社会好多了，但是不等于说毫无问题了。这是因为，剥削阶级的思想影响还存在，阶级斗争还在一定范围内存在；旧的习惯势力，比如经学传统、权力崇拜等还很有影响；领导机关的官僚主义、法制不健全、工作中的种种失误，加上人们认识中先进与落后、正确与错误等种种矛盾的存在，也会使独立思考者蒙受损失，甚至造成牺牲。另外，把马克思主义教条化，作为评判学术是非的标准，作为紧箍咒强加到人们头上，这样既损害了马克思主义和无产阶级政权的形象，违背了人民民主的根本原则，也窒息了学术自由。这种“左”的倾向到“文革”时达到了顶点，给民族带来了空前的灾难。虽然，“文革”作为一段历史已经成为过去，破坏学术自由的“左”的行为，也已经在十一届三中全会以后从根本上得到了克服，但是，坚持独立思考必然会遇到种种阻力，这一点仍然要有充分的思想准备。

当然，外在的学术自由很重要，但内心的自由——用爱因斯坦的话说，这是大自然赋予每个人的最宝贵的礼物——则主要（或完全）在于自己。我国古代哲学家荀子说：“……口可劫而使墨（默）云，形可劫而使诎（屈）申，心不可劫而使易意，是之则受，非之则辞。”① 意思是说，外力可能迫使嘴巴或开或闭，让人讲话或不让人讲话；外力也可以使形体或屈或伸，对肉体进行迫害，而心灵却不能由外力强迫改变，它可以进行自由选择，认为“是”便接受，认为“非”便拒绝。所以，不论处境如何，始终保持心灵的自由思考、自由选择，是可能办到的。

（二）追求真理的精神

是非问题是一个真理性的问题。一切杰出的科学家、思想家之所以能不怕种种困难，克服重重阻挠，义无反顾地坚持独立思考，说到底，是出于对真理的热爱，是为了追求真理。因此，独立思考的精神从本质上说，是一种追求真理的精神。

追求真理的精神就是一切唯真理是从，不向真理以外的任何力量妥协和屈服，包括不向自己的名利心、庸俗和惰性让步的精神。只有如此，理论研究方能成为马克思所称道的“自由的精神生产”。恩格斯赞赏科学的“毫无顾忌和大公无私”，赞赏“伟大理论兴趣”，即“那种不管所得成果在实践上是否能实现，不管它是否违反警章都照样致力于纯粹科学研究的兴趣。”②

真理与正义、与爱情一样，是迷人的、充满魅力的，是令人振奋并值得为之付出代价的。

探索真理会使人生而辉煌。法国作家左拉说过，生活的全部意义在于无穷地探索真理。

获得真理会使人死而无憾。孔子说：“朝闻道，夕死可矣。”③

法国作家拉·梅特里为追求真理而奋斗了一生。他感慨道：“愈是接近真理，便愈加发现真理的迷人。”“一颗由热爱真理而燃烧起来的心，……可以说一下子就转入了一个最美的世界，在那里享受天神才配享有的快乐。”④

---

① 《荀子·解蔽》。

② 《马克思恩格斯选集》第4卷，258页，北京：人民出版社，1995年。

③ 《论语·里仁》。

④ ［法］拉·梅特里：《人是机器》，顾寿观译，4页，北京：商务印书馆，1959年。

真理的魅力在于真理的价值。

真理具有认识和实践两个方面的价值。真理的认识价值在于，它正确反映客体的本来面目，使人与一切虚幻、荒唐、错误的认识划清界限；真理的实践价值在于，它为实践指明正确的方向，促进社会的进步，增进人类的幸福。

人们正是为了追求真理而坚持独立思考的。因此，独立思考不是表现在思想上的某种浪漫情调，也不是西方有的论者提倡的所谓思想的无政府主义。独立思考是以追求真理为其动力和灵魂的。马克思在批判宗教的捍卫者时，就指出："你们求助于感情，哲学则求助于理智；你们是在咒骂，哲学是在教导；你向人们许诺天堂和人间，哲学只许诺真理。……而为了真理和知识而热爱真理和知识的公众，是善于同那些愚昧无知、卑躬屈膝、毫无操守和卖身求荣的文丐来较量判断力和德行的。"①

然而，真理并不是大街上伸手可摘的鲜花，而倒像生长在深山里需要寻找的幽兰。独立思考就是这样一种求得真理的手段，它是开阔视野，拓展智慧的前提。

在探索真理的过程中，认识的片面性、荒谬性总是难免的。因为客观事物本身是错综复杂、不断变化的。它的本质和规律有一个暴露过程，主观认识不可能一下子就完全正确地反映客观实际，这是第一。第二，人们把握真理的能力受到历史条件的限制。人们总是在特定的历史条件下去认识世界的。具体的历史条件制约着人们的实践和认识的水平，也制约着人们把握真理的能力。第三，认识本身也是一个复杂的过程。认识过程是近似螺旋式的曲线，如果把曲线的某一小段夸大为独立的完整的直线，就会犯直线性、片面性的错误；人们的经验不可能充分完备，在材料不足或偏信了虚假材料的情况下，匆忙进行判断，就会作出歪曲事实的错误结论；人不是用空白的头脑去面对现实，如果把已有的知识或见解凝固化，当作固定的框框，就会犯先入为主的主观性错误。

因此，真理的发展是一个同谬误相互纠葛又互相分离的过程，是一个从认识的片面性走向全面性的过程，也是一个随着实践的发展而

① 《马克思恩格斯全集》第1卷，222页，北京：人民出版社，1995年。

不断发展的过程。

在这样一个过程中，独立思考是一个极为重要的、不可缺少的环节。如果没有独立思考，谬误就无从得到揭示，也就不会受到批判。与此相联系，真理就不能得到伸张；如果没有独立思考，谬误产生的根源得不到应有的说明，人们不能从中吸取教训，也就不能促使谬误向真理转化；如果没有独立思考，人们囿于既有的角度或层次思考问题，那么原来片面的认识也就不可能走向丰富和全面，依然是只见树木，不见森林；如果没有独立思考，就会抱住昨天的理论不放，并用过时的理论裁剪现实，那么也就不会随着实践的发展，提出新的课题，促使人们去思考和研究，从而去丰富和发展真理本身。

总之，没有独立思考，就不可能有科学的发展、思想的创造、理性的弘扬。爱因斯坦说："要是没有能独立思考和独立判断的有创造能力的个人，社会的向上发展就不可想象。"① 因为意识自由，不仅关乎个人的权利，而且涉及民族大业，它是民族智慧和创造力的源泉。社会是由个人活动组成的，所有个人的智慧汇成了民族的智慧。个人意识的自由与否，虽然是发生在个人头脑中的，但其前因后果，都是一个社会问题。如果一个民族的成员唯书、唯上，不敢想，不愿想，那么这个民族也就停滞了。正如邓小平在批判"两个凡是"的观点时所指出的："一个党，一个国家，一个民族，如果一切从本本出发，思想僵化，迷信盛行，那它就不能前进，它的生机就停止了，就要亡党亡国。"② 因此，他大声疾呼，要解放思想，实事求是，不要从本本出发，而要从实际出发，要"独立思考，敢想、敢说、敢做"③。

（三）自由争论的精神

如上所说，民族智慧绝不是哪一个人的智慧，也不是所有成员智慧的加和，而是所有成员以及外部智力交互作用的结果，是以思想的丰富为前提，以自由争论为中介的。这样，一个民族的智力才会有多

---

① 转引自赵中立、许良英编译：《纪念爱因斯坦译文集》，51—52页，上海：上海科学技术出版社，1979年。

② 《邓小平文选》第2卷，143页，北京：人民出版社，1994年。

③ 《邓小平文选》第2卷，142页，北京：人民出版社，1994年。

方面的进展，多问题的发现和提出，多侧面多角度的观察和论证，多种多样结论的相互比较和争鸣。只有在这种局面中，一个民族的智慧才能真正表现出来并得到发展。相反，如果没有意识的自由，没有思想的互逆、互异，与互补、互激，而是千篇一律，千人一面，那就谈不上民族智慧的发展。

因此，自由精神不仅包括独立思考、追求真理的精神，而且包括自由发表见解、自由争论的精神。追求真理是独立思考和自由争论的目标和归宿，独立思考是自由争论和追求真理的前提和基础，自由争论是通过独立思考，进而成为确立真理和发展真理的中介手段，三者是辩证统一的。

古希腊的哲人们就很懂这个道理。公元前5世纪，古希腊哲学各派争论之风盛行。他们把论证或分析命题中的矛盾，以及谈话中揭示对方论断中的矛盾，并克服这些矛盾以求得真理的方法，叫辩证法。在争论中求真理，争论中发展真理，中国古代的许多哲学家也曾谈到过。庄子说："知出乎争。"① 《墨子·小取篇》中也说："夫辨者，将以明是非之分，审治乱之纪，明同异之处，察名实之理，处利害，决嫌疑。"东汉的王充也认为："两刃相割，利钝乃知；二论相订（争论），是非乃见。"② 这些都是讲通过争论确立和发展真理。

人们对事物的不同观点，从认识角度说，就是对客观事物矛盾的各个方面的不同反映。由于事物有不同的侧面，各人观察同一事物也有不同的角度，所以就有各种不同的反映，形成各种不同的观点。其中有正确的，有不正确的，也有部分正确，部分不正确的。如果只准反映一种思想、一种观点，那么，最多只能反映事物的某一局部、某一侧面。因此，只有尽可能让人们的各种观点都反映出来，并经过比较、辩论，把错误的、歪曲的东西去掉，才能使人们比较全面和正确地认识事物，而达于真理。

颜回是孔子的高足。孔子对他说过许多赞扬的话，但是有一条是孔子所不满意的："回也非助我者也！于吾言无所不说（悦）。"③ 颜回

① 《庄子·人世间篇》。
② 《论衡·案书》。
③ 《论语·先进》。

对孔子的话从来没有不喜欢的，即从来没有不同的看法。孔子认为，这不是一个优点，而是一个缺点。孔子的这一认识是正确的。这说明孔子懂得，只有通过互相诘难、辩驳，取长补短，才能完善自己的认识。

毛泽东曾经指出："有比较才能鉴别。有鉴别，有斗争，才能发展。"① "百家争鸣是一种发展科学的方法。"② 毛泽东的这些论述说明，比较不但是鉴别事物、认识真理的重要手段，也是发展真理的重要手段。所谓比较，在思维领域里，就是不同意见的争鸣，即毛泽东所说的"百家争鸣"。

在百家争鸣中，不同意见相互问难，一正一反，一来一往，就可以从不同角度把矛盾一层层揭示出来，促使人们的认识逐步深化。当然，有些学术问题的分歧，单靠争论是不能完全解决的。但通过辩论，可以把人们逐渐引向问题的核心，可以刺激、启发人们进一步学习思考、调查研究，这就大大有助于克服认识上的片面性，逐步做到去粗取精，去伪存真，由此及彼，由表及里，从而把握真理。

百家争鸣是各种意见的较量，所以参加论战的每一方，都要时刻考虑到有一个平等的论敌站在自己面前。为了使自己无懈可击，每一方都力求加强自己：材料务求翔实，推理务求合乎逻辑，判断务求恰当，总之，要精益求精。另外，在论战中，从对方的批评中往往可以找到自己的不足之处，克服这些不足之处就可以使自己的理由更加充足，论证更加严整全面。即使对方的观点是错误的，也可能有某些合理的因素，可以启发自己的思路。甚至从对方的失败中，也可能取得某些借鉴，以免重蹈覆辙。正是从这种不同意见的互相纠正、互相切磋和取长补短中，人们使自己的认识逐步完善起来。

百家争鸣也是参加争鸣的各方，在思维能力方面的角斗、激活和提高。马克思说："一切创造力却需要有一个表现这种力量的必要的场所，需要从它所引起的反应来吸取新的创造力量。"③ 就人的思维能力的提高来说，争论是最好的场合。争论能促进思想的活跃，促进思维能力的超常发挥，使思维能力得到最好的锻炼。一个伟大的思想家、

① 龚育之：《毛泽东思想研究的新起点》，172页，北京：人民出版社，1991年。

② 《毛泽东文集》第7卷，279页，北京：人民出版社，1999年。

③ ［德］梅林：《马克思传》，樊集译，291页，北京：人民出版社，1965年。

理论家，如果因为他的名声，再也不敢有人出来和他争论，或者因其他种种原因丧失争论的机会，听到的只是盈耳的恭维声，那么他的思想就会停滞，创造力就会衰退，理论也一定会变得平庸和灰色。恩格斯在谈到费尔巴哈的时候，曾经不无遗憾的指出，“在穷乡僻壤中过着农民式的孤陋寡闻的生活”①，不可能在“和他才智相当的人们的友好或敌对的接触中得出自己的思想”②，这是费尔巴哈没有前进到历史唯物主义的一个重要原因。

先秦时期诸子百家争鸣，学术空前繁荣。《汉书·艺文志》写道：先秦诸子“其言虽殊，辟如水火，相灭亦相生也。仁之与义，敬之与和，相反而皆相成也……”“舍短取长，则可以通万方之略矣。”正是在这种相灭相生、相反相成的互相斗争又互相渗透的过程中，开创了我国历史上思想文化繁荣鼎盛的一个伟大时代。毛泽东曾经说：“各种不同意见辩论的结果，就能使真理发展。”③ 讲的就是这个道理。

这里必须指出的是，自由精神是科学发展所需要的，更是哲学发展所需要的。这是由哲学的本性所决定的。

（四）自由精神是哲学的根本精神

与其他社会意识形态相对而言，宗教依赖的是（盲目的）信仰，艺术依靠的是情感，科学依靠的是实证，哲学依靠的是理性自由。

哲学本身是说理的，是以理服人的。哲学和任何迷信，不管是天上的迷信，还是地上的迷信都势不两立。“哲学并不要求人们信仰它的结论，而只要求检验疑团。”④

因此，哲学研究是理性的探索，是对合理性的追求，哲学原意是“爱智慧”，它体现着向往智慧、追求智慧、探索智慧的流动过程。哲学追求的智慧既不是某种抽象设定的终极本质，也不是恒久不变的绝对真理体系，哲学兼有追求和获得智慧的双重任务。所谓追求就意味着哲学始终存在着疑问，追求智慧的过程，就是不断地提出疑问，同

---

① 《马克思恩格斯选集》第4卷，230页，北京：人民出版社，1995年。
② 《马克思恩格斯全集》第21卷，323页，北京：人民出版社，1965年。
③ 《毛泽东文集》第7卷，279页，北京：人民出版社，1999年。
④ 《马克思恩格斯全集》第1卷，222页，北京：人民出版社，1995年。

时又产生新疑问的过程。从肯定的角度说，哲学意指追求智慧；从否定的角度说，哲学就是对获取的智慧不断提出疑问的过程。哲学是以追求智慧为使命，它的根本特征就是自由的、开放的。

哲学所追求的智慧是正确处理宇宙人生总体关系的大智慧。因此，哲学研究是一种超越特殊和有限的最广袤、最普遍的研究，是不断深化的寻根究底的探索，是一种力图不断把现实提升到理想境界的终极关怀。因此，哲学所依赖的理性，是一种自由理性，即理性的自由。所谓理性的自由就是把特殊性提高到世界一般性的过程本身，从有限性向无限性的过渡本身，从现实性到理想性的超越本身。

为了不断实现对特殊、有限、现实的超越，哲学的理性自由，就要求不断地超越既有的理论体系，不断克服理论的既定形式给进一步探索带来的限制。它反对任何理论上的自我封闭的观点，不能容忍把任何既有的理论形式视为不可逾越的界限，否认有不可再考察的终极前提。但是，强调哲学理论具有相对性，并不意味着否认绝对真理的存在，而是表明在这些相对性的体系中无疑包含着某种绝对真理的内容。承认哲学理论体系具有相对性，不是趋于相对主义的哲学观点，而是要以某种随历史条件的变化而变化的客观标准，去评价哲学体系的理论含量及其作用的正负取向。

总之，哲学的理性自由，就在于哲学理性的超越性，在于它表现为一种不断探索、永不满足的趋向。关于这一点，雅斯贝尔斯指出："哲学的方法都是超越对方的方法，从事于哲学即从事于超越。"①

在这个意义上说，哲学就是一种自由理性之学，是对理性思维不断超越性的自我意识，即对理性自由的自觉意识。亚里士多德说："哲学……是唯一的一门自由的学问。"② 马克思也认为，哲学研究乃是自由理性的行为③。

自由理性或理性自由是哲学的一个本质规定和本质要求，因此，没有理性自由，也就谈不上哲学和哲学研究。所以，马克思指出："哲

---

① 中国科学院研究所西方哲学史组编：《存在主义哲学》，147页，北京：商务印书馆，1963年。

② 北京大学哲学系西方哲学史教研室编译：《西方哲学原著选读》上卷，119页，北京：商务印书馆，1981年。

③ 参见《马克思恩格斯全集》第1卷，220—221页，北京：人民出版社，1995年。

学研究的首要基础是勇敢的自由的精神。”①

二、哲学理论的论争

如上所说，哲学理论是在哲学家独立思考的基础上，所引发的不同哲学观点的争论中发展的。因此，哲学史从全面的意义来说，就是不同哲学观点、不同哲学思想的争论史，是哲学在争论中求得发展的历史。

哲学的争论是多种多样的，大体可以分为三个层次：一是不同哲学基本派别之间的争论，二是不同哲学理论体系之间的争论，三是同一哲学理论体系内部的争论。

（一）不同哲学基本派别的争论

不同的哲学基本派别之间的争论，是围绕着哲学基本问题，即对思维与存在、精神与物质的关系问题的不同回答，而形成的唯物主义、唯心主义两大基本哲学派别，以及从属于此二者的辩证法和形而上学之间的斗争和争论。

1. 唯物、唯心主义的斗争没有过时

这一斗争和争论从哲学开始形成时就一直存在，从来没有止息，而且还将继续下去。但是随着唯物主义反对唯心主义斗争的不断胜利，唯心主义反对唯物主义的斗争，已从过去的公开进行逐渐转向现代的较为隐蔽。在现代，有些唯心主义哲学流派，力图通过取消和否认思维和存在何者是本原的根本问题，来取消和否定唯心主义和唯物主义的对立。它们的目的实际上是反对唯物主义，特别是反对马克思主义的辩证唯物主义，并掩盖它们自己的唯心主义实质。它们虽然在口头上宣称要取消或否定思维和存在何者是本原的、第一性的这个所谓的“没有意义”的“形而上学”问题，但其在建立自己的哲学体系时，又不能回避这个问题，于是就用一些新的或被它们故意歪曲弄得不确定的术语，去唯心主义地回答这个问题罢了。

然而不管斗争和争论的形式发生什么变化，唯物主义与唯心主义

① 《马克思恩格斯全集》第40卷，112页，北京：人民出版社，1982年。

的斗争仍然是一切哲学斗争中最基本的方面，统摄和影响着哲学的其他方面的斗争和争论。从这个意义来说，哲学史是唯物主义与唯心主义的斗争史，还是能够成立的。问题在于，过去把这一说法简单化了。

这种简单化表现在三个方面。一是把哲学上发生的一切斗争和争论都不适当地归结为唯物主义和唯心主义的斗争，这样就犯了以偏概全的错误。实际上，唯物主义阵营内部、唯心主义阵营内部都充满着不同体系、不同观点的斗争和争论。二是对哲学斗争本身的理解简单化、片面化。把斗争理解为脱离相互影响、相互转化的单纯的对立。实际上，唯物主义和唯心主义除了有对立的一面以外，还有相互联系、相互促进、相互转化的一面。三是乱贴标签，不作具体分析，把历史上的哲学家简单地归结为唯物主义者或唯心主义者。实际上，在哲学史上，有些哲学家的情况是很复杂的。某一哲学家可能某些哲学思想是唯物的，某些哲学思想是唯心的；某一阶段的思想是唯物的，而另一阶段的思想可能是唯心的。这样的例子是很多的。如果不作全面的分析，给他们简单地贴上唯物主义者或唯心主义者的标签，必然会犯形而上学的错误。

2. 唯物、唯心主义的斗争推动哲学的发展

唯物主义和唯心主义的斗争和争论，推动哲学发展主要表现在两个方面。

（1）促进了唯物、唯心哲学的新形态的产生

唯物主义和唯心主义对哲学基本问题作出互相对立的回答以后，双方便相互批驳，相互提出使对方难以按其原有观点来回答的问题和例证，以说明自己的“正确”，斥责对方的“荒谬”，迫使对方必须加强对自己原有的论点的认识，从而使人们的认识向前跨进一步。一种唯物主义或唯心主义的新的理论形态的出现，往往是同对方对己方既有理论形态的弱点和错误的准确、深刻的揭露相联系的，是以克服既有理论形态的弱点或错误为目的的。对唯心主义哲学派别来说，它自己试图建立新的东西来否定和取代唯物主义的东西，但从根本上说，并没有使问题得到解决，但确实又在唯物主义存在弱点和错误的地方，以唯心主义方式获得了片面的深刻。

对唯物主义哲学派别来说，它批判唯心主义，又必然要回答唯心主义给唯物主义提出的难题，从而刺激唯物主义向前发展。比如，17、

18 世纪的近代形而上学唯物主义，坚持世界是物质的，人的认识是对客观事物的感知和反映的观点，有力地批判了宗教神学的天启观念，这是很有意义的。但是它并不理解认识中的人的主观能动作用，把人的认识简单地看作照镜子式的消极直观的反映。这一缺陷被德国古典唯心主义抓住，认为这样一种观点是“对人本身的忘恩负义”（黑格尔语）。从康德到黑格尔等哲学家却在唯心主义抽象思维的范围内系统地阐明了认识的主观能动性，并企图说明从感性到概念的形成过程，这是他们在哲学史上的一大贡献。其中，黑格尔的哲学就是对绝对观念自我意识发展过程的论述，他建立了范畴推演的逻辑体系。黑格尔是一位在唯心主义范围内充分发展了主观能动作用的哲学家。

在这种情况下，唯物主义如果不能克服自身的缺陷，就不能战胜唯心主义，也不能发展自己。在这一方面，费尔巴哈进行了初步的努力，相对于先前的机械唯物主义，他创立了人本学唯物主义。他说：“如果一切都被归结为客体的印象，像冷酷的唯物主义和经验主义所假定的那样，那末畜类也可以成为物理学家，甚至必须成为物理学家了。”① 费尔巴哈认为，人是能动和受动的统一，主体对“任何外部的规定归根到底同时是自我规定，所以对象本身不过是成为对象的自我”②。然而费尔巴哈还不能科学说明人的认识能动性的根据，还“不了解‘革命的’、‘实践批判的’活动的意义。”③ 因而他还没有能从根本上摆脱旧唯物主义消极、直观反映论的羁绊。这一羁绊的最终破除是马克思主义实践唯物主义的创立。

（2）有利于唯物、唯心哲学互相取长补短

在唯物主义与唯心主义的斗争和争论中，它们之间不仅通过相互批驳、相互刺激，促使双方在认识上向前发展，而且通过相互吸取对方有用的观点资料，取长补短，在认识上丰富和发展自身。正如列宁所说的，唯心主义也是生长在人类认识这棵活生生的大树上的一个花朵，是被直线化、片面化了的人类认识圆圈中的一个环节、一个片断。

① ［德］费尔巴哈：《费尔巴哈哲学著作选集》上卷，荣震华、李金山等译，89 页，北京：商务印书馆，1984 年。

② ［德］费尔巴哈：《费尔巴哈哲学著作选集》上卷，荣震华、李金山等译，89 页，北京：商务印书馆，1984 年。

③ 参见《马克思恩格斯选集》第 1 卷，54 页，北京：人民出版社，1995 年。

因此，唯物主义可以吸取唯心主义所包含的某些成果，来补充和完善自己。

例如，老聃的“静观”“玄览”否认人的直接感知在认识中的作用是不对的，是唯心主义的。但他认为，认识者要排除主观成见和外界其他事物的干扰，发挥理性思维活动的积极作用，这又有一定的合理因素。因此到了唯物主义者宋荣、尹文那里，在否定了这种认识方法的唯心主义基础之后，将它变成了唯物主义的“虚一而静”的认识方法；至荀况更在宋荣、尹文的基础上，把这种主张认识者应保持“虚”与“静”的认识方法加以唯物主义的解释和阐发。

在莱布尼茨的哲学观点中，主张观念归根到底是天赋的，这是对笛卡尔基本立场的坚持，但同时又认为天赋观念并不是现实的，而是潜在的，需要后天加工琢磨才能显现，这又是对笛卡尔观点的修正，是向唯物主义的某种靠近。莱布尼茨之所以能这样做，一个重要原因，是他在一定程度上借鉴了洛克的唯物主义经验论的某些成就。唯心主义过分夸大意识的能动作用是不对的，但它承认意识具有能动作用则是正确的。马克思主义创始人在创立历史唯物主义的过程中，由于常常不得不强调被论敌所否认的主要原则，即经济在社会发展中的决定作用的原则，并且不是始终都有时间、地点和机会来给其他参与交互作用的因素以应有的重视。因而，19世纪后半叶非马克思主义思潮攻击马克思主义哲学是“唯经济决定论”，虽有很大程度上的片面性，但是这一批判引起了马克思主义哲学对自身薄弱环节的重视。所以恩格斯在晚年专门花了一些时间予以说明和解释，强调和发挥了上层建筑、意识形态相对独立性的理论，在斗争中发展了马克思主义哲学，增强了它的战斗力。

（二）不同哲学理论体系的争论

1. 不同哲学理论体系争论的复杂情况

哲学家们在对思维与存在关系的第一方面，即思维与存在何者为第一性问题的不同回答，形成了唯物主义和唯心主义两大基本派别。就唯物主义派别而言，在坚持物质第一性的基本前提下，对物质的不同理解又形成了不同的唯物主义理论体系。就基本类型来说，有古代朴素唯物主义、近代形而上学唯物主义和马克思主义的辩证唯物主义。

就唯心主义派别而言，在坚持精神第一性的基本前提下，对精神的不同理解，也形成了不同的唯心主义理论体系。就基本类型来说，有客观唯心主义和主观唯心主义两种基本形态。作为从属于唯物、唯心斗争的，还有辩证法和形而上学的斗争。许多唯心主义理论体系往往具有形而上学倾向，马克思主义产生以前的旧唯物主义哲学中也存在着程度不同的形而上学观点。而从辩证法的基本形态来说，有和古代朴素唯物主义结合在一起的古代朴素辩证法，有以黑格尔为代表的唯心辩证法，以及马克思主义的唯物辩证法等三种历史形态。

哲学基本问题除了第一方面以外，还有受第一方面制约的第二方面，即思维与存在的同一性问题。对这个问题中的诸种环节的不同回答和理解，也形成了各种不同的观点和理论的对立。比如，不可知论与可知论的对立，唯理论与经验论的对立，唯心主义经验论与唯物主义经验论的对立，直观的唯物主义反映论与辩证唯物主义反映论的对立等。

在回答和表征哲学基本问题的因果关系，必然与偶然、必然与自由等具体关系问题上也形成了各种理论和流派，其中贯穿了决定论和非决定论的矛盾运动和对立。唯物主义、客观唯心主义一般具有决定论思想倾向，唯心主义感觉论、唯意志论哲学则具有非决定论思想倾向。

总之，全部哲学史贯穿着唯物、唯心的对立和斗争，但是唯物、唯心的不同形态与辩证法、形而上学，可知论、不可知论，经验论、唯理论，决定论、非决定论等不同形式的结合，形成了各式各样的哲学理论体系。这些哲学理论体系同中有异，异中有同，彼此“贯穿”，相互“交织”。因此，不同哲学理论体系之间的斗争和争论，在某一相同点组成联合，又在某一相异点上发生对峙，从而呈现出极为复杂的情况。

在西方哲学史上，客观唯心主义常常抓住经验论的片面性，将唯物主义连同主观唯心主义一道加以批判。

比如，柏拉图在批判普罗泰戈拉时，就把他与赫拉克利特、恩培多克勒以及德谟克利特等唯物主义者相提并论；休谟被他同时代的正统经院哲学家指责为无神论者和唯物主义者；黑格尔曾把贝克莱、休谟看成培根、洛克的合法继承人；罗素、摩尔也曾因为倡导常识而被新黑格尔主义称作朴素实在论者，等。同样，在批判柏拉图主义的斗争中，来自唯物主义阵营的，如原子论派，前期的亚里士多德和来自主观唯心主义的犬儒学派的代表人物安提西亚，也在批判超验的理念论问题上形成了某种程度的一致。

又比如，康德受休谟的影响，提出了自己的非决定论思想。他认为，自然本身并无因果联系，它只是人们用以整理自然界的一种先天的“悟性”形式，“人的理性为自然界立法”“自然规律是单纯的约定”等。康德的这一思想不仅遭到了来自神学唯心主义和黑格尔哲学的批判，而且还遭到了人本学唯物主义者费尔巴哈和辩证唯物主义者马克思恩格斯的批判，如此等等。

如何从哲学发展的角度来正确认识不同哲学理论体系之间的这种“联横”“合纵”式斗争和争论的意义呢?

2. **不同哲学理论体系争论的意义**

第一，不同的哲学理论体系对另一哲学理论体系的缺陷和错误的共同批判，可以从不同角度较为全面地揭示这种错误或缺陷的根源，从而有利于哲学思想的发展。

比如，对康德不可知论的批判，黑格尔是从本体论与认识论、现象与本质的辩证关系的角度进行的；费尔巴哈是从人与世界的统一性、人的认识发展的无限性的角度进行的。恩格斯认为，黑格尔对不可知论的批判尽管是以客观唯心主义为前提的，但是深刻的；费尔巴哈从唯物主义角度对不可知论的批判，也是机智的。而这些批判的优长和不足，都为辩证唯物主义认识论深化到从实践角度根本驳斥不可知论提供了理论基础，提出了理论要求。

第二，某一哲学理论体系对不同哲学理论体系的某种共同缺陷和错误的批判，可以揭示这些不同哲学理论体系相互联系和转化的环节，从中获得哲学发展的启示。

比如，哲学史上，客观唯心主义常常把唯物主义和主观唯心主义连在一起加以批判，这也是有其原因的。因为主观唯心主义往往是从旧唯物主义中发展过来的。旧唯物主义比较强调客观对象的感性直观的意义，过分依赖感官的报告。历史证明，狭隘的经验主义虽然开始时可以和唯物主义世界观相结合，但这种结合最终是维持不下去的。因为单纯的经验非但说明不了世界的客观性，反而只能表明世界不过是人的主观感觉的不同组合而已。在哲学史上，普罗泰戈拉继承和捍卫了赫拉克利特那种强调事物运动变化的感性哲学，并把它推向了极端。他认为确定事物存在和非存在的标准只能在感觉世界中去寻找，感性事物是可以显现于人的感官中的东西，因此归根到底，“人是万物的尺度”。这样，普罗泰戈拉就从唯物主义的感觉论走向了相对主义、主观主义。

在中世纪唯名论与唯实论的斗争中，唯名论认为个别感性事物才是第一性的，而“类”不过是用来标记个体的人为符号，因而没有实在性。它立足于感性的现实世界，具有唯物主义性质。但是它片面强调事物的感性意义，拒不承认感觉不到的事物的存在，因而最终不能将唯物主义贯彻到底，反而滑入主观唯心主义。

在英国，17 世纪的洛克的唯物主义经验论走向极端，变成了贝克莱、休谟的主观唯心主义经验论也是一个极好的例证。这说明经验论唯物主义必然走向主观唯心主义。客观唯心主义把上述二者连在一起加以批判，这就深刻暴露了旧唯物主义的局限性，从反面说明唯物主义要真正具有生命力，就必须超越旧的形态，必须克服旧唯物主义只是从直观的形式去理解事物的缺陷，而必须像辩证唯物主义那样从实践的角度去理解事物，在实践基础上，对感性和理性的关系给予辩证统一的说明。

第三，不同的哲学理论体系在许多不同方面的争论和斗争，形成了哲学认识系统中多层次、多方面的张力结构，为人们哲学思维能力的发展提供了动力。所谓张力结构是指人的心理活动中由互相对立的因素构成的一种互补结构，这种互补结构具有人们能动地把握外界事物所不可缺少的功能原则。

哲学认识的张力结构，至少由两个以上的因素形成，这就是认识的两极性和双态性。单极性、单态性只能形成一种拉力，两极性、双态性才能形成一种张力。哲学的张力结构表现在各个方面，比如，唯物与唯心，辩证法与形而上学，可知论与不可知论，经验论与唯理论，决定论与非决定论，理性论与非理性论等。

哲学认识的张力，一方面表现为上述对立两极的相互作用，共同参与；另一方面表现为两者的往返流动和相互转化。一个哲学理论体系离开一个极端时，就是开始向另一个极端的靠近。因此，每一个哲学理论体系都是某方面的两极性的不同程度、不同形态的综合物。这种综合本身，就包含着某种创新、发展，都是对每一极的片面性深刻的吸取和改造。正是在这样一种由多方面构成的张力结构中，才使人的哲学思维能力和哲学理论的发展获得了内在的动力。

（三）哲学理论体系内在的争论

哲学理论体系有其内部的争论。这种争论的目的，不是在于超越原来理论体系的框架，而是根据新的思想条件和要求，对发展了的科学认识和文化成果进行审视，对自身的理论予以论证，丰富理论的内涵，并增添某些新的具体形式以“推陈出新”。因此，哲学理论体系内部的争论是应用哲学理论体系的主导原则，使理论体系趋于完善，使该体系的主导原则扩展到哲学问题的各个方面去的争论。这种争论是多种多样的。

1. 关于哲学主导原则贯彻是否彻底的争论

在围绕着某一哲学体系的主导原则贯彻得是否彻底的问题上，常常发生该哲学体系内的哲学家的分歧和争论。比如，拿休谟与贝克莱的争论来说，休谟和贝克莱一样，面临着关于“认识为何是可能的”这一哲学主题，而且也承认并接受了贝克莱解决该问题时假设的基本前提，即“认识的唯一对象只能是我心中的感觉观念”。正是基于这一本质上的一致性，休谟才走着与贝尔莱同样的哲学路线。与后者不同的是，休谟比贝克莱本人更严格地遵守由贝克莱的基本设想所决定的逻辑走向思考。因此，这就使他能够克服贝克莱本人时常在逻辑的选择和常识的选择之间表现出来的摇摆性，把经验主义推至极端，即逻辑的终点。这表现在，贝克莱还羞羞答答地承认，存在着感知观念的“心灵”或“自我”（主体）。然而，由一切知识皆源于个人心中的感觉观念这一抽象前提出发，在逻辑上恰恰只能得出既否定主体也否定客体的结论。我们在唯理论哲学家之间，在罗素与逻辑实证主义者之间，在皮尔士与詹姆士、杜威等哲学家之间，亦可发现类似的情况。

2. 关于哲学基本内容如何理解的争论

在围绕着某一哲学理论的基本内容的理解上，也常常会发生该哲学体系内的哲学家的分歧和争论。西方科学哲学以科学整体作为对象，对科学的性质、科学与非科学的分界、各门科学的结构和程序，以及科学的发展等问题加以研究。围绕这些内容，其内部不同观点竞相争妍，两两对峙。

逻辑实证主义把科学哲学视为“经验科学知识论”，注意从静态角度考察和给定理论的基础、理论的结构和确认程度，从科学的结构分析中寻找理论的意义。他们研究的重心在科学理论的辩护范围内，只是对给定理论进行分析澄清和评价辩护，较少涉及科学理论的发现领域。因此，该派比较轻视关于如何获得知识的方法问题和科学如何发展的问题。

波普尔的否证论则认为，绝不要让你自己被驱使去认真考虑词及其意义问题，必须认真考虑的是事实和关于事实的断言：理论和假设，它们提出的问题以及解决的问题。他认为，认识论的中心问题是知识的增长问题，研究知识增长的最好途径是研究科学知识的增长。而研究知识的增长问题，自然要研究人们如何获得知识，从而把方法论问题突出出来。波普尔把科学方法论归结为证伪主义方法论。因为，科学的目的在于追求经验内容丰富的知识，而经验知识的性质在于不完全确实性，即有误性，并且这种有误性是可以检验的，科学知识是可证伪的；因此，科学要求知识的内容越丰富，也就要求它的可证伪程度越高。科学方法的一个重要特征就在于尽可能地使知识系统接受严格的检验以使它面临被证伪的境地。然而，波普尔把他的证伪方法认作是规范的方法，具有普遍适用性，任何理论都必须按照证伪主义方法接受检验。这样，他就用证伪理论取代了逻辑经验主义的证实学说。

由此，证伪与证实的关系问题，引发了人们的思考。于 20 世纪 60 年代产生的以库恩为代表的科学历史主义不同意波普尔的观点。库恩认为，规范方法论原则违背了科学的实际历史。科学史上没有普遍适用的方法论，方法随着范式的不同而不同。一定的范式或一定的理论系统并不严格遵守证伪原则。每个伟大的科学理论如哥白尼学说，在刚出现时都会碰到许多反面事例，可以使这个理论被证伪，但科学家并没有放弃这个理论，而是继续研究直到最后确立它。库恩进一步指出，科学家对理论的检验和选择，没有绝对确定的标准或普遍认同的评价准则。这里不单纯是实验与逻辑、观察与推演等科学问题，而且涉及科学以外的标准。库恩断言，科学哲学研究的是科学的动态演化过程，它与科学史、科学社会学和科学心理学是相关的。因而他用范式论取代了波普尔的否证论，从而使科学哲学研究的主流终于从逻辑主义转到历史主义的轨道上来。

20世纪70年代以后，随着新历史主义和科学实在论的兴起，西方科学哲学又出现了一种综合逻辑分析和历史方法成果的趋势。以D.麦佩尔为代表的这种新趋势既吸收历史主义者的成果，反对逻辑主义的先天主义，又努力克服20世纪60年代革命派的历史相对主义。它力图联系科学实践来进行逻辑的分析，从而在历史的基础上将各种方法加以综合和系统化。这是当代西方科学哲学从逻辑主义到历史主义，再到逻辑与历史相统一的发展趋势。

总之，围绕某一哲学理论的基本内容而产生的不同观点、不同具体哲学形态的争论，从总体上来说，也是哲学探索活动日益深刻化的表现。

3. 关于实践和科学发展所引发的内在争论

随着实践和科学的发展而引起的关于哲学理论体系中的某些范畴、原理、新生长点等方面的分歧和争论。哲学的范畴体系，不是一个僵死不变的封闭体系，它随着实践和科学的发展而发展，它会淘汰一些旧的范畴和原理，也会产生一些新的范畴和原理。原有的范畴和原理，也可能需要给予新的理解和解释。哲学总是面临着许多新的问题，其中有些问题是过去研究得不够的，有些问题是实践和科学的发展新提出来的。

以上这些方面，总会引起一些不同观点的分歧和争论。十一届三中全会以来，我国马克思主义哲学界所讨论的关于真理标准问题，马克思主义哲学的对象问题、功能问题、发展途径问题、实践问题、主客体关系问题、价值问题等，都是过去研究得不够的问题。所讨论的解放思想与实事求是的关系问题、中国现代化建设的辩证法问题、物质文明和精神文明建设的辩证关系问题等，都是中国特色社会主义建设实践所提出来的种种哲学问题。有些产生分歧和争论的问题是科学发展提出来的。比如，系统论、信息论、控制论所提出的哲学问题，量子力学所提出的哲学问题，大爆炸宇宙学所提出的哲学问题，以及分子生物学所提出的哲学问题等。另外，如何应用马克思主义哲学的立场、观点、方法去分析西方哲学和中国传统哲学中的种种问题，也是近20年来我国哲学界争论较多的问题。这些争论和讨论极大地补充、丰富了马克思主义哲学的内容。

总之，哲学理论的论争是多层次、多方面、多角度展开的。不同基本派别、不同理论体系、不同哲学见解所展开的争论相互联系、相互交织、相互转化，从而绘成了哲学史的生动的、丰富的、多彩的画卷，给哲学的存在和发展提供了内在的根据和直接的动力。

三、哲学论争的旨归

哲学论争本身不是目的，它只是一种达到目的的手段。哲学论争的目的，就是通过论争用正确的意见克服错误的意见，以求得思想的统一，为哲学真理的发展开辟道路。

从目的与手段的关系来说，目的的现实性依赖于手段的现实性。如果手段无效，则目的就会落空。而有效手段的选择和运用，也离不开以目的为导向，以目的来规范。

（一）哲学论争的原则

为了实现哲学论争的目的，就必须正确运用哲学论争这一手段，即论争者必须遵守学术论战的诸项原则来进行。这些原则从大的方面说，主要有两项：一是对等原则，二是说理原则。

1. 对等原则

看过恩格斯《反杜林论》的读者可能会记得，恩格斯在《反杜林论》第二版序言中有一个说明。他说："现在的新版，除了一章，其余都按第一版翻印，未作修改。"一个重要原因是"我的良心也不允许我作任何修改。本书是部论战性的著作，我觉得，既然我的对手不能作什么修改，那我这方也理应不作什么修改。"又说："况且在我的书出版以后，柏林大学曾经以过分不公正的态度对待杜林先生（指柏林大学把杜林辞退——引者注），所以我对他必须更加遵守文字论战所应遵守的一切规则。"① 从这段论述可以看出，恩格斯把论战两方的对等原则看得极为重要，认为不仅必须加以遵守，而且把它视为学术良心，即学术道德问题。遵守学术论争的对等原则不仅是对论争者的一个外

① 《马克思恩格斯选集》第3卷，347—348页，北京：人民出版社，1995年。

在要求，而且也应该是论争者学术道德的内在要求和体现。

学术论争的对等原则是指论战双方在地位、手段、性质及社会背景联系理解上的相等。

（1）地位对等

所谓地位对等，是指论战双方都同样具有学术上的批评和反批评、诘难和应答的权利。在这里，双方处于同一起跑线上，没有一种学说或学派享有先定的优先地位。任何一种学派只能从理论自身的真理性、逻辑和形式上的完善性，与其他学说进行比较和竞争。

一是，不能借助非学术力量来建立对其他理论学派的优势地位。这种情况，在奴隶社会、封建社会是经常发生的；在这方面，资本主义社会相对来说要文明一些；社会主义社会应该也能够做得更好一些。但由于种种原因，在社会主义国家的历史上，都曾先后发生过行政权力干预学术讨论的事件。这是有深刻教训的。

二是，任何一种学说、学派都不能自以为拥有绝对的真理权，并因而拥有绝对的批评权，自视高人一等，不能被人批评，老虎屁股摸不得。其实，任何真理既有绝对性，又有相对性。相对性就是条件性、不完全性。因此任何真理都应依条件变化而重新加以审视和批评，这样才能有真理的发展。真理本身并不拒绝批评、害怕批评，而是把批评视为发展自己的一种手段。因此，如果认为马克思主义哲学是科学的世界观，对它不能批评或用不着批评，甚至认为，在学术争论中它具有那种当然的、不言自明的凌驾于其他学说、学派之上的权利，这是错误的。这不是马克思主义对待批评和学术争论的民主态度，而是一种教条主义的霸道作风。

（2）手段对等

所谓手段的对等，是指论争双方应当允许用同样的方式进行批评和反批评。不能像“文革”所盛行的大批判，作为批判者一方声势浩大，拥有报纸、广播、大标语、大字报、大会、小会等多种手段；而被批判者一方却被剥夺了任何申辩、申诉和反批判的权利，这是何等的不公。

就正当的学术争论而言，如果限于口头争论，双方都应有发言的权利；如果是笔头争论，双方都应有运用文字发表见解的权利。如果争论的一方在学术会议上发表了自以为不够成熟的观点，并无意见诸文字，或者虽有文字而不准备公开发表，那么，论战的另一方也就只能在相应的学术会议上与之讨论，而不能用别的方式进行单方面的批判，不能在公开的刊物上进行批判。如果当年参加争论的一方已经作古或发生了其他情况，已不可能对他所书写的关于争论的“文字”进行修改，那么另一方对自己所写的关于争论的“文字”也不能进行修改。这就叫手段对等，也叫尊重历史的原貌。

（3）性质对等

所谓论战的性质对等，是指论战的性质是学术论争，不能节外生枝，把学术问题转换为非学术问题，如政治问题、道德问题等。

就学术问题而言，有的学术问题可能含有政治意义，为政治提供某种理论基础；而有的政治问题中也可能有学术上的是非。比如法学、政治学中的学术问题。但是，无论是含有政治意义的学术问题，还是政治问题中的学术是非的争论，都必须从学术角度进行论争。因为含有政治意义的学术问题，其本身是学术问题而不是政治问题，为政治提供理论基础并不等于政治本身。

同样，政治中的学术是非，是政治理论上的是非，并不等同于政治行为中的得失，二者尽管有联系，但区别还是明显的。因此学术争论中不要无限上纲上线，不要乱扣政治帽子，不要把学术问题说成政治问题，也不要把政治理论上的是非混同于政治行为上的得失。

另外，把学术问题转换成争论者的道德问题也是不能允许的。学术问题归学术问题，至于争论者的道德上的缺点则是和学术争论无关的问题。那种所谓“揭老底”以至“人身攻击”，企图从人格上把一个人搞臭，以达到学术论争中取胜的目的，不仅是不可取的，而且这种做法本身就是缺乏道德的表现。中国古人说，不能“因人废言”，这是很有道理的。

（4）社会背景对等

论争的社会背景要求具体论争的同时代性、同阶段性和同条件性。任何学术观点都是一定历史条件下的社会的产物，任何学术论争也都是历史的产物。学术上的国际交流和争论，学术上的古今对话和评判，都必须从具体的时间、地点、条件出发，放到具体的历史环境中进行具体分析，不要用变化了的情势去测度和苛求以往的某些学术观点和学术论争①。

2. 说理原则

上述的文字论战应遵守的对等原则，主要是学术论争的形式规定。如果从哲学论争的内容来说，学术论争的对等原则就是说理原则，就是真理面前人人平等的原则。这里的平等，就是一切以真理为依归，只服从真理，而不服从别的东西，真理在谁的手里，就服从谁。为了追求真理，在论争中，就要摆事实，讲道理。要旗帜鲜明，当仁不让，勇于坚持正确的意见；又要虚怀若谷，择善而从，随时改正错误的意见。马克思说："精神的谦逊总的说来就是理性，就是按照事物本质特征去对待各种事物的那种普遍的思想自由。"② 理性的要求就是从实际出发，让思想如实地反映客观实际。因此，摆事实，讲道理，或者说，坚持说理原则，这是坚持学术论争中对等原则的一个方面的重要内容，甚至可以说，是对等原则的一种本质体现。如果不说理，不能以理服人，而企图以势压人，那就根本谈不上对等。

坚持说理原则，包括坚持持论的根据性、论证的逻辑性和思维的辩证性，以及文风的平实性等四个方面的要求。

（1）持论的根据性

所谓持论的根据性，即中国古人讲的持之有故。这里是指讲话或立论要有根据。

就论战来说，一是，对对方的观点要搞清楚，不能无根据的主观妄断、随意猜测，不能断章取义，歪曲对方的观点，或把对方没有的观点通过联想、嫁接，强加给对方。这样做是不对的，往轻处说，是无的放矢；往重处说，是鸡蛋里头挑骨头，无事找事。

二是，否定对方的观点和肯定自己的观点，都要有根据。这里的根据包括两个方面，即事实根据和理论根据，要从理论与实际的结合上驳斥对方的观点说明自己的观点。这里所谓的事实根据，并不是随便找一些事例来证明某种观点。关于这一点，列宁曾经有精彩的分析。他说："每一个别情况都有其具体的历史环境。如果从事实的整体上，从它们的联系去掌握事实，那末，事实不仅是'顽强的东西'，而且是

① 参见任忱：《哲学学导论》，73、74页，太原：山西人民出版社，1987年。

② 《马克思恩格斯全集》第1卷，112页，北京：人民出版社，1995年。

绝对确凿的证据。如果不是从整体上、不是从联系中去掌握事实，如果事实是零碎的和随意挑出来的，那末它们就只能是一种儿戏，或者连儿戏也不如。”① 总之，坚持学术争论中持论的根据性，说到底是为了反对主观随意性。

（2）论证的逻辑性

坚持论证的逻辑性，是指反驳和论证都必须进行合乎逻辑的理论说明。即在学术争论中运用已知的概念和判断，根据逻辑规则，通过推理，驳斥或证明某一判断的正确性。学术争论中，首先要明确有关的概念或判断。因为概念不明确，往往会造成许多不必要的误解和分歧。语言哲学把哲学归结为单纯语义的争论固然是不妥的，但它强调语言的明晰性在哲学中的作用和意义还是对的。在学术争论中，利用概念之间的相关性、相对性去偷换概念的情况也不少见。

比如，我们讲物质是不生不灭的，又说物质是运动的。这两个命题中的物质概念，其内涵是不一样的，如果不加区别，就会出现逻辑上的矛盾。我们说物质是运动发展的，这时我们所指的是物质的具体形态。当我们讲物质是不生不灭的，则是指物质世界的整体。在19世纪末20世纪初的物理学革命中，唯心主义把原子的可分性说成物质的消灭，就是在逻辑上混淆了物质和一种具体的物质形态——原子的区别。因此，在学术论争中，理论自身逻辑的一致性与否，也起着衡量哲学理论是否精确完善的标准的作用。

（3）思维的辩证性

思维的辩证性，指学术论争中要坚持辩证分析。所谓辩证分析，从方法论的角度说，就是既不要肯定一切，也不要否定一切。辩证的否定本身是扬弃。对论战对方的观点要进行具体分析，正确的方面要加以肯定，错误的方面要提出批评。另外，对错误的批评、批判也应该是辩证的。这种批评、批判，不是辱骂，而是说理，不仅要说明错在何处，而且要说明为什么失足，在什么地方失足。对唯心主义、形而上学的批判都应该采取这种辩证分析的说理态度，否则就不能有效地克服唯心主义、形而上学，就不能吸取其中所包含的有价值的东西，也不能很好地发展唯物主义、辩证法。

① 《列宁全集》第28卷，364页，北京：人民出版社，1990年。

列宁说得对，全部哲学史是人类的一部认识史。在与唯心主义的斗争中，尤其要注意哲学史作为认识史的这一面。列宁以黑格尔为例，指出黑格尔虽然是一个典型的客观唯心主义者，但在他的《逻辑学》中，“唯心主义最少，唯物主义最多。”[①] 列宁这一论述深刻说明，一种思想体系和这个思想体系所包含的内容不完全是一回事。在唯心主义形式下可能有唯物主义的内容，认识的真理颗粒并不天然地都属于唯物主义。列宁甚至认为聪明的唯心主义比愚蠢的唯物主义更接近聪明的唯物主义。列宁的这些论述都是很辩证的。黑格尔也说：“真正的驳斥必须收揽对立的力量并置身于他的力量范围之内。”[②] 他举例说，如果判一个案子是在被告缺席的时候进行的，那么，事情就绝不会有进展。黑格尔的这一论断也是十分深刻和富有哲理的。

（4）文风的平实性

坚持说理原则，在文风上就表现为平易实在。一是一，二是二。不夸张，不伪饰。不打棍子，不乱扣帽子，平等待人，唯理是从。逻辑严谨而不保守；坚持原则而不故步自封；思想活跃而不轻浮；标新立异而不哗众取宠；语言犀利深刻而不尖刻伤人。这是坚持说理原则所要求和需要加以提倡的科学态度和学术风格。

进行学术争论，无论论战方是谁，都应该严格遵守学术论战的对等原则和说理原则。遵守这些原则，才会有助于学术的自由和哲学的繁荣，才能真正实现哲学争论的目的。

（二）哲学论争的旨归

哲学论争的旨归或目的，不是各自观点的简单陈述，而是为了消除分歧，统一认识，获得真理。

1. 不同哲学见解达于统一的根据

不同的哲学见解的统一是可能的吗？答案是肯定的。这是因为：

从客体维度说，哲学是关于世界观的理论，哲学的认识对象是多样性统一的世界。世界的统一性决定了哲学的各种不同见解都必须以

---

① ［俄］列宁：《哲学笔记》，253页，北京：人民出版社，1974年。

② 北京大学哲学系外国哲学史教研室编译：《十八世纪末—十九世纪初德国哲学》，338页，北京：商务印书馆，1975年。

世界的统一性为依归，与之相符合。哲学研究对象的这种统一性，也就决定了哲学的各种见解通过争论必然要达到一致性。

从主体维度说，人们进行哲学研究的目的，实质是为了正确处理和驾驭人与世界的总体关系，通过不断提高主客观的一致性，创造与自身生存和发展相和谐、相统一的环境，即追求真、善、美相统一的境界。哲学研究的这种目的性动机，必然要求哲学争论中，要去伪存真、去恶存善、去丑存美，熔铸各种哲学理论、哲学观点的合理的、有价值的东西，加以辩证的综合。

从主客体统一的维度说，通过辩证综合，即通过多样性统一把握具体真理。这里的具体真理有两重涵义，从认识角度讲的，是指人的科学认识，由抽象上升到具体、由片面达于全面、由分析达于综合的阶段；从理论与实践的关系讲，是指理论与实践、知和行的具体的历史的统一。这里的知，不是单纯的认识，而是综合了真、善、美等观念要素在内的关于行动的理想意图。这两种涵义的具体都是指通过矛盾的解决有了全面性的认识。在前者的意义上，强调的是解决主客观的矛盾，使主观符合客观，在思维中再现认识对象的具体。在后者的意义上，强调的是解决理想与现实的矛盾，使现实符合于理想，是理想对象的观念建构。这两层意思有区别，但相互联系，不可分割。

如何在思维中全面地再现认识对象，如何在思维中建构理想对象，从哲学角度来说，如何在思维中全面把握宇宙人生的总体性联系，如何在思维中按照真、善、美统一的原则处理和驾驭人与世界的关系，一直是哲学家们不断探求、苦苦思索的问题。由于受到种种主客观条件的限制，认识难免有片面性、荒谬性，产生种种意见的分歧和观点的对立。但是个体认识的片面性、荒谬性可以在群体的自由讨论中，通过不同意见、不同观点的争论，达到某种程度的克服，从而获得对问题比较全面的认识，比较具体地把握现实事物矛盾的发展和各方面的有机联系，使问题在实践中获得合理的解决，达到认识和实践、主观与客观的具体的历史的统一。这样就可以把握一定历史条件下、一定领域的具体真理。

2. 不同哲学见解达于统一的途径

这个途径就是“会通”。这一个道理在中国古代的一些哲学家那里就已有论述。庄子说：“天下大乱，贤圣不明，道德不一，天下多得一察焉以自好。譬如耳目鼻口，皆有所明，不能相通，犹百家众技也，皆有所长，时有所用。虽然，不该不遍，一曲之士也。”① 他以为诸子百家都是“得一察焉以自好”，只察见一个片面便自以为如何的了不得，所以他们都是“一曲之士”。为了克服这种“蔽于一曲”的片面性，庄子认为，百家众技就像人身上的五官一样，各有所长，时有所用，不可偏废，必须相通。如何相通，也就是要借助相互交流展开争鸣，自由讨论，达到会通。即《易大传》所说的：“天下同归而殊途，一致而百虑。”

在哲学史上，哲学家们所要探讨的根本问题可以概括为思维与存在的关系问题。这个问题在西方哲学中有多种多样的具体形式表现，在中国哲学中，在不同的历史阶段上，也一次次以不同的形态展开不同的辩论。比如，天人之辩、名实之辩、形神之辩、力命之辩、性习之辩、有无（动静）之辩、理气（道器）之辩、心物（知行）之辩等。

冯契先生通过研究发现：“每一论辩都可说是经历了由抽象上升到具体的发展过程，经过不同观点、不同学说的论争，到一定阶段作出较全面的批判总结，达到具体的、历史的统一。然后又有新的问题提上日程，又产生新的论争，又经历由抽象到具体的发展。这样，哲学史就表现为复杂的螺旋式发展的辩证运动，而哲学就在哲学史中展开，便不断地复归出发点，又不断地取得新的形态，达到新的境界。每次新境界的获得，都是一次飞跃，都包含有理性直觉。而哲学家的新境界既然是从哲学史总结出来的，是哲学史论争的辩证的综合，那么，哲学史的辩证发展过程也就成了哲学家的新学说、新境界的论证。”②

把哲学论争作为一个重要观点，引入对哲学认识由抽象上升到具体和哲学史螺旋式发展的辩证运动的说明，这是冯契先生对黑格尔、马克思、恩格斯和列宁的有关哲学思想的丰富和新的发挥。

黑格尔、马克思、恩格斯和列宁关于认识由抽象上升到具体的行程，关于哲学史发展的螺旋式圆圈的思想都有不少论述，特别是列宁在《哲学笔记》中，还尝试地勾画出欧洲哲学史上的四个大的圆圈，

---

① 《庄子·天下篇》。

② 冯契：《认识世界和认识自己》，43—44页，上海：华东师范大学出版社，1996年。

用以说明哲学思想的发展是一个活生生的、多方面的、充满矛盾的辩证否定过程。

在冯契先生看来，这个辩证过程也就是通过不同哲学见解的争论，进而实现的概括和综合的过程。他根据历史和逻辑相统一的方法论原则，以列宁总结欧洲哲学发展的圆圈为参照系，勾画出了整个中国哲学通过不断的争论和概括，所经历的三个大的圆圈。它们分别以荀子哲学、王夫之哲学、毛泽东哲学的诞生为标志。

他在概括前两个圆圈时指出："中国古代哲学开始于原始的阴阳说，先秦时期争论'天人'、'名实'关系问题，由荀子作了比较正确、比较全面的总结，达到了朴素唯物论与朴素辩证法的统一，仿佛回复到出发点，这可以说是完成了一个圆圈。秦汉以后，哲学上关于'有无'、'理气'、'形神'、'心物'等问题的争论，由王夫之作了比较正确、比较全面的总结，在更高阶段上达到了朴素唯物论与朴素辩证法的统一，完成了又一个圆圈。"[①] 这是对中国古代哲学发展的全过程的概括，也是对其发展阶段的逻辑联系和发展规律的揭示。

3. 不同哲学见解达于统一的原则

这个原则就是按一个主线加以贯通。通过哲学论争，互相诘难、批判、反驳，每种见解的正确方面获得显现，其片面性、荒谬性也得以暴露，这样就为综合、为抽象上升到具体创造了条件和可能。古往今来，哲学家往往各有所见，各有所蔽，综合就是把各家之所见汇综起来。但是，综合不同于"杂"。古有"杂家"，《汉书·艺文志》论"杂家"云："杂家者流，盖出于议官，兼儒墨，合名法，知国体之有此，见王治之无贯，此其所长也。及荡者为之，则漫羡而无所归心。"杂家兼取各家之说，而没有自己的一贯原则，即一根主线，这是不足取的。综合不同于"杂"，就在于，它有一个一贯的原则把所汇综的众多观点贯通起来。而这样做，就要求有所创新，即在既有知识的基础之上，加以深入思考，依据新的观察，提出新的见解。

因此，哲学体系的创新，集中表现在提出新的主导原则。哲学的继承主要表现在把以前的各种哲学体系中有用的东西剥离出来，作为一个个环节，按照主导原则加以联系、贯穿，从而创造一种新的哲学

---

① 冯契：《中国古代哲学的逻辑发展》上册，18页，上海：上海人民出版社，1983年。

理论，继续参与现实和未来的理论竞争的行列。从历史的总图景来看，每一哲学体系都按照自己的主导原则扬弃、融合别的哲学体系；每一哲学体系所采取的独立的形态，又将被后来的体系所扬弃、融合。这种进展的过程是永远不会完结的。

总之，哲学争论是哲学发展的途径，是哲学的本质要求。哲学是在争论基础上，达于会通、创新，从而不断实现哲学的发展和哲学形态的自我超越的。

主要参考文献

一、经典著作

[1]《马克思恩格斯选集》第1—4卷，北京：人民出版社，1995年。
[2]《马克思恩格斯文集》第1—10卷，北京：人民出版社，2009年。
[3]［德］马克思：《1844年经济学哲学手稿》，北京：人民出版社，2000年。
[4]［德］恩格斯：《自然辩证法》，北京：人民出版社，2012年。
[5]［俄］列宁：《哲学笔记》，北京：人民出版社，1974年。
[6]《列宁专题文集》，北京：人民出版社，2009年。
[7]《列宁选集》第1—4卷，北京：人民出版社，2012年。
[8]《毛泽东选集》第1—4卷，北京：人民出版社，1991年。
[9]《邓小平文选》第1、2卷，北京：人民出版社，1994年。
[10]《邓小平文选》第3卷，北京：人民出版社，1993年。

二、学术著作

[1] 北京大学哲学系外国哲学史教研室编：《古希腊罗马哲学》，北京：商务印书馆，1957年。
[2]［德］黑格尔：《哲学史讲演录》第1卷，贺麟、王太庆译，北京：商务印书馆，1959年。
[3]［英］罗素：《西方哲学史》上卷，何兆武、李约瑟译，北京：商务印书馆，1963年。
[4]［德］黑格尔：《逻辑学》，杨一之译，北京：商务印书馆，1966年。
[5]［英］罗素：《西方哲学史》下卷，马元德译，北京：商务印书馆，1976年。

［6］［德］黑格尔：《小逻辑》，贺麟译，北京：商务印书馆，1980 年。
［7］北京大学哲学系外国哲学史教研究室编：《西方哲学原著选读》上卷，北京：商务印书馆，1981 年。
［8］张世英：《论黑格尔的逻辑学》，上海：上海人民出版社，1981 年。
［9］北京大学哲学系外国哲学史教研究室编：《西方哲学原著选读》下卷，北京：商务印书馆，1982 年。
［10］冯友兰：《中国哲学史》，北京：北京大学出版社，1985 年。
［11］王树人：《思辨哲学新探》，北京：人民出版社，1985 年。
［12］杨适：《哲学的童年——西方哲学发展线索研究》，北京：中国社会科学出版社，1987 年。
［13］任忱：《哲学学导论》，太原：山西人民出版社，1987 年。
［14］王金福：《马克思主义哲学体系的反思》，苏州：苏州大学出版社，1993 年。
［15］邢贲思主编：《哲学前沿问题述要》，北京：人民出版社，1993 年。
［16］韩民青、夏永翔编：《我的哲学思想——当代中国部分哲学家的学术自述》，南宁：广西人民出版社，1994 年。
［17］肖前主编：《马克思主义哲学原理》上、下册，北京：中国人民大学出版社，1994 年。
［18］肖前、李淮春、杨耕主编：《实践唯物主义研究》，北京：中国人民大学出版社，1996 年。
［19］曾杰、张树相：《社会思维学》，北京：人民出版社，1996 年。
［20］中共中央党校哲学教研部编：《当代哲学前沿问题探索》，北京：中共中央党校出版社，1996 年。
［21］冯契：《冯契文集》第 1—10 卷，上海：华东师范大学出版社，1997 年。
［22］林德宏主编：《哲学概论》，南京：南京大学出版社，1997 年。

三、论　文

［1］宫敬才：《哲学与时代的内在关联——卢卡奇《理性的毁灭》中的哲学（史）方法论思想》，《哲学研究》，1990（3）。
［2］翟东林：《“应用哲学”说的困惑及其症结所在》，《江淮论坛》，

1990（5）。
[3] 章自承：《世界本原与哲学基本问题第一方面关系的考辨》，《四川大学学报》（哲学社会科学版），1991（1）。
[4] 孙显元：《马克思主义哲学是世界观和方法论的统一体——兼评"应用哲学就是方法论"》，《学习与实践》，1991（2）。
[5] 任吉悌、王皑霞：《国家哲学的有无与是非》，《马克思主义研究》，1996（5）。